향 수

the PERFUME

향수 the PERFUME

발행일 2023년 6월 9일 초판 1쇄 발행
지은이 사라 매카트니, 사만다 스크리븐
옮긴이 양희진
발행인 강학경
발행처 시그마북스
마케팅 정제용
에디터 최윤정, 최연정, 양수진
디자인 강경희, 김문배

등록번호 제10-965호
주소 서울특별시 영등포구 양평로 22길 21 선유도코오롱디지털타워 A402호
전자우편 sigmabooks@spress.co.kr
홈페이지 http://www.sigmabooks.co.kr
전화 (02) 2062-5288~9
팩시밀리 (02) 323-4197
ISBN 979-11-6862-137-4 (13590)

향 수
the PERFUME

나만의 새롭고
특별한 향기를 위한
가이드북

사라 매카트니 & 사만다 스크리븐 지음 | 양희진 옮김

시그마북스
Sigma Books

CONTENTS

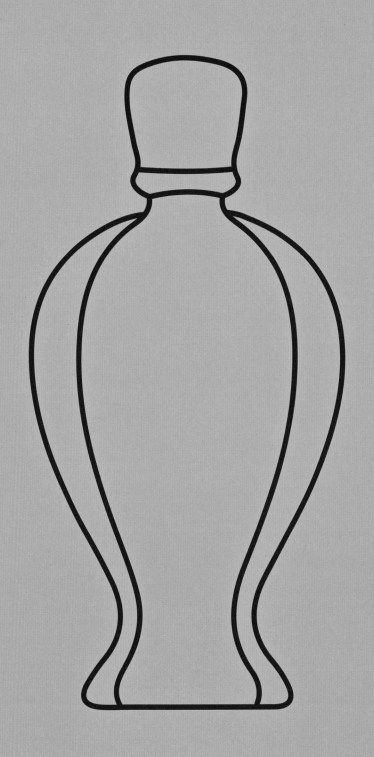

머리말

| 여정을 시작하기 전에 알아두면 유용한 것들 |

마음에 드는 향수를 찾았다면, 망설이지 말고 일단 뿌려보자. 향수는 지극히 개인적인 영역이며, 나와 완벽하게 어울리는 향수를 찾는 기쁨은 마치 안개가 자욱한 거리에서 가로등 불빛을 발견할 때와 같다.

시중에 있는 2만여 종의 향수에 더해 매년 1,000개가 넘는 향수가 새로 출시된다. 클래식 향수부터 니치 향수까지, 비싸고 고급스러운 향수에서 가성비가 좋은 향수까지, 수많은 향수 중 내게 딱 맞는 향수를 선택하는 방법은 오직 자신을 믿는 것이다. 그러므로 조언에 귀를 기울이되, 판단은 스스로 내려보자.

눈부시게 멋진 향수병도 향수를 찾는 여정에 즐거움을 더할 수 있겠지만 지나치게 현혹되지는 않았으면 한다. 화려한 겉모습에 구애받지 말고, 마음에 드는 향수를 선택해야 한다. 멋진 병에 담겨 있지 않더라도 세상에는 셀 수 없이 많은 근사한 향수가 당신을 기다리고 있다.

본문에 **굵은 글씨** 표시가 된 단어는 향수 용어 사전에 정의가 실려 있다. (280쪽 참조)

7

내게 맞는 향수를 고르는 요령

향수를 선택하는 일은 신발을 고르는 것과 비슷하다. 출근할 때는 단정한 검은 단화, 주말에는 런닝화, 밤에 놀러 나갈 때는 반짝반짝 빛나는 화려한 구두처럼, 신발을 때와 장소에 맞게 골라 신어야 한다고 생각하는 사람이 있다. 아니면 빈티지한 통굽 구두에서 수제 부츠까지 마음에 드는 신발로 신발장을 가득 채우는 사람도 있다. 스무 살부터 날이면 날마다 같은 신발만 신다가 다 헤지고 나서야 새로 사는 특정 브랜드 애호가도 존재한다.

문제는 향수를 고르는 일이 어둠 속에서 딱 맞는 신발을 찾는 것 같다는 점이다. 직접 뿌려보기 전까지는 퍼퓸머리에 진열된 향수를 아무리 꼼꼼히 들여다본들 소용이 없다. 광고, 포장 상자, 향수병이 눈길을 사로잡더라도 향기를 맡아보지 않으면 그 향수가 마음에 들지 안 들지 판단하기가 어렵다.

그러므로 향수를 사기 전에 퍼퓸머리에 가서, 혹은 샘플로 먼저 시향해보기를 권한다. 마음에 드는 향수를 뿌리고 냄새가 뒤죽박죽 가득 찬 퍼퓸머리를 떠나 맑은 공기를 마시며 걸어보자. 향에 대한 첫인상은 바뀌기 마련이고, 적어도 20분은 함께 해봐야 앞으로 몇 달 동안 뿌릴 만한 향수인지 확신이 생긴다.

비싸고 고급스러운 향수가 적당한 가격의 향수보다 반드시 더 좋은 향기를 풍기는 것은 아니라는 점도 기억하자. **조향사의 역할**은 여러 가지 향기를 조합해 향수를 뿌리는 사람에게 더 나은 하루와 미소를 선사하는 것이다. 그들은 주어진 예산이 많든 적든 개의치 않고 **천연원료**와 **합성원료**의 팔레트에서 향을 골라 아름다운 향수를 창조하기 위해 최선을 다한다. 따라서 경탄할 만한 향수를 찾느라 굳이 전 재산을 걸지는 말자.

어디서부터 시작해야 할까?

큰 백화점의 향수 코너나 걸어도 걸어도 끝이 없는 면세점 사이를 돌아다니며 둘러보는 것은 굉장히 힘에 부치는 일이다. 이게 바로 우리가 이 책을 쓰게 된 이유다.

향수는 서로 다른 향의 계열에 따라 분류하며, 특히 마음을 사로잡는 계열이 있을 수 있다. 우리는 이 책에서 향수를 종류별로 나누어 정리했다. 일부 향수는 여러 계열에 포함되기도 한다. 가령 프루티 플로럴 계열의 향수는 어느 정도 프루티한 향을 지닌 플로럴 머스크 계열로 분류할 수도 있다. 또한 인기가 많은 향수도 일부 선정해서 '그 향수가 마음에 든다면 이런 향수는 어떨까'라는 방식으로 향수를 찾는 여정에 모험을 더했다.

향수를 남성용이나 여성용으로 구분해서 분류하는 것은 마치 여자는 치즈를 먹으면 안 된다든가, 남자는 크루아상을 먹으면 안 된다고 하는 것만큼 말이 안 된다. **니치 향수**는 대부분 성별을 구분 짓지 않은 채 고객이 어울리는 향수를 선택하게끔 한다. 우리는 누구나 마음에 드는 향수를 뿌려야 하고, 그렇게 하기 위해 푸른색과 갈색, 핑크색과 보라색으로 나뉜 향수 진열대를 가로지르고 싶다면, 내키는 대로 해야 마땅하다고 생각한다.

향수를 선택할 충분한 시간을 갖도록 하자. 그리고 시도할 생각은 꿈에도 하지 않았던 브랜드의 향수도 한번 시향해보았으면 한다. 마음에 드는 향수를 찾으면 바로 알게 될 것이다.

향수를 선정한 기준

우리는 이 책에서 약 500개의 향수를 소개하고 있다. 하지만 영어로 표기되지 않은 웹사이트에 올라와 있는 로컬브랜드뿐만 아니라 전 세계 시내 중심가 상점에서 볼 수 있는 향수는 2만여 개다. 따라서 당신이 가장 좋아하는 향수가 이 책에는 실리지 않았을 수도 있다. 너무 많은 향수를 제외해야 했기 때문에 우리는 시향해보라고 권할 만한 향수에만 집중하기로 했다. 부모님이 늘 말하는 대로 좋은 말만 하기 어렵다면 (적어도 사람들 앞에서는) 아예 입을 다물고 있는 게 낫다. 처음 향을 맡았을 때 거부감이 들었지만, 점차 매력에 빠져드는 향수도 있다. 이 경우 체험해볼 만한 향수만 골라 충분한 경고와 함께 소개하고, 그렇지 않은 향수는 조용히 모른 척하기로 했다.

책에서는 시내 어디서든 살 수 있는 향수, 특정한 퍼퓸머리에서만 찾을 수 있는 향수 등 여러 종류의 향수에 대한 설명을 볼 수 있다. 비슷한 두 향수가 가격에서 큰 차이가 나는 경우, 가성비가 좋은 향수를 선택했다. 고가의 럭셔리 브랜드 향수는 리뷰에 정성을 쏟는 블로그, 온라인 채널, 소셜미디어 그룹이 넘쳐나므로 참고 바란다. (284쪽 참조)

대신 우리는 향수 50ml 한 병을 기준으로 대략적인 가격대를 £에서 ££££로 표기했다. 저마다 주머니 사정이 다르다는 점은 알고 있지만, 기본적인 분류는 오른쪽 표와 같다.

단종된 향수는 되도록 다루지 않으려고 했고 특히나 이 향수는 이제 구할 수 없지만 너무 멋졌다는 식의 설명은 덧붙이지 않았다. 대신 한 대가 떠나도 금방 다시 한 대가 오는 버스처럼 곧 괜찮은 향수가 또 출시될 거라는 생각으로 정리했다. 우리가 소개한 향수 중 일부는 책을 쓰는 동안 단종되었지만, 운이 좋으면 할인 판매점에서 찾을 수도 있을 것이다.

£	데일리 향수로 사용할 만한 부담 없는 가격대
££	약간 고민되지만 내 돈으로 살 만한 무난한 가격대
£££	생일 선물로 주고 받을 만한 꽤 높은 가격대
££££	고가의 럭셔리 향수, 멋지고 화려한 포장은 덤

많은 사랑을 받는 한정판 향수도 일부 빠져 있는데, 특정 시즌에만 판매해 이 책에서 보기도 전에 품절될 게 뻔하기 때문이다. 이게 바로 향수가 점점 패션계를 닮아가는 방식이다. 사람들은 끊임없이 새로운 상품을 찾아 헤매고 브랜드는 그런 새로운 상품을 기쁘게 출시하기 마련이지만, 우리는 친구를 대하듯 애정을 가지고 오랜 시간 함께할 향수를 고른다. 올해의 한정판 향수와 사랑에 빠졌다면, 영원히 사라지기 전에 여러 병을 사두도록 하자.

향수의 역사

우리가 알고 있는 향수 산업은 1870년대 무렵 과학자들이 새로운 합성물질을 만들어, 선사시대부터 존재해 온 식물성 원료와 동물성 원료를 베이스로 한 향수에 첨가하면서 시작되었다. 그때부터 지금까지 향수의 변천과 향수를 뿌린다는 의미가 어떻게 바뀌어 왔는지 간략히 살펴보자.

향수의 기원

사람들이 언제 처음으로 머리와 몸에 꽃과 송진으로 만든 향유를 바르기 시작했는지는 정확히 알 수 없다. 언제부터 앰버그리스(용연향)나 머스크(사향)를 잘게 갈아 약초가 담긴 단지에 넣기 시작했는지도 마찬가지다. 다만 우리가 잘 알고 있는 사실은 역사를 거슬러 올라간 아주 오래전부터 인류가 향수를 사용했다는 점이다.

화학자가 증류법으로 향수를 만들었다는 가장 오래된 문서 기록은 3000여 년 전 지금의 이라크 지역인 바빌로니아 메소포타미아에서 찾을 수 있다. 타푸티(Tapputi)라 불리던 화학자는 왕궁에서 작업감독 벨라테칼림(Belatekallim)으로 일하면서 꽃, 허브, 씨앗을 사용해 향수를 만들었다. 또한 4000년 전에 사이프러스 섬에 향수 공장이 있었다는 고고학적 증거도 발견되었는데, 몇 백 개나 되는 식물성 아로마 추출용 증류 기구도 함께 있었다.

향수의 첫 용도

역사 기록에 따르면 향수는 몇 천 년 동안 질병을 예방하고 몸을 치장하는 데 쓰였다. 곪거나 썩은 상처에서 풍기는 악취가 지독했기 때문에 사람들은 좋은 냄새가 질병을 물리친다고 믿었고, 이는 어느 정도 맞는 말이었다. **에센셜 오일**은 항바이러스·항균·항진균 작용을 한다. 뛰어난 향수는 건강한 삶으로 가는 지름길이었고, 좋은 냄새는 건강의 척도였다.

고대 이집트의 클레오파트라 여왕은 역사상 잘 알려진 향수 사용자였다. 평균적인 외모였지만 향기로운 계략으로 로마의 통치자 율리우스 카이사르를, 그리고 이어서 그의 장군인 안토니우스를 유혹했다고 알려져 있다. 이야기에 따르면 클레오파트라 여왕은 장미로 만든 향수로 관능적인 매력을 내뿜어 그들을 무력하게 만들었다고 한다. 이따금 누군가 역사적으로 입증된 사랑의 묘약이 일확천금을 가져다주기를 바라며 클레오파트라 여왕의 은밀한 향수 제조법을 재발견했다고 주장하기도 한다. 아직 그런 일은 일어나지 않았지만, 유혹의 도구로서 향수는 지난 수천 년간 분명히 영업 수완의 한 부분이었다.

유혹하기 위해 향수를 사용한 또 다른 기록은 구약성서의 아가서 '솔로몬의 노래'(혹은 노래 중의 노래)에서도 찾을 수 있다. 솔로몬의 노래는 2200~3000년 전에 쓰였고, 가끔 너무 선정적이라는 이유로 제외되기도 했다. '사랑하는 님은 내 가슴 사이에 품은 향 주머니와 같고', 이는 젊은 여자들을 저항할 수 없게 무너뜨린 향수를 묘사한다. 2000년이 지나서도 향수 브랜드는 여전히 그들이 만든 사랑의 묘약에 연인을 끌어당기는 자석 같은 힘이 있다고 고객을 설득한다.

그러나 수 세기에 걸쳐 그저 좋은 향기를 맡는 사치를 부리기 위해 향수를 사용하는 것은 엄청난 부자만 가능한 일이었다. 향수를 만들던 약제상은 성서의 세 가지 선물 중 금보다는 프랑킨센스(유향)와 미르(몰약)[01]를 받는 것이 나았을 것이다. 부유한 사람들의 피부에서는, 라브다넘, 벤조인, 미르, 프랑킨센스, 송진에 꽃과 스파이스를 첨가하고 향을 유지하기 위한 올리브와 아몬드 오일에 담가 우려낸 식물 수지와 발삼 추출물로 향긋한 내음이 풍겼다.

중세 시대: 에센셜 오일의 등장

페르시아 제국의 과학자이자 철학자인 이븐 시나는 현재 우리가 **에센셜 오일**이라고 부르는 원료를 가공하는 증류 추출법에 대한 책을 썼고, 이븐 시나의 추출 방식은 유럽 전역으로 퍼져나갔다. 재능이 뛰어났던 이븐 시나는 998년 18세의 나이로 의료자격증을 땄고, 1025년에 5권으로 구성된 의학서(The Canon of Medicine)를 집필했다. 이븐 시나가 최초로 식물에서 치료용 에센셜 오일을 추출한 사람은 아니지만, 일반적으로 서양에 에센셜 오일 추출법을 소개했다고 알려져 있다.

당시 향수의 용도나 대상은 지금과 매우 달랐고, 전 세계 인구 중 극히 일부에게만 허락될 만큼 굉장히 비쌌다. 향긋한 토닉은 몸을 씻거나 질병을 고치는 약으로 쓰였지만, 타고난 매력과 부를 과시하는 용도이기도 했다. 중세 귀족이 지나치는 사람에게 자신의 향기가 건강과 부를 상징하리라 예상하며 로즈마리와 미르향이 나는 아몬드 오일로 몸을 씻는 장면을 상상하기란 어렵지 않다.

중세시대 초기 민간의학과 수도원은 유사한 전통을 통해 자연 치유 요법에 대한 지식과 재료를 공유했다. 의료용 허브를 재배하면서 때때로 먹어보기도 하고 냄새를 맡거나 몸에 발라보기도 했다. 수도원의 수사들은 알코올 증류법으로 식물 에센스를 혼합해 허브 팅크[02]를 제조했다. 아로마 에센스와 약제는 곧 같은 말이었으며 내면과 외면의 청결함, '4체액'의 균형, 악령 퇴치 등을 위해 사용되었다. 특권층의 표식과도 같은 쾌적한 향기는 덤이었고, 좋은 냄새는 절대 혐오감을 주지 않았다. 이러한 식물 추출물은 희귀하고 가격이 비싼데다 사람들의 마음을 가라앉히고 명상을 돕는 효과가 있다. 이 때문에 교회에서는 사용을 금지하려 하기도 했는데, 사람의 기분에 영향을 미치는 것이 악마의 소행이라고 생각했기 때문이다. 다행히 종교 지도자들은 의료용 약제로 쓰는 것을 허용했고, 악보다는 선을 위해 사용하기로 했다.

오 드 콜로뉴, 가장 오래된 향수

오 드 콜로뉴는 서양에서 가장 오래된 향수 유형으로 유럽 수도원이 습득한 지식을 통해 발전했다. 수사들은 기술과 자원을 이용해 신체를 정화하는 토닉을 제조하고 판매하면서 공동체를 지원했다. 가장 초기에 알려진 치료제 중 하나는 로즈마리 추출물로 만든 헝가리 여왕의 향수로, 그 기원은 확실치 않다. 헝가리의 이사벨라 여왕이 이 향수로 건강과 아름다움을 되찾았다는 이야기가 전해지는데, 간혹 주인공이 엘리자베스 여왕으로 바뀌기도 한다. 14세기쯤부터 이어진 전설 같은 이

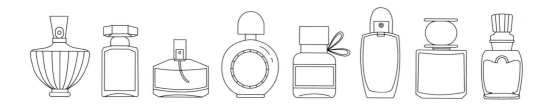

야기는 은둔자거나 연금술사였던 수사들의 창작에 따라 내용이 조금씩 다르다.

아쿠아 미라빌리스(aqua mirabilis; 기적의 물)로 불렸던 이 토닉은 마시거나 몸을 씻는 데 사용되었고, 때때로 음료이면서 동시에 세정제이기도 했다. 결국 리큐어[03]와 코디얼[04]은 토닉에서 떨어져 나와 별도의 음료로 판매되기 시작했고, 세정제로 사용하던 토닉은 쾰른워터(Kölnische wasser) 혹은 오 드 콜로뉴(eau de cologne; 독일의 도시 쾰른에서 온 물이라는 뜻)로 알려진 시트러스 오일 베이스의 향수로 발전했다.

레몬, 오렌지, 베르가못은 독일에서 재배되지 않았는데 왜 이름에 '콜로뉴'가 붙었을까? 그 기원은 이탈리아 수도원의 허벌리즘에 있다. 이탈리아 수사들은 시트러스 과일을 재배했고, 그들의 허브 치료제 비법은 제조법이 수정되면서 더 완벽해지고 지역화와 브랜드화를 거쳐 유럽 전역으로 퍼져나갔다. 그러다 마침내 독일의 쾰른이 마케팅 경쟁에서 승리했고 명성을 차지했다. 그리고 이제는 흔하게 사용되어 도시 이름과 상관없이 남성용 향수를 의미하는 '콜로뉴'라는 일반적인 용어가 되었다.

향수 하우스의 탄생

세 명의 라이벌이 현존하는 가장 오래된 **향수 하우스**의 이름을 걸고 누구의 제조법이 가장 오래되었는지 결판이 날 때까지 승부를 가렸다.

1709년, 조반니 마리아 파리나는 이탈리아에서 자신의 전매특허인 오 드 콜로뉴 제조법을 가지고 독일 쾰른에 도착해 지금은 박물관[05]이 된 자신의 향수 제조소를 차렸다.

1792년, 젊은 사업가였던 빌헬름 뮐렌은 카르투지오회 수사에게서 기적의 물 제조 비법이 담긴 제조법을 받았다고 한다. 뮐렌은 공장을 세우고 건강 음료를 만들어 판매하기 시작했다. 이것이 후에 4711 오리지널 오 드 콜로뉴(26쪽 참조) 향수가 되었고, 뮐렌은 자신의 제조법이 더 오래되었다고 주장했다.

조반니 마리아 파리나의 후손 중 한 명은 파리에 자리를 잡았는데, 그의 향수 회사는 오 드 콜로뉴 엑스트라 비에이유(Extra Vielle; 아주 오래된) 향수의 권리와 함께 로저 앤 갈레[06]에 매각되었다. 이들은 자신들이 여전히 아쿠아 미라빌리스의 13세기 최초 제조법을 사용하고 있고, 다른 두 경쟁자의 제조법은 변형되었다고 강조한다.

사실 기적의 물 제조법은 허브 탑 노트, 우디와 플라워 미들 노트, 보태니컬 발삼과 동물성 머스크가 포함된 **고정제**를 베이스 노트로 하는 시트러스 계열 향수의 일반적인 조향을 바탕으로 수백 개의 다른 버전이 존재하며, 늘 가장 뛰어난 마케팅이 최고의 신화를 창조한다. 브랜드 소유자를 제외하고는 아무도 어떤 향수가 가장 오래되었는지 신경 쓰지 않지만, 향수의 세계는 전설 같은 이야기로 가득하고 일부는 시간이 지나면서 와전되기도 했다. 심지어 몇몇 이야기는 지난 몇 달 동안 만들어졌고, 알고 보면 거짓투성이인 신화도 많다.

19세기: 조향 혁명

19세기 중반 무렵, 빅토리아 시대 화학자들이 연구실에서 향수를 만들기 시작하면서 모든 것이 바뀌었다. **합성원료**를 사용하면서 **조향사**는 향수의 가격은 낮추고 생산량을 크게 늘릴 수 있었다. 이로 인해 부자뿐만 아니라 일반 사람들도 향수를 쉽게 살 수 있게 되었고, 향기로운 비누와 '화장수'로 사람들의 몸과 옷에서 더 좋은 냄새가 나기 시작했다. 독일과 러시아 산업계는 발 빠르게 적응해 아름답게 포장한 적당한 가격의 플로럴 향수를 유럽에 공급했다. 이 향수들은 비싼 부티크나 백화점이 아닌 조향사의 퍼퓨머리에서 판매되었다.

이제 **화학향료**를 혼합하거나 첨가해서 다양한 **천연원료**의 향을 재현할 수 있었다. 예를 들어, 바이올렛 계열 향수는 합성 이오논으로, 앰버 계열 향수는 합성 바닐라, 로즈우드 계열은 리날룰, 뮤게(은방울꽃) 계열은 하이드록시시트로넬을 사용해 고유의 향을 표현한다.

물론 향수 제조사는 고객을 겁먹게 하고 싶지 않기 때문에, 여전히 향수병과 포장 상자에 꽃을 그려 넣는다. 21세기에 들어서야 조향사들은 실험실에서 나와 인터넷을 통해 소비자에게 아름다운 향기를 내는 **분자**에 대해 알려주기 시작했다.

그렇지만 향수 회사는 자사의 향수가 합성원료를 사용한 화학향료로 만들었음에도 경탄할 만한 향이 난다고 설명하기를 꺼린다. 최근 대세인 '천연' 향수는 그럴듯하게 들리지만, 자세히 살펴보면 말이 되지 않는다. 이 책을 통해 향수에 대해 가져갈 만한 한 가지가 있다면, 자연은 때로 심각한 독성 물질을 만들어내며 화학향료가 종종 더 안전하다는 사실이다. 100%

합성원료로 만든 일부 향수는 조향사의 혼합 기술 덕분에 천연 향수보다 더 자연에 가까운 향이 난다.

유행은 바뀌고 새로운 원료가 등장하기도 하지만, 21세기의 향수는 여전히 합성원료를 발견한 1880년대 말과 유사한 방식으로 제조된다.

향수에는 무엇이 들어 있을까?

향수 라벨을 보면 향수병의 용량, 브랜드명과 주소 등의 정보를 알 수 있지만 정작 향수에 무엇이 들어가 있는지는 자세히 알기가 어렵다. 라벨에 표시된 전성분 목록 중 '향료'라는 단어에는 미스터리가 숨겨져 있다. 향료는 비공개 제조법에 적힌 **천연원료**나 **합성원료** 또는 둘의 혼합물에 포함된 하나에서 수백 개가 넘는 성분 중 어떤 것도 될 수 있다.

전성분 목록이 말해주는 것들

전성분 목록에는 그 향수가 어떤 향인지에 대한 정보가 없으며, 제조법의 모든 성분이 포함되어 있지도 않다. 향수의 배합 비율이나 알코올의 함량도 마찬가지로 표시되어 있지 않다. 그렇다면 전성분 목록은 무엇을 위한 것일까? 라벨에 전성분을 표기하는 것은 법적 요구사항으로, 과자 포장에 표시된 알레르기 유발 항원인 알레르겐 목록처럼, 향수에 피부 자극을 유발하는 물질이 함유되어 있는지 알 수 있다. 향수 회사는 일반적으로 규정을 준수하면서도 복제품이 나올 위험도를 낮추기 위해 가능한 한 적은 정보를 기재한다.

전성분 목록 표시 항목

• 알코올
• 아쿠아(때때로)
• **향료**

- 대부분 화학물질처럼 들리는 성분 목록으로 **천연원료**도 일부 포함될 수 있으며, 보통 알레르겐 목록으로 알려져 있다.

- 알코올 성분은 순수한 등급의 에탄올을 나타낸다. 농축된 향수액을 희석하고 보존하는 역할을 한다.

- 아쿠아는 물의 공식적인 명칭이다.[07] 일부 향수는 인화성을 줄이고 안전하게 선적하기 위해 물을 첨가한다.

- '향료'에 어떤 성분이 함유되어 있는지 아래에서 더 자세히 알아볼 것이다.

- 알레르겐 목록은 향수에 어떤 피부 자극 물질이 함유되어 있는지 보여준다. 유럽연합(EU)에서 판매하는 모든 화장품 브랜드는 피부 알레르기가 있는 사람에게 문제를 일으킬 수 있는 물질이 들어 있는지 바로 볼 수 있도록 관련 법에 따라 제품 포장에 알레르겐 목록을 명시해야 한다.[08]

4160 튜즈데이즈 오 드 퍼퓸, 드라이브 뎀 와일드 향수의 전성분 표시를 참고해보자. 이 향수에 어떤 성분이 들어 있고, 무엇을 의미하는지 정확하게 설명할 수 있다. 왜냐하면 해당 향수를 이 책의 공동 저자가 만들었기 때문이다.

전성분 알코올(변성 에탄올), 향료, 리모넨, 하이드록시시트로넬알, 에버니아 프루나스트리(오크모스) 추출물, 시트랄, 제라니올

- 나열된 피부 자극이나 알레르기 유발 성분은 추가 성분이 아닌 향료에 포함되어 있다.
- 리모넨은 베르가못, 스위트 오렌지, 블랙 페퍼 **에센셜 오일**에 함유되어 있다.
- 하이드록시시트로넬알은 은방울꽃 향을 내는 **화학향료**다.
- 에버니아 프루나스트리는 오크모스로, 185쪽에서 자세한 내용을 볼 수 있다.
- 시트랄은 베르가못과 오렌지에 함유되어 있다.
- 이 향수에 함유된 제라니올은 천연 오스만투스, 오렌지 꽃, 재스민에서 추출했다.

리모넨, 시트랄, 제라니올은 모두 합성원료로 만들 수 있지만, 해당 향수는 천연원료 추출물을 함유하고 있다.

'향료'는 정확히 무엇을 의미할까?

향료(Parfum)는 국제적으로 통용되는 향수의 명칭이며, 엄격한 국제 규정을 준수하도록 안전성을 평가한 성분의 모음이다. 향수는 하나에서 120개 이상의 향이 나는 물질로 구성될 수 있으며 **천연원료**나 **합성원료** 혹은 둘을 조합한 혼합물을 함유할 수 있다. 유럽연합에서 판매하는 모든 향수와 향이 나는 화장품은 안전 인증서를 보유하고 있으며, 향수는 피부 자극 테스트를 통해 확립된 안전 한도 내에서 사용된다. 현재 유럽연합은 가장 엄격한 화장품 규정을 적용하기 때문에 전 세계 국제 브랜드도 해당 규정을 따르며 결과적으로 유럽연합을 제외한 다른 국가에서도 대부분 안정성을 인정받고 있다.

몇 가지 흥미로운 추가 국제 규정도 있다. 예를 들어, 영국 향수를 한국에 판매하려면, 광우병 발병이 보고된 지역의 유래 성분을 함유하지 않았음을 진술하는 공증된 문서가 있어야 한다.

향수 산업은 저작권이나 특허로 제조법을 보호할 수 없어서, "향료"라는 단어로 향을 만드는 데 사용하는 모든 원료를 포괄한다. "향료"는 국제적으로 공인된 이름이며 소비자에게 성분을 숨기려는 목적이 아니라 경쟁자가 복제하기 어렵게 만들어 조향사의 소중한 제조법을 비밀로 유지하는 데 도움을 주는 수단이다.

업계 **조향사**들은 마치 시각 예술가처럼 **후각**과 분석을 통해 향수를 재현하도록 훈련한다. 그러나 자신의 제조법을 전 성분 목록에 표기해서 쉽게 복제할 수 있도록 하고 싶어 하지 않는다. **카피 향수**(dupe)가 판치는 업계에서, 창의성을 불태우며 성공적으로 향수를 출시한 조향사는 경쟁자가 자신의 제조법을 가져다가 베낄 수 없도록 까다롭게 만든다.

비법을 유지하는 대가로 음모론에 휩싸일 수도 있다. 사람들은 숨길 게 없다면 왜 제조법의 모든 성분을 공개하지 않는지 묻는다. 그들은 조향사가 향수에 무엇을 넣는지 낱낱이 알고 싶어 한다. 그러나 향수 브랜드는 조향사의 제조법을 비밀에 부치고, 향수에 함유된 알레르겐에 업계에서 사용하는 공식적인 명칭을 붙여 화학물질 목록처럼 보이게끔 나열한다. 알레르겐 목록은 제라니올, 오크모스, 시트랄 등에 알레르기가 있는 사람들이 어떤 향수를 피해야 하는지 알 수 있도록 분명하게 표기해야 한다.

천연원료와 합성원료, 어떤 것이 더 안전할까?

화학물질은 세척제나 오염물질에서만 발견된다고 생각하기 쉽다. 하지만 인간도 모두 화학물질로 만들어졌다. 매 순간 들이마시고 내뱉는 공기는 산소라는 화학물질이다. 물은 일산화이수소, 소금은 염화나트륨, 베이킹소다는 탄산수소나트륨이다. 전문적인 명칭이 낯설면 모든 게 무섭게 들린다. **천연원료**이든 **합성원료**이든 모든 향수는 식물이나 사람이 만든 화학물질로 만든다. 막연히 천연원료가 더 안전하다고 생각하지만, 사실은 아니다. 식물은 꿀벌을 유인하고 곰팡이, 박테리아, 갉아먹는 동물로부터 자신을 방어하는 등 생존을 위해 화학 혼합물을 생성한다. 향수 업계에서는 이러한 식물의 화학 혼합물을 추출해 **에센셜 오일**이라고 부르므로, 맥락을 따져보면 왜 안전 경고가 함께 표기되는지 쉽게 이해할 수 있다. 에센셜 오일 하면 신체적·정서적 안정을 주는 아로마테라피를 떠올리겠지만, 조향사도 향수를 만들 때 원하는 향을 얻기 위해 에센셜 오일을 사용한다.

그러므로 정확한 사실을 알고 무책임한 마케팅에 겁먹지 않도록 향수의 과학에 대해 가능한 한 많이 배워두길 바란다.

향수가 서로 다른 색을 띠는 이유

최근까지 향수는 옅고 짙은 색조의 차이는 있어도 모두 노란색 계열이었다. 내추럴 주니퍼[09], 라벤더, 라즈베리 잎에서 추출한 **앱솔루트**처럼 짙은 녹색을 띠는 초록색 계열도 몇몇 있

었지만 매우 희귀했다. 향수는 대부분 무색이어서 **조향사**는 자연을 닮은 색을 입혀 소비자가 익숙한 느낌을 가질 수 있도록 했다. 20세기에 제조된 향수는 **에센셜 오일**과 앱솔루트 자체에 색이 있어 자연스러운 짙은 빛을 띠는 경우가 많았기 때문에 1980년 이전에 태어난 사람들은 향수를 밝은색 옷에 뿌리지 않도록 주의해야 했다.

지금은 향수에 상상하는 모든 색조를 입힐 수 있다. 현대의 향수 색소는 공기와 접촉하면 산화되어 무색이 되기 때문에 옷을 더럽히지 않는다. 빈티지 향수를 볼 기회가 있다면 바이올렛 향수의 색이 노란색이나 녹색임을 알 수 있을 것이다. 지금은 보라색을 입힌다. 장미 향수는 노란색이었지만 이제 분홍색을 띤다. 마린 향수는 무색이거나 노란색이었지만 지금은 누구나 예상할 수 있듯이 바다의 푸른 빛이다. 향수의 다양한 색은 무척 아름답게 보이고 특히 무지개색으로 빛나는 컬렉션이 있다면 더 그렇겠지만, 그래도 향수는 햇빛이 닿지 않게 포장 상자에 보관하는 것이 좋다.

향수의 다양한 색은 규모가 큰 회사에서 제조하는 경우에만 적용된다. 소규모 업체나 공방에서 만든 수제 향수를 선호한다면, 여전히 그늘진 나뭇잎 색이 옷에 얼룩을 남길 수도 있을 것이다.

후각

20세기 초 미래학자들은 인류가 필요한 모든 정보를 눈과 귀로 배울 수 있어 더이상 후각이 필요하지 않을 것이라고 예상했다. 현대의 연구는 이 추측이 사실과 거리가 멀다는 점을 밝혀내고 있다. 후각은 자신을 안전하게 지키기 위해 진화했으며 여전히 밤낮으로 임무를 해내느라 바쁘다. 코는 냄새를 수집하지만, 경고하는 냄새나 안심시키는 향기를 맡았을 때 어떻게 반응할지 결정하는 일은 뇌가 맡는다. 이 냄새는 안전한가? 나한테 좋은 건가? 도망칠까 말까?

향수 노트

소비자가 맡는 향을 이해하는 데 도움을 주기 위해, 향수 업계는 향수가 어떤 향이 나는지 설명하는 도식인 노트 피라미드를 고안했다. 퍼퓨머리에서 향수에 무엇이 들어 있는지 물어보면 보통 각각 세 가지의 탑 노트(놋 드 떼뜨), 미들 노트(놋 드 꿰흐), 베이스 노트(놋 드 퐁)를 알려준다. 그러나 노트는 향수의 아웃풋이지, 인풋이 아니다. 다시 말해, **조향사**가 향을 만들기 위해 혼합물에 넣은 성분이 아닌 향수의 향이 어떤 느낌인지를 묘사한다. 향수 노트에 망고가 기재되어 있더라도, 그 향수를 망고로 만든 게 아니라는 의미다.

조향사는 발향 속도에 따라 탑, 미들, 베이스 노트를 정의한다. 탑 노트는 **휘발성**이 가장 높아 30분 정도 지나면 향이 사라진다. 미들 노트는 최대 4시간 정도 지속되며, 베이스 노트는 8시간 이상 남아 있다.

노트 목록 기재 형식은 아래와 같다.

탑 노트 ｜ 무화과, 망고, 씨솔트
미들 노트 ｜ 작약, 샌달우드, 헬리오트로프[10]
베이스 노트 ｜ 앰버, 파촐리, 머스크

이는 결국 혼합물의 향을 맡게 된다는 뜻이지만 아마 무화과, 망고, 씨솔트 향이 먼저 풍기고, 탑 노트 향이 사라지면서 미들 노트인 우드와 플라워향이 더 선명해진 다음 마지막으로 베이스 노트의 잔향이 남을 것이다.

그러나 눈에 보이는 게 다가 아니다. 퍼퓨머리의 판매 직원이 고객과 대화를 시작할 수 있도록 설계된 향수 노트 목록이나 피라미드를 읽으면서 우리는 향수에 그 노트가 들어 있다고 생각하지만 보통 그렇지 않다. 노트는 환상이며 진짜가 아니라는 사실을 받아들이면 향수를 고를 때 쓸모가 있다.

무화과 노트는 무화과에서 추출한 성분이 아니라 갓 자른 무화과 잎의 향을 연상시키는 **합성원료**를 섞어 만든 것이다 (천연 무화과 앱솔루트는 피부 자극을 유발하기 때문에 사용이 금지되었다). 망고 노트는 톡 쏘는 **화학향료**에 시트러스 과일 **에센셜 오일**을 첨가해서 만든다. 씨솔트 노트는 향이 나지 않지만 아쿠아틱 스타일의 화학향료를 사용해 해변의 향취를 떠올리게 한다. 샌달우드는 에센셜 오일이지만 너무 비싸서 보통 하나 이상의 합성원료를 혼합해 대체한다.

그림을 그린다고 생각해보자. 보라색을 만들고 싶은데 팔레트에 물감이 부족하다면 빨강과 파랑을 섞으면 된다. 누군가 방금 그린 어여쁜 꽃이 무슨 색이냐고 묻는다면, 빨강과 파

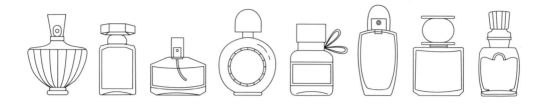

랑을 섞은 색이 아닌 '보라색'이라고 대답할 것이다. 빨강과 파랑이 인풋이고, 보라색이 아웃풋이다.

따라서 '이 향수에 작약이 들어갔나요?'라고 묻는다면 향수를 만들 때 천연 작약을 사용하지 않으므로 그렇지 않다고 답할 것이다. 대신 '천재적인 조향사가 작약 향이 떠오르는 어떤 개별적인 원료를 사용했나요?'라고 묻는다면, 답은 그렇다.

왜 우리는 어떤 향기를
다른 향기보다 더 좋아할까?

우리는 좋고 싫음을 경험을 통해 많이 배운다. 이를 접근-회피 반응이라고 한다. 소나무 향은 주로 세정제에 사용되는데, 영국사람은 그게 '화학물질' 냄새라고 생각해서 소나무 향이 나는 음료나 음식을 기피 한다. 사실 그 세정제는 상쾌한 소나무 향을 풍기고 있는데도 말이다.

어떤 향수는 맡으면 안전하고 행복하다고 느꼈던 물건이나 사람이 떠올라 이끌리기도 한다. 아니면 어린 시절 자신의 마당에 공을 찼다고 야단을 치던 이웃집 아주머니의 냄새가 생각나 그 향수를 선택하지 않을 수도 있다. 기억은 시간이 지나면 잊힐 수 있지만, 향기는 그보다 깊은 곳에 새겨져 있다.

내가 뿌린 향수를 다른 사람은 맡는데
나는 맡을 수 없는 이유

인간의 후각 시스템은 생존과 직결되는 정보에만 집중한다. 그래서 좋아하는 향수를 주기적으로 뿌리면 뇌는 그 향에 대한 후각 정보를 무시한다. 그게 안전하다고 학습했기 때문에 뇌는 향수 냄새를 분석하는 대신 이렇게 말할 것이다. '그럼 그럼, 여기 걱정할 만한 건 없어. 모든 게 잘 돌아가고 있다고 자, 이제 집중해보자! 근처에 나를 잡아 먹을 만한 위험한 게 있나?'

이를 후각적 습관이라고 하며, 향수를 뿌린 날 친구들이 좋은 향기가 난다고 할 때 '그래? 뿌린 지 한참 된 것 같은데?'라고 대답하는 이유다. 그러므로 향수를 다시 뿌리기 전에 다른 사람과 확인해보는 게 좋다. 그렇지 않으면 문을 열고 들어서자마자 방안을 냄새로 가득 채우며 향수의 세계에서 '오버스프레잉'으로 알려진 참사를 불러올 수 있다. 운전하면서 음악의 볼륨을 한껏 높여 지나가는 사람들의 뼛속까지 울리게 만드는 것과 맞먹는 끔찍한 일이다.

이것은 향수를 여러 개 돌려가며 사용할 좋은 핑계가 된다. 뇌는 우리가 가장 좋아하는 것에 익숙해지므로 공중에 퍼지는 향기를 맡는 더 큰 기쁨을 누리고 싶다면 결국 끊임없이 자신을 놀라게 해야 한다.

계절에 따라
다른 향수를 사용해야 할까?

사람들은 더운 날씨에는 리치한 향수를 내버려두다가 해가 일찍 지기 시작하고 추워지는 계절이 오면 스파이시한 향수에 손을 뻗는다. 반대로, 상쾌한 그린 시트러스 향수는 쌀쌀한 날씨에는 너무 차갑게 느껴지지만 폭염이 기승을 부리는 여름에는 완벽하다. 자신이 원하는 향수를 뿌리고 싶을 때 뿌리는 것 말고 계절에 따라 지켜야 할 규칙 따윈 없다.

나만의 향수를 사는
가장 좋은 방법은 무엇일까?

우선 시향해보는 것이다. 시향을 할 수 없는 상황이라면 믿을 만한 취향을 가진 사람에게 정보를 구해보자. 역설적이게도 향수 냄새를 맡는데 가장 곤란한 장소 중 하나는 바로 퍼퓨머리 안이다. 궁궐 같은 곳에 들어가면 이미 가득 찬 향기가 뇌를 강타하고 강렬한 향기에 취한 뇌는 걱정할 필요가 없다는 결정과 함께 전달하는 후각 정보의 양을 줄인다. 거기에 몇 가지 향수를 시향하고 나면 뇌는 로그오프 상태가 되어 시향지에서 나는 어떤 냄새도 인식하지 않는다. 그러는 동안 사실 코는 모든 냄새를 맡고 모으느라 정신없이 바쁘지만, 뇌는 어떤 정보에도 집중하지 않는다.

그러므로 냄새를 제대로 맡아보려면 시향지를 가지고 밖으로 나가야 한다. 문을 나서는 순간 뇌는 새로운 위험이나 기회를 포착하기 위해 주변의 공기를 재설정하고 테스트한다. 그래야 시향지의 향기에 대한 정확한 정보를 얻을 수 있다. 어느 정도 향을 맡았다면 이제 같은 과정을 시향지 대신 피부에 뿌려보고 반복해보자. 매장 직원이 커피 원두에 코를 대고 숨을 들이쉬면 후각을 다시 설정하는 데 도움이 된다고 설득할 수도 있지만 결국 향을 하나 더 맡게 될 뿐이라는 점을 명심하자. 맡는 향을 바꾸면 도움이 될 수도 있으나 가장 좋은 방법은 바깥으로 나가서 신선한 공기를 들이마시는 것이다. 밖에서 향수 냄새를 맡고, 선택한 다음 다시 들어가자.

더불어 퍼퓨머리에서 시향하고 마음에 드는 향수를 찾았다면 그곳에서 향수를 샀으면 한다. 시향은 매장에서 하고 온라인에서 구입하면 오프라인 퍼퓨머리가 점점 설 곳을 잃어 간다. 누군가의 퍼퓨머리에서 자신을 향기로 감싸는 즐거움을 누렸다면, 힘들게 번 돈을 그들과 나누었으면 한다.

이 책에 언급된 향수 중 일부는 특정 국가나 퍼퓨머리에서만 살 수 있어서 바로 코 앞에 갖다 대기 전까지는 그 향수를 좋아하는지 확실히 알기 어려울 수 있다. 향수를 온라인에서 구입할 생각이라면 먼저 샘플을 사서 시간을 들여 뿌려본 다음 결정하는 게 좋겠다. 그러나 모든 회사가 샘플을 판매하지는 않는데다 향수는 인화성 물질에 위험품으로 분류되기 때문에 전 세계로 배송되는 비용도 비싸다는 점을 참고하자.

향수의 지속력

지속력은 향을 느낄 수 있는 시간의 길이로 향수를 살 때 소비자가 고려해야 할 매우 중요한 요소다. 농도가 다르면 지속되는 시간도 다르며 향수는 피부보다 옷에서 잔향이 오래 남는다는 점을 기억하자.

엑스트레 드 퍼퓸(파르팡) Extrait de parfum	30~50%	최대 16시간
아타르 Attar	100%	8~16시간

향수는 피부에서 얼마나 오래 지속될까?

여기 전통적인 부향률과 향수 유형을 보여주는 매우 대략적인 지침이 있다. 이는 추정치며 21세기 향기에 항상 적용되는 것은 아니다.

향수 종류	부향률(농도)	지속 시간
오 프레쉬(프레슈) Eau fraiche	1~3%, 물과 알코올	20분
오 드 콜로뉴(꼴론/코롱) Eau de Cologne	3~5%	30분~1시간
오 드 투알레트(뚜왈렛) Eau de toilette	5~8%	최대 2시간
오 드 퍼퓸(파르팡) Eau de parfum	10~15%	최대 4시간
퍼퓸(파르팡) Parfum	20~30%	최대 12시간

상쾌하고 가볍게 휙 지나가는 향으로 30분 안에 사라지는 오 프레쉬부터 유럽 향수 중 가장 부향률이 높은 엑스트레, 중동과 아시아의 전통적인 아타르까지 단계를 높일 수 있다(아타르에 대한 상세 내용은 아래 참조).

참고: 미국에서 '콜로뉴'는 보통 남성 향수를 의미하며 엑스트레까지 부향률이 다양하다.

조향사는 향의 세기, 스타일, **지속력**에 맞추어 향수를 만든다. **천연** 시트러스 원료는 사용하는 양에 상관없이 빠르게 사라지기 때문에 시트러스를 베이스로 한 퍼퓸 향수는 거의 눈에 띄지 않는다. 시트러스 베이스는 보통 오 드 콜로뉴에 쓰이거나 향이 더 강한 혼합향의 탑 노트가 된다. 마찬가지로 조향사는 지속력이 긴 깊고 발사믹한 라브다넘(labdanum)을 혼합향의 베이스 노트로 쓰기도 한다.

아타르

아타르는 농도 100%의 향수 원액으로 수천 년 전 지중해 주변과 인도, 인도네시아에서 오리지널 향수에 가장 가까운 스타일과 제조법으로 만들어진다. 전통적인 아타르는 증류법으로 추출되며, 각각의 식물에서 **에센셜 오일**을 추출해 혼합하는 대신 아타르 제조자는 식물 원료를 함께 증류했을 것이다. 아타르라는 단어는 향수를 뜻하는 페르시아어 '오토(otto)'와 같은 의미다.

현대의 아타르 제조자는 새로운 방식을 적용해 증류 후에 **천연원료**와 **합성원료**를 혼합하고 전통적인 마이소르(Mysore)산 샌달우드가 아닌 디프로필렌 글리콜과 함께 증류해 향수의 생산가격을 낮추었다. 아타르는 우리가 아직 탐구하지 않은 전문 분야이므로 이 책에서 다루지 않는다.

21세기 향수의 변천사

지난 몇 년 동안 대형 **디자이너** 브랜드는 비슷한 명칭에 느낌은 다르지만 같은 시간 동안 지속되는 오 드 투알레트, 오 드 **퍼퓸**, **퍼퓸** 세 가지 종류의 향수를 생산하기 시작했다.

여기에는 기존 향수의 제조법을 수정해서 새롭게 출시한 향수도 포함된다. 오 드 투알레트(EDT)는 가볍고 상쾌한 향이며, 오 드 퍼퓸(EDP)은 좀 더 짙고 풍부하다. 퍼퓸은 향이 가장 강해 사용자의 코끝 가까이에 머문다. 모두 전통적인 EDT, EDP, 퍼퓸의 특성을 가지면서도 향수를 소비하는 대중의 요구에 맞추어 향이 좀 더 오래 지속되도록 공식화되었다. 이는 모두의 예상을 뒤엎었기 때문에 가히 향수 혁명이라 할 수 있다. 보통 퍼퓸이 오 드 퍼퓸보다 지속력이 길고, 오 드 퍼퓸은 오드 투알레트보다 오래 지속된다고 알고 있지만, 이제 세 종류의 차이는 지속 시간이 아니라 가볍고 무거운 정도다.

그러므로 빈티지 오 드 투알레트가 지속력이 짧다고 해서 21세기 향수 테크놀로지 표준에 어긋난다는 의미는 아니다. 우리는 이 책에서 내내 비즈니스 컨설턴트가 말하는 소위 '기대 관리'를 하려고 애썼고 종일 지속되는 향수가 아닌 경우 해당 사실을 언급하고 있다. 향수의 지속력보다는 향 자체를 평가하려는 우리의 선택에 지지를 바란다.

향수는
병 안에서 얼마나 오래 갈까?

뚜껑이나 펌프가 밀폐된 상태에서 열지 않고 그대로 두는 경우 향수의 수명은 수십 년이다. 그러나 일단 뚜껑을 열고 공기에 노출되면 산소는 휘발성 물질과 반응하기 시작해 탑 노트 향이 바뀐다. 사용하는 향수가 병에 3분의 1 정도 남았다면 아낌없이 뿌리도록 하자. 와인과 비슷하지만 바닥을 드러내기까지 조금 더 시간이 걸릴 뿐이다.

향수는 빛과 열이 닿으면 향 분자가 변하기 때문에 가끔 아껴 뿌리는 향수라면 포장박스 같이 어둡고 서늘한 곳에 보관하는 것이 좋다. 그리고 향수가 거의 바닥을 보일 때는 속도를 내서 빠르게 비우자. 슬프고, 어둡고, 끈적거리는 액체의 마지막 몇 밀리리터에 매달려봤자 의미가 없다. 매일 뿌리면서 몇 달 안에 다 소진할 향수라면 박스에 넣을 필요 없이 선반에 올려두면 된다.

향수는 언제, 어디에서 뿌려야 할까?

향수가 신발과 비슷한 점이 하나 더 있다. 어떤 사람들이 끈 달린 갈색 단화만 신는 것처럼 당신도 자신만의 시그니처 향수가 있을지 모른다. 아니면 꽉 찬 화장대 서랍에서 상황에 맞는 향수를 선택할 수도 있다. 어느 쪽이든 전적으로 괜찮으며 그 사이도 마찬가지다. 향수를 어디에, 얼마나, 어떻게 뿌려야 하는지 수도 없이 다양한 경우가 있다. 원하는 향수를 원하는 때에 뿌리는 것 외에 정해진 규칙은 없다.

향수는 아무 때나 뿌려도 괜찮을까?

몇몇 권위 있는 조향사 사이에서도 향수가 오로지 다른 사람을 유혹하기 위해 존재한다는 믿음이 여전하다. 그러나 모두가 집에서 꼼짝없이 갇혀 있던 2020년에 그 신화는 쓰레기통에 던져졌다. 사람들은 다른 즐거움을 누리지 못하는 동안 향수가 주는 기쁨에 감사하면서 기분을 전환하기 위해 향수를 뿌렸다. 우리 모두 향수가 단지 외출할 때만 필요한 게 아니라는 것을 배웠다.

향수 애호가를 위한 또 다른 작은 사치는 잠잘 때 향수를 뿌리는 것이다. 잠자리에 들 때 무엇을 입는가? 숙면을 위한 향수? 안 될 게 뭔가? 잠이 들어도 뇌는 여전히 주변의 냄새를 감지하며 편안하고 익숙한 향기는 긴장을 풀어주어 더 잘 자도록 도와준다. 친구네 집이나 호텔 방에 머무른다면 오랜 시간 함께했던 애착 향수를 가져가 잠자리에 들 때 입어보자. 마음이 편안할 것이다.

미각의 미학

우리가 실험정신이 강한 최고의 쉐프들과 일하면서 알게 되었는데, 향기는 맛에 영향을 끼치므로 미슐랭 식당에서 식사하기 전에는 향이 강한 향수를 뿌리지 않는 게 예의일 것이다.

많은 사람이 2020년에 안타까운 방식으로 발견한 냄새의 한가지 특징은 후각을 잃었을 때 음식의 맛이 싱겁게 느껴진다는 점이다. 뇌는 향의 **분자**가 입안과 목 뒷부분에서 코를 통해 인지되는 후비향을 통해 후각 망울에 닿을 때 후각과 미각을 결합해 맛을 만든다. 음식을 씹는 동안 뇌는 '아하, 이건 입에서 오는 신호니까 미각이 틀림없어'라고 느끼지만 사실 이는 후각과 미각이 합쳐진 감각이다.

심지어 시향지를 입에 물고(혀가 닿지 않게 주의하자) 숨을 들이마시면 향수 냄새를 맡을 수 있다. 처음 해보면 꽤 특이하고 낯선 느낌이다. 우리는 쉐프 아담 토마슨의 실험에 참여해 식사하는 사람들의 포크에 스모키한 향과 함께 평온해지는 느낌을 주는 베티베르[11] 에센셜 오일을 발라두었다. 먹거나 마시는 동시에 향기를 들이마시는 것은 대단히 흥미로운 경험이다. 담백한 흰 쌀밥을 먹으면서 재스민이나 장미향을 들이마셔보면 이해할 수 있을 것이다.

향수는 어디에 뿌리는 것이 가장 좋을까?

매달 어디에 향수를 뿌릴지에 대한 새로운 의견이 쏟아진다. 우리는 최근에 프랑스 여성들이 무릎 뒤에 향수를 뿌렸기 때문에 남자들이 앉아 있다가 자신들이 지나갈 때 넋을 잃었다고 말하는 것을 보았다. 정말 앉아 있는 낯선 남자를 유혹하려고 향수를 뿌리는 걸까? 심지어 가브리엘 샤넬조차 키스를 받고 싶은 모든 곳에 향수를 뿌려야 한다고 말했다. 하지만 정말 맛도 없고 혀가 따가울 수 있으니 제발 그러지 말자.

지금은 자신을 위해 향수를 고르고 사는 시대다. 향수는 스스로 향기를 맡고 싶은 곳에 뿌리면 된다. 당연히, 원한다면 손목을 함께 문질러도 된다. 마찰로 인해 향기가 약간 따뜻해지면서 조금 빨리 증발할 수도 있겠지만, 향기 자체를 손상시키지는 않는다.

우리는 향수를 향이 좀 더 지속되는 옷은 물론 머리카락, 팔, 목 등 닿을 수 있는 곳 어디든 스무 번 이상 뿌리는 걸 좋아한다. 어떤 사람들에게 너무 과하다는 점은 인정하지만 우리는 그것을 즐기고 있고, 길을 걷다 보면 사람들이 따라와 무슨 향수인지 묻기도 한다.

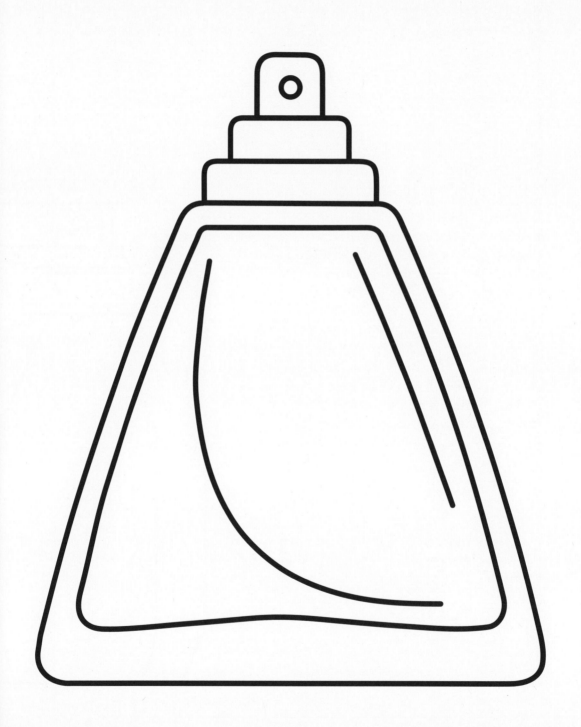

CITRUS

시트러스

세상에는 엄지손가락부터 머리 크기까지, 달콤한 향에서 얼굴을 찡그릴 정도로 톡 쏘는 향까지, 옅은 색부터 쨍쨍한 색까지, 초록빛, 노란빛, 주황빛, 붉은빛을 띤 놀라운 시트러스 과일이 넘쳐난다. 그중에 약 열두 종 이상의 시트러스 과일이 향수의 원료가 된다. 베르가못, 스위트, 비트, 블러드 오렌지, 레몬, 라임, 귤, 풋귤, 레드향, 만다린, 탠저린, 유자, 핑크, 스위트, 화이트 자몽, 금귤, 시트론(프랑스어로 세드라cédrat라고 부르며 프랑스인은 레몬을 시트론이라고 하므로 가지고 있는 게 시트론인지 레몬인지 확인해보자) 등이 있다.

현대의 시트러스 계열 향수는 향이 더 오래 지속되는 시트러스 분자를 함유하고 있다. 주로 상쾌하고 활력 있는 느낌을 위해 사용되며 휘발성이 강해 탑 노트로 분류한다. 천연 시트러스 향은 꼬마들이 수업을 끝내고 학교 문밖으로 우르르 달려 나가는 것처럼, 가득 찬 에너지를 분출하고는 빠르게 사라진다.

EAU DE COLOGNE

오 드 콜로뉴

4711 오리지널 오 드 콜로뉴 뮬러 & 비르츠
(4711 Original Eau de Cologne by Mäurer & Wirtz)

필히 지녀야 할 기적의 물 | 조향사 미공개 | £

4711 오리지널 오 드 콜로뉴의 향기가 유럽 문화 속 깊이 스며들었다. 우리 할머니는 차 한 잔으로 잠이 안 깰 때 피로 회복용으로 이 향수를 사용했다. 스파클링한 시트러스의 사랑스러움을 느껴보자. 먼저 상쾌한 오렌지, 베르가못, 레몬 향이 확 끼쳐오고, 오렌지 꽃과 잎(네롤리와 페티그레인)[01]이 그 아래에서 풍부함을 더한다. 수사들은 버리는 것 하나 없이 오렌지 나무 한 그루를 전부 담았다. 그들은 원래 베이스 노트로 동물성 머스크를 사용했겠지만, 걱정할 필요 없다. 동물성 머스크는 이제 금지되었고, 금방 사라지는 오렌지 탑 노트는 합성원료로 만든 머스크가 제자리에 잘 잡아두고 있다. 4711 향수는 가성비가 매우 뛰어나고 정말 마음에 드는 향수로, 강력히 추천한다. SM

쉐휘방 데따이으 (Chérubin by Detaille)

지극히 파리지앵스러운 콜로뉴 | 조향사 미공개 | ££

보틀은 우아한 벨 에포크 스타일이고 포장박스에는 로코코 양식의 날개 달린 천사가 그려져 있지만, 쉐휘방은 첫 향부터 놀랍도록 날카로운 레프트 훅을 날린다. 데따이으는 레몬과 오렌지 꽃 탑 노트라고 하지만 그보다는 신선한 라임에 가까울 만큼 톡 쏘는 시트러스 향을 선사한다. 4711 오리지널 오 드 콜로뉴(위)와 양쪽 팔에 각각 착향하고 비교하면 쾰른의 사촌이 좀 더 달달한 향이 난다. 쉐휘방은 멋들어진 파리지앵처럼 내려다보며 이게 바로 나다. 마음에 들지 않으면 그냥 가라고 말하는 듯하다. 파리에 있는 데따이으의 멋진 향수 하우스에서 이보다 더 도움이 되고 친절할 수 없는 직원들과는 완전히 대조적이다. 진정한 오 드 콜로뉴답게 쉐휘방은 장미, 헬리오트로프의 은은한 잔향과 한 시간 정도 남아 있는 머스크 노트에도 불구하고 지속력이 매우 짧다. 깔끔하고 고상한 기분 전환용 한방이다. SM

네롤리 포르토피노 톰포드 (Neroli Portofino by Tom Ford)

럭셔리한 기적의 물 | 조향사 로드리고 플로레스 루^{Rodrigo Flores-Roux} | ££££

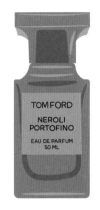

런던에 있는 향수 스튜디오를 방문한 사람들은 우리가 수집한 다른 회사의 향수를 시향할 수 있다. 4711 오리지널 오 드 콜로뉴(왼쪽)를 첫 시향 향수로 선택했던 사람은 '와, 네롤리 포르토피노를 완벽하게 카피했네요!'라고 외쳤다. 이 사람은 향수의 역사에 대해 잘 알지 못했지만, 중세시대 '기적의 물'의 2007년 니치 마켓 버전을 알고 있었고, 그 유사성을 바로 눈치챘다. 네롤리 포르토피노는 브랜드 아이덴티티에 걸맞게 매우 비싼 향수다. 4711이 레몬 노트를 쓸 때 톰포드는 시칠리아산 레몬을, 베르가못 노트는 이탈리아산 베르가못을, 네롤리 노트는 튀니지산 네롤리를 사용했다. 4711보다 더 농축되어 있어 지속력이 좋지만 많은 향수 애호가가 지적하듯 가성비를 따지자면 4711을 작은 공병에 담아 다니면서 몇 시간에 한 번씩 뿌리는 게 낫다. 톰포드의 콜로뉴는 잘 만든 4711의 럭셔리 버전이다. **SM**

콜로니아 아쿠아 디 파르마 (Colonia by Acqua di Parma)

슈퍼스타 이탈리아 콜로뉴 | 조향사 미공개 | ££

아쿠아 디 파르마의 콜로니아는 1916년에 출시되었고 다양한 시트러스 계열 향수 중 가장 이른 시기의 이탈리안 콜로뉴다. 오랫동안 그 회사의 유일한 향수였고 시칠리아산 시트러스 향은 부유한 사람들이 주로 사용했다. 캐리 그랜트와 오드리 햅번이 고객이었다고는 하지만 넘쳐나는 향수 업계의 풍문처럼 확인할 길이 없다. 콜로니아는 1993년에 적극적으로 광고를 하며 재출시되기 전까지는 인기가 다소 시들했다. 당시 록밴드와 스크린 스타들이 레몬, 베르가못, 허브, 샌달우드 노트를 조합한 이 향수로 활기를 되찾았다는 이야기가 눈에 잘 띄는 노란색 상자와 함께 언론을 강타했다. 지금은 명품 회사인 LVMH의 일원으로 30개 이상의 아쿠아 디 파르마 향수 라인을 가지고 있다. 여전히 비평가들은 콜로뉴 향수인 콜로니아의 목적을 오해하고 짧은 지속력에 푸념을 늘어놓는다. 하지만 그건 아이스크림이 차갑다고 불평하는 것과 마찬가지다. 콜로니아의 세련된 상쾌함이 마음에 든다면 영화배우처럼 이 향수를 들고 다녀보자. **SM**

베르가못

얼그레이 차를 한 모금 마시면 베르가못의 부드러운 시트러스 향이 바로 느껴진다. 베르가못은 껍질이 부드럽고 녹색인 이종 교배 오렌지다. 베르가못은 이탈리아 북부의 마을 이름인 베르가모^{Bergamo}에서 유래했지만, 향수 제조업자를 위한 베르가못은 대부분 이탈리아 남부의 칼라브리아에서 공급된다. 베르가못을 발음할 때 마지막 음절인 ㅅ을 분명히 발음해야 한다. 프랑스어처럼 베르가몬^{bergamont}이라고 발음하지 말자(베르가몬은 독일의 자전거 회사다).

LEMON

레몬

오 드 플뢰르 드 세드라 겔랑 (Eau de Fleurs de Cedrat by Guerlain)

시간을 초월한 진정한 고전 | 조향사 자끄 겔랑[Jacques Guerlain] | £

향수를 찾는 모험에 나서는 경험은 평생 기억에 남는다. 1990년 런던의 고급 백화점인 디킨스 앤 존스에서(지금은 문을 닫았다) 출시한 지 70년이 된 오 드 플뢰르 드 세드라를 소개받았다. 디올의 디올엘라를 좋아하는 내 취향을 고려해 친절한 겔랑 매장 직원은 과장된 몸짓으로 이 멋들어진 향수를 카운터 아래에서 꺼내 짠 하고 보여주었다. 시트러스 계열 향수에 막 입문해 사랑에 빠진 젊은 시절의 내 관심을 끄는 상쾌하면서도 톡 쏘는 비밀스러운 매력이 있었고, 나는 여전히 이 향수를 엄청 좋아한다. 세드라는 영어로 시트론[citron]이라고 하며 라틴어로는 시트러스 메디카라고 부른다. 크고 껍질이 울퉁불퉁한 레몬처럼 보이지만, 시트론에서 추출한 에센셜 오일은 100년 전 천재 조향사 자끄 겔랑에게 영감을 줄 만큼 천상계의 우아함을 지니고 있다. 꼭 한번 시향해보라. 고전적인 향수지만 바로 어제 만든 것처럼 깔끔하고 세련된 향을 느낄 수 있을 것이다. **SM**

오렌지와 레몬, 세인트 클레멘츠 힐리

(Oranges and Lemons, Say The Bells Of St. Clement's by Heeley)

감미로운 종소리, 레몬의 소리 | 조향사 제임스 힐리[James Heeley] | £££

레몬 아니면 오렌지? 양쪽 모두 가능하지만, 레몬 향을 먼저 맡을 수 있어서 레몬 계열에 넣기로 했다. 힐리는 아직 들어본 적이 없을 만큼 작은 향수 회사지만, 이제 배워볼 때가 왔다. 제임스 힐리의 향수는 미묘하게 파괴적이다. 민트 향 향수에 도전해 멍뜨 프레슈로 성공을 거두었다(140쪽 참조). 또한 힐리의 아이리스 향수는 매력이 넘친다. 힐리 향수는 오페라보다 현악 4중주에 가깝다. 니치 향수로 거한 생일 선물이 될 테니 시내 중심가에서 흔히 볼 수 있는 가격을 기대하지 말자. 오렌지와 레몬, 네롤리와 페티그레인은 마지막에 일랑일랑, 베티베르와 부드럽고 조화롭게 바뀐다. 세인트 클레멘츠를 뿌리면 걷다가 문득 '이런 향을 언제 뿌렸지?' 하는 생각이 들 것이다. **SM**

운 제스트 드 로즈　레 퍼퓸 드 로진느
(Un Zest de Rose by Les Parfums de Rosine)

은은한 향을 풍기는 레몬 장미 차 | 조향사 프랑수아 로베르^{François Robert} | £££

레 퍼퓸 드 로진느는 오랫동안 자취를 감추었던 향수 브랜드 중 하나로 마리 엘렌 로종이 부활시켰다. 잘 살펴보면 두 회사 사이에 70년이라는 간극이 있다는 걸 알 수 있다. 첫 번째는 매우 획기적인 여성복 디자이너 폴 푸아렛이 소유했다. 딸을 위해 만든 라 로즈 드 로진느를 포함해 이제껏 만들어진 향수 중에 가장 비싼 향수 라인업을 출시했지만, 사업은 극적으로 실패했다. 이후 1991년 새로운 라 로즈 드 로진느가 꽃을 피웠다. 직접 만나본 마리 엘렌은 향수와 장미에 대한 열정이 폭발하는 사람이었다. 엘렌의 모든 향수는 서로 다른 장미의 향기에서 영감을 받아 만들어졌다. 운 제스트 드 로즈는 레몬의 싱그럽고 생동감 넘치는 향기로 시작한다. 시트러스 베일이 걷히고 부드러운 장미, 머스크, 그린 마테 향이 은은하게 감돈다. 마치 세련된 친구가 에프터눈 티를 마시러 와서 활력 넘치게 근황을 늘어놓다가 30분 정도 지나 흥분을 가라앉히고 차분히 이야기를 나누려 편안히 앉는 것 같다. **SM**

레몬 앤 진저　4711 아쿠아 콜로니아
(Lemon & Ginger by 4711 Acqua Colonia)

싱싱한 레몬 그 자체, 거기에 생강 한꼬집

조향사 알렉산드라 칼레^{Alexandra Kalle} | £

시원한 얼음이 깨진 것처럼 보이는 병에 밝은 레몬색 라벨이 붙어 있는 이 향수는 보이는 그대로다. 레몬 한가득에 생강 몇 방울. 가성비가 엄청나고, 누구든지 좋아할 향수다. 했던 말을 반복하고 싶지 않지만, 시트러스 계열 콜로뉴답게 지속력이 매우 짧다. 지속력을 크게 신경 쓰지 않는다면 이 향수는 만족할 만한 선택이다. **SM**

버베나　록시땅
(Verbena by L'Occitane)

톡톡 터지는 지중해 레몬 | 조향사 미공개 | £

상쾌하게 활력을 북돋는 버베나 향은 맡자마자 레몬 셔벗이 떠오를 것이다. 아침에 자몽을 한입 베어 물 때처럼 기분 좋게 톡 쏘는 상큼함과 함께 록시땅의 버베나는 놀라우리만큼 오래 지속되는 강한 풍미를 지니고 있다. 작지만 강력한 버베나 관목은 쨍한 레몬과 그린 향이 풍부하며 여기에 레몬과 오렌지 노트가 더해지면 사람들의 발걸음에 활기를 불어넣는 향이 탄생한다. 이를 대체할 만한 향수는 거의 없다. 시트러스 계열이 으레 그렇듯 버베나의 풍성한 향도 점차 사라지면서 초록빛으로 물든 정원의 풀잎향, 자잘한 제라늄 조각의 알싸함, 은은한 장미의 잔향이 남는다. **SS**

오 드 아드리앙 구딸(Eau d'Hadrien by Goutal)

시대를 초월한 단순함 | 조향사 아닉 구딸^{Annick Goutal} 프란시스 카마일^{Francis Camail} | ££

푸른 하늘 아래 레몬 숲 사이를 걷고 싶다면 오 드 아드리앙을 뿌리는 게 차선책이 될 수 있다. 이 믿을 수 없을 정도로 단순한 창조물은 모든 것이 과했던 '달라스와 다이너스티'⁰²의 시대인 1980년대에 한껏 올린 어깨뽕과 부풀린 머리에 대한 반작용으로 탄생했다. 꾸준히 인기를 끌어 2008년 TFF 어워드⁰³ 명예의 전당에 올랐다. '단순해지라고, 멍청아^{Keep It Simple, Stupid}'라는 오래된 해군의 격언을 들어본 적이 있을 것이다. 오 드 아드리앙은 정확히 이 격언대로 놀라운 아이디어를 뽐냈다(물론 멍청하지도 않았다). 더 강렬하고 청량감이 느껴지는 자몽이 더해진 완벽한 레몬 향, 부드럽게 어루만지는 일랑일랑의 손길, 잔잔하면서도 풍성한 소나무 향(앞서 언급한 레몬 숲은 아마 솔잎 향이 풍기는 바다 옆에 있을 것이다) 보기만 해도 기분 좋아지는 푸른 하늘이 떠오르는 알데히드. 단순해진다는 것은 시간을 초월한다는 뜻이며, 이 고전미가 넘치는 향수는 결코 유행에 뒤떨어진 적이 없다. **SS**

세피로 플로리스
(Cefiro by Floris)

산들바람에 실려 오는 시트러스 향기 | 조향사 미공개 | ££

세피로는 향신료를 곁들여 갈증이 싹 가시는 차의 깔끔한 향과, 레몬, 오렌지, 라임의 톡 쏘는 상쾌함이 조화롭게 어우러진다. 눈이 번쩍 뜨일 만큼 놀라운 첫 향은 마치 천사가 구석구석 문질러 닦아준 것처럼 매끈하고 깨끗하다. 하지만 겸손한 우리 인간처럼, 시트러스 노트는 종일 활기차게 지속되지 않는다. 빠르게 자취를 감추는 시트러스 노트에 대한 실망은 곧 배턴을 이어받은 재스민 꽃잎의 싱그럽고 산뜻한 향으로 상쇄된다. 카다멈과 너트맥⁰⁴(따라서 향신료를 곁들인 차의 향기)이 감도는 알싸름한 향은 산들바람 한줄기에 실린 콜로뉴의 향과 함께 당신을 어스름한 숲으로 이끈다. **SS**

오 드 랑콤 랑콤
(Ô de Lancôme by Lancôme)

1969년의 여름 | 조향사 로버트 고넌[Robert Gonnon] | ££

향수는 유행을 타긴 하지만 눈에 보이지 않기 때문에 추적하기가 훨씬 어렵다. 디올의 오 소바쥬(197쪽 참조)가 없었다면 오 드 랑콤은 아마 존재하지 않았을 것이다. 세련미가 지배 하던 1950년대를 지나 1960년대가 되자, 갑자기 경쾌함과 활력을 불어넣는 상큼한 시트 러스에 대한 갈망이 일면서 오 드 랑콤이 탄생했고, 지금도 여전히 최고의 시트러스 향수 중 하나다. 클래식답게 탑 노트는 베르가못, 레몬, 오렌지, 미들 노트는 허브 블랜딩, 베이 스 노트는 깊고 진한 시프레다. 오크모스와 라브다넘 향은 성분 규제가 없었던 1960년대 에는 꽤 도드라졌지만, 지금은 향이 거의 느껴지지 않는 비밀스러운 조력자다. 오 드 랑콤 은 남성용도 출시되었지만, 굳이 쓸 필요 없이 오리지널이면 모두에게 충분하다. **SM**

오 드 로샤스 로샤스
(Eau de Rochas by Rochas)

잊을 수 없는 당신 | 조향사 니콜라스 마무나스[Nicolas Mamounas] | ££

오[Eau], 내 사랑! 오 드 랑콤이 출시된 지 1년 후, 로샤스는 원래 오 드 로슈로 이름 붙였던 향 수를 재출시했다. 오 드 랑콤과 비슷했던 이전 향수를 바탕으로 하면서도 훨씬 더 흥미롭 게 만들었다. 오 드 로샤스는 자몽, 플로럴, 시프레 노트가 더 풍부해서 말로 설명하기 조금 어렵지만 다른 향수에 비해 특별한 매력을 지니고 있다. 21세기 버전은 오 드 로슈보다 매 력이 약간 덜한데, 이는 푸로쿠마린에서 추출한 베르가못 에센셜 오일의 안전성을 좀 더 개선했기 때문이다. 푸로쿠마린[furocoumarin]은 향수에 깊이와 풍미를 주지만 피부가 햇빛 에 민감해지도록 하기도 한다. 굿바이 푸쿠. 이렇게까지 하면 안 되지만 그래도 조심스럽 게 감히 오 드 로샤스는 완벽한 시트러스 계열 향수라고 말해본다. **SM**

오 드 퀴닌 지오 F. 트럼퍼
(Eau de Quinine by Geo. F. Trumper)

영국 신사의 콜로뉴 | 조향사 미공개 | £

이 향수의 기원은 1989년으로 거슬러 올라간다. 해외에 나가 있던 영국인들은 당시 토닉 에 함유된 퀴닌이 최고의 말라리아 치료제였기 때문에 모기를 쫓아내려고 진토닉을 마셨 다. 트럼퍼는 런던에서 신사복과 구두 거리로 유명한(그리고 런던에서 가장 유명한 치즈 가게가 있는) 저민 스트리트에 향수 하우스를 차렸다. 지금은 원래 위치에서 바로 모퉁이를 돌면 찾을 수 있으니 꼭 가보았으면 한다. 오 드 퀴닌을 향수라고 부르는 것이 젠틀맨에게 어울 리지 않는다고 생각하는 신사들에게 반감을 살 수도 있다. 그러나 깔끔한 베르가못과 허 벌 탑 노트 아래 풍기는 플로럴과 파우더리한 향을 깨닫는다면 소스라치게 놀라 왁스로 광을 낸 콧수염이 찌그러질지도 모른다. 가격도 합리적이다. **SM**

ORANGE

오렌지

플레르 데따이으 (Fleur by Detaille)

발코니에서 마시는 얼 그레이 차 | 조향사 미공개 | ££

꽃향기가 나지 않는 향수에 꽃을 뜻하는 플레르라는 이름을 붙인 것은 깜찍한 광기다. 가볍고 상쾌한 시트러스 향 콜로뉴를 찾던 중이라면 이 향수를 보고도 그냥 지나쳤을 것이다. 심지어 포장 상자에는 장미꽃도 그려져 있다. 사실 플레르는 라벤더와 제라늄 꽃 향을 함유하고 있지만, 이 향수에서는 베르가못, 페티그레인, 레몬에 허브 향이 더해져 끌어낸 청량감 있는 숲의 향취만 느껴진다. 파촐리는 히피의 꽃내음이 조금도 나지 않고 시트러스 향을 더 풍부하게 할 뿐이다. 데따이으는 1905년 설립된 불사조 같은 브랜드로, 파리 셍라자흐 가에 있는 작은 향수 하우스는 찾아가 볼 만하다. 모퉁이를 돌면 바로 나오는 크레페 가게도 놓치지 말자. **SM**

오 도랑쥬 베르트 에르메스 (Eau d'Orange Verte by Hermès)

아침에 향수 한잔 | 조향사 프랑수아즈 카롱 Françoise Caron** | ££**

늦게 일어나 정신없는 날, 빠르게 마시는 커피 한 모금과 오 도랑쥬 베르트로 아침을 시작한다. 강렬한 프루티 노트는 과일을 양껏 먹은 듯 든든하고 베이커리에 가서 팽 오 쇼콜라를 집을 때까지 버틸 수 있게 해준다. 지속력은 그 정도이므로 점심시간이 되기 전에 한 번 더 뿌려주면 좋다. 에르메스 시즌 기프트박스에는 종종 그 순간을 위한 핸드백에 들어갈 만큼 작은 휴대용 향수 공병이 들어 있다. 비가라드(오른쪽 참조)와 마찬가지로 비슷하지만 같지 않고 가벼움과 지속력을 맞바꾼 꽁상트레 버전이 있다. 쌉싸름한 그린 만다린과 달달한 블랙커런트 약간, 열대 과일 스무디, 존재감이 드러나지 않는 파촐리와 오크모스를 시프레 베이스가 끈이 없는 쉬폰 드레스의 가느다란 보닝[05]처럼 받쳐준다. 프랑수아즈 카롱은 경이로운 향수를 만들어냈다. 쇼 드 카르뎅, 장 샤를르 브로소를 위한 옴브레 로즈, 엔젤 가든 오브 스타 바이올렛, 그리고 군침 돌게 만드는 이 그린 오렌지 향수. **SM**

오랑쥬 상긴느   아틀리에 코롱
(Orange Sanguine by Atelier Cologne)

갓 짜낸 오렌지의 싱그러움 | 조향사 랄프 슈비거^{Ralf Schwieger} | ££

시트러스의 강렬함을 지닌 이 오 드 퍼퓸은 아침 햇살의 첫 줄기처럼 당신의 얼굴을 때릴 것이다. 아틀리에 코롱은 콜로뉴가 가진 최고의 특징에 오 드 퍼퓸의 강렬함과 지속력을 더해 이 향수를 만들었다. 오랑쥬 상긴느는 비타민처럼 싱그러운 향으로 온몸을 감싸며 종일 맴돌 것이다. 오렌지 노트는 과즙미가 넘치고 설탕이 들어 있지 않다. 비터 오렌지와 블러드 오렌지도 존재감을 마음껏 드러낸다. 향수인지 오렌지주스인지 헷갈릴 때쯤 쌉싸름한 향을 부드럽게 감싸는 재스민과 알싸한 제라늄 향이 나타난다. 지금까지 사용했던 샤워 젤 중에 가장 상쾌했던 향을 상상해보자. 거기에 10을 곱하면, 벌떡 일어나 러닝을 하고 과일 스무디를 마시는 활기찬 아침을 선사해줄 오랑쥬 상긴느의 매력을 느낄 수 있다. SS

비가라드 꽁상트레   에디션 드 퍼퓸 프레데릭 말
(Bigarade Concentree by Editions de Parfums Frederic Malle)

비터 오렌지 럭셔리 | 조향사 장 클로드 엘레나^{Jean-Claude Ellena} | £££

장 클로드 엘레나는 수십 년의 조향사 경력을 가진 빛나는 별이며, 프레데릭 말이 처음 선보인 향수 컬렉션 열두 개 중 세 개에 자신의 이름을 올렸다. 비가라드 꽁상트레는 그 컬렉션에서 선보였던 콜로뉴 비가라드를 좀 더 강렬하게 발전시킨 버전으로, 집 담벼락 너머에 던디 마멀레이드[06] 공장이 돌아가는 것처럼 비터 오렌지의 진한 향이 느껴진다. 콜로뉴와 꽁상트레 둘 다 비터 오렌지의 쌉싸름함이 도드라지지만, 장미와 우디 노트가 은은하게 감싸준다. 꽁상트레가 지속력이 좀 더 긴 편이나 다른 계열 향수의 꽁상트레 지속력을 기대하기는 힘들다. 향수에 사치를 누릴 수 있는 소비자를 위해 완벽하게 만들어진, 하지만 여전히 지속력이 짧은 시트러스 계열 향수다. SM

오렌지 스타   타우어
(Orange Star by Tauer)

궁극의 오렌지 | 조향사 앤디 타우어^{Andy Tauer} | £££

오렌지 스타는 앤디 타우어의 아홉 번째 향수이며 뿌리자마자 이름이 왜 오렌지 스타인지 알 수 있다. 오렌지 과즙과 말린 오렌지 껍질의 향이 동시에 느껴지고, 에센스의 향은 알라딘의 램프에서 풀려나기 전 지니처럼 밀봉된 병 안에 가득 차 있다. 앤디는 늘 그랬던 것처럼 자연의 향을 향수에 담으려 노력했고, 시트러스 베이스에 플로럴 향의 아름다움을 더하는 오렌지 꽃도 추가했다. 향수의 지속력을 높이기 위한 고정제로 사용되는 앰버그리스 노트는 오렌지 향을 밤새 잡아주면서도 고유의 미네랄 질감을 함께 선사한다. 통카와 바닐라 노트로 부드러워진 오렌지의 싱그럽고 달콤한 향이 자애로운 햇살처럼 내리쬔다. SS

블러드 오렌지 앤 바질   4711 아쿠아 콜로니아
(Blood Orange & Basil by 4711 Acqua Colonia)

달콤하고 향긋한 오렌지와 뛰어난 가성비 | 조향사 알렉산드라 칼레[Alexandra Kalle] | £

블러드 오렌지 앤 바질은 살결에 뿌리면 금방 사라지지만 코튼 벨벳 웃옷에서는 6시간 동안이나 남아 있다. 다른 허벌 시트러스 콜로뉴에 비해 좀 더 달콤하고, 부드러운 머스크 노트가 감싸 오래도록 붙잡아준다. 4711은 200년 동안 가족이 소유한 잠든 거인이었다. 1991년에 깨어나 보니 조말론의 라임, 바질 앤 만다린이 있었다. '아니 잠깐, 우리는 세상에서 제일가는 콜로뉴 마스터라고, 이만한 향수는 반의반 가격이면 만들 수 있잖아?'라고 생각하는 장면이 떠오른다. 지금은 뮬러 & 비르츠가 소유하고 있고, 훌륭한 가치를 지닌데다 모두 창의적인 구성을 자랑하는 향수 컬렉션을 선보인다. 달콤한 설탕 가루를 뿌린 오렌지와 손으로 자른 바질 잎이 나무 그릇에 담겨 따스하게 내리쬐는 햇빛 아래 놓여 있다. 그리고 몇 시간이 지나도 벨벳 웃옷에는 과즙이 가득한 온기가 감돈다. **SM**

블러드 오렌지   셰이 앤 블루 (Blood Oranges by Shay & Blue)

붉게 물든 블러드 오렌지빛 노을 | 조향사 줄리 마세[Julie Massé] | ££

과즙이 가득한 오렌지를 한입 크게 베어 물었을 때 달콤한 맛보다 먼저 다가오는 상큼한 쌉쌀함이 좋다면, 셰이 앤 블루의 블러드 오렌지가 선사하는 즐거움을 마음껏 느낄 수 있다. 어쩐지 그 오렌지는 라즈베리와 비슷한 베리 노트 기미가 있어 무더운 여름에는 이것보다 나은 향수를 찾기가 어렵다. 하지만 시트러스 노트는 우리네 인간처럼 금방 기운이 빠져 날아가는 습관이 있고, 가죽 향이 나는 우드 노트가 사라진 오렌지 향기를 대신해 자리 잡는다. 거기에 앰버 노트도 힘을 보태 따스하고 긴 여운이 남는, 수평선 너머로 사라지기 전 옅은 노란색으로 부드럽게 희미해지는 붉은 노을 같은 마지막을 선사한다. 더운 날 뿌리면 향기가 더 짙어지고 더 좋아진다. 그러니 블러드 오렌지를 뿌리고 관능미를 느껴보자. **SS**

디 오렌지 트리   4160 튜즈데이즈
(THE ORANGE TREE by 4160 Tuesdays)

햇살 위를 걷는 기분 | 조향사 사라 매카트니[Sarah McCartney] | ££

디 오렌지 트리는 이름 그대로 오렌지 나무 아래 앉아 있는 것 같다. 오렌지 꽃잎이 종이 꽃가루처럼 흩날리며 살며시 내려앉고, 푸른 하늘과 충만한 봄의 기운이 느껴진다. 생생한 활력이 넘치는 오렌지와 그 사이로 언뜻언뜻 보이는 싱그러운 초록빛 잎사귀는 당장이라도 체크무늬 테이블보를 챙겨 강가로 소풍을 나가고 싶게 만든다. 그 갈망은 온종일 주위를 맴돌며 점점 더 강해져 결국 현실을 벗어나 프랜시스 호지슨 버넷[07]이나 C.S. 루이스[08]가 만든 신비한 세계로 발걸음을 재촉하게 한다. 상큼하고 톡 쏘는 프루티 노트에는 반질반질 윤이 나는 껍질과 갈증을 해소해주는 과즙도 들어 있다. **SS**

LIME

라임

웨스트 인디언 엑스트레 오브 라임   지오 F. 트럼퍼

(West Indian Extract of Limes by Geo. F. Trumper)

복잡한 거 하나 없이 그저 라임 | 조향사 미공개 | £

트럼퍼의 런던 바버샵은 1880년부터 그야말로 완벽한 엑스트레 오브 라임을 판매했다. 남성용이라고 말하지만 그건 여자가 바버샵에 걸어들어와 이 향수를 사는 것을 상상해본 적이 없었기 때문이다. 내가 저민 스트리트에 있는 퍼퓨머리로 처음 모험을 떠났을 때 그들은, 이게 남자들의 턱을 상쾌하게 할 뜨거운 면 수건을 향기롭게 만들기 위한 것이라, 향이 20분 넘게 지속될 거라는 기대는 접으라고 조언했다. 그 말에 귀를 기울인다면 절대 실망할 일이 없다. 트럼퍼는 샤워를 못 하는 상황에서 향수로 씻을 수 있도록 커다란 병에 콜로뉴를 담아 판매하는 장엄한 전통을 이어가고 있다. 여행용은 50ml 향수 가격에도 훨씬 못 미치는 가격에 500ml가 들어 있다. 트럼퍼가 의도한 건 아니지만, 사람이 많아 씻기 힘든 페스티벌에 완벽하게 어울린다. **SM**

리몬 베르드   겔랑 아쿠아 알레고리아

(Limon Verde by Guerlain Aqua Allegoria)

카이피리냐 칵테일[09] 라임 | 조향사 티에리 바세^Thierry Wasser | £

겔랑은 프랑스 회사로, 향수 이름 짓기에 진심이라서 영어를 쓰는 사람들은 퍼퓨머리에 들어가 제대로 발음하기가 어렵다. 이 향수에는 대체 왜 스페인어 이름을 붙였을까?[10] 멕시칸 라임에서 영감을 얻었기 때문이다. 그린 노트는 눈으로 보고, 귀로 듣고, 코로 맡을 수 있다. 요즘 유행인 무화과 노트와 상큼한 라임 노트가 어우러지고 달콤한 향이 부드럽게 감싼다. 겔랑은 베네수엘라 통카라는 이름을 붙였지만, 사실 조향사 티에리 바세와 팀이 통카빈[11] 향이 나는 완벽한 통카 어코드를 만들었다는 의미다. 그리고 라임의 날카로운 쌉싸름함을 부드러운 생동감으로 바꾸어준다. **SM**

CK ONE   캘빈클라인 (ck one by Calvin Klein)

1990년대 CKlassic | 조향사 알베르토 모릴라스[Alberto Morillas] 해리 프리몬트[Harry Fremont] | £

1994년, 우리는 모두 순조롭지 않은 이륙과 함께 서로를 더 살피고 배려하는 10년을 바라고 있었다. 하지만 은은한 비누나 세제 노트가 들어간 향수가 활주로를 박차고 날아올랐고, CK ONE은 그 유행을 궤도에 올려놓았다. 이 향수는 도회적인 이미지에 날씬하고 아름다우며 옷을 많이 걸치지 않은 사람들에게 유니섹스 향수로 강력한 마케팅을 펼쳤다. 지금 말아보면 유니섹스 향수의 기준이 얼마나 남성용 향수로 기울어 왔는지 알 수 있어 흥미롭다. 강렬하고 상쾌한 시트러스, 상큼한 열대과일, 하늘거리는 잘게 빻은 꽃잎과 요즘 남성용으로 출시된 훨씬 비싼 향수에서 볼 수 있는 산뜻하고 깔끔한 블루 워터, 부드러운 앰버 우드 노트가 어우러진다. 디자이너 향수 50ml를 사는 값이면 CK ONE 200ml 한 병을 살 수 있을 만큼 가성비가 좋다. 이 향수는 이제 클래식으로 자리를 잡았다. **SM**

오 디나미쌍뜨   클라랑스 (Eau Dynamisante by Clarins)

활력을 불어넣는 시트러스 | 조향사 자크 쿠르탱 클라랑스[Jacques Courtin-Clarins] | ££

오 디나미쌍뜨는 스킨 트리트먼트 제품으로 출시되었지만, 향기가 너무 좋아서 단순히 향을 맡으려고 구입하기도 한다. 1987년에 출시된 이 트리트먼트 향수는 그 시대를 휩쓸던 플로럴 계열 향수의 유행과는 대조적으로, 정신없이 북적거리는 인파 속에서 평온함, 정원에서 평화롭게 졸졸 흘러내리는 미니 폭포의 물줄기, 잠깐의 명상을 선사한다. 오 디나미쌍뜨는 전통적인 콜로뉴와 공통점이 많으면서도 현대적이고, 허브와 시트러스 노트로 다양한 향기와 함께 신선한 공기에서 숨 쉬는 느낌을 선사하며 기운을 북돋는다. 상쾌한 바람결에 깨끗하고 밝게 빛나는 시트러스 노트는 고급 스파에서나 마실 수 있는 건강한 차에 들어간 향신료와 함께 있다. 로즈마리, 타임[12], 캐러웨이[13], 고수가 시원하고 알싸한 후추 향으로 시트러스와 허브 노트에 활력을 더한다. 파촐리 노트가 마지막 배턴을 이어받아 자연과 흙 내음이 물씬 풍기는 지상 낙원에 머물게 한다. **SS**

라임 바질 앤 만다린　조말론
(Lime, Basil & Mandarin by Jo Malone)
단순함과 정직함 | 조향사 뤼시앵 피게^{Lucien Piguet} | ££

배려와 나눔의 끝에서 불어오는 바람에 올라타기 완벽한 시기였다. 로디세이의 향기가 감돌던 1990년대, 라임 바질 앤 만다린은 향수뿐만 아니라 정직함에 대해서도 새로운 척도를 만들었다. 내가 갖고 있고 좋아하는 다양한 향수가 신비로움, 매력, 부와 권력, 섹스를 약속하지만, 이 향수는 첫 데이트에서 자신이 누구인지 말해준다. 라임, 바질, 만다린 노트로 시작한다고 말하면 뻔하게 들리겠지만, 정말 그렇다. 라임과 바질은 들락날락하는 만다린 노트보다 더 오래 남아 있지만, 일찍 눈을 뜬 봄날 아침에는 이보다 더 상큼하고 산뜻할 수 없다. 프루티 노트가 싱그러운 풀잎과 흙 내음이 나는 베티베르 노트에 너무 천천히 녹아들어, 더운 여름 나른한 해먹에서 일어나서야 차 마실 시간이 되었다는 걸 깨닫는다. SS

오 리쑤르칸트　클라랑스
(Eau Ressourçante by Clarins)
어서 일어나 떠나자, 바다로! | 조향사 장 피에르 베투아르^{Jean-Pierre Béthouart} | £

2003년에 출시된 오 리쑤르칸트는 향수병에 갇힌 바닷바람 같아 봄날의 지니처럼 뚜껑이 열리기만 하면 병을 박차고 나갈 준비가 되어 있다. 오프닝의 레몬과 바질 노트가 시트러스의 광채와 그린의 싱그러움을 선사하며 당신의 마음을 부서지는 파도, 레몬이 가득한 숲, 부드러운 산들바람으로 이끌 것이다. 은은한 아이리스 노트가 활기찼던 시작에 부드럽고 파우더리한 느낌을 더하고, 벤조인¹⁴은 풍미가 사라지기 전에 다시 한번 활력을 불어넣는다. 오 디나미쌍뜨처럼 스킨 트리트먼트로 출시되었고 그와 비슷하게 절대 떠나고 싶지 않은 고급 스파의 향이 느껴진다. SS

그린 티　엘리자베스 아덴
(Green Tea by Elizabeth Arden)
쉽게 즐길 수 있는 클래식 | 조향사 프란시스 커정^{Francis Kurkdjian} | £

위대한 조향사 프란시스 커정은 1990년대가 끝나갈 무렵 이 인기 있는 향수를 만들었다. 운 좋게도 기운을 북돋고 활력을 선사하는 그린 향에 대한 갈망은 지난 10년 동안 전혀 고갈되지 않았고, 그린 티는 순식간에 클래식으로 등극했다. 민트 잎과 시트러스 노트가 어우러진 녹차 향으로 시작해 답답한 방의 창문을 열었을 때처럼 상쾌한 공기를 선사한다. 스파이스 노트가 녹차와 과일에 희미하게 묻어나지만 절대 도드라지지 않는다. 캐러웨이, 클로브¹⁵, 로지 루바브¹⁶향을 가려내기 어렵겠지만, 민트 그린 시트러스의 아우라는 주위를 맴돌며 휘파람처럼 상쾌한 기분을 느끼게 해줄 것이다. 덥고 습한 날, 뿌리자마자 더위를 날려버릴 향수로는 이만한 것이 없다. SS

만다린 바질릭 겔랑 아쿠아 알레고리아
(Mandarine Basilic by Guerlain Aqua Allegoria)
바질과 만다린의 다양한 선택지 | 조향사 마리 살라마뉴^{Marie Salamagne} | ££

세상에, 그 갓 짜낸 만다린 향이라니! 이 향수는 햇살이 가득한 아침 커튼을 휙 열어젖히는 룸메이트처럼 가볍고 재빠르게 잠을 깨운다. 초현실적인 오프닝에 이 향수를 뿌릴 때마다 5분 정도 손목에 코를 박고 있다. 최초의 만다린 바질 향수는 아니지만, 무척 뛰어나다. 이런 일은 모든 산업계에서 일어나기 마련이다. 언제든지 하나가 대박을 터뜨리고 나면 문이 활짝 열리고 성공이 성공을 불러온다. 바질 시트러스 향수 하나가 세계적인 인기를 끌었고, 점점 더 많은 향수가 뒤를 따를 것이다. 4711 아쿠아 콜로니아의 블러드 오렌지 앤 바질(34쪽 참조), 클라우스 포르토의 무스고 리얼 NO 5 라임이나 코레스 레몬, 그리고 더 많은 향수를 선택할 수 있다. 개중에는 비싼 향수도 있고 아닌 것도 있다. 가장 마음에 드는 향수로 골라보자. 난 만다린 바질릭이 제일 좋다. **SM**

라임스 플로리스 (Limes by Floris)
솜털처럼 가볍게 떠다니는 라임 | 조향사 미공개 | ££

플로리스는 지리적으로나 구상적으로나 지오 F. 트럼퍼와 가까운 이웃이다. 런던 저민 스트리트 근처에 갈 일이 있다면 두 퍼퓨머리 모두 찾아가 보자. 플로리스의 라임스는 1832년부터 역사를 이어오고 있지만, 옆집과는 다르게 오리지널 출시 이후 여러 번 업데이트를 거쳤다. 비터 오렌지 나무의 꽃에서 피어나는 레몬, 페티그레인, 라임 꽃, 네롤리 노트가 한데 어우러져, 모두에게 어울리는 은은한 향을 연출한다. 다른 시트러스 향수처럼 라임 노트는 플로럴과 머스크 노트가 만든 침대 위에 살포시 내려앉아 있다. 그리고 상큼한 과일 향이 사라지고 나면 그 자리에 부드러운 깃털 베개의 향기가 남는다. **SM**

드라이다운

플로럴, 우드, 앰버, 모스, 허벌 계열 향수는 보통 시트러스 향을 살짝 넣어 가볍고 산뜻하게 다가온다. 시트러스 노트가 향기의 행렬을 이끌다가 업계에서 드라이다운이라고 부르는 노트에 길을 내준다. 드라이다운은 오프닝의 눈부신 광채가 지나간 후 서서히 모습을 드러낸다. 시내에서 큰길을 따라 행진하는 음악대를 떠올려보자. 먼저 악단장을 맡은 시트러스 노트가 음악대를 화려하게 장식하며 활기차고 생기 넘치게 지나가면 플로럴 노트가 플루트, 우디 노트가 클라리넷을 연주하며 그 뒤를 따른다. 그리고 긴 잔향을 남기는 머스크와 샌달우드 노트는 베이스 드럼과 수자폰을 맡아 반짝임이 멀리 사라진 후에도 온종일 곁에 남아 맴돈다.

FLORAL

플로럴

베르벤느 드 유진　힐리 (Verveine d'Eugène by Heeley)
베란다에서 마시는 버베나 칵테일 | 조향사 제임스 힐리[James Heeley] | ££

요크셔 태생의 파리지앵인 제임스 힐리가 구사하는 프랑스어를 할 수 있다면, 베르벤느 드 유진은 기가 막히게 잘 골라 붙인 이름이다. 하지만 무작위로 놓인 철자에 보너스로 구두점까지 찍힌 것처럼 보이는 사람은 그저 베르베인이나 오 드 베르베인, 아니면 정말 단순하게 레몬 버베나로 알고 있다. 그게 바로 베르벤느이고, 문제의 유진은 나폴레옹 3세의 아들 유진 보나파르트 왕자의 이름이다. 그는 버베나 향수를 썼지만, 이것만큼 좋지는 않았을 거라고 장담한다. 알싸한 블랙커런트와 섬광처럼 스치는 루바브, 가볍게 치고 나오는 재스민 노트, 편안하게 쉴 수 있는 부드러운 머스크 매트리스가 느껴진다. 힐리의 향수 컬렉션은 대부분 클래식이고 개중 일부가 흥미롭게 기존의 틀을 벗어나 관심을 끌기 때문에 언제나 인기가 많다. SM

해피　크리니크 (Happy by Clinique)
우리 모두 다 함께 손뼉을
조향사 장 끌로드 델비유[Jean Claude Delville] 로드리고 플로레스 루[Rodrigo Flores-Roux] | £

해피는 1990년대 후반 아수라장 같던 시트러스 향수 시장에 쾌활하게 등장했다. 1995년쯤 조향팀은 다음 대박을 꿈꾸며 시트러스와 플로럴 노트를 거의 형광에 가까울 만큼 선명하고 강렬하게 해주는 새로운 화학향료를 사용하고 있었다. 해피는 혜성같이 등장할 준비를 마쳤다. 내가 여태 본 노트 목록 중에 가장 발음하기 힘든 이름이 가득하다. 대체 고객에게 뭐라고 설명해야 하지? 다시 한번 강조하지만, 노트는 향수의 원료가 아니라 향수에서 나는 향을 표현하는 것이며 조향에 꼭 사용하는 요소가 아니다. 보이젠베리 플라워, 모닝듀 오키드, 멜라티 플라워 등등. 정말 이러기야? 해피는 활짝 핀 꽃다발 위에 활기차고 생동감이 넘치는 사랑스러운 오렌지-자몽-베르가못 노트로 우리를 웃음 짓게 한다. 해피와 함께 행복해지자. SM

로 아 라 폴리 퍼퓸 드 니콜라이 (L'Eau à la Folie by Parfums de Nicolai)
한 박자 늦게 오는 만족감 | 조향사 패트리샤 드 니콜라이[Patricia de Nicolaï] | ££

시간이 필요한 향수가 있다. 향수를 뿌리고 '이게 뭐야?!'라며 절망감에 투덜거릴 수 있지만 10분만 기다리면 기억에 남을 만한 향기를 맡게 될 것이다. 사실 로 아 라 폴리는 20분도 더 기다려야 하지만 그만한 가치가 있다. 패트리샤 드 니콜라이는 베르사유의 ISIPCA[17]에서 조향사로 훈련받은 화학자다. 가족들은 그들이 속한 상류 계급에선 여자가 굳이 일할 필요가 없다고 말했고, 패트리샤가 훈련받았던 회사는 조향팀에서 여성을 원하지 않는다고 말했다. 우리에게는 정말 다행스럽게도, 편견은 패트리샤가 자신의 회사를 설립하는 데 자극이 되었을 뿐이다. 이제 패트리샤는 독특함으로 무장한 클래식 향수를 만들고 있다. 대형 브랜드는 절대 출시할 수 없는 멋진 향수다. 로 아 라 폴리는 깜짝 놀랄 정도로 갑자기 시작해서 불타오르듯 강렬한 그린 민트-라임-주니퍼 노트를 사방에 퍼트리고 프루티 플로럴 우디 베이스로 차분하게 가라앉는다. 패트리샤 말로는 럼주 노트도 들어 있다고 하니 참고하자. **SM**

오 드 지방시 지방시
(Eau de Givenchy by Givenchy)
시크하면서도 부드럽고 세련된 아름다움 | 조향사 프랑수아 드마시[François Demachy] | £

LVMH가 위베르 지방시의 향수 하우스를 인수했다. 오 드 지방시는 2018년 재출시되었고 마스터 조향사 프랑수아 드마시가 이끌었기 때문에, 불안도 놀라움도 없이 그저 좋을 수밖에 없는 운명이었다. 어머니가 (또는 아버지가) 누구에게나 잘 어울리는 가벼운 시프레 향수인 오리지널 버전을 뿌렸다면, 아마 그 깊이와 농밀함을 그리워할 수도 있겠다. 하지만 적어도 지방시는 같은 이름을 사용함으로써 전통을 따르려는 존경심을 보였다. 레몬, 스위트 오렌지, 비터 오렌지의 시트러스 3인방이 균형 있게 어우러지고, 살짝 민트 향이 감도는 오렌지 노트는 향기가 어디서 시작하고 어디서 끝나는지 구별하기 어렵게 만든다. 전에 모스 노트가 있던 베이스 자리에는 이제 머스크와 가벼움이 남았다. **SM**

티주라 겔랑 아쿠아 알레고리아
(Teazzurra by Guerlain Aqua Allegoria)
바닷가에서 불어오는 차의 향기 | 조향사 티에리 바세[Thierry Wasser] | ££

소금은 냄새가 나지 않지만 티주라라는 이름을 보건대 블루 티의 향기를 연상시키려는 목적이었던 것 같다. 궁금해서 실제로 어떤 맛이 나는지 향수를 뿌리고 핥아본 적도 있다(짠맛 따위는 느껴지지 않으니 절대 따라 하지도 말도록). 티주라는 지중해 요트 위에서 마시는 마가리타 칵테일[18] 같다. 잔에 가득 담긴 다양한 시트러스 노트와 뚜렷하고 인상적인 재스민 티 향기를 머스크와 바닐라 노트가 노을이 지듯 가볍고 부드럽게 일렁이며 감싼다. 요트를 타느니 차라리 이 향수를 갖겠다. **SM**

크리스탈 오 베르뜨 _샤넬_

(Cristalle Eau Verte by Chanel)

에메랄드빛 그린 크리스탈 | 조향사 자크 폴주^{Jacques Polge} | *££*

나와 공동 작가 둘 다 1974년 오리지널 크리스탈을 너무 좋아해서 사이좋게 나누기로 했다. 따지고 보면 사실 우리의 나이 차는 내가 앙리 로버트의 1974년 크리스탈 오 드 투알레트와 사랑에 빠진 데 반해, 그녀는 자크 폴주의 1993년 크리스탈 오 드 퍼퓸을 사랑한다는 걸 의미한다. 무슈 폴주는 크리스탈의 여동생 격인 크리스탈 오 베르뜨(그린 워터)도 조향했다. 향수 자매는 때때로 이름 외에 아무것도 공유하지 않는다. 크리스탈이라는 이름은 두 향수의 부모가 같다는 것을 알려준다. 오 베르뜨는 완벽하고, 나는 완벽하다는 단어를 가볍게 쓰지 않는다. 부분적으로는 깊은 숲속의 이끼 향이 가볍게 느껴지기 때문이고, 전반적으로는 시트러스와 플로럴 노트가 어우러져 궁전 벽을 휘감은 생경한 덩굴처럼 환상적이면서도 고풍스러운 향기를 연출하기 때문이다. 뿌리고 좀 더 시간이 지나면 울창한 숲길을 걷는 듯한 기분 좋은 향기가 느껴진다. **SM**

시트러스의 화학적 성질

시트러스 에센셜 오일은 대부분 과일 껍질에서 추출한다. 레몬 제스트를 갈거나 오렌지 껍질을 벗기면 나오는 과즙이 순수한 에센셜 오일이다. 어떤 사람들은 이런 천연물질에 알레르기 반응을 보인다. 나무가 다음 세대의 나무가 될 씨앗을 보호하기 위해 의도적으로 자극적으로 만들기 때문이다.,

시트러스 에센셜 오일은 천연 화학향료로 구성되어 있으며 때때로 살아 있는 식물에서 성장했음을 나타내기 위해 파이토케미컬이라고도 부른다. 리모넨, 시트랄, 리날룰, 안트라닐산 메틸, 시트로넬랄, 제라니올을 포함한다. 과일나무 말고 다른 식물에서도 자연적으로 발생한다. 장미, 제라늄, 라벤더, 타임, 주니퍼, 당근 씨앗, 로즈우드, 생강, 카다멈 등은 시트러스 에센셜 오일과 같은 천연 화학 성분으로 구성되어 있다.

그런 이유로 종종 시트러스 노트가 어디서 끝나고 허브와 플로럴 노트가 어디서 시작하는지 구분하기가 까다롭다. 레몬 노트가 섞인 장미 향일까 아니면 장미 노트가 섞인 레몬 향일까? 사실 그게 무슨 상관이람? 시트러스 향은 플로럴, 우디 블렌딩에 부드럽게 섞여들어 우리를 무기력한 기분에서 끌어올려 준다는 게 중요하다.

GRAPEFRUIT

자몽

핑크 페퍼 앤 그레이프프루트   4711 아쿠아 콜로니아
(Pink Pepper & Grapefruit by 4711 Acqua Colonia)
알싸한 허브를 얹은 자몽 샐러드 | 조향사 세실 후아[Cécile Hua] | £

4711 아쿠아 콜로니아의 시트러스 계열 향수가 잊을 만하면 불쑥 나오는 데는 다 이유가 있다. 사실 훨씬 더 많지만, 여러분이 이 책을 읽을 때쯤이면 구하기 어려울 한정판 향수까지 다루는 건 조금 아닌 것 같아 자제한다. 핑크 페퍼 앤 그레이프프루트도 역시 가성비가 뛰어나 앞뒤 가리지 않고 마구 뿌려도 여전히 다른 병을 살 수 있는 돈이 남아 있다. 으깬 핑크 페퍼콘[15] 노트가 먼저 달려들고, 블랙커런트 새순의 알싸한 향과 함께 상큼한 핑크 자몽 노트가 뒤를 잇는다. 티셔츠에 뿌리면 향이 더 오래 남아 좋고, 더운 여름밤 베개에 뿌려도 좋다. **SM**

팜플륀느   겔랑 아쿠아 알레고리아 (Pamplelune by Guerlain Aqua Allegoria)
자몽의 위대한 선지자 | 조향사 마틸드 로랑[Mathilde Laurent] | ££

팜플륀느는 상큼한 베르가못, 네롤리, 블랙커런트 노트와 함께 지나칠 정도로 강렬하고 진한 자몽의 톡 쏘는 과즙 향을 선사한다. 쌉싸름한 향기는 파촐리 노트로 더 풍부해지고 바닐라 노트로 더 부드러워진다. 풍미 면에서는 감히 비할 향수가 없다. 조말론이 콜로뉴라는 단순한 이름을 가진 첫 브랜드를 에스티 로더에 매각했던 1999년, 겔랑은 아쿠아 알레고리아 컬렉션을 출시했다. 장미, 라벤더, 일랑일랑, 허브 등(지금은 모두 단종상태) 가성비가 좋은 오 드 투알레트 라인업이었고, 특히 팜플륀느는 엄청난 인기를 끌었다. 겔랑이 새롭게 자금을 지원받은 브랜드와 경쟁하기 위해 특별히 출시하진 않았겠지만 어쨌든 타이밍이 좋았다. 그때부터 겔랑은 아름답고 때로는 독특한 콜로뉴 컬렉션을 쏟아냈다. 팜플륀느는 그 특출난 오묘함으로 20년 이상 명맥을 이어오고 있다. 이 향수가 마음에 든다면 넉넉히 사두도록 하자. 이런 콜로뉴는 갑작스럽게 단종을 선언하는 경향이 있고 특히 팜플륀느가 자취를 감춘다면 그야말로 폭동이 일어날 수도 있다. **SM**

포멜로   조러브스 (Pomelo by Jo Loves)

시트러스가 스웨이드를 만났을 때

조향사 크리스토프 레이노^{Christophe Raynaud} | ££

조러브스의 조는 대영제국훈장 5등급^{MBE}을 받은 조향사 조말론으로, 조말론 런던을 런칭했다. 향기의 부름은 조를 공백기 이후에 다시 업계로 끌어들일 만큼 강했고, 그 결과 조러브스가 탄생했다. 포멜로는 커다랗고 쌉싸름하지 않은 자몽으로 조러브스의 첫 향수에 영감을 불어넣었다. 넘치는 활력이 살아 숨 쉬는 오프닝은 이 향수를 거부할 수 없게 만든다. 가볍고 상쾌한 향에서 벨벳처럼 진하고 묵직한 향까지 시트러스 노트는 고급스럽게 포개진 스웨이드 위로 솜씨 좋게 천천히 내려앉는다. 중간 어딘가쯤 붉은 장미와 미세한 클로브 노트가 어우러진 향이 느껴지지만, 포멜로 노트는 스웨이드가 마련해둔 부드러운 깃털 이불 덕분에 마치 황혼이 지는 잔디밭에 동그마니 떠 있는 노란 풍선처럼 무탈하게 내려 앉는다. **SS**

오 드 팜플무스 로즈   에르메스

(Eau de Pamplemousse Rose by Hermès)

달콤하고 가벼운 자몽 | 조향사 장 클로드 엘레나^{Jean-Claude Ellena} | ££

에르메스는 경이로운 오 도랑쥬 베르트를 출시하고 30년 후 이번에는 핑크 그레이프프루트를 내세운 굉장한 시트러스 향수를 선보였다. 기존의 스위트 오렌지, 레몬, 만다린 향수와 함께 최근 높아진 대중의 지속력에 대한 요구를 만족시킨 오 도랑쥬 베르트와, 오 드 팜플무스 로즈의 꽁상트레 버전까지 에르메스의 모든 시트러스 가족이 한데 모였다. 하지만 나는 단언컨대 시트러스답게 금방 날아가는 오리지널 버전이 더 좋다. 플로리스가 출시했던 핑크 그레이프프루트는 신선한 과일을 반으로 잘랐을 때 느껴지는 바로 그 향이 난다. 지금은 단종되었고 언젠가 다시 돌아올지도 모르지만, 그때까지는 돈을 조금 더 들여 에르메스의 팜플무스 로즈를 넉넉히 뿌리는 수밖에 없다. 향수에서 프랑스어로 로즈는 장미꽃 노트 말고도 핑크빛 색조를 의미한다. 그래서 어떤 이들은 팜플무스 로즈를 뿌리며 장미와 자몽 노트의 블렌딩을 기대하기도 하는데, 헛된 기대로 헷갈리지 말도록. **SM**

더 강력한 자몽	자몽 에센셜 오일은 화이트와 핑크 모두 조향 원료로 쓰이지만 향수를 완성하고 나면 보통 오렌지 향에 가까워지는 경향이 있다. 따라서 조향사는 대개 자몽의 상큼하고 쌉싸름한 향기를 확실히 구현하려고 화학향료인 메틸팜플무스를 첨가해 강렬함을 더한다(팜플무스는 프랑스어로 자몽을 의미한다).

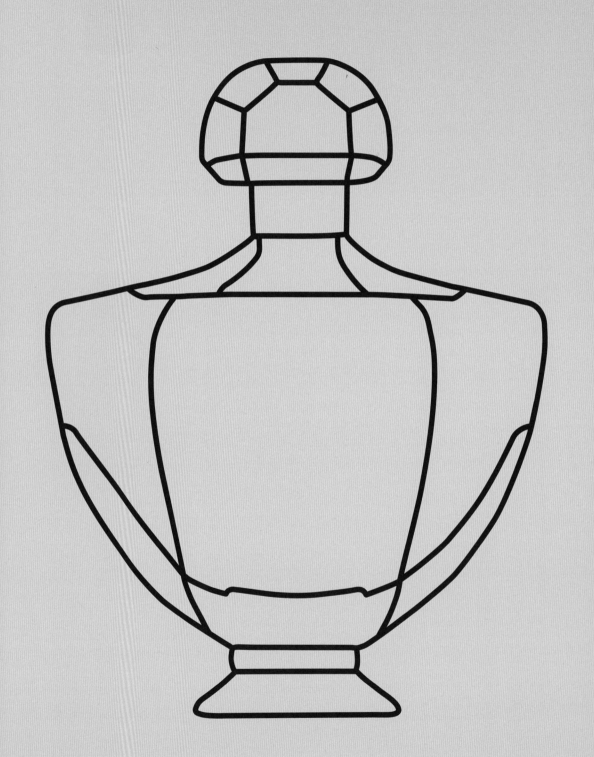

FLORAL

플로럴

모든 향수에는 대부분 플로럴적인 요소가 포함되어 있고, 가장 짙고 묵직한 우드와 가장 신선한 허브도 있다. 이 장에서는 플로럴 부케 향수를 집중적으로 살펴본다. 과일이 들어간 프루티 플로럴 향수로, 일부는 싱그러운 잎사귀도 들어가 갓 딴 꽃의 매끄러운 느낌을 강조하기도 한다. 플로럴 향을 머금은 향수는 다른 장에서도 종종 볼 수 있으며 노트를 꼼꼼히 분류하기가 어려울 때도 있다. 머스크 플로럴 향인지 플로럴 머스크 향인지 헷갈리는 것처럼 말이다. 결정은 여러분의 자유다.

에센셜 오일을 처음 추출하기 시작한 이래로 플로럴 향수는 남성과 여성 모두 즐겨 뿌렸다. 굳이 1000년이 넘은 이 전통을 망칠 필요가 있을까? 누구든 꽃내음을 과시할 수 있다. 이 장에서는 블렌딩 플로럴 향수를 다루며, 한 가지 꽃향기를 강조하는 향수는 솔리플로르 장에 따로 정리했다(67~91쪽 참조).

CLASSIC

클래식

레흐 뒤땅　니나리치 (L'Air du Temps by Nina Ricci)

꿈과 희망을 다시 한번 | 조향사 프란시스 파브론[Francis Fabron] | £

제2차 세계대전이 끝난 1948년 출시되었고, 비둘기 모양의 뚜껑은 가슴 아픈 평화의 상징이다. 레흐 뒤땅은 빛과 그림자의 향수이고, 슬픔과 기쁨을 모두 선사하는 교향곡이다. 고요한 침묵 뒤에 들려오는 새들의 노래는 흐르는 눈물을 조심스럽게 닦아주며 미소 짓게 한다. 플로럴과 알데히드 노트가 폰즈의 콜드 크림, 장미, 재스민, 앙증맞은 오렌지 꽃을 섞은 듯한 극도로 여성적인 어코드를 선사한다. 파촐리, 베티베르, 진하고 매캐한 레진이 어우러진 단단한 베이스 노트는 날아가는 꽃향기를 붙잡아 앰버의 황금빛 아우라로 감싼다. 변화무쌍한 향을 지니고 있어서 10대였던 나부터 60대였던 이모까지 내가 향기를 맡아본 모든 나이대에 잘 어울렸다. 내게 없어서는 안 될 소중한 향수다. **SS**

켈크 플뢰르 로리지날　우비강

(Quelques Fleurs l'Original by Houbigant)

지나간 시간을 찾아서 | 조향사 로베르 비네메[Robert Bienaimé] | ££

켈크 플뢰르는 1912년 출시되었고 30ml당 15,000송이의 꽃을 자랑한다. 가장 좋아하는 꽃을 잔뜩 가져다가 커다랗고 고풍스러운 꽃병에 빽빽이 꽂으면, 숨이 멎을 듯한 고급스러움이 퍼져나간다. 잘 손질된 정원에서 갈바눔과 베르가못 노트로 만들어진 싱그러운 녹색 아치 사이를 지나 세심하게 관리한 가장자리에 닿는다. 켈크 플뢰르는 꽃을 하나하나 차례대로 선보이는 대신 최고 중에 최고를 그러모아 자신만의 독특한 하이브리드를 창조했다. 파우더 가루와 주근깨 같은 꽃가루로 희미하게 흐려진 화려한 꽃무늬 실크 벽지와 틀림없이 일치한다. 잡지 <마리끌레르>에 따르면 웨일즈의 공주 고(故) 다이애나비가 결혼식 날 자신의 유명한 웨딩드레스에 이 향수를 쏟고 꽃다발로 숨겼다고 한다. **SS**

뷰티풀　에스티 로더 (Beautiful by Estée Lauder)

그래, 바로 이거야 | 조향사 소피아 <u>그로스만</u>^{Sophia Grojsman} 베르나르 송^{Bernard Chant} | ££

광고에서 폴리나 포리즈코바가 가장 아름다운 신부의 모습을 선보인 후, 얼마나 많은 여성이 이걸 뿌리고 결혼식장에 들어섰는지는 그저 추측만 할 뿐이다. 누가 그들을 비난할 수 있겠는가? 뷰티풀은 꽃 수천 송이(말이 그렇다는 것이다)가 뿜어내는 향기로 공주의 결혼식에 어울리는 웨딩 아치, 정원, 부케의 갖가지 꽃을 모두 모아 만들었다. 마치 점묘화처럼 빽빽하게 들어찬 플로럴 노트로 향기는 풍부하고 아찔하면서도 크림같이 부드러우며 기분 좋은 밀도감이 느껴진다. 다양한 꽃향기가 벌이는 축제가 온종일 이어진다. 마음을 사로잡는 튜베로즈를 중심에 두고, 은방울꽃, 오렌지 꽃, 재스민, 카네이션, 제라늄, 장미, 미모사, 프리지어, 가드니아 등 신부라면 누구나 바랄 꽃으로 감싸 만든 플로럴 부케는 뷰티풀이라는 이름과 잘 어울린다. 색채와 향기, 그리고 기쁨이 가득한 이 향수를 인생의 중요한 날을 위해 아껴두지 말자. 병에만 머물기에는 너무 눈부시게 아름답다. **ss**

아나이스 아나이스　까사렐 (Anaïs Anaïs by Cacharel)

가볍고 산뜻한 플로럴 향수의 전설, 가격도 마찬가지

조향사 로제 펠레그리노^{Roger Pellegrino} 로베르 고넌^{Robert Gonnon}
폴 레제^{Paul Leger} 레이몬드 샤일란^{Raymond Chaillan} | £

아나이스 아나이스는 까사렐의 첫 향수로, 플로럴 계열 향수의 클래식이 되었다. 요즘 유행이 뭔지 신경 쓰지 않으며, 1978년 출시 당시에도 그랬다. 까사렐은 아주 현명하게도 오리지널에 손을 대는 대신 현대인의 취향에 맞추어 플랭커 향수인 아나이스 아나이스 프리미어 델리스를 출시했고, 오리지널 애호가들은 안도했다. 아나이스 아나이스의 플로럴 부케는 현실에서 꽃다발로 만들면 화려해 보이지만 신기하게도 향수병 안에서는 여성스러운 섬세함이 느껴진다. 히아신스, 백합, 은방울꽃 노트로 시작해, 아이리스, 재스민, 장미, 튜베로즈, 카네이션 노트로 향기의 팔레트를 넓혀간다. 약간의 시트러스는 향이 너무 부드러워지지 않게 잡아주며 은은한 오크모스, 샌달우드, 베티베르 베이스 노트는 꽃향기가 무대 위에 더 오랜 머무를 수 있도록 감싸준다. 아나이스 아나이스는 시간을 초월한 천상의 아름다움이다. **ss**

플로럴 조향의 예술적 기교	'클래식'은 장미, 재스민, 바이올렛, 아이리스, 은방울꽃, 제라늄, 일랑일랑, 튜베로즈, 오렌지 꽃, 미모사 등 모든 혹은 여러 종류의 플로럴 노트를 조합해 만든 향수를 의미한다. 클래식 향수를 만든다는 건 그저 플로럴 노트를 목록에 늘어놓는 게 아니라, 예술적인 조향 기술로, 하나의 완전한 향기를 창조한다는 뜻이다.

FRUITY

프루티

인 러브 어게인　입생로랑 (In Love Again by Yves Saint Laurent)
여름 과일과 후끈한 열정 | 조향사 장 클로드 엘레나[Jean-Claude Ellena] **| ££**

1990년대 후반 블랙커런트 향수가 등장했다. 블랙커런트 새싹의 톡 쏘는 그린 노트는 항상 있었지만, 새로운 카시스[01] 향료와 만나 더 풍부한 과일 향을 세상에 선보이게 되었다. 오리지널은 박스와 뚜껑에 쨍한 색감과 금색 프린트로 장식한 할리퀸 체크 무늬를 새겨 대담함을 표현했다. 화려한 색조를 띤 하트 모양의 펜던트도 주었다. 향수를 뿌리고 무료로 받은 펜던트를 착용한 채 어정쩡한 데이트에 나타난다면 아직 준비가 덜 된 상대에게 먼저 사랑을 선언하는 것처럼 보일지도 모르겠다. 사실 우리가 사랑에 빠진 건 머뭇거리는 상대가 아니라 향수의 풍부한 과일 향인데 말이다. 어떤 사람들은 시프레 향이라고 하고 그게 맞지만, 익숙한 사람이 아니면 알아차리기 힘들 정도로 희미하다. 비록 이제는 깔끔한 베이지색 향수병과 상자에 담겨 있을지라도, 지금까지 우리 곁에 머물러준 몇 안 되는 놀라운 1990년대 프루티 플로럴 향수 중 하나다. 붉은색 과일[02], 장미와 머스크. 차고 넘치는 사랑! **SM**

펄프　바이레도 (Pulp by Byredo)
켄싱턴 첼시 시장의 과일 가게 | 조향사 제롬 에피네르[Jérôme Epinette] **| £££**

하루가 저물어 갈 때쯤 시장에서 떨이로 파는 과일을 봉지째 살 수도 있고, 비싼 사과를 사서 한 알씩 정성스레 포장해 택시를 타고 갈 수도 있다. 바이레도 향수는 택시에 타는 사과 쪽에 가깝다. 펄프는 프루티 플로럴 계열 향수 중 단연코 최고급 라인이다. 이 향수를 꼭 가져야 한다는 말은 아니지만, 가끔 카드를 긁고 다음 달의 내가 감당할 만하다면 망설이지 말자. 타의 추종을 불허하는 사과, 블랙커런트, 베르가못 노트가 폭발적으로 쏟아지며 온몸에 휘감긴다. 내게는 강렬한 자몽 스플래시도 느껴진다. 비싼 과일을 파는 아저씨는 노릇하게 볶아낸 따뜻한 헤이즐넛과 풍성한 흰색 꽃다발도 함께 팔고 있고, 과일이 담긴 좌판대 상자는 막 깎아낸 시어우드 판자로 최근에 새로 만들었다. **SM**

자도르　디올 (J'Adore by Dior)
접근 가능한 우아함
조향사 칼리스 베이커Calice Becker 프랑수아 드마시François Demachy | ££

자도르는 어디에나 있다. 하지만 TV 광고에서 화려한 드레스를 입고 빛나는 모델은 향수에 쉽게 다가갈 수 없게 만들었다. 때문에 스타일리스트 베스트 뷰티 어워드의 두 부문을 심사해 달라는 요청을 받고, 한 병이 스튜디오에 도착하기 전까지 솔직히 나는 자도르에 관심이 없었다. 실수였다. 이토록 사랑스러운 향이라니! 프루티 플로럴의 보배로다. 사랑받는 디올의 디오렐라와 애증의 뽀아종을 자연스럽게 계승한 자도르는 시프레부터 앰버, 머스크에 이르기까지 꽃과 과일을 자신감 넘치고 우아하게 조합하는 전통을 따르고 있다. 그러면서도 복숭아 베르가못, 자두빛 꽃, 달달한 머스크 우드 노트를 처음으로 선보인 현대 향수다. 광고를 보고 섣불리 판단하면 안 되겠다는 교훈을 얻었다. **SM**

트윌리 데르메스　에르메스 (Twilly d'Hermès by Hermès)
생각보다 더 세련된 | 조향사 크리스틴 나이젤Christine Nagel | ££

트윌리는 에르메스가 만든 여러 종류의 길고 얇은 실크 스카프이기도 하다. 그래서 이 향수병 목에는 자그마한 스카프가 매여 있다. 하지만 귀여운 병에 담긴 향기는 신선한 놀라움으로 다가온다. 에르메스는 생강, 튜베로즈, 샌달우드 향이 난다고 하는데, 부담스럽거나 싫은 향이 있다고 해도 개의치 말자. 어느 노트도 특별히 존재감을 드러내지 않으니 말이다. 다시 말해, 천재적인 조향사의 예술적인 기교란 의도적이지 않은 한 어떤 노트도 돋보이게 하지 않는 것이다. 한없이 순수하고 여성스러우면서도 브랜드 혈통에 걸맞게 고급스럽다. 스파이스보다 프루트 노트가, 플로럴보다 바닐라 노트가, 샌달우드보다 머스크 노트가 더 많이 느껴진다. 아름답게 어우러진 이 모든 노트의 향연에 앙증맞은 중절모까지 있다니! **SM**

샹스 오 땅드르　샤넬
(Chance Eau Tendre by Chanel)
핑크 공주 | 조향사 자크 폴주Jacques Polge | ££

샹스 오 땅드르는 머리에 묶은 핑크 새틴 리본처럼 전형적인 어여쁨을 보여준다. 자몽 탑 노트가 반짝이는 상쾌함과 명랑함을 선사하는 가운데 마르멜로03는 장난기 가득한 과일의 앙증맞은 아다지오처럼 페어04와 사과 어코드를 추가한다. 핑크색 새틴 슬리퍼를 신은 발레리나에게 선물한 로맨틱한 꽃다발 같은 특유의 깔끔한 플로럴 향이 느껴진다. 재스민, 아이리스, 동화 같은 히아신스 꽃잎이 종이 꽃가루처럼 흩날린다. 뒤에서 춤추는 불빛처럼 반투명하게 일렁이는 앰버의 부드러운 속삭임이 계속 이어지는 핑크 새틴 리본의 베이스 노트와 함께 발레 공연의 막을 내린다. **SS**

트레조 랑콤 (Trésor by Lancôme)

완벽한 보물 | 조향사 소피아 그로스만^{Sophia Grojsman} | ££

랑콤의 트레조는 1990년 천재적인 조향사 소피아 그로스만의 손길로 탄생했다. 복숭아 껍질의 벨벳 같은 촉감이 느껴지는 보드랍고 포근한 프루티 플로럴 노트와 함께, 꽃봉오리와 진한 바닐라가 자연 그대로의 달콤함을 선사한다. 살구꽃과 깊고 붉은 장미가 만드는 여성스러운 조합은 향기의 시작과 끝을 알 수 없을 정도로 조화롭다. 마음속에 붉게 물든 복숭아 껍질로 만든 옴브레 꽃잎의 장미가 떠오른다. 꽃잎은 가을에 지는 낙엽처럼 아늑하고 따스하게 향기를 감싸주는 샌달우드 베이스로 떨어진다. 트레조는 이름에 딱 맞는 영원한 보물이다. **SS**

나이아스 삼마르코 (Naias by Sammarco)

거절할 수 없는 압도적인 상냥함

조향사 지오바니 삼마르코^{Giovanni Sammarco} | £££

우리는 손에 넣기 어렵고 값이 좀 나가는 향수를 소개해야 할지 말지 망설였지만, 나이아스는 발견하는 기쁨이 있다. 지오바니 삼마르코는 아르티장으로 너무 독특한 개인적 취향과 마음을 담아 조심스럽게 소량의 향수를 수작업으로 만든다. 나이아스는 한 사람을 위한 헌사와도 같아 향수를 뿌리면 마치 다른 사람처럼 느껴진다. 그 사람은 아름답고 상냥한데, 다 섬세해서 향기를 맡을수록 내가 더 나은 사람이 되는 기분이 든다. 지오바니는 신선한 과일과 '바이올렛의 보랏빛 아우라'를 지닌 꽃향기의 옅은 안개라고, 그의 향기만큼이나 부드러운 목소리로 말했다. **SM**

금단의 과실

베르사유의 오스모테끄^{Osmothèque}(향수 업계의 향기 도서관)에서만 맡을 수 있었던 향수가 1916년 제조법 그대로 복원되었다. 바로 조향사 앙리 알메라스^{Henri Alméras}가 레 퍼퓸 드 로진느를 위해 만든 르 프룻 디펜두^{Le Fruit Défendu}다. 이 향기를 맡아보기 전에는 프루티 플로럴 계열 향수가 1980년대 후반부터 시작되었다고 생각할 수도 있다. 하지만 프루티 플로럴은 사실 1920년대에도 유행했다. 사치와 향락으로 물들었던 1920년대가 1930년대 경제 불황에 자리를 내주면서 사라졌다. 향수는 물결처럼 다가오며, 프루티 플로럴 향수는 20세기 후반 다시 큰 파도에 몸을 싣기 시작해 여전히 해안을 강타하고 있다. 멋진 프루티 플로럴 향수는 톡 쏘는 상큼함과 달콤함이 조화롭게 균형을 이룬다.

로스트 인 더 시티　밀러 해리스 (LOST in the City by Miller Harris)

런던에 숨겨진 여름 정원 | 조향사 매튜 나르딘 [Mathieu Nardin] | ££

로스트 인 더 시티는 밀러 해리스 컬렉션의 일부로 걸어서만 온전히 경험할 수 있는 런던 의 보이지 않는 지역에서 영감을 받았다. 유리로 반짝이는 현대적이고 화려한 건물 아래 에 런던은, 하루를 열심히 사는 사람들과 작은 정원으로 지어진 놀랍도록 푸른 도시. 눈 길을 어디에 두어야 할지 안다면 로스트 인 더 시티는, 푸르게 우거진 텃밭과 거기서 나는 싱싱한 채소를 볼 수 있게 해준다. 이것이 바로 루바브 향이다. 페어와 딸기가 아기를 낳았 다고 상상해보자. 그 아기가 루바브다. 이제 가장 먼저 떠오르는 영국 요리 재료 세 가지를 말해보자. 얼그레이 차, 잼, 제라늄? 이걸 모두 합치면 자꾸만 더 뿌리고 싶은 너무나 영국 스러운 오 드 퍼퓸이 탄생한다. 장미는 타르트 잼을 만들기에 적당한 달콤함만 지닌 쌉싸 름한 블랙커런트 노트를 만난다. 얼그레이는 얼그레이답게 활력을 불어넣고, 가장자리를 둘러싼 플로럴 노트는 정원의 모든 것을 장밋빛으로 물들인다. 로스트 인 더 시티는 울타 리 너머 언뜻언뜻 보이는 이 모든 것이다. 여기에 새가 지저귀는 소리와 멀리서 들려오는 차 소리만 더하면 된다. **SS**

플리츠 플리즈　이세이 미야케 (Pleats Please by Issey Miyake)

주저하며 만든 라즈베리 | 조향사 오헬리엉 기샤르 [Aurelien Guichard] | £

로디세이가 향수의 세계를 바꾼 지 20년이 지난 2013년 다른 비슷한 향수와 잘 어울리는 플리츠 플리즈가 등장했다. 공식적인 프루트 노트는 아시아 배라고 부르는 나시 [nashi] 배로, 갓 자른 신선한 그린 프루티 노트의 오프닝을 선사한다. 꽃이라고 이름 붙인 작약과 스위 트피 노트로 우리는 마스터 조향사가 자연을 본떠 창조한 상상의 영역에 있다는 것을 알 고 있다. 천연 파촐리 역시 환상을 자아내며, 이러한 플로럴 프루티 향기의 조합은 라즈베 리라고 믿을 만한 노트를 만들어낸다. 플리츠 플리즈는 2009년 어 센트가 시장을 사로잡 는 데 실패한 후 출시되었다. 널리 알려진 대로 이세이 미야케는 자신의 브랜드를 위한 향 수를 원하지 않았지만, 마지못해 최대한 향이 적게 나서 물에 가까운 향수를 출시하는 데 동의했다. 굉장히 불성실한 이름의 '어 센트 [A Scent]'는 심지어 물보다도 향이 덜했고 곧 단 종되었다. 미야케가 거침없고 멋진 옷을 계속 만들고 싶다면, 아름답지만 좀 더 유행할 만 한 향수를 출시할 때라고 조용히 알려준 것 같은 인상을 주는 향수가 있다. 바로 플리츠 플 리즈다. **SM**

쉐이드센츠 루비 우 맥
(Shadescents: Ruby Woo by M.A.C)
일부러 감추어둔 체리 주스 | 조향사 로베르테[Robertet] | £

맥의 루비 우는 폴란드 슈퍼마켓에서 볼 수 있는 검붉은 체리 주스 같은 향이 난다. 달콤함과 톡 쏘는 향의 균형이 선사하는 풍미가 너무 강렬해서 한 모금씩 홀짝거릴 수밖에 없다. 너무 맛있어서 아무한테도 알려주고 싶지 않다. 그리고 그건 루비 우도 마찬가지인 듯하다. 맥 매장에서만 살 수 있거나, 백화점에서는 서랍 속에 넣어둔 걸 꺼낼 수 있는지 물어봐야 찾을 수 있다. 루비 우는 같은 이름의 립스틱과 어울리는 향수다. 네모난 병은 스타일, 모양, 시향지, 향기의 정점을 보여준다. 알싸한 체리 노트, 풍성한 아이리스 향이 담긴 장미 노트와 함께 붉은 가죽으로 만든 탭슈즈가 나무 계단을 따라 춤추며 내려가고 있다. 이 좋은 걸 왜 숨겨놓는지! 어두운 구석에서 꺼내 밝은 조명 아래 둘지어다. **SM**

바이올렛 인 러브 퍼퓸 드 니콜라이
(Violette in Love by Parfums de Nicolaï)
향수 애호가의 프루티 플로럴 | 조향사 패트리샤 드 니콜라이[Patricia de Nicolaï] | £££

바이올렛 인 러브는 오 드 투알레트로 그 사랑스러운 향기를 유지하고 싶다면 자주 뿌려야 한다. 패트리샤 드 니콜라이가 가족이 운영하는 작은 공장에서 만들고 자신의 퍼퓨머리와 소수의 전문 퍼퓨머리에서만 판매한다. 니콜라이의 향수는 이미지 컨설턴트와 광고 경영진이 지배하는 세상에서 진짜가 무엇인지 보여준다. 담백한 병이 전통적인 왁스 봉인이 있는 깔끔한 포장 상자에 담겨 있다. 고전적으로 훈련받아 자신의 사업을 운영하는 조향사의 손길과 함께. 바이올렛 인 러브는 알싸한 블랙커런트, 부드럽고 매끈한 머스크 노트가 감싸는 장미와 아이리스 향기를 선사한다. 니콜라이 향수는 정도를 고수하는 패트리샤 덕분에 타협 불가능한 품질을 보여준다. 바이올렛을 찾아 사랑에 빠져보자. **SM**

마드모아젤 로샤스 꾸뛰르 로샤스
(Mademoiselle Rochas Couture by Rochas)
프렌치 드레스를 입은 베이크웰 타르트 | 조향사 안 플리포[Anne Flipo] | ££

로샤스는 향수 업계에서 최초로 뭔가를 하는 경우가 드물다. 대개 중간에 진입해서 다른 향수를 뛰어넘고 앞서간다. 마드모아젤 로샤스 꾸뛰르에는 설탕 가루를 가볍게 뿌린 매끈한 체리 아몬드 통카 플로럴 우드 노트가 있다. 들이마시면 살이 찔 것 같은 달콤함은 아니다. 이건 솜사탕이 아니라 약간 어두운 자홍색 푸크시아[05] 꽃이다. 베이크웰 타르트 향과 매우 흡사해서 더비셔 마을은 이 향수를 그들의 시그니처 향으로 삼아야 한다. 오리지널의 저녁 버전으로 마드모아젤 로샤스에 장미 - 사과 노트와 블랙커런트 - 크럼블 노트가 더해졌다. 프루티 프로럴 계열 향수를 좋아한다면 둘 다 사보는 게 어떨까? 가격도 나쁘지 않고 뿌리는 재미가 쏠쏠하다. **SM**

아모라 헨들리 퍼퓸
(Amora by Hendley Perfumes)

과수원을 어슬렁거리는 맹수 | 조향사 한스 헨들리^{Hans Hendley} | £££

모든 조향사가 그라스⁰⁶에서 훈련한다는 속설이 있지만 고귀한 혈통 출신이 아니더라도 크게 중요하지 않다. 전통주의자들이 모순된 증거에 맞닥뜨리면 귀에 손가락을 쑤셔 넣고 '라 라 라 안들려요!'라고 외치겠지만 말이다. 하지만 주위를 살펴보면 일본에는 인센스 조향사, 중동에는 아타르 조향사가 있으며, 아모라의 경우 매우 아름다우면서도 독특한 향수로 사람들을 미소 짓게 만드는 모험적인 미국 조향사가 있다. 프루티 플로럴 계열이지만 달콤한 자둣빛 여름 과일과 장미 울타리 주위로 짙푸른 담뱃잎과 킁킁거리며 나무 둥치를 어슬렁거리는 호랑이가 있다. 헨들리 퍼퓸 향수는 미국이나 폴란드에서만 살 수 있지만, 보물은 쫓아가 구할 가치가 있다. **SM**

딜런블루 뿌르팜므 베르사체 (Dylan Blue Pour Femme by Versace)

화려하고 현란한 베르사체 패션 그 자체 | 조향사 칼리스 베이커^{Calice Becker} | ££

베르사체를 이끄는 크리에이티브 디렉터 도나텔라 베르사체의 섬세함과 절제미는 잘 알려지지 않았다. 이번에 소개할 향수는 생동감 넘치는 브랜드와 잘 어울린다. 화려한 금색 실크 셔츠에 이 향수를 스무 번쯤 뿌려서 입체적이고 화려한 베르사체 그 자체가 되어보자. 패턴과 무늬로 눈을 가리고 향기로 쓰러뜨리는 거지. 이름에 '블루'가 붙는 향수는 보통 가벼운 바다향 스플래시인 경우가 많다. 하지만 딜런블루는 다르다. 가득 쌓인 형형색색의 과일을 으깨고 증류해서 만든 부드럽고 끈끈한 칵테일로 오페라 디바의 첫 공연날 드레스룸에서 볼 수 있는 꽃다발보다 더 많은 플로럴 부케 어코드가 들어 있다. 디자이너 향수가 판에 박힌 듯 재미없고 색조가 약하다는 조소를 받던 시대였다. 도나텔라는 여러 시제품 중에 가장 강렬하고 화려한 걸 골랐다. 유행을 꼭 따를 필요는 없잖아? **SM**

프루티 플로럴 향조의 화학

여러분이 조향사가 갓 딴 딸기를 발로 밟아 뭉갠 다음 곧바로 천연원료로 바꾸어놓는다는 걸 믿는다고 해도 용서할 수 있다. 하지만 사실, 아주 최근까지 시트러스를 제외한 대부분의 과일 향료는 합성원료로 만들었다. 천연 블랙커런트 앱솔루트인 부흐종 드 카시가 있긴 하지만, 이건 블랙커런트 열매가 아닌 꽃봉오리에서 추출한 것이다. 체리 향은 보통 강렬한 아몬드 마지팬⁰⁷ 노트에 부드럽고 달콤하게 만드는 화학향료를 혼합해서 만든다. 21세기 방식은 재배자가 복숭아, 코코넛, 바나나, 사과를 포함한 말린 과일에서 향을 추출할 수 있다는 의미다. 다양한 향을 기대해도 되지만 단단히 값을 치러야 한다.

NO 5 샤넬 (NO 5 by Chanel)

전설 | 조향사 에르네스트 보[Ernest Beaux] | ££

샤넬 NO 5는 정말 대단한 향수고, 그만큼 향수를 둘러싼 소문도 많았다. 합성 알데히드를 함유한 최초의 향수가 아닌데도, 향수 애호가들 사이에 이 속설은 이미 신화처럼 자리를 잡았다. 합성 알데히드는 이미 수십 년 동안 존재하고 있었지만, 샤넬 NO 5는 당시 인기를 끌던 다른 향수들보다 알데히드가 더 많이 들어갔다. 일랑일랑, 재스민, 장미가 주역을 맡고 시트러스, 우드, 발삼, 머스크, 그리고(1921년에만) 상당량의 시벳[08] 노트가 가미된 플로럴 부케를 사용한다. 제조법은 눈에 띄지 않을 만큼 매년 조금씩 바뀐다. 그래서 지금의 NO 5는 100년 전보다 더 맑고 가벼워진데다 상대적으로 가격도 훨씬 저렴해졌다. 퍼퓸, 오 드 퍼퓸, 오 드 투알레트 버전이 있고 온라인에서는 종류별 장단점에 대한 격론이 벌어진다. 살면서 적어도 하루는 NO 5를 뿌려봐야 한다. 그리고 격론에 합류해보자. SM

아르페쥬 랑방 (Arpège by Lanvin)

조화로운 노트가 선사하는 섬세한 연주 | 조향사 폴 바셰[Paul Vacher] 앙드레 프레이스[André Fraysse], 1993년 위베르 프레이스[Hubert Fraysse]가 리뉴얼 | £

랑방 아르페쥬는 개인적으로 아주 좋아하는 향수라서 매일같이 뿌린다. 1927년 출시되었고, 향수 탄생의 장본인인 (운이 좋은 여성이다) 마리 블랑쉬 드 폴리냐크[09]가 음악 용어인 '아르페지오'의 프랑스어로 이름을 붙였다. 장미, 재스민, 카네이션, 복숭아 노트가 여는 시작은 과하게 들릴 수 있지만, 모두 완벽하게 어우러진다. 여성스러운 오프닝을 따라 은방울꽃, 동백꽃, 허니석클[10], 아이리스 꽃잎이 차례로 하늘 높이 날아올라 흩날린다. 플로럴 노트가 활짝 피고 나서 점점 흐릿하게 옅어져도, 파우더 향과 복숭아 비누 같은 잔향은 없어지지 않는다. 오래 지속되는 샌달우드, 오크모스, 파촐리 베이스 노트는 내가 원하는 시프레의 존재감을 보여준다. 웨일즈의 집에서 빨래를 개고 있을 때조차 아르페쥬는 나를 1927년의 파리로 데려간다. SS

리브 고쉬 입생로랑
(Rive Gauche by Yves Saint Laurent)

반짝이는 메탈릭 플로럴 | 조향사 자크 폴주^{Jacques Polge} 미셸 하이^{Michel Hy} | £

리브 고쉬는 전형적인 파리지앵이다. 우선 파리 센강 좌안[11]에서 이름을 따왔다. 그리고 흠잡을 데 없이 아름다우면서도 장난기 많은 프랑스 여성들이, 향수병에 어울리는 옷을 입고 길가 카페에서 불운한 남성들을 놀리는 상징적인 광고가 있다. 마지막으로, 향기 그 자체다. 리브 고쉬를 뿌리면 은빛의 경쾌함이 뿜어져 나와 화려한 플로럴 부케 위로 폭포처럼 쏟아진다. 제라늄과 은방울꽃 노트가 주인공 자리를 두고 다투는 동안 시크하고 스타일리시한 오리스 노트가 나타나 점잖게 둘을 말리고는 싱그럽고 촉촉한 베티베르 베이스 노트 뒤로 사라진다. 잠자리에 들 때쯤이면 검고 파란 스카프에는 머스크 노트의 잔향이 남아 있다. SS

레망 코티
(L'Aimant by Coty)

가성비 갑 알데히드 플로럴 | 조향사 뱅상 루베르^{Vincent Roubert} | £

코티의 레망(자석이라는 뜻)은 알데히드 향수의 상징과도 같은 샤넬 NO 5의 명성에 힘입어 3년 뒤인 1924년 출시되었다. 복숭아, 비누, 파우더 향이 어우러져 상쾌한 푸른 하늘이 펼쳐진 봄날 같은 오프닝은 텁텁한 난초, 도도하고 강렬한 재스민 노트와 함께 사방이 장미로 뒤덮인 뜨거운 여름으로 빠르게 넘어간다. 보송보송한 복숭아빛 파우더 구름이 장미와 재스민 향기를 부드럽게 감싸 안고, 여성스러운 머스크와 바닐라 노트의 매끄러운 숄이 어깨를 어루만지며 마차가 집에 닿을 때까지 꽃내음을 남겨둔다. SS

블루 그라스 엘리자베스 아덴
(Blue Grass by Elizabeth Arden)

켄터키 평원에 대한 오마주[12] | 조향사 게오르그 푸치스^{George Fuchs} | £

1934년에 출시된 블루 그라스는 아직도 인기가 많다. 후기를 보면 할머니와 이모 얘기가 대부분이지만, 나는 이 시대에서도 존경받아 마땅하다고 생각한다. 적당한 가격의 오 드 퍼퓸은 놀라울 정도로 복잡하며, 오프닝의 알데히드 노트는 햇빛 아래 널어놓은 빨래나 아침에 훅 밀려드는 신선한 공기처럼 상쾌하다. 라벤더와 허브 노트가 만나 콜로뉴 같은 경향이 있지만, 그것만으로는 부족하다는 듯 고전적인 정원의 꽃을 모두 품에 모아 깔끔하면서도 가득 찬 꽃내음을 뿜낸다. 진홍색 제라늄은 압도적이다. 줄기의 촉촉하고 싱그러운 내음과 함께 블랙 페퍼, 라벤더, 레몬 노트의 꽃잎이 번갈아 가며 강렬한 장미 향을 선사한다. 블루 그라스는 비누 향기가 오래 지속되는 클래식 향수로 '상쾌한 알싸함'이라는 단어의 전형을 보여준다. 폭염이 기승을 부리는 날 냉장고에서 바로 꺼낸 블루 그라스를 땀이 찬 가슴골에 뿌리면 그만한 게 없다. SS

AMBER

앰버

루루　까사렐 (LouLou by Cacharel)

쁘아종에 맞먹는 강렬한 1980년대 플로럴 프루티 ｜ 조향사 장 기샤르^{Jean Guichard} ｜ £

루루는 1980년대 후반까지 디올의 쁘아종을 따라다녔다. 마치 너무 어려 혼자서 나갈 수 없는 여동생처럼, 언니 옆에서 추종자들에게 천진난만한 매력을 뽐내며 저녁을 보내는 것 같았다. 쁘아종이 향수의 새로운 영역을 열었고, 루루는 그 사이로 잽싸게 따라 들어갔다. 언니가 자기 남자친구를 채갔다며 소리치면, 루루는 눈썹을 치켜올리고 입술을 삐쭉 내밀며 '내가?' 하고 되묻는 모습이 떠오른다. 이 향수는 마치 고급진 플러시 천이 덮여 있고 백합과 장미 플로럴 부케와 살짝 취기가 도는 크렘 드 카시스에 둘러싸인 깃털 침대에 폭 파묻히는 것 같은 느낌이다. 시트러스 과일, 붉은 과일, 다양한 플로럴 노트, 그리고 1940년대 침울한 전후 분위기로 사라졌다 돌아온 바닐라 스위트 노트까지 온갖 향이 다 모여 있다. 디올이 까사렐에 전화를 걸어 고객을 채갔다고 소리치지만, 들려오는 건 천연덕스러운 '우리가?'라는 대답뿐이다. **SM**

에일리언　뮈글러 (Alien by Mugler)

나를 너희 대장 앞으로 안내해

조향사 도미니크 로피용^{Dominique Ropion} 로랑 브뤼예르^{Laurent Bruyere} ｜ ££

티에리 뮈글러의 향수는 보통 긴장과 집중이 필요하다. 그들은 리더이며 그만한 지위를 받아야 마땅하다. 불필요한 관심을 끌고 싶지 않은 기분이라면 손대지 않는 게 좋다. 다른 세계의 아름다움을 가진 에일리언도 예외가 아니다. 무시무시한 얼굴 없는 우주 악당 같은 병에 담긴 이 향수가 가진 초능력은, 강렬함과 번득이는 광채다. 에일리언은 진한 재스민 꽃에 최면을 걸어 교회의 인센스 향이 스며든 숲에 굴복하고 머리를 조아리게 만들지만, 재스민 꽃은 어느새 속속들이 스며들어 에일리언과 함께 모든 노트를 다스리고 있다. 대낮의 불꽃놀이나 버스 정류장에서 아리아를 부르는 소프라노처럼 기묘하고 시끄럽지만 아름답다. **SS**

크러쉬드 벨벳　사라 아일랜드 퍼퓸
(Crushed Velvet by Sarah Ireland Perfumes)

호화로운 망토 │ 조향사 사라 아일랜드^{Sarah Ireland} │ ££

독학으로 조향사가 된 사라 아일랜드는 2018년 자신의 이름을 딴 향수 하우스를 열었고, 크러쉬드 벨벳은 2019년 영국 TFF 어워드에서 두 부문의 최종후보에 올랐다. 처음 맡았을 때 이 향수는 내게 사랑이었다. 맡는 순간 화려하고 고급스러운 느낌이 든다. 처음부터 끝까지 사방으로 퍼지는 장미 향은 불가리안 로즈와 모로코 로즈의 퓨전이다. 장미의 퇴폐미는 혼을 빼놓는 튜베로즈와 스파이시 레드 벨벳 제라늄 노트로 더 강력해진다. 진한 흙내음이 풍기는 파촐리 노트는 이국적인 느낌과 일랑일랑의 잔잔함이 어우러진 광채를 더한다. 샌달우드가 플로럴 노트를 감싸 레드 벨벳 숄에 스며들게 한다. 부드러운 머스키 우드 노트의 잔향은 떠난 자리에도 잠시 남아 있다. **SS**

루시드 드림　엑스 아이돌로
(Lucid Dream by Ex Idolo)

꿈속의 운명을 통제하라 │ 조향사 맷 주크^{Matt Zhuk} │ £££

루시드 드림, 즉 자각몽은 꿈에서 일어나는 일을 조정할 수 있는 명상적 상태를 의미한다. 예를 들어, 당신이 쓴 소설이 출판되고 휴 잭맨이 저녁 식사 초대에 응하는 것이다. 루시드 드림은 마치 가장 마음이 편,안해지는 기억과 같다. 싱그러운 연둣빛 배경에 신비로운 숲속을 가득 메운 장미 노트로 시작한다. 인센스 향이 여기서 살짝, 파촐리 노트가 저기서 슬쩍 풍겨오는 것을 느끼며 부드럽게 밀려온 꿈의 향기로 깊은 휴식을 취한다. 언뜻 스치는 어린 시절의 달콤한 사랑, 꿈같은 정원, 일렁이는 촛불의 연기가 포근하게 감싼다. 향기 자체에 유분기가 있는 것처럼, 보이지 않게 피부에 착 붙어 오랫동안 머물며 온종일 행복에 있게 한다. **SS**

앰버와 빅토리아 시대의 화학	합성 바닐린은 비스킷의 세계를 바꾼 것과 같은 방식으로 향수의 세계도 바꾸었다. 1874년 독일에서 가문비나무 수지 추출물로 합성 바닐린을 처음 생산했다. 조향사와 제과사는 자신들의 창작물에 맛과 향을 내는 이 합성원료를 첨가했다. 조향사들은 인공 바닐린을 라브다넘과 혼합해 앰버라고 불렀다. 그리고 고사리 문양이 새겨진 커스터드 크림 비스킷은 코티의 플로럴 앰버 계열 향수인 로리간^{L'Origan}과 겔랑의 아프레 롱데^{Après L'Ondée}와 비슷한 시기에 등장했다.

FRESH AND LIGHT

프레시 앤 라이트

포에버 앤 에버 디올   디올 (Forever and ever Dior by Dior)

낮에 뿌리는 디올 | 조향사 장-피에르 베투아르^{Jean-Pierre Béthouart} | ££

이 향수는 오 드 투알레트로 상쾌한 프루티 로즈, 재스민, 제라늄 노트가 순식간에 지나간다. 하지만 모든 관계가 영원하지 않은 것처럼, 모든 향수가 접착제처럼 착 붙어 있을 목적으로 만들어지는 것도 아니다. 디올의 포에버 앤 에버는 기운을 북돋워주고 조용히 뒤로 사라지는 친구와 같다. 아주 키가 큰 판매직원이 내 머리 꼭대기에 대고 무슈 디올이 이 향수를 직접 만들었다고 말했다. 물론 사실이 아니지만, 그의 시대를 초월한 스타일과 잘 어울린다. 우아함과 세련미를 갖춘 투명하고 현대적인 포에버 앤 에버는 어딘가 갈 데가 있어 항상 일찍 떠나는 사랑스러운 친구 같다. **SM**

조이   디올 (Joy by Dior)

의미가 다른 행복 | 조향사 프랑수아 드마시^{François Demachy} | ££

1979년 사업가 빅터 기암이 레밍턴 면도기를 보여주며 '이게 너무 마음에 들어서 회사를 사버렸지!'라고 말하는 TV 광고가 있었다. 조이에게 일어난 일이었다. 향수가 아니라 이름 말이다. 장 파투의 조이는 한때 '세계에서 가장 비용이 많이 드는 향수'로 광고되었고, 장 파투의 개인적인 감독 아래 마스터 조향사 앙리 알메라스가 만든 비싸고 호불호가 갈리는 화이트 플로럴 계열 향수였다. 장 파투의 꾸뛰르 하우스에는 부유한 고객들이 착장을 돕는 하녀를 데리고 방문했으며, 발향성이 좋은 그의 향수는 사람들이 가까이 다가오지 못하게 했다. 디올은 2018년 당시 소유주였던 디자이너 퍼퓸스로부터 장 파투의 브랜드를 사들였고, 새로운 조이를 출시했다. 여러분의 엄마가 생일 선물로 조이를 사달라고 한다면, 이 조이가 아니다. 엄마가 원하는 조이는 이제 존재하지 않는다. 디올의 조이는 20대 초반의 부드러운 핑크빛으로, 오리지널 조이가 전혀 어울리지 않는다는 것을 알게 될 세대를 위해 만든 완벽하게 사랑스러운 시트러스 플로럴 향수다. 시대는 변한다. 그리고 이제 하녀를 데리고 다니는 사람도 거의 없다. **SM**

플레져 에스티 로더
(Pleasures by Estée Lauder)

순수함과 단순함

조향사 애니 부잔티안^{Annie Buzantian} 알베르토 모릴라스^{Alberto Morillas} | ££

플레져는 1995년에 향기를 정확하게 표현한 초원, 꽃, 분홍빛 캐시미어, 푸른 하늘을 보여 주는 광고와 함께 출시되었다. 영화 '사운드 오브 뮤직'을 향수로 나타낸다면, 장미 위의 빗방울, 작약 위의 이슬방울, 나비 날개처럼 가벼운 프리지어, 싱그러움이 가득한 라일락을 지닌 플레져다. 어떤 노트도 행복의 꽃 풍선을 터뜨리려 하지 않는다. 나는 플레져에서 종종 수정처럼 맑게 졸졸 흐르는 시냇물 같은 메탈릭 노트가 희미하게 느껴진다. 기분이 좋아지는 오프닝은 비길 만한 향수가 거의 없고, 뿌리는 순간 한여름의 초원과 분홍색 꽃무늬 원피스를 갈망하게 된다. 플레져는 사실상 모든 면에서 완벽함을 자랑한다. **SS**

데이지 마크 제이콥스
(Daisy by Marc Jacobs)

데이지 꽃에서 향기가 난다면 말이지 | 조향사 알베르토 모릴라스^{Alberto Morillas} | £

마크 제이콥스의 데이지는 가격이 싸고 인기가 많으며, 대놓고 예쁜 병으로 수집가가 생겨나기 시작했고, 결국 아름다운 향수병의 유행을 선도했다. 밝은 햇살과 여름이 떠오르는 상쾌한 자몽 노트로 시작해서 사뿐히 날아오르는 가벼움이 느껴진다. 하지만 지속력이 꽤 있으므로 그 가벼움을 약점으로 착각해서는 안 된다. 달콤하지만 끈적이지 않는 딸기와 함께 바이올렛, 재스민 등 가장 아름다운 꽃이 더해진 데이지는, 안팎으로 한 폭의 그림처럼 어여쁘다. 따뜻하고 차분한 바닐라와 희미한 화이트 머스키 우드 노트가 마무리하며, 데이지는 같은 이름의 데이지 꽃[13]처럼 잔향이 오래도록 머문다. **SS**

은은하고 무해한 향기

프레시 앤 라이트, 즉 상쾌하고 가볍다는 말은 보통 향수가 마음에 들 때 쓰는 경향이 있다. 그리고 향수가 별로면 약간 진하다는 표현을 쓴다. 여기서 소개한 프레시 앤 라이트 향수는 모두 정원에서 막 딴 꽃 한 아름의 향기가 저 멀리서 가볍게 흩날리며 은은하게 다가오는 듯한 향기를 지니고 있다.

무해한 향기라는 말은 향이 너무 약한 향수를 에둘러 칭찬하는 표현이지만, 이 책에서는 좋은 의미로 사용했다. 여기 은은하고 무해한 프레시 앤 라이트 향수는 모두 굳이 개성을 드러내고 튀고 싶지 않은 날 뿌리기에 좋다.

라튤립 바이레도 (La Tulipe by Byredo)

밝게 빛나는 봄날의 다채로움

조향사 제롬 에피네트^{Jérôme Epinette} 벤 고햄^{Ben Gorham} | £££

라튤립은 상쾌하고 알싸한 향을 지니고 있으며, 비누 향, 가끔 베이비 파우더 향도 희미하게 느껴진다. 막 자른 풋풋한 줄기와 청량하고 싱그러운 수액 향도 미묘하게 섞여 있다. 그리고 모두 한데 모여 선명하고 화려한 꽃잎의 생기와 어우러지며, 기분 좋은 플로럴 향을 선사한다. 바이레도의 라튤립이 지닌 상쾌함은 가볍고 사뿐한 프리지어, 루바브의 페어-딸기 어코드로 더욱 빛난다. 공동 주연보다는 조연 역할을 맡아 태양을 향해 다채로움을 뽐내는 꽃가루를 흩날리고 새벽같이 맑은 향기를 돋보이게 만든다. 라튤립은 눈부시게 아름답고 생명력이 넘치는 플로럴 향수로 계절에 상관없이 걸음걸음마다 봄에 피어난 첫 꽃망울을 더해준다. SS

녹턴 까롱

(Nocturnes by Caron)

싱싱함을 더한 고전적인 밤 향기의 꽃

조향사 제라르 르포르^{Gerard Lefort} | £££

오래전 사라진 고전 향수가 그립다면 까롱의 퍼퓸머리를 방문해보자. 까롱의 제품은 모두 다양한 형태의 병과, 브랜드에 저항하는 온갖 종류의 포장 상자에 매력적으로 담겨 있다. 까롱은 어쩌다 향수를 전문으로 하는 마케팅 조직이 아닌, 제대로 된 향수 하우스다. 런던의 포트넘 앤 메이슨 매장에 있는 까롱의 전문매장은 호화로운 퍼퓸머리의 역사를 보여주는 향기로운 성지다. 녹턴은 1981년에 출시되었지만, 향수가 지닌 꽃집의 내음은 1920년대를 상기시킨다. 까롱은 유행을 따르지 않는다. 녹턴은 꽃집에서 고객이 주문을 하면 직원들이 줄기를 자르는 온갖 종류의 꽃, 수액, 잎과 줄기, 초록빛 싱그러움이 가득한 플로럴 부케다. 그린 계열 향수는 유행이 지났지만, 유행은 돌고 돈다. SM

이모시넬르 퍼퓸 델레
(EmotionNelle by Parfums DelRae)

코트다쥐르[14]의 정원 | 조향사 미셸 루드니츠카[Michel Roudnitska] | £££

카트에 실린 완전히 익은 캔털루프 멜론을 상상해보자. 한 시간만 더 놔두면 가장자리부터 조금씩 상하기 시작할 것이다. 이제 그 잘 익은 캔털루프 멜론에서 즙을 짜고 농축액을 만들어 바닐라, 꿀, 코코아를 넣고 살짝 젓는다. 지중해 꽃과 과일나무 내음이 물씬 풍기는 정원에 있는 올리브 나무 그늘에 앉아 그 진한 과일즙 한 잔을 내온다. 거기에 향신료가 들어간 럼주를 섞어보자. 이모시넬르는 완벽한 여름, 결코 끝내고 싶지 않은 휴가의 향기다. SM

베리 이레지스터블 지방시
(Very Irresistible by Givenchy)

싱그러운 초록빛 장미꽃봉오리 | 조향사 도미니크 로피용[Dominique Ropion]
소피 라베[Sophie Labbe] 카를로스 베나임[Carlos Benaim] | ££

베리 이레지스터블은 가벼운 꽃잎과 짙은 블랙커런트 봉오리의 조합으로 은은한 머스크의 달콤함이 느껴진다. 벨벳처럼 부드러운 봉오리 속에 장미, 여성스러운 작약, 화이트 목련이 짝을 만나 봄의 분홍빛을 더하고 걷는 걸음마다 나비와 사람들이 매력에 빠져든다. 주인공 장미는 전설의 타이프 로즈로, 아랍 국가에서 거의 국보급으로 추앙받는다. 타이프 로즈 노트가 특유의 자극적인 화려함을 뽐내기 전, 은은한 티 노트가 살짝 모습을 드러낸다. 소녀 같은 분홍빛 꽃다발에 상기된 뺨과 짙은 속눈썹의 시선과 함께, 막 샤워를 마친 상쾌한 기분이다. SS

**그린이 대체
무슨 뜻이야?**

그린 노트는 향수 업계에서 셔틀콕처럼 서로 주고받기만 하는 용어 중 하나로 누군가 "근데 말이야, 그린이 대체 무슨 뜻이야?"라고 말할 때까지 절대로 땅에 닿지 않는다. 그리고 곧 다른 향수 용어의 75% 역시 전혀 이해하지 못한다는 사실을 알게 된다. 그린 노트는 잎이 무성하다는 의미로, 갓 자른 잎이나 줄기, 또는 꽃집에서 나는 싱그럽고 풋풋한 냄새다. 종종 갈바눔 에센셜 오일, 초록색 허브를 빻은 향을 가진 합성원료, 때때로 좋게 말해 적은 양으로도 오이 향을 풍기는 무시무시하게 비싼 바이올렛 잎사귀 앱솔루트에서 추출한 시스-3헥세놀 분자로, 갓 자른 잎과 줄기의 향을 구현한다. 녹색 혁명이 필요한 시대다. 설탕처럼 달콤한 향수는 적게, 시금치처럼 초록빛 싱그러운 향수는 더 많이.

지브린 E. 꾸드레이

(Givrine by E. Coudray)

고지대의 목초지 | 조향사 에블린 불랑제^{Evelyne Boulanger} | *££*

지브린은 신선한 공기, 야생화, 스위스 산꼭대기의 여름 같은 향수로 원래 1950년에 출시되었다. 쥐라 산맥의 콜 드 라 지브린이라는 높은 산길에서 이름을 따왔다. 1800년대 초부터 1960년대까지 부유한 고객에게 비누와 향수를 공급했던 향수 하우스는, 화학자 에드몽 꾸드레이가 설립한 프랑스의 유서 깊은 시설이다. 21세기 E. 꾸드레이는 새로운 소유주, 전통적인 스타일의 현대적인 향수, 고객을 위해 부활한 제조법 원본을 가지고 있다. 지브린은 2004년 조향사 에블린 불랑제가 다시 숨결을 불어 넣어 막 베어낸 풀 내음, 계곡의 물줄기, 야생 허브가 떠오르는 산뜻한 그린 플로럴 노트를 선사한다. 지브린의 꽃, 과일, 나무 노트는 사실 스위스의 산에서 자라지 않지만, 마치 그곳에 있는 듯한 기분이 들게끔 조향사가 우리 코에 거는 마법의 주문이다. **SM**

피스, 러브 앤 쥬시 꾸뛰르 쥬시 꾸뛰르

(Peace, Love & Juicy Couture by Juicy Couture)

갓 딴 허브와 꽃 | 조향사 로드리고 플로레스 루^{Rodrigo Flores-Roux} | *£*

로드리고 플로레스 루가 만든 클래식(크리니크의 해피, 엘리자베스 아덴의 그린 티), 톰포드 히트작, 니치 향수, 에이본[15]의 특가 판매 향수 사이에서 이 조그맣고 사랑스러운 향수를 발견할 수 있을 것이다. 바로 그린 노트의 쾌활하고 특별한 피스, 러브 앤 쥬시 꾸뛰르다. 조향사들이 향수를 파고들 때는 라벨에 붙은 이름이 아니라 누가 그 향수를 만들었는지 보는 것부터 시작한다. 나는 이 향수에서 민트 향을 맡을 수 있었지만, 공식적인 노트에는 들어 있지 않다. 이런 일이 발생하는 것은 조향사가 의도했든 아니든 간에 뇌가 우리가 인식하는 향을 골라내기 때문이다. 과즙이 풍부하고 비타민이 가득한 사과, 레몬 노트와 평화로운 머스크 베이스의 블랙커런트 노트가 어우러져 늦여름의 정원 같은 향취를 선사한다. 그리고 사랑은 과일나무 사이로 뻗어 있는 재스민 덩굴처럼 나뭇가지 사이로 언뜻 보이는 관능적인 화이트 플로럴 노트에서 온다. **SM**

WHITE FLOWERS

화이트 플라워

이터너티 캘빈클라인
(Eternity by Calvin Klein)

웨딩 부케 | 조향사 소피아 그로스만^{Sophia Grojsman} | ££

캘빈클라인의 이터너티 광고는 수많은 흑백 결혼사진, 가족과 함께하는 해변 휴가에 영감을 주었다. 향수를 뿌리면 결혼식 전체가 떠오른다. 싱싱한 백합 부케, 프리지어와 카네이션, 가죽끈으로 묶은 결혼, 출생, 사망 등록부의 두꺼운 종이, 왁스 칠을 한 교회의 신도석, 마지팬 아이싱, 들판에 세운 피로연 천막. 캘빈클라인은 이 향수가 바로 그들이 꿈꾸어오던 결혼식이라고 말해주는 듯하다. 20세기 후반 유행한 스토리텔링 향수의 대모인 조향사 소피아 그로스만이 만들었다. 불가능한 꿈을 보여주는 광고는 신경 쓰지 말자. 순백의 결혼식, 영원한 행복, 해변에 있는 완벽한 집과 말 잘 듣는 아이들을 가질 수 없더라도, 끝내주는 향수는 영원히 곁에 둘 수 있지 않은가. **SM**

플레르 드 뽀 데따이으
(Fleur de Peau by Detaille)

무슨 일이든 일어날 수 있다 | 조향사 미공개 | £££

프랑스어를 조금 할 줄 안다면 플레르 드 뽀가 피부로 만든 꽃을 의미한다고 생각할 것이다. 조금 더 깊이 들여다보면 이 표현이 예민한 사람이나 금방이라도 폭발할 것 같은 상황을 묘사한다는 것을 알 수 있다. 데따이으의 플레르 드 뽀는 '취급 주의' 라벨이다. 우리는 좀 더 흥미를 북돋기 위해 같은 이름의 향수 두 개를 함께 실었다(175쪽 참조). 이 향수는 파리의 자그마한 퍼퓨머리인 데따이으가 만들었고, 아주 사랑스러운 시트러스와 화이트 플로럴 노트의 조화는 전형적인 은은함을 보여준다. 그러면서도 매혹적으로 진정시켜주는 재스민 시더우드 어코드는 평소 잠자고 있던 관능미를 흔들어 깨울 수 있다. 따뜻한 살결이 떠오르는 냄새 중에 나는 플레르 드 뽀의 향기가 제일 좋다. 어떻게 해석하든, 이 향수는 여러분의 살결에 아름다운 꽃 내음을 선사한다. **SM**

조르지오　조르지오 비버리 힐즈
(Giorgio by Giorgio Beverly Hills)

화려하게 차고 넘치는 꽃의 향연

조향사 M.L. 퀸스^{M.L. Quince} 프란시스 카마일^{Francis Camail} 해리 커틀^{Harry Cuttle}　|　£

1980년대에 밤을 돌아다니면, 이 향수를 뿌린 사람이 두 블록이나 떨어진 곳에서 밥을 먹고 있어도 풍겨오는 꽃향기를 맡을 수 있었다. 사실 LA의 식당 몇 곳이 이 향수를 금지하면서 악명을 떨쳤다. 당시 10대였던 나는 이 흔해 빠진 냄새가 싫었지만, 화이트 플로럴에 대한 그리움과 사랑은 이제야 갈망을 부르고 조르지오의 넘치는 자신감에 감탄한다. 향수 업계에서 가장 강렬하다고 알려진 플로럴 노트에 강도가 더해지지만, 조르지오는 물러설 기미가 보이지 않는다. 축구 경기장을 가득 채울 만큼 풍성한 튜베로즈, 재스민, 오렌지 꽃, 가드니아 노트와 함께 관능미가 넘치는 거친 파촐리 베이스도 디바의 각인을 지울 생각이 전혀 없다. '다이너스티'[16]의 알렉시스 콜비가 적들을 몰락시킬 계획을 세울 때 분명 이걸 뿌렸을 거다. **SS**

테라코타 르 퍼퓸　겔랑
(Terracotta Le Parfum by Guerlain)

휴가 중인 프랑스 사람들　|　조향사 티에리 바세^{Thierry Wasser}　|　££

프랑스 남부의 여름 향기. 새하얀 집에 붙어 빵을 굽는 오븐의 열기를 식혀주는 테라코타 타일, 창문턱과 발코니에 놓여 넘치는 제라늄을 품고 있는 테라코타 화분이 떠오른다. 테라코타는 8월에 칸으로 떠날 수 없는 사람을 위한, 먼지를 털어내고 '건강한 광채'를 선사하는 겔랑의 페이스 파우더 이름이기도 하다. 구릿빛의 생기 있는 피부를 원하거나 아닐 수도 있지만, 심지어 햇빛이라면 질색하는 고스족조차 향기가 선사하는 매력을 발견할 수 있을 것이다. 테라코타 르 퍼퓸은 겔랑이 파우더에 첨가하는 향이었고, 한정판으로 출시했다가 빗발치는 아우성에 다시 돌아왔다. 머스크와 바닐라 노트로 부드러워진 일랑일랑 플로럴 노트는 재스민으로 쾌활함이 더해진다. 베르가못 오렌지 껍질 향이 어울리는 고급 선탠로션 내음도 느껴진다. **SM**

쥬르 데르메스　에르메스 (Jour D'Hermès by Hermès)

완벽한 정원에서 보내는 하루　|　조향사 장 클로드 엘레나^{Jean-Claude Ellena}　|　£££

장 클로드 엘레나는 다시 한번 매끄러운 블렌딩으로 수채화의 마법을 보여준다. 쥬르 데르메스는 마치 눈에 보이지 않는 요정의 날개가 피부에 닿아 녹는 듯한 기분 좋은 투명함을 지니고 있고, 화이트 가드니아로 합쳐지는 스위트피 꽃잎이 자리를 대신한다. 이 향수는 층층이 싱글 노트로 이루어진 향수가 아니라 마치 빗방울을 손으로 감싸 집에 가져가는 것처럼 부드러운, 눈에 보이지 않는 향기의 작은 폭포다. 휘파람처럼 깨끗하고 나비처럼 우아하며 눈송이처럼 가볍고 아름다운 쥬르 데르메스는, 여름 같은 행복의 무지개빛 방울이다. **SS**

쥬시 꾸뛰르 쥬시 꾸뛰르
(Juicy Couture by Juicy Couture)
엄청 신나! | 조향사 해리 프레몬트^{Harry Fremont} | ££

생기가 넘치는 복숭아 향기는 부드러우면서도 풍미가 가득하다. 쥬시 꾸뛰르의 2006년 시그니처 향기가 마음속 행복의 나라로 안내한다. 그들의 패션만큼 향수도 재미가 가득하다. 그 재미는 벨루어 후드티에 반바지뿐만 아니라 우아한 실크 정장의 품격도 높여준다. 토피 사과 사탕 접시가 머스크 매트리스 옆에 놓여 있다. 매트리스 위에는 백합과 장미 꽃 잎으로 덮인 담요와 열대 과일 칵테일 한 잔이 있다. 이 모든 노트가 합쳐져 끔찍해질 수도 있었지만, 그렇지 않았다. 조금 정신없어 보이는 향수병 장식처럼 안 될 것 같던 어려운 일을 쥬시 꾸뛰르가 해냈다. 쥬시 꾸뛰르는 가벼운 착용감으로 전신을 휘감는 만만찮은 노트의 거대한 모임이다. 로열 오페라가 'Get Lucky'[17]를 연주한다고 상상해보라. SM

구찌 블룸 구찌 (Gucci Bloom by Gucci)
가지런히 정돈된 하얀 꽃 | 조향사 알베르토 모릴라스^{Alberto Morillas} | ££

구찌 블룸은 향기로운 일라이자 둘리틀[18]이다. 거친 가장자리가 모두 매끄럽게 다듬어진 하얀 생화로 자신을 구경거리로 만들지 않고 파티장의 사람들 앞에 모습을 드러낸다. 파티장에는 무서울 정도로 거리낌 없는 화이트 플로럴 노트의 향과 주홍빛 새틴 슬리브 드레스를 입고 탱고를 추며 유혹하는 무용수들이 있다. 구찌 블룸은 세련된 그레이 정장을 입고 따뜻한 미소를 지으며 때때로 느린 폭스트롯 춤에 응할지도 모른다. 튜베로즈 노트를 좋아하지 않더라도 어쨌거나 한번 시도해봤으면 좋겠다. 재스민 노트도 마찬가지다. 상대의 취향이 어떤지 정확한 설명을 듣지 않고 덥석 선물로 살 수 있는 향수는 거의 없지만, 구찌 블룸은 묻지 않고 사는 위험을 감수할 만큼 누구에게나 잘 어울린다. SM

**꾸밈없는
매력의 반전**

향수 업계에서 '화이트 플로럴'은 식물학의 정의와 다르다. 어둠 속에서 무엇을 하는지는 색깔에 달린 것이 아니다. 퍼퓨머리의 화이트 플로럴은 뭔가 자그마하고 꾸밈없이 하찮게 보이지만, 고양이가 빈 상자를 그냥 지나치지 못하는 것처럼 곤충을 끌어들이는 중독성 있는 매력적인 향기를 풍긴다. 화이트 플로럴은 인돌릭한 향을 지니고 있는데 그건 소를 쓰다듬을 때 희미하게 느껴지는 꼬리꼬리한(좋은 방향으로) 냄새다.

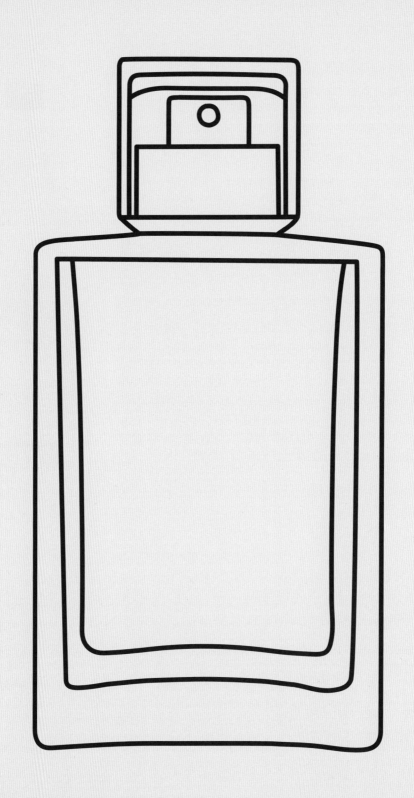

SOLIFLORES

솔리플로르

솔리플로르는 꽃 한 송이만 꽂는 꽃병을 의미한다. 또한 단일 식물 향이 나도록 만든 향수를 뜻하는 업계 용어다. 솔레-플로레가 아닌 솔리-플로르로 발음한다. 싱글 우드, 허브, 수지 향을 설명할 때도 쓰기 때문에, 식물학적 이름이 붙는 모든 향수에 사용할 수 있는 용어다.

장미, 재스민, 아이리스, 바이올렛, 라벤더는 포장 상자에 적힌 이름만 봐도 어떤 향인지 짐작할 수 있다. 솔리플로르 향수는 이미 차고 넘치는데 조향사는 왜 끊임없이 새로운 향수를 만들고 싶어 할까? 왜냐하면 창의적인 도전이기 때문이다. 예를 들어, 새로운 아이리스 노트는 이전의 모든 아이리스 노트와 다른 향을 내면서도 이름에 걸맞게 아이리스 같은 향이 나야 하고 인기를 끌 만큼 충분히 매력적이어야 한다. 고전 향수와 현대 향수에 도전해보고 자신에게 놀라움을 선사해보자.

ROSE

장미

폴스미스 로즈   폴스미스
(Paul Smith Rose by Paul Smith)

가시 돋친 장미 | 조향사 앙트완 메종듀^{Antoine Maisondieu} | £

폴스미스 로즈는 장미가 그려진 포장 상자에 담겨 오고, 특별 한정판 토끼 인형도 들어 있었다. 모든 게 사랑스럽다. 하지만 귀여운 토끼 인형 뒤에는 눈을 똑바로 바라보며 '내가 장미야. 그래서 뭐?'라고 말하는 깊고 진한 장미가 숨어 있다. 이 장미는 백마 탄 왕자가 잠자는 숲속의 공주를 구하기 위해 100년 동안 자라난 가시덤불을 헤쳐나갈 때, 옷과 피부에 생채기를 내는 그 장미다. 폴스미스 로즈의 향은 누구든 키스를 위해 잠에서 깨어나게 할 것이다. 조향사인 앙트완 메종듀는 대담하게 표현할 줄 안다. 따뜻하면서도 어둡고, 과일 향이 가득하고, 나긋나긋하면서도 생동감이 넘친다. 그리고 무엇보다 믿을 수 없을 정도로 가격이 싸다. **SM**

모로칸 로즈   안젤라 플랜더스
(Moroccan Rose by Angela Flanders)

진정한 사랑의 상징 | 조향사 안젤라 플랜더스^{Angela Flanders} | ££

모로칸 로즈의 향기를 맡으면 저녁 무렵 타일이 깔린 수영장 옆에서 차를 홀짝이는, 마라케슈[01] 어딘가 정원이 딸린 집의 포근함을 느낄 수 있다. 풍성한 향취에 찬사를 보낸다. 놀라운 조향사 안젤라 플랜더스가 자신이 받은 영감에 딱 들어맞는 장미를 찾기 위해 북아프리카로 여행을 떠났다가 마침내 찾아내고 탄성을 외쳤으리라는 것을 짐작할 수 있다. 안젤라는 수작업으로 천연 장미, 샌달우드, 발삼 노트를 블렌딩하고 로즈제라늄으로 광채를 더한 향수를 만들어 런던의 퍼퓨머리 두 곳에서 판매했다. 이 향수가 전 세계의 세련된 부티크에서 응당 있어야 할 자리에 놓여 있었다면 가격이 네 배쯤 비쌌을 것이다. 대신 우리도 모로칸 로즈를 찾기 위한 여정을 떠나야 하지만 그만한 노력은 보상받을 만한 가치가 있다. **SM**

라르 & 라 마티에르: 로즈 바바르　겔랑

(L'Art et la Matière: Rose Barbare by Guerlain)

독보적인 야생 장미 | 조향사 프란시스 커정^{Francis Kurkdjian} | £££

바바르? 바바릭^{Barbaric}? 야만적이라고? 물론 아니다. 오프닝은 매우 부드럽게 시작한다. 현대적인 장미 향수에 기대하는 모든 것이 다채롭게 담겨 있고, 과일과 파우더 노트로 가벼움을 더했다. 그러다 갑자기 외투를 벗고 묶은 머리를 풀더니 영화 '키스 미 케이트'에서 앤 밀러가 'Too Darn Hot'을 열창하듯 향기가 폭풍처럼 몰아친다(젊은이들, 구글에서 찾아보세요). 어떻게 그렇게 얌전하다가 한순간에 대담하게 변신할 수 있을까? 로즈 바바르는 자정이 되면 화려한 탱고를 추면서 모두의 관심을 원하는 수수한 도서관 사서처럼 우리를 격정 속으로 밀어 넣는다. 겔랑의 가장 비싼 가격대 향수 라인 중 하나이므로, 가질 수 없다면 관능적이고 풍부한 화려함과 함부로 사랑에 빠지지 말자. SM

윈 로즈　에디션 드 퍼퓸 프레데릭 말

(Une Rose by Editions de Parfums Frederic Malle)

완벽한 장미 한 송이 | 조향사 에두아르 플레시에^{Edouard Fléchier} | £££

한번은 프랑스 조수가 내 겨울 코트와 모자에 윈 로즈를 들이붓다시피 뿌린 덕에 움직이는 인간 향수가 된 적이 있었다. 그러고는 버스에서 내렸는데, 함께 내린 여자의 남편이 부끄러운 기색으로 어떤 향수인지 묻기에 갖고 있던 향수 샘플을 건넸다. 윈 로즈는 그런 향수다. 너무 맘에 드는 장미 향기로 버스 정류장에서 낯선 이에게 말을 걸게 만든다. 공식 노트는 트러플 어코드, 와인 어코드, 파촐리, 제라늄, 터키 로즈 앱솔루트이고, 마지막 노트인 순수하고 강렬한 장미 향은 반드시 맡아봐야 한다. 완벽한 향수를 즐기기엔 그만한 대가가 따르긴 하지만 말이다. 혹시 궁금할까 싶어 덧붙이자면, Malle은 발레^{Ballet}와 운율이 맞는 말레가 아니라 친구를 뜻하는 팔^{Pal}처럼 발음한다. SM

아프로디테의 사랑의 상징

고대 이집트인, 그리스인, 로마인들이 그래왔던 것처럼, 우리는 장미 향수를 숭배한다. 그래서 우리가 사랑하는 향수를 조금 골라 실어보았다. 여러분이 장미 향을 좋아하지 않더라도 한번 시도해봤으면 한다. 여기서 소개하는 향수는 모두 다른 매력이 있다. 풍성한 향수, 가벼운 향수, 어두운 향수도 있고, 상쾌한 향수, 달콤한 향수, 강렬한 향수, 부드러운 향수까지 실로 다양하다. 남성용도 있고 여성용도 있으며, 모두를 위한 장미 향수도 있다. 장미 계열 향수만으로도 이 책을 가득 채울 수 있지만, 고심 끝에 특별히 좋아하는 몇 가지로 한정해 소개한다.

100% 러브　S-Perfume

(100% Love by S-Perfume)

사랑 10% 열정 60% 후회 30% | 조향사 소피아 그로스만[Sophia Grojsman] | £££

100% 러브는 현대 사회의 관계에 대한 엇갈리는 의견이다. 알고리즘이 이끄는 데이트, '완벽한 상대'를 찾아야 한다는 압박감, 실망에서 비롯되는 이별의 참상처럼 말이다. 100% 러브는 풍부함과 과일 향이 가득 담긴 전형적인 그로스만-스타일로 시작한다. 벨벳같이 붉은 장미 한 다발을 자그마한 프랑스 정통 수제 초콜릿 상자와 함께 건넨다. 감동하며 홀딱 반한 뒤 타오르는 열정이 사방으로 퍼져나간다. 그리고 희망과 기쁨에 젖은 채 새로운 관계에 뛰어든다. 시간이 지나 동트기 전 낯선 방에서 잠이 깨고, 이불이 지난밤 잘못된 판단의 흔적을 감싸고 있다. 향수 비평가들은 100% 러브에 찬사를 아끼지 않았지만, 대중은 호불호가 갈린다. 집에 들여놓기 전에 천천히 시간을 들여 시향해보자. **SM**

파리스　입생로랑 (Paris by Yves Saint Laurent)

다른 이름으로 부르는 장미 | 조향사 소피아 그로스만[Sophia Grojsman] | ££

1983년에는 장미 향수가 그다지 인기를 끌지 못했, 아니, 확실히 유행하지 않았다. 할머니를 빼곤 아무도 장미가 그려진 옷을 입지 않았다. 대신 그림이나 과감한 컬러 블록, 추상화, 라이크라 레깅스를 입었다. 이 아름다운 바이올렛 색조의 장미 향수에 로즈가 아니라 파리스라고 이름 붙인 것은 절묘한 신의 한 수였다. 파리스는 강렬한 장미 향수의 출현을 이끌었고, 그 향수들은 대부분 완전히 다른 이름으로 불렸다. 인간은 종종 맥락을 벗어나서 향기에 이름을 붙일 수 없다. 그래서 1980년대에 소피아 그로스만은 새롭게 발견한 다마스콘 분자로 어느 때보다 강렬하고 풍성한 노트를 구현해 장미 향수의 평판을 회복시켰다. 파리스가 마음에 든다면, 소피아가 장미 노트를 숨겨놓은 에스티 로더의 뷰티풀(47쪽 참조)도 한번 시도해보자. **SM**

립스틱 로즈　에디션 드 퍼퓸 프레데릭 말

(Lipstick Rose by Editions de Parfums Frederic Malle)

컬트 클래식 | 조향사 랄프 슈비거[Ralf Schwieger] | £££

프레데릭 말은 파리 센 강 남쪽에 있는 그르넬 거리에 퍼퓨머리를 차렸고 립스틱 로즈는 컬렉션에서 처음으로 선보인 12가지 향수 중 하나다. 이 모든 역사를 몰랐던 나는 2003년에 새로운 향수를 찾으러 유로를 긁어모으고 파리 스타일 가이드를 참고해 가며 파리의 프레데릭 말 매장을 찾았다. 라즈베리와 자몽 계열 향수가 있는지 묻자 거기에 장미, 바이올렛, 머스크가 완벽하게 어우러진, 부드럽고 매끄러운 분홍분홍한 후크시아가 감도는 립스틱 로즈를 보여주었다. 오이디푸스 콤플렉스가 있는 조향사의 어머니가 쓰던 화장품 향이 떠오른다는 말이 있지만, 우리는 무시하기로 한다. 립스틱 로즈는 고급스러운 프랑스 마카롱 한 상자와 맞먹는 향긋함으로, 존재할 거라고는 상상도 하지 못한 풍미를 지니고 있다. **SM**

스몰데로즈 존 비벨
(Smolderose by John Biebel)

피어오르는 연기 뒤에 가려진 장미 | 조향사 존 비벨^{John Biebel} | ££

산불이 난 후에야 싹이 트는 씨앗이 있다. 주위를 푸르고 맑게 정화하고 새로운 식물이 자랄 수 있게끔 한다. 스몰데로즈는 처음에는 완전히 다른 향수처럼 자신을 숨긴다. 설득력 있게 말하자면 내게는 살짝 약재 냄새가 도는 튜베로즈 향기로 느껴졌다. 화이트 플로럴 노트를 가리고 있던 자욱한 연기구름이 걷히고 나면 마침내 장미 노트가 모습을 드러낸다. 존은 수제 향수를 만들고 병과 포장도 직접 디자인하는 다재다능한 예술가다. 찾기 어려운 향수지만 끈기와 관심을 가지고 준비가 되었을 때만 즐길 수 있는 깊이가 있다. 흥미롭고, 독특하며, 아름답다. **SM**

루즈 어쌔신 조보이
(Rouge Assassin by Jovoy)

매끄러운 임무 수행자 | 조향사 아멜리 부르주아^{Amélie Bourgeois} | £££

뛰어난 암살자가 되는 비법은 군중 속에 모습을 잘 감추는 것이다. 목표에 조용히 다가가 임무를 마치고 홀연히 사라진다. 루즈 어쌔신도 마찬가지로 절대 장미 꽃다발을 눈앞에서 흔들며 여어! 여기 장미! 라고 외치지 않는다. 확실한 의도로 슬그머니 접근하기 때문에 무엇이 당신을 유혹하는지 알아채기 어렵다. 든든한 우디 노트가 강단 있게 서 있고, 주위를 앰버 노트가 부드럽게 감싼다. 베르가못 향기가 상쾌함을 선사하면서 장미, 아이리스 노트와 함께 조화를 이룬다. 루즈 어쌔신은 이 책의 다른 장에도 자연스럽게 어울리지만 모든 노트가 사라지고 난 뒤 장미 향기가 남아 여기서 소개하기로 했다. **SM**

토바코 로즈 빠삐용 아티산 퍼퓸
(Tobacco Rose by Papillon Artisan Perfumes)

로맨틱 장미 | 조향사 엘리자베스 무어스^{Elizabeth Moores} | £££

토바코 로즈는 풍부하고 그윽한 매력으로 2014년에 출시되자마자 향수 커뮤니티에서 대박이 났다. 이름과는 달리 담뱃잎 향기는 나지 않지만, 마른 잎이 주는 효과가 가을 분위기와, 오래되어 반질반질 윤이 나는 로즈우드 볼에 담긴 쪼글쪼글한 포푸리의 예스러운 느낌을 더한다. 미세한 허니 노트는 이 장엄한 꽃향기가 부드러운 마음을 지니고 있음을 일깨워 준다. 조향사 리즈 무어스는 명망 높은 두 종류의 장미를 사용했다. 불가리안 로즈와 로즈 드 마이의 대조는 숲의 시종들이 둘러싸고 머리에 그윽한 향취의 발삼과 흙내음이 나는 오크모스 향유를 발라주는 듯한 몽환적인 분위기를 연출한다. 지속력은 측정 불가할 정도로 끝내준다. 세 번만 뿌리면 하루 종일, 베개에 뿌리면 하룻밤 내내 향긋함을 즐길 수 있다. **SS**

운 로즈 베르메유 타우어
(Une Rose Vermeille by Tauer)

황금빛으로 반짝이는 장미 | 조향사 앤디 타우어^{Andy Tauer} | £££

운 로즈 베르메유는 비슷한 장미 향수를 찾을 수 없을 정도로 독보적이다. 밤에 벨벳 망토를 걸치고 나가는 종류의 장미다. 궁전 문과 왕실 그림 액자 테두리에 금박으로 새긴 황금빛 잎사귀인 베르메이^{vermeil}다. 그리고 추기경 예하의 예복 같은 버밀리온^{vermilion}(진홍색)이다. 화려하고 검붉은 장미가 향긋한 꽃잎으로 살결을 쓰다듬고, 방울진 설탕 같은 짙은 신더 토피⁰²가 금가루를 뿌린다. 장미는 아무도 존재를 알지 못하는 곳으로 모험을 떠나지만, 앤디는 퍼퓨머리의 탐험가다. 자신의 회사를 소유하고 자신만의 향수를 만들고 있는데, 이는 자신이 원하는 향수를 자유롭게 만들 수 있다는 뜻이다. 즉, 안전한 내기가 아닌 위험한 도박이다. 다른 조향사는 대부분 핑크 캔디처럼 달콤하고 향긋한 장미 향수를 만든다. 아무도 장미 노트를 이렇게까지 밀어붙이지 않았다. **SM**

카페 로즈 톰포드
(Café Rose by Tom Ford)

레드 카펫 장미 | 조향사 앙투안 리에^{Antoine Lie} | £££

이름 그대로 장미와 향신료가 곁들여진 커피 향이 풍부하다. 톰포드 향수는 당신의 도착을 알리고 레드 카펫을 펼쳐 사람들이 뒤돌아보게 만든다. 홍보 담당자, 수행원, 10만 인스타그램 팔로워에 해당하는 향기로운 사람들이다. 카페 로즈는 장미 시럽을 곁들인 트리플 에스프레소처럼 농밀하고 강렬하다. 뿌린 자리에 그대로 남아 있다. 가격이 비싸지만 한 번 뿌리면 하루 내내 지속되기 때문에(샤워할 시간이 없다면 두 번) 그게 가성비라고 스스로 설득할 수 있을 것이다. **SM**

모망 드 보뇌르 이브 로쉐
(Moment de Bonheur by Yves Rocher)

행복한 날들을 위한 장미 | 조향사 아니크 메나르도^{Annick Ménardo} | £

이브 로쉐는 그야말로 프랑스답다. 고풍스럽고 중세 분위기가 물씬 풍기는 작은 마을에서조차 이브 로쉐 매장을 찾을 수 있다. 요란한 특가 판매 행사는 조금 당황스럽지만, 밀고 나가 계속할 가치가 있다. 아니크 메나르도가 수석 조향사로 영입된 후 향수 애호가들은 맘에 안 드는 장신구 사은품이 담긴 택배 상자를 참아내며 다양한 향수를 더 진지하게 탐색하기 시작했다. 모망 드 보뇌르는 산뜻하고 여름 같은 효과를 내기 위해 싱그러운 그린 색조의 제라늄과 함께 진짜 장미 앱솔루트를 사용했다. 장미 정원의 향긋함은 풀 내음과 그 위에 살짝 얹은 톱밥 냄새를 더해 완성된다. **SM**

로즈 앱솔루트 　H&M
(Rose Absolute by H&M)

망설임은 시간만 늦출 뿐 | 조향사 올리비에 페슈^{Olivier Pescheux} | £

올리비에 페슈는 H&M 향수 전체 라인의 조향을 감독했는데, 니치 향수 전문가들은 짜증 섞인 목소리로 죽어도 뿌리지 않겠다며 철저히 무시했다. 하지만 진정한 향수 애호가들은 이걸 찾아내기 무섭게 사들였다. 왜냐하면 일단 너무 향기가 좋았고, 올리비에 페슈는 딥 티크 향수도 만들었거든. 로즈 앱솔루트는 H&M 향수 라인 중에 가장 비싼 축에 속하지만 50ml에 19.99파운드(한화 약 3만 원)로 놓치기 아까운 가격이다. 어둡고 관능적인 향취가 가득하며 붉은 과일, 바이올렛, 파촐리 노트가 어우러져, 진정한 장미꽃의 향긋함을 선사한다. 이 가격에 판매가 가능한 이유는 H&M이 제조사에 수백만 병을 주문했고 자체 매장과 유통망을 갖추었기 때문이다. 고급 향수만 못할 거라는 생각에 속지 말자. **SM**

장미의 역사

향수의 원료로 쓰이는 장미는 중국부터 불가리아, 터키, 프랑스를 거쳐 모로코까지 다양한 지역에서 재배한다. 최고의 장미 앱솔루트는 센티폴라 로즈에서 얻고, 다마스크 로즈에서 추출한 장미 에센셜 오일은 더 가볍고 산뜻한 탑 노트에 주로 사용한다.

하지만 장미 향수는 대부분 천연 장미로 만들지 않는다. 장미 단일 재배에 대한 반대의 목소리가 높은데다가, 조향사는 천연원료에 함유된 피부 민감성 물질을 줄인 합성원료를 블렌딩해 멋진 장미 향을 구현해서 환경 파괴 없이 지속 가능한 사례를 제시하고 있다. 그렇지만 천연 장미는 특유의 풍성하고 사랑스러운 향긋함 때문에 앞으로도 계속 사용될 것이다.

IRIS

아이리스

라테사   마스크 밀라노
(L'Attesa by Masque Milano)

인내는 쓰고 열매는 달다

조향사 루카 마페이[Luca Maffei] | ££££

마스크 밀라노의 '기다림'을 의미하는 라테사는 오리스 루트 버터 노트의 섬세한 향기로 대조적인 매력을 선사한다. 새해 전야 카운트 다운처럼 한껏 들뜬 마음이 가득 차다가도, 운명의 사랑이라고 확신했던 상대에게 버림받는 환멸이 자리를 대신하기도 한다. 조지아 오키프[03]의 장엄한 블랙 아이리스 그림 속으로 빨려 들어가 농밀한 흙내음에 흠뻑 젖어 뒹굴고, 아침이 되면 어젯밤 마시고 남은 샴페인에서 나는 시큼한 냄새와 휴지에 묻혔던 립스틱 냄새가 난다. **SS**

NO 19   샤넬
(NO 19 by Chanel)

너무 아름다운 클래식 아이리스

조향사 앙리 로버트[Henri Robert] | ££

장대한 빙하 같은 모스 시프레 향기를 선사하는 NO 19는 굳이 자신이 멋지다고 외치지 않아도 이미 너무나 아름답다. 간결하지만 완벽하게 어우러진 노트가 NO 19의 매력이다. 클래식하고 단정한 원피스로 세련미가 넘치는 파리지앵의 멋진 옷장이다. 이미 완전무결하게 모든 것이 제자리에 있다면 아무것도 더할 필요가 없다. 샤넬의 NO 19는 서리가 내려앉은 촉촉한 잔디 내음이 선사하는 산뜻함으로 시작한다. 얼음같이 차가운 정원에 고급 꽃집에서 가져온 아이리스와 장미 향기가 더해지고, 잔향이 오래도록 맴도는 아이리스, 풋풋한 베티베르, 핸드백 안에 넣었던 장갑 같은 희미한 가죽 향기가 조화롭게 어울려 마지막을 장식한다. 여기에 샤넬 핸드백을 들면 그야말로 더할 나위 없다. NO 19를 뿌리고 도도한 표정을 지어보자. **SS**

아이리스 실버 미스트   세르주 루텐

(Iris Silver Mist by Serge Lutens)

오리스[04], 오리스! | 조향사 모리스 루셀[Maurice Rouce] | £££

향수 원료에 익숙하다면(요즘은 다행히 원료를 쉽게 구할 수 있다) 새벽 호수 위에 떠 있는 부드러운 물안개처럼 투명하고 가벼운 오리스 버터의 크리미한 금빛 향을 알아볼 수 있을 것이다. 마치 모리스 루셀이 바이올렛-아이리스 테마에 대한 또 다른 반전을 창조하려는 도전에서 벗어나 순수함을 추구할 수 있게 된 것 같다. 그리고 아마 그랬으리라. 아이리스 실버 미스트가 바로 순수함의 정수이기 때문이다. 오리스의 풍부한 금빛 버터 위를 맴도는 반짝이는 은빛 안개. **SM**

인퓨전 디 아이리스   프라다

(Infusion d'Iris by Prada)

활짝 피어난 보랏빛 아이리스

조향사 다니엘라 (로슈) 안드리에[Daniela (Roche) Andrier] | ££

인퓨전 디 아이리스는 과거 아이리스의 진하고 텁텁한 파우더 같은 향기를 외면했을지도 모르는 사람들에게 또 다른 모습을 보여준다. 누군가 아이리스 향수를 사랑할 수 있도록 설득해야 한다면 아름답게 빛나고 변함없는 마음을 가진 매끄러운 플로럴 블렌딩 향수인 인퓨전 디 아이리스를 소개해줄 것이다. 과즙이 풍부한 오렌지와 오렌지 꽃 노트는 시트러스의 산뜻함을 선사하고, 아이리스 노트는 마치 싱그러운 풀 내음이 가득한 속치마 위에 풍성하게 펼쳐진 보랏빛 파티 드레스처럼 풍부한 향을 드러낸다. 희미한 우디 노트가 중심을 잡아주고 살짝 매캐한 인센스와 베티베르 노트가 가장자리에서 아이리스 향이 지속될 수 있도록 받쳐준다. 일단 뿌려보면 아이리스를 싫어하는 누구라도 그 괴팍한 취향을 단번에 바꿀 수 있는 향수다. 사실 나도 그랬다. **SS**

아이리스와 뿌리

아이리스 향수의 향은 오리스 뿌리에서 추출한다. 요즘도 오리스를 여전히 사용하고 있긴 하지만, 향수 제조 기업은 합성원료를 이용해 생산가격을 확 낮추어 멋진 아이리스 향을 재창조했다. 아이리스 노트는 '파우더리'한 향을 뜻하는데, 17, 18세기 귀족들이 가발과 옷, 몸에 바르던 파우더를 모두 말린 오리스 가루로 만들었기 때문에 그렇게 이름을 붙였다. 오리스는 처음에 얼핏 보면 향수에 어울리지 않는 것처럼 느껴지지만, 일단 한번 빠져들고 나면 헤어나오기가 어렵다.

이리스 뿌드르　에디션 드 퍼퓸 프레데릭 말
(Iris Poudre by Editions de Parfums Frederic Malle)

세상 가벼운 파우더 | 조향사 피에르 부르동^{Pierre Bourdon} | £££

신선한 아이리스를 수확해 꽃잎을 말리고 부드럽게 빻아 만든 고운 파우더가 풍기는 향 긋함을 상상한다면, 그게 바로 이리스 뿌드르의 향이다. 물론 파우더는 시나몬, 실리카(이 산화규소), 은처럼 온갖 종류로 만들 수 있어서 종종 "파우더리한 향이란 무엇을 의미하는 가?"라는 질문을 제기할 수 있다. 이리스 뿌드르를 뿌려보면 이해할 수 있을 것이다. 처음 에는 단순한 아이리스 향만 느껴지다가 문득 그 아래 장미, 바닐라, 머스크, 바이올렛, 그리 고 가볍게 남은 촉촉한 물방울이 만든 솜털 같은 파우더 구름을 깨닫게 된다. 그러고는 혼 잣말을 내뱉게 될 거다. "아, 이게 파우더리 향이로군!" **SM**

퍼 시크릿　부르노 파졸라리 (Feu Secret by Bruno Fazzolari)

뜻밖의 화끈한 아이리스 | 조향사 부르노 파졸라리^{Bruno Fazzolari} | £££

부르노 파졸라리는 진정한 아르티장 조향사로 다른 예술계를 거쳐 향수를 만들기 시작했 다. 지금은 샌프란시스코의 집에서 향수, 그림, 조각 작품을 만들며 창의적인 발판을 통해 원하는 만큼 모험심을 발휘한다. 이 책을 쓰고 있는 지금은 미국 열한 군데, 호주와 영국에 각각 한 군데의 퍼퓨머리에서 그가 만든 향수를 찾을 수 있다. 희귀한 향수를 추적하는 취 미가 없다면 이 향수는 우연히라도 발견하기 어려울 수 있지만, 여러분이 일부러라도 찾 아봤으면 좋겠다. 오리스 버터는 아이리스 뿌리줄기로 만들기 때문에 조향사가 보통 테마 로 사용하는 청량한 흙내음을 풍기지만, 부르노는 스파이시 핑크 페퍼와 터메릭(강황), 버 치 타르⁰⁵와 시더우드의 장작불 향취로 이에 맞섰다. 성공적이었고, 그 완벽한 조합에 시 간이 꽤 걸렸을 것이다. 여러분의 향수 여정에서 뭔가 다른 향을 갈망하는 지점에 다다른 다면, 파졸라리의 향수를 찾을 때다. **SM**

이온논과 이론:
자줏빛 향기

아이리스와 바이올렛 노트는 천연원료나 합성원료 모두 같은 화학물질로 만들기 때문 에 향이 비슷하다. 오리스는 굉장히 비싼 천연원료 중 하나인데다 세상의 모든 아이리 스 계열 향수를 만들기에 생산량이 충분하지 않기 때문에, 요즘은 대부분 합성원료로 제조한다. 가격이 비싸거나, 수제 아이리스 계열 향수는 보통 천연 오리스 앱솔루트를 미세하게나마 함유하고 있다.

JASMINE

재스민

자스민 드 페이   페리스 몬테 카를로
(Jasmin de Pays by Perris Monte Carlo)

대단히 노골적인 재스민 | 조향사 장 클로드 엘레나$^{Jean-Claude\ Ellena}$ | ££

2016년 장 클로드 엘레나가 에르메스를 은퇴한 이후 출시한 향수를 보면, 그가 무심코 시그니처가 되어버린 미니멀리즘 스타일에 갇혔다는 인상을 받을 수 있다. 하지만 자스민 드 페이는 네 번째와 다섯 번째 남편 사이에 수영장 아르바이트생과 여름휴가를 보내는 '리비에라'[06]의 나디아처럼 오프닝이 노골적이다. 좋은 재스민 향수는 어느 정도 인돌릭향이 감돌아야지, 그렇지 않으면 마치 '스탭포드 와이프'[07]처럼 텅 빈 냄새가 난다. 매끄럽기만 한 재스민 향수 대부분은 편안한 기분을 안겨주겠지만 자스민 드 페이는 강렬한 꼬릿함을 자랑스럽게 앞세우며 갑자기 등장하고, 마음의 준비가 덜 된 상대를 가차 없이 쓰러트린다. **BB**

베르 드 플뢰르   톰포드
(Vert de Fleur by Tom Ford)

인정사정 봐주지 않는 자연의 향기 | 조향사 올리비에 질로틴$^{Olivier\ Gillotin}$ | £££

베르 드 플뢰르의 향을 맡으면 복싱 경기 전 두 선수가 몸무게를 재고 서로 얼굴을 향해 으르렁거리는 순간이 떠오른다. 힘이 넘치는 흙냄새와 풀냄새의 맹독이 떨어지는 발톱을 가진 갈바눔과 온실에서 포효하는 재스민 노트를 섞어 효과를 극대화했다. 한데 모인 갈바눔과 재스민은 마치 위협적인 꼬리를 가진 백호랑이가 떠오른다. 톰포드 프라이빗 블렌드 컬렉션이 만든 퇴폐적인 이미지에 비해 너무 튀고 지나치게 자기주장이 강한 향수다. 그래도 늘 빠르게 품절 리스트에 오르므로 보일 때 사 두는 게 좋겠다. **BB**

모멘티: 오르가스모 자스민   힐데 솔리아니 프로푸미
(Momenti: Orgasmo Jasmine by Hilde Soliani Profumi)

매혹적으로 휘감기는 재스민 향기

조향사 힐데 솔리아니^{Hilde Soliani} | £££

오르가스모 자스민에 대한 현대적인 동화를 쓸 수 있다. 제멋대로인 왕자가 금지된 향수의 찬란한 향기에 빠져 한 번 뿌리자마자 재스민 덩굴이 빠르게 온몸을 옭아매는 이야기다. 힐데는 상반된 방식으로 이 향수에서 재스민 향이 난다고 말해준다. 사실이 그렇다. 신선한 재스민 꽃과 덩굴에 얽힌 동화 속 왕자의 냄새를 맡고 싶다면 시도해보자. 힐데의 모멘티: 오르가스모는 아몬드 커피 향이 난다. 둘을 헷갈리지 말도록. **SM**

플라워헤드   바이레도 (Flowerhead by Byredo)

재스민을 들여다보면

조향사 제롬 에피네르^{Jérôme Epinette} 벤 고햄^{Ben Gorham} | £££

플라워헤드는 바이레도의 설립자 벤 고햄이 인도의 가족 결혼식에 참석해 머리에 썼던 화려한 재스민 화환에서 영감을 받아 만들었다. 향기를 눈으로 볼 수 있다면 고화질의 선명한 재스민이 드러날 것이다. 가까이 다가가면 호박벌의 눈에 보이는 것 같은 꽃이 커다랗게 보일 것이다. 종이처럼 얇은 하얀 꽃잎에서 꽃가루가 묻은 꽃받침까지 모든 줄기와 수술이 생생하다. 안젤리카, 스웨이드, 앰버그리스 노트는 도움이 되지만, 굼뜬 신부 들러리처럼 천천히 다가와 신부의 아름다움을 한껏 올리고 다시 배경으로 흩어진다. 공기처럼 가볍고 산뜻하지만 도도하고 매혹적이며 잊을 수 없을 만큼 아름다운 플라워헤드는 독보적인 재스민 향수다. **SS**

폭시   DSH 퍼퓸 (Foxy by DSH Perfumes)

살짝 길들여진 야생동물 | 조향사 던 스펜서 허위츠^{Dawn Spencer Hurwitz} | £££

폭시는 인생의 동반자와 함께하는 특별한 날을 위해 아껴두고 싶은 향수로, 생각 없이 뿌리고 나갔다가는 낯선 사람이 쫓아올 만큼 매력적이다(아니면 그걸 원할 수도?). 로알드 달의 '똑똑하고 창의적이며 매혹적인 야생동물'인 판타스틱 미스터 폭스에서 부분적으로 영감을 받은 조향사 던은, 붉은 여우에게 찬사를 보낸다. 엉뚱하지만 유려한 생강 노트, 사과 위스키와 포근한 동물의 털 어코드 깊숙한 곳에서 야생 그대로의 재스민 노트를 발견할 수 있을 것이다. 털을 가진 야생동물이 낼 법한 냄새가 더해진 꽃향기다. DSH 퍼퓸은 값비싼 원료로 수제 향수를 만들며 그에 걸맞는 가격이 책정되어 있다. 미국에서는 살 수 있지만, 영국에서는 구할 수 없는 폭시를 예외적으로 책에 실은 이유는 이 향수 자체가 예외적이기 때문이다. **SM**

VIOLET

바이올렛

인솔렌스   겔랑 (Insolence by Guerlain)

자신감 넘치는 바이올렛

조향사 모리스 루셀[Maurice Roucel] 실베인 델라쿠르[Sylvaine Delacourt] | £

이 네온 바이올렛의 강렬한 잔향을 맡아봐야 믿을 수 있고, 그걸 잘 소화해내려면 약간 건방질 필요가 있다는 점에서 인솔렌스[08]는 기가 막히게 잘 지은 이름이다. 일단 뿌리고 진한 향기를 온 사방에 퍼지게 하든지 아니면 아예 손도 대지 않든지 둘 중하나로 중간이 없다. 2006년에 출시된 인솔렌스는 스테디움이 꽉 찰 만큼 바이올렛 노트가 가득하며 그 어떤 바이올렛 계열 향수보다도 강렬하다. 넘실거리는 보랏빛 물결을 어찌하기도 전에 윤기가 흐르는 도톰한 입술처럼 붉은빛이 도는 풍부하고 관능적인 프루티 노트가 다가온다. 이어 쉴 새 없이 즐거운 비명을 지르는 바이올렛 노트에, 점잖고 우아한 아이리스 노트만 희미하게 느껴지고, 장미 향이 온 사방에 퍼져나간다. 지속력은 다음 주 중반까지다. **SS**

메테오리트 르 퍼퓸   겔랑

(Météorites Le Parfum by Guerlain)

파우더 향수 | 조향사 티에리 바세[Thierry Wasser] | ££

겔랑의 전설에 따르면 일본 게이샤의 화장을 모델로 삼아 프랑스에서 최초로 붉은 립스틱을 만들었다. 겔랑 화장품은 항상 독특한 바이올렛 향이 났고, 1987년 형형색색의 작고 반짝이는 페이스 파우더 볼인 메테오리트를 출시했다. 메테오리트는 뚜껑을 열기만 해도 바이올렛 향이 물씬 풍겼다. 2000년 그에 어울리는 부드러우면서도 진한 향수를 출시했지만 마치 별똥별처럼 반짝이고 사라졌다. 18년 후 리뉴얼 버전이 출시되었는데, 아마도 오리지널 버전의 가격이 이베이에서 연일 갱신되고 있다는 사실에 용기를 얻었을 것이다. 메테오리트 르 퍼퓸(사실 오 드 투알레트다)은 현대적인 공감각적 방식으로 구현한 핑크빛의 바이올렛 향수다. 새롭고, 풋풋한 그린과 과일 향이 감도는 프루티 노트가 우디 머스크 베이스와 조화를 이루지만 모두가 바라는 장미 향이 감도는 바이올렛 향에 꽤 가깝다. **SM**

엘리망: 비올레뜨 몰리나르 (Elements: Violette by Molinard)

바이올렛의 긴 역사 | 조향사 미공개 | ££

그라스에 설립된 퍼퓸머리 몰리나르는 오랫동안 그들 자신과 다른 사람을 위한 향수를 제조해왔다. 1849년 설립 후 쭉 바이올렛 향수의 역사를 이어왔는데, 1917년 레 비올레트 뒤 루를 출시했고 비올레뜨 오 드 투알레트는 더 강렬하고 오래 지속되는 향을 요구하는 21세기에 맞게 1994년 오 드 퍼퓸 버전으로 출시되었다. 몰리나르는 그들의 헤리티지를 엘리망 컬렉션이라는 새로운 이름으로 출시했는데, 부분적으로는 지금은 북적이는 박물관이 된 향수 제조 공장에서 향기에 사로잡힌 방문객을 위해서이기도 했다. 나에게는 그라스의 추억이라는 이름이 붙은, 향수 네 병이 든 상자가 있다. 싱그러운 그린 바이올렛 잎사귀의 향기를 느낄 수 있고, 풍성한 아이리스와 벨벳 질감의 보랏빛 바이올렛 꽃을 떠올릴 수 있다. 마치 과일나무에 올라 툴루즈에 넓게 펼쳐진 바이올렛 꽃으로 가득한 들판을 더 잘 볼 수 있는 것처럼, 섬세하게 올려진 으깬 페어 토핑도 있다. 몰리나르는 잠깐 반짝이고 마는 브랜드가 아닌, 자신들이 무엇을 하고 있는지 아주 잘 아는 진정한 퍼퓸머리다. **SM**

아작시오 바이올렛 지오 F. 트럼퍼
(Ajaccio Violets by Geo. F. Trumper)

도련님을 위한 바이올렛 | 조향사 미공개 | £

버티 우스터[09]가 드론 클럽에서 칵테일을 마시고 탁구를 치며 길고 느긋한 밤을 보낸 다음 날 오후 늦게 일어나 아작시오 바이올렛을 뿌리는 모습이 떠오른다. 아작시오 바이올렛은 플로럴 계열 향수가 여성을 위한 것이라는 요상한 규칙이 발명되기 훨씬 전부터 멀끔한 도련님들의 몸에 상쾌함을 선사하고 있었다. 버티처럼 단순하고 하늘하늘한 오 드 투알레트 형태의 향수이며 여전히 할인된 가격에 반 리터를 병으로 살 수 있다. 탑 노트는 약간의 시트러스, 미들 노트는 친숙한 플로럴, 베이스 노트는 머스크로 구성되어 있고, 런던 피카딜리 남쪽에서 가장 가성비가 높은 향수다. **SM**

황제의 향기

조향사들은 19세기 후반까지 바이올렛 꽃에서 향기를 추출했지만, 합성원료의 유행과 낮은 가격으로 생화 추출을 중단했다. 나폴레옹 보나파르트가 프랑스의 황제로 즉위한 후 바이올렛 계열 향수를 뿌릴 만큼 바이올렛 향은 화려함의 후각적 상징으로 여겨져서, 바이올렛 향을 구현하는 합성원료가 발명된 이후 엄청난 인기를 끌었다. 우리는 고전과 현대 향수 둘 다 골라 책에 실었다.

TUBEROSE

튜베로즈

프라카스   로베르트 피게
(Fracas by Robert Piguet)

마음속 파문이 이는 향기 | 조향사 저메인 셀리에^{Germaine Cellier} | ££

파리에 기반을 둔 조향사 저메인 셀리에는 1948년 디자이너 로베르트 피게의 패션 하우스를 위해 프라카스를 만들어 전쟁으로 멍든 세상에 대담한 매력의 빛을 비추었다. 프라카스는 시작부터 모스 노트로 끝맺을 때까지 두드러지는 자극적이고 크리미한 튜베로즈 노트가 특징이다. 프라카스를 뿌리면 갓 자른 꽃줄기의 희미한 풋풋함과 함께 웅장한 화이트 플로럴 부케 향기가 모습을 드러낸다. 우아한 여성미가 넘치는 히아신스, 네롤리, 제라늄, 장미, 아이리스, 바이올렛 플로럴 노트가 어우러져 함께 노래를 부르다, 마담 튜베로즈가 지나가면 모두 흩어져 사라진다. 불가능할 정도로 매혹적인 프라카스는 뿌린 여성의 존재감을 돋보이게 한다. 나라면 항상 그녀 곁에 앉겠다. SS

누이트 데 베이클라이트   나오미 굿서
(Nuit de Bakélite by Naomi Goodsir)

상을 거머쥔 강렬함 | 조향사 이자벨 도옌^{Isabelle Doyen} | £££

악의가 냄새를 풍긴다면 누이트 드 베이클라이트의 향일 것이다. 안젤리카, 아르테미시아[10], 갈바눔 노트가 폭발적으로 쏟아져 나오는 오프닝은 눈이 튀어나올 정도로 강렬하다. 버려진 신부의 썩어가는 결혼식 부케에서 뽑은 듯한 냄새가 나는 튜베로즈의 씁쓸한 향기가 등줄기를 타고 흐른다. 이 향수는 그 반항적인 태도로 상을 받았고 내가 여태 맡아본 향수 중 가장 흥미롭다. 튜베로즈 향수 대부분이 가진 특징인 명백하고 도드라지는 아름다움에 익숙해진 다음에 시도해보는 게 좋겠다. 누이트 데 베이클라이트는 거칠고 무례하게 대할수록 흥미와 관심이 돋는 나쁜 연인과 닮아 있다. BB

굿 걸 곤 배드 킬리안 (Good girl gone Bad by Kilian)
짓궂으면서도 점잖은 튜베로즈

조향사 알베르토 모릴라스[Alberto Morillas] | £££

런던의 벌링턴 아케이드에 있는 킬리안 부티크에 가서 처음 맡았던 향수가 굿 걸 곤 배드 였다. 예상했던 대로 사치와 풍요로움을 불러일으키는 향기였지만, 우리를 둘러싼 고급진 장소 때문만은 아니었다. 오프닝에 선사하는 튜베로즈 노트는 강렬한 중독성으로 맡는 즉 시 포로가 되어버린다. 가볍게 하늘거리는 오스만투스와 메이 로즈 노트가 고전미를 더해 주지만 튜베로즈와 재스민 노트는 누구도 이겨낼 수 없는 동맹을 형성한다. 튜베로즈는 다시 깔끔한 화이트 머스크, 코코넛, 플로럴의 녹녹한 줄기 내음으로 마법처럼 강렬하게 마녀의 품 안으로 끌어들이듯 휘어잡는다. 수선화 노트가 노란 피리로 꿀 내음이 나는 곡 조를 연주하지만 아무도 튜베로즈 곁을 지나치지 못한다. 굿 걸 곤 배드는 후각에 거는 마 법이고 나는 풀려날 생각이 없다. SS

버블검 시크 힐리
(Bubblegum Chic by Heeley)

코에 착 달라붙는 튜베로즈 향기 | 조향사 제임스 힐리[James Heeley] | £££

껌을 씹는 게 무례한 행동이라는 이유로 금지된 가정에서 자란 내게, 풍선껌은 항상 금단 의 매력을 가지고 있었다. 힐리의 버블검 시크는 분홍빛 풍선껌을 불다 터뜨려 얼굴에 붙 을 때까지 주둥이(이 단어도 금지였다!)에 넣고 씹던 그 쿨내나는 아이들과 어울릴 기회를 충 분히 만회할 만큼 강렬하게 팡팡 터진다. 튜베로즈에 대해 말하자면, 막대한 비용을 들여 꽃에서 추출했다 하더라도 플라스틱과 같은 합성원료의 향이 난다. 아무리 고급스러운 향 수라도 튜베로즈가 더해지면 언제나 유혹하러 나간 뒤 낯선 침대에서 밤을 보내는 향기가 난다. 버블검 시크는 고급스러움 자체고, 그 매력을 지나칠 수 없다. SM

튜베로즈는 장미일까?

튜베로즈의 라틴 학명은 덩어리가 있는 폴리안투스라는 의미의 폴리안테스 투베로사 다. 프랑스 사람들은 튜베뢰즈라고 읽고 영어로는 튜베루스라고 발음해야 하지만, 그 대 신 장미와 튜베로즈 애호가를 혼란스럽게 하고 결국 단념하게 하는 효과를 가진 우아하 고 세련된 튜베로즈라는 이름이 붙었다. 튜베로즈는 화이트 플라워의 한 종류로, 향기를 추출하기 위해 꽃잎을 가열하고 식히는 과정에서, 한 방울로도 충분히 위협적인 기쁨을 약속하는 강렬한 애니멀릭 향조가 생겨난다.

튜베로즈 크리미넬 세르주 루텐
(Tubereuse Criminelle by Serge Lutens)
두려움을 마주하는 용기 | 조향사 크리스토퍼 쉘드레이크^{Christopher Sheldrake} | ££££

어느 날 멈스넷[11]에 올라온 게시물을 보고 튜베로즈 크리미넬에 대한 흥미가 생겼다. 멈스 넷 이용자가 이 향수를 시향하고 경악을 금치 못하며 '세계 최악의 향수'라는 제목으로 리 뷰를 올려놨다. 튜베로즈 숭배자로서, 나는 튜베로즈 크리미넬의 전화번호를 알아내 비밀 리에 만날 계획을 세웠다. 누구도 쓰고 싶어 하지 않을 러브레터라고 말하는 것으로 시작 할 셈이었다. 나는 튜베로즈 성애자이고 튜베로즈가 선사하는 즐거운 모험을 위해서라면 뭐든지 할 것이다. 이제 그만 멈추어 달라는 의미를 담은 세이프 워드를 안다면 나와 함께 가자. 소독약과 방충제 사이 어디쯤의 냄새가 나는 클로브와 스티랙스 어코드가 선사하는 오프닝은, 아주 카랑카랑하고 강렬해서 마치 총천연색의 인스타그램 네온 필터를 통해 하 얀 봉오리 향기를 흡입하는 기분이 든다. 추워서 닭살이 돋은 채 우물쭈물 옷을 벗고 수영 하러 가는 사람처럼 강렬했던 오프닝의 향기는, 다음 노트로 아주 천천히 마지못해 자리 를 내어준다. 마침내 재스민, 오렌지 꽃, 히아신스 노트가 어우러진 아름다운 향기가 모습 을 드러낸다. 몽환적인 세계를 즐길 수 있다. 나를 믿어보라니까? **ss**

카날 플라워 에디션 드 퍼퓸 프레데릭 말
(Carnal Flower by Editions de Parfums Frederic Malle)
10점 만점에 10점 | 조향사 도미니크 로피용^{Dominique Ropion} | £££

튜베로즈 신봉자에게 카날 플라워는 성지 순례와도 같다. 다른 어떤 튜베로즈 계열 향수 보다 더 많은 튜베로즈 앱솔루트를 함유했는데, 경험자로서 나는 그게 사실이라고 생각 한다. 튜베로즈 노트 꾸덕함에서 셀러리와 비누 내음을 거쳐 매끄러움까지 실로 다양한 면을 가진 복잡한 물질이다. 전설적인 조향사 도미니크 로피용은 튜베로즈를 모두 해체해 서 각 면에 어울리는 파트너와 함께 다시 조립한 것처럼 보인다. 마치 오디오의 저음과 고 음, 소리를 조정하며 절묘한 성공을 거둔 것 같다. 카날 플라워는 약재 냄새에 가까운 강 렬한 튜베로즈 노트로 시작한다. 진한 향기가 점차 잦아들면 코코넛, 멜론, 유칼립투스, 재 스민의 조화로 부드러운 면모가 드러난다. 자극적인 강렬함, 크림 같은 질감, 싱싱한 채소 내음이 모두 들어 있다. 궁극의 튜베로즈 향을 찾고 있었다면, 순례자여, 드디어 도착했도 다! **ss**

LILY OF THE VALLEY

은방울꽃

미우미우 미우미우 (Miu Miu by Miu Miu)

좋은 향기, 멋진 병 | 조향사 다니엘라 (로슈) 안드리에[Daniela (Roche) Andrier] | ££

미우미우는 패션 하우스 미우미우가 출시한 첫 향수로, 기분 좋게 놀라운 레트로 감성이 살아 있다. 향수병은 1960년대의 색조뿐만 아니라 1970년대 초 침대 헤드보드부터 풋스툴까지 단추와 벨벳으로 장식된 폭신폭신한 인테리어에 대한 열정을 불러일으킨다. 병 안에 든 향수도 마찬가지로 레트로풍으로, 요즘 유행하는 향수에서는 보기 힘든 릴리 오브 더 밸리, 즉 은방울꽃 향기가 안내하는 길을 따라 내려간다. 은방울꽃 노트는 가볍고 하얗고 순결하며 영화 '레드 라이딩 후드'[12]에 나오는 어두운 숲속에 산들바람이 불어오는 산뜻한 입구가 된다. 오우드 레진, 파촐리, 페퍼 노트가 어우러진 아키갈라우드[13]가 묵직하고 축축한 나무 내음을 물씬 풍긴다. 하지만 아직 싫증 내기엔 이르다. 숲 안쪽의 빈터에는 앳된 플로럴 노트가 종일 유지될 수 있도록 돕는 재스민, 블랙커런트, 장미로 뒤덮인 정자가 있으니 말이다. SS

플로렌티나 막스 앤 스펜서 (Florentyna by Marks & Spencer)

깔끔, 단순, 가성비 갑 | 조향사 미공개 | £

플로렌티나는 내가 종종 진부해졌다고 생각하는 향수 중 하나다. 아이러니하게도 나는 항상 비누 같은 화이트 플로럴 향을 찾고 있었지만, 비가 내리는 날 우리 동네 막스 앤 스펜서에서 만나기 전까지 플로렌티나를 쳐다도 보지 않았다. 아주 하찮은 가격의 앙증맞은 이 향수병은 일단 뚜껑을 열고 뿌리는 순간 머랭처럼 한껏 부푼 드레스를 입은 신부가 입장할 수 있을 만큼 커다란 향기로 된 입구를 만든다. 은방울꽃 노트가 먼저 모습을 드러내고, 곧 가드니아, 비눗방울처럼 가벼운 그린 노트, 오렌지꽃, 재스민이 더해진 향기가 시끌벅적하게 퍼져나간다. 이윽고 희미한 순백의 비누와 머스크 내음이 마무리를 짓는다. 이 큰 목소리를 감춘 채 무해하고 수줍어 보이는 플로렌티나는 가격 대비 매력이 엄청난 향수다. SS

카리용 뿌르 운 앙쥬　타우어 (Carillon Pour un Ange by Tauer)

자그마한 천사의 향기 | 조향사 앤디 타우어^{Andy Tauer} | £££

향수의 이름이 '천사를 위한 종소리'라는 걸 알고 나면 뭔가 천국의 향기가 날 것만 같은 기분이 든다. 은방울꽃은 조향사 앤디 타우어가 가장 좋아하는 노트 중 하나다. 짙은 녹색 잎사귀와 눈처럼 하얀 종보다 더 매혹적인 봄 내음이 있다. 카리용 뿌르 운 앙쥬는 따스하고 밝게 빛나는 은방울꽃 노트로 주변 공기를 가득 채운다. 봄 친구인 라일락이 합세해서 조화롭게 노래를 부르고, 베이스 노트가 그 목소리를 더 깊고 풍부하게 만든다. 소금기 섞인 앰버그리스와 흙내음이 물씬 풍기는 오크모스 노트가 자그마한 하얀 종소리에 녹아들면 봄보다 더 오래 남아 있는 은방울꽃 향을 선사한다. 깊이와 질감이 있어 일년 내내 뿌릴 수 있는 유니섹스 플로럴 향수다. **SS**

컨템포러리 클래식: 릴리 오브 더 밸리　야들리
(Contemporary Classics: Lily of the Valley by Yardley)

현대의 순수 | 조향사 미공개 | £

은방울꽃 향을 맡아본 적 없는 사람에게 어떻게 설명할 수 있을까? 은은한 종 모양으로 송이송이 모여 윤이 나는 녹색 잎에 부딪히며 피어나는 꽃송이들은, 자연의 그 어떤 내음과도 비교할 수 없는 독특한 향기를 가지고 있다. 야들리의 릴리 오브 더 밸리는 소녀같이 귀여운 종소리를 들려주고, 산뜻한 프리지어와 페어 노트를 살짝 더해 수줍음을 달래준다. 자극적인 인돌릭 향이 없는 싱그러운 재스민과 너무 깨끗해서 손을 댈까 주저하는 하얀 비누를 상상해보자. 둘 사이 어딘가 아늑하게 자리 잡은 은방울꽃의 요정 모자를 발견할 수 있을 것이다. 진짜 은방울꽃 향기를 맡기 어려울 때 야들리가 선사하는 꽃내음이다. **SS**

디오리시모　디올 (Diorissimo by Dior)

여전히 극복해야 할 뮤게의 전설 | 조향사 에드몽 루드니츠카^{Edmond Roudnitska} | ££

디오리시모가 처음으로 출시된 은방울꽃(뮤게) 계열 향수는 아니지만, 이게 최고라는 데 반대하며 내기를 걸 사람은 거의 없다. 1940년대 에드몽 루드니츠카는 아주 강렬한 시프레 향수인 로샤스의 팜므와 모슬린을 만들었고, 1956년에는 순수함을 상징하는 디오리시모를 선보였다. 여러 번 리뉴얼을 거쳤지만, 여전히 탁월하다. 여러분이 결혼식을 손꼽아 기다리는 중이라고 세상에 알리려면, 팜므 대신 디오리시모를 귀 뒤에 살짝 뿌리면 된다. 처음에는 제대로 고른 게 맞나 싶을 정도로 과일 향이 번뜩인다. 요즘 출시된 무슈 디올의 컬렉션은 모두 똑같아 보인다. 하지만 5분 정도 지나면 순수하고 맑은 뮤게 노트가 사뿐히 내려앉아 몇 시간이고 곁을 맴돈다. 은방울꽃 내음이 가득한 뮤게 향수를 좋아한다면, 디오리시모보다 좋은 향기는 찾기 어렵다. **SM**

FANTASY FLOWERS

판타지 플라워

아우라 뮈글러 (Aura by Mugler)

우주 꽃의 향기 | 조향사 다프네 부기[Daphne Bugey] 마리 살라마뉴[Marie Salamagne] 아망딘 클레르크-마리[Amandine Clerc-Marie] 크리스토프 레이노[Christophe Raynaud] | £

2017년 늦여름 커다란 에메랄드 모양의 병이 향수 업계에 수류탄처럼 던져졌다. 신비로운 창조를 위해 완전히 새로운 원료를 사용하는 것을 겁내지 않는 뮈글러 가문은 타이거 리아나와 울프 우드 노트를 발견하고 크게 기뻐했다. 모두 너무 비현실적으로 들리지만 정말이다. 아우라는 습한 열대 우림처럼 축축하고 눅눅한 그린 트로피컬 노트로 시작한다. 이브의 선악과처럼 매혹적인 아우라는 오렌지 꽃, 루바브, 바닐라 노트 사이 그린과 우드 노트의 캐노피 아래에서 우리를 향해 손짓한다. 흔치 않은 조합이고 카피캣을 겁주는 데 성공한 것이 분명할 정도로 특이하지만, 어찌된 일인지 모든 노트가 합쳐지면 왜 이렇게 시간이 오래 걸렸나 궁금할 정도로 좋은 향기가 난다. **SS**

플라워바이겐조 겐조

(FlowerByKenzo by Kenzo)

진짜보다 더 진짜 같은 양귀비 향기 | 조향사 알베르토 모릴라스[Alberto Morillas] | ££

향수병에는 붉은 양귀비가 그려져 있지만 사실 진짜 양귀비꽃은 향기가 나지 않고, 대신 화려한 주홍색 꽃잎으로 수분 곤충을 유혹한다. 그래서 여기 환상의 꽃, 겐조 버전의 양귀비를 준비했다. 조향사가 이 유쾌하지만 금방 지는 화려한 꽃의 섬세함에 마법을 거는 것이 목표였다고 생각할 수도 있다. 만약 자연의 진화 과정이 겉모습에 맞는 향기를 주기로 결정했다면 말이다. 그 대신, 알베르토 모릴라스는 플라워바이겐조에게 아름답고 겹꽃잎을 가진 2미터 높이의 해바라기처럼 커다란 양귀비꽃에 어울리는 풍부하고 깊은 향을 부여했다. 플로럴 노트가 소용돌이치며 깊은 풍미와 과일 향이 느껴지는 이 걸작을 만들어냈다. 새로운 세기를 위한 관대하고 낙관적인, 진짜보다 더 진짜 같은 향기는, 거대하지만 부드럽고 산뜻하다. **SM**

블랙 오키드 톰포드

(Black Orchid by Tom Ford)

상상 속의 이국적인 향기 | 조향사 데이비드 아펠David Apel | ££

블랙 오키드는 감미로운 풍미가 넘치고, 식물학적으로 틀린 이상한 소문도 넘친다. 지금까지 들은 블랙 오키드에 얽힌 이야기 중 최고는 판매직원이 고객에게 톰포드가 이 아름다운 향수를 만들기 위해 들판에서 특별히 검은 난초를 재배한다고 말했다는 것이다. 사실 검은 난초도 없고, 들판에서 자라지도 않으며, 수천 종의 난초 중에 단 몇 종만 향기가 난다. 나도 비밀 하나 말해줄까? 쉿… 사실 톰포드는 톰포트 향수를 직접 만들지 않아… 블랙 오키드의 비법은 여러분의 상상력을 이용해 프루티, 플로럴, 발삼 노트에 약간의 달콤함을 얹어 매혹적인 검은 꽃에 둘러싸인 느낌을 선사하는 데 있다. SM

상상 속의 향기

어떤 꽃은 향기를 맡을 수 없다. 향기가 나지 않거나, 인간의 후각으로 감지하지 못하기 때문일 것이다. 어느 쪽이든 조향사들은 상상의 향기를 창조하거나 향기가 나지 않는 꽃에 상상 속의 향기를 부여하기도 한다. 이런 사실에도 불구하고 몇몇 판매직원은 여전히 향수를 설명할 때 자신의 할머니를 걸고 이 상상 속의 꽃잎은 꽃 요정의 나라에서 일일이 손으로 따온 거라는 과장을 멈추지 않는 것 같다.

1860년대 이후 향수 기업들은 놀랍고 새로운 향기를 발명하고, 그 기원에 베일을 씌웠다. 창조적인 향수의 화학에 대한 사랑을 퍼트리는 대신, 식물로 만든 것인 양 행세했다. 단일 화학향료로 만든 향수가 늘어나면서 이제 우리는 그들의 작품을 자연이 선사한 결과로 받아들이는 대신, 믿을 수 없을 정도로 숙련된 예술가가 보이지 않는 꽃을 그리는 방식에 대해 마음을 열기 시작했다. 향기 과학자에게 귀를 기울여보자.

RARE FLOWERS

레어 플라워

후짓 아모르 　줄 엣 매드 (Fugit Amor by Jul et Mad)

흔치 않은 귀한 스파이시 카네이션

조향사 스테파니 바쿠슈^{Stéphanie Bakouche} | £££

후짓 아모르는 '달아나는 사랑'이라는 뜻이다. 파리에는 같은 이름의 로댕 조각상이 있다. 회사 이름은 설립자인 줄리앙 블랜차드와 마달리나 스토이카-블랑샤르의 만남에서 영감을 받아 그들의 이름을 따서 지었다. 그들의 사랑이 계속되기를 바란다. 카네이션은 요즘 향수에서 희귀한 원료로, 부분적으로는 카네이션의 인기가 20세기 중반에 최고조에 달했기 때문이고, 부분적으로는 다른 원료와 함께 균형을 맞추기가 조금 어렵고 까다롭기 때문이다. 스테파니 바쿠슈는 카네이션을 섬세한 기교로 다루었다. 후짓 아모르는 부드러운 스모키 베이스에 둘러싸인 향기로운 꽃이다. 누구에게나 어울리는 향수로 찾아볼 가치가 있다. 인상 깊을 정도로 정밀한 플로럴 노트를 가진 프라다의 인퓨전 디 오일렛과, 더 복잡하고 인센스 향이 가미된 어두운 플로럴 노트를 가진 세르주 루텐의 비트리올 되이에도 시도해보자. SM

미모사 　프라고나르 (Mimosa by Fragonard)

진실함과 단순함을 담아 | 조향사 미공개 | ££

프라고나르는 그라스의 향수 하우스로, 백년 가까이 호들갑을 떨거나 성가신 일 없이 조용하고 완벽하게 좋은 향수를 선보이고 있다. 상당히 이중적인 정체성을 가지고 있는데, 진지하게 운영하는 공장뿐만 아니라 향수 박물관도 세 곳이나 가지고 있다. 그들의 향수는 박물관에 있는 상점에서 보는 즉시 마음에 들도록 만들어졌고, 집에 돌아가 뿌려도 여전히 좋다. 그래서 좀 더 세련되고 멋진, 남들은 잘 모르는 향수를 좋아하는 사람들이 간과하는 경향이 있다. 하지만 걱정할 필요는 없는 게 프라고나르도 아마 세련되고 멋진, 잘 알려지지 않은 향수를 만들고 있을 것이다. 그들이 만든 미모사는 절대적으로 놀라운 향수이고, 병도 사랑스럽다. SM

엉 빠썽   에디션 드 퍼퓸 프레데릭 말

(En Passant by Editions de Parfums Frederic Malle)

봄날의 라일락 꽃향기 | 조향사 올리비아 지아코베티[Olivia Giacobetti] | £££

올리비아 자코베티는 그린 노트의 여왕이다. 1990년대에 라티잔 파퓨미에르의 프리미어 휘기에(158쪽 참조)와 딥디크의 필로시코스(158쪽 참조)로 갓 자른 싱그러운 무화과 잎사귀 노트를 효과적으로 소개했다. 프레데릭 말에서는 수채화처럼 번지는 화이트 라일락 향수를 만들었다. 엉 빠썽은 부드럽게 마주치는 라일락 향기로, 자전거를 타고 길을 따라 내려가 들판을 지나고 맑게 흐르는 개울가를 나란히 달려 최근에 깎아 세운 쥐똥나무 울타리로 다가가는 내내 바람에 스치듯 실려 온다. 고급스러운 시향 세트와 함께 나온 책에는 화이트 라일락, 밀, 오이, 오렌지 잎 노트만 언급하고 있지만, 엉 빠썽은 인상주의 작품이다. 오이 향이 싫다고 시도조차 하지 않는 일은 없었으면 좋겠다. 그린 노트지만 어떤 특정 식물의 냄새도 두드러지지 않기 때문이다. 라일락 향을 제외하면 그저 맑고 깨끗하면서도 부드럽고 섬세한 노트뿐이다. **SM**

프리티 머신   케로신

(Pretty Machine by Kerosene)

린든 나무 아래 | 조향사 존 페크[John Pegg] | £££

케로신의 프리티 머신은, 주위에 봄날에 피어나는 꽃송이를 흔드는 그다지 매력적인 이름이 아닐 수도 있지만, 일단 한번 뿌려보면 목가적인 그림이 그려진 엽서에 들어간 기분이 든다. 아름다운 라임 꽃송이는 꽃잎을 가르며 도드라지는 노트로, 오프닝은 즐겁고 활기차다. 모든 노트가 노랗고, 화창하고, 밝다. 봄바람에 선명하게 실려오는 네롤리와 재스민 노트가 있고, 여기에 더해진 시트러스 노트는 플로럴 노트가 넘치지 않도록 한다. 희미하게 느껴지는 소금기 묻은 공기는, 항상 영국의 전통적인 바닷가 마을에 정성스럽게 가꾼 정원을 생각나게 한다. 머리카락에는 꽃잎이, 코에는 꽃가루가 남는 즐겁고 행복한 소풍의 향기다. **SS**

진귀한 꽃 한 송이	우리는 가끔 유행을 타지 않는 특정 플로럴 계열 향수를 찾아야 한다. 아직 제조 중인 오리지널을 찾아보거나, 유행을 따르기보다 희귀한 아름다움에 더 관심이 있는 퍼퓨머리를 통해 새로운 향수를 발견할 수 있다. 이 책에서는 여러분을 위해 백합, 헬리오트로프, 라일락, 제라늄, 미모사, 카네이션, 린든, 오렌지 꽃 향수를 집중적으로 소개했다.

헬리오트로프 블랑   L.T. 피버
(Heliotrope Blanc by L.T. Piver)

완벽에 가까운 | 조향사 루이-투생 피버^{Louis-Toussaint Piver} | £

헬리오트로프 계열 향수는 1890년대 후반에 유행을 타기 시작했다. 겔랑의 헬리오트로프 블랑은 1890년, 루뱅은 1893년에 출시되었지만, 둘 다 지금은 단종되었다. 헬리오트로프 향수는 향수 화학의 황금기가 시작되던 1880년대 합성 알데히드인 헬리오트로핀으로 만들었다. 그리고 겔랑의 시그니처 향인 겔리나드의 원료 중 하나로 빠르게 채택되었다. 피버의 화이트 헬리오트로프 노트는 아몬드(벤즈알데히드, 마지팬 향)와 바닐라(합성 바닐린, 겔리나드에도 들어 있음) 노트와 함께 점점 더 맛있어진다. 헬리오트로프 블랑은 그 멋진 시대의 시작부터 함께했고, 우리는 찬사를 보내야 한다. **SM**

펠라고늄   아에데스 데 베누스타스
(Pélargonium by Aedes de Venustas)

기쁨이 넘치는 정원 | 조향사 나탈리 파이스타우어^{Nathalie Feisthauer} | ££££

펠라고늄 향을 맡는 건 클래식 음악을 처음 듣고 그 완벽함에 압도당하는 것과 같은 감정적인 경험이었다. 펠라고늄은 제라늄의 다른 이름으로 그 자체의 향을 충분히 느낄 가치가 있다. 블랙 페퍼와 자른 레몬 조각이 클로브와 벨벳 같은 장미 노트와 어우러져 깊은 구아이악우드[14], 흙내음이 나는 베티베르, 그린 허브 클라리세이지[15] 노트로 제라늄의 어두운 면을 한껏 끌어올린다. 향조가 비슷한 오리스와 당근 노트가 가세해 부드러운 채소 내음이 베이스를 이루고, 꽃과 잎사귀가 섞여 만들어낸 가장 부드러운 머스크 블렌딩은 제라늄 향을 잃지 않으면서도 중독적인 파우더 내음이 나는 잔향을 남긴다. 우아함의 정수를 보여주는 진정한 걸작이다. **SS**

베제 볼레   까르띠에
(Baiser Volé by Cartier)

말쑥하고 도도한 파리지앵의 백합 | 조향사 마틸드 로랑^{Mathilde Laurent} | ££

베제 볼레는 '도둑맞은 키스'라는 의미로 왠지 프랑스 엑센트를 쓰는 낭만적인 매력이 다가올 것 같다. 베제 볼레의 메인 노트는 백합이다. 은방울꽃이 아니라 전형적인 우아함과 도도함을 가진 매혹적이고 매끈한 트럼펫 모양의 꽃이다. 이슬처럼 깨끗하고 사랑에 빠지는 마법 주문 같은 화려한 꽃의 아름다움과 희미한 향신료 내음이 번갈아 가며 모습을 드러낸다. 짙은 녹색의 잎사귀가 타임 향과 숲 내음을 더한다. 베제 볼레는 완벽한 싱글 노트 소프라노로 살결에 닿는 순간 사방으로 퍼져나간다. 파리지앵처럼 도도하고, 진주처럼 아름답다. **SS**

리스 메디테라네　에디션 드 퍼퓸 프레데릭 말
(Lys Mediterannee by Editions de Parfums Frederic Malle)
따스한 햇볕 아래 은은하게 퍼지는 백합의 향기
조향사 에두아르 플레시에^{Edouard Fléchier} | £££

백합 노트는 멋진 관종으로, 향긋함이 정원을 가로질러 골목 어귀까지 퍼져나간다. 자유롭게 만들고 싶은 향수를 만들도록 초대받은 에두아르 플레시에는, 프레데릭 말 오리지널 컬렉션에서 두 개의 향수를 만들었다. 디올의 땅드르 뿌아종을 만든 조향사에게서 더 현란한 것을 기대할지도 모르지만, 부드럽게 다가오는 백합 향기는 마치 그가 '음, 그건 1990년대의 나였어, 이제 조금 진정할 때가 되었지'라고 결심한 것처럼 느껴진다. 프레데릭 말이 펴낸 책에 따르면 리스 메디테라네에는 꽃생강^{ginger lily}, 은방울꽃, 수련, 오렌지 꽃, 이렇게 네 가지 플로럴 요소가 있다. 향수를 뿌리면, 온종일 감도는 햇빛을 머금은 참나리^{tiger lily}의 구름 속에 있는 기분이 든다. 산뜻하고 시원한 지중해 바람이 칸에서 그라스로 불어오고, 머스크의 부드러움이 해가 질 무렵까지 이어진다. **SM**

오렌지 블라썸　펜할리곤스
(Orange Blossom by Penhaligon's)
아낌없이 주는 오렌지 나무 | 조향사 베르트랑 뒤쇼푸르^{Bertrand Duchaufour} | £££

오렌지 블라썸은 오렌지와 무성한 녹색 잎사귀 향이 살짝 밴 화이트 플로럴의 쾌활함이 있다. 거기에 향기를 유지해줄 친구까지 함께 어우러지면 순수한 마법의 작품이 탄생할 수 있다. 베르트랑 뒤쇼푸르는 펜할리곤스가 2010년 출시한 오렌지 블라썸 오 드 퍼퓸으로 그걸 해냈다. 다른 향수와 달리 점잖게 뒤에 앉아 지원군 역할을 맡은 튜베로즈, 바이올렛 잎사귀, 탱글탱글한 레드 베리, 아늑한 바닐라 노트가 반겨주는 베이스로, 오렌지 꽃은 밝게 빛난다. 뿐만 아니라 뒤에서 아름답고 조화롭게 울리는 플로럴 코러스와 함께 독특한 아리아를 뽐내며 우아한 스타의 눈부신 아름다움을 선사한다. 우유처럼 매끄러운 화이트 노트가 다른 노트 위를 맴돌며 피크닉을 갈 때 차려입은 담백한 원피스의 순수함을 드러낸다. 여름이여 영원하라! 그리고 2010년 잠깐 모습을 드러냈다가 사라졌지만 열렬한 성원을 받으며 다시 돌아온 러쉬의 오렌지 블라썸 향수도 추천한다. **SS**

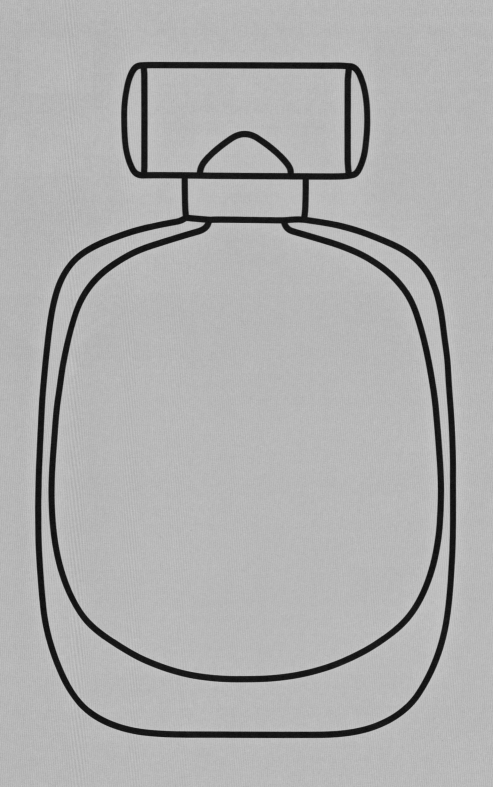

SOFT AMBER

소프트 앰버

향수에서 클래식 앰버는 바닐린과 록 로즈에서 추출한 수지인 라브다넘의 혼합물을 의미한다. 19세기 중반까지 향수 제조소에서 매끄럽고 황금빛이 감도는 보석처럼 값비싼, 화석화된 나무 수지의 결정질 호박을 향수의 고정제로 사용했다. 쉽게 상상할 수 있듯 그런 사치는 부유한 계층만 감당할 수 있었다. 합성 바닐린이 등장하면서 향수 화학자들은 바닐린을 라브다넘과 혼합할 수 있다는 사실을 알게 되었고, 천연 바닐라 향에 가깝거나 더 진한 향조를 가진 물질을 만들었다. 합성원료의 사용으로 생산 비용이 낮아진 앰버 계열 향수는 이후 선풍적인 인기를 끌었다.

150년 전 광고 속 앰버 향수는 동양에서 실크로드를 따라 전해진 희귀하고 값비싼 원료로 만들었다는 인상을 주었다. 그리고 향수 업계의 누구도 앰버 향수의 바닐린이 독일의 홀츠민덴에서 생산되었다는 사실을 고객에게 알리고 싶어 하지 않았다.

AMBER

앰버

앰버 페티쉬　구딸 (Ambre Fétiche by Goutal)

우리가 앰버 향에 바라는 모든 것 | 조향사 이자벨 도옌[Isabelle Doyen] | ££

앰버 향이 무엇인지 정확히 모르겠다면, 당장 이 향수를 파는 퍼퓨머리를 찾아야 한다. 이자벨 도옌의 앰버 향은 너무 정확해서 다른 앰버 향수의 향조를 측정하는 척도로 사용할 수 있을 정도다. 라브다넘, 바닐라, 프랑킨센스, 벤조인, 파촐리 등 모든 노트가 자로 잰 듯 정확한 비율로 들어가 있다. 엠버 페티쉬는 2007년 출시된 레 오리엔탈리스트 트리오 컬렉션 중 하나로, 모두 남성용과 여성용으로 다른 병에 담겨 출시되었지만, 향기는 거의 같다. 모든 사람이 향기를 공유하는 요령을 터득하지 못했던 시절의 화려한 마케팅인 것이다. 트리오 컬렉션의 다른 두 향수 미르 아덴과 앙상 플랑브와양도 진지하게 시도해볼 가치가 있다. 지금은 새로 디자인한 병에 담겨 있고, 브랜드는 아닉 구딸이 아닌 구딸이다. 선반에 앰버 향수 하나만 들어갈 자리가 있다면, 엠버 페티쉬가 최종후보 목록에 올라야 한다. **SM**

앰버 앱솔루트　톰포드

(Amber Absolute by Tom Ford)

두둑한 지갑을 위한 앰버 | 조향사 크리스토프 로다미엘[Christophe Laudamiel] | ££££

향수 커뮤니티에는 '덤 리치[dumb reac]' 향수라는 용어가 있다. 오늘 어떤 향수를 뿌릴지 고민하다 15분쯤 지나 약속에 늦었을 때 결국 아무거나 후다닥 뿌리고 나오는 향수를 뜻한다. 중요한 건, 그렇게 뿌린 덤 리치 향수가 절대 실망스럽지 않다는 사실이다. 톰포드의 앰버 앱솔루트가 그렇다. 질감을 표현하는 독특함이 다른 앰버 향수와의 차이를 만든다. 풍부한 라브다넘 노트가 시럽처럼 녹진하게 흐르고, 따뜻한 레진이 즐겨 입는 스웨터보다 더 포근하게 감싼다. 희미한 물결처럼 구불거리며 퍼지는 인센스 노트는 안에서부터 밝게 빛나는 알싸한 향신료에 광채를 더한다. 정신없이 막 뿌리고 나온 덤 리치 향수라도, 이보다 더 지적이고 세련된 매력을 선사하는 향수는 찾기 어렵다. **BB**

옥스퍼드 루스 마스텐브룩 (Oxford by Ruth Mastenbroek)

지적인 매력을 가진 영감을 불어넣는 앰버 | 조향사 루스 마스텐브룩^{Ruth Mastenbroek} | ££

옥스퍼드 대학은 조향사 루스 마스텐브룩의 모교이며, 이 향수는 오늘날의 루스를 만든 대학 시절 기억에 보내는 찬사다. 이 향수가 영화라면 배경은 히피 향취가 뭉게뭉게 피어오르는 1970년대 초반이다. 히피의 허브는 클라리세이지 노트로, 환각을 일으키는 특징이 있다고 한다. 향신료가 더해진 앰버와 풍성한 우디 노트는, 희미하게 맴도는 골루아즈⁰¹ 담배 냄새와, 문 뒤에서 한창인 신나는 파티 냄새가 뒤섞인, 기숙사 복도를 어렴풋이 기억나게 한다. 아늑한 바닐라 내음이 집에서 멀리 떨어진 곳에서도 편안함을 느끼게 하고, 향긋한 허브 향기가 휘감기면 얼굴에 미소가 떠오른다. 옥스퍼드는 다시 오지 않을 순간을 추억하고 무모했던 젊은 날을 그리워하게 만든다. **SS**

옵세션 캘빈클라인
(Obsession by Calvin Klein)

1980년대의 전형적인 스파이시 앰버 | 조향사 장 기샤르^{Jean Guichard} | £

1970년대 후반, 알싸한 향신료가 섞인 앰버는 새로운 향기의 물결로 데카당스⁰²의 관능미를 씻어내렸다. 1980년대, 한껏 부풀린 머리와 짙은 눈화장을 한 센 언니들이 광고에서 우리를 노려보며 향수를 찾아 뿌렸다. 이런 경쟁적인 분위기 속에 열정과 감정적 고통을 약속하는, 강렬하고 스파이시한 앰버 향수인 캘빈클라인의 옵세션이 뛰어들었다. 결국 거절당할 다이아몬드를 가져다주느라 험한 바위 사이를 기다시피 넘어가는 고통에 찬 남자 같은, 낮고 지친 목소리가 TV 광고에서 흘러나왔다. 그건 그렇고, 향기가 너무 좋다! 남자들은 오리지널이 업데이트를 거쳐 향조가 조금 누그러졌기 때문에, 이 시트러스, 플로럴, 스위트, 우드 스파이스 노트의 축제와도 같은 향수를 쉽게 뿌릴 수 있었다. 여자들은 1년 후 허브 향이 살짝 더해진 남성용 버전을 즐겨 뿌렸다. 둘 다 30년이 지나도록 인기를 누리고 있고, 이제는 구태의연해 보이는 광고와 달리 매력을 잃지 않았다. **SM**

레 엑셉시옹: 오리엔탈 익스프레스 뮈글러
(Les Exceptions: Oriental Express by Mugler)
끝내주는 앰버
조향사 올리비에 폴게^{Olivier Polge} 장 크리스토프 헤로^{Jean-Christophe Herault} | £££

누군가 뮈글러의 조향팀에게 "클래식 '오리엔탈' 스타일 향수를, 최신 유행에 맞게, 뭐 좀 재량껏 얹어서 말이죠, 부탁해요"라고 요청했다면, 그게 바로 오리엔탈 익스프레스다. 건조하고 먼지가 많은 길가에 향신료 노점이 펼쳐져 있다. 작은 피라미드 모양으로 쌓여 있는 레진, 가벼운 연기가 피어오르는 인센스, 수북이 쌓인 말린 대추와 꿀을 발라 구운 패스트리가 가득하다. 집에 돌아와 신발에 묻은 먼지를 털어내고 벨벳을 씌운 디반⁰³에 여유롭게 누워 숯을 넣은 화로에 미르 덩어리를 녹이고 말린 대추를 양껏 집어 먹는다. 영화 '더 원스' 노래 가사처럼 완벽해, 아주 완벽해! **SM**

타임리스　에이본
(Timeless by Avon)

스타일리시하고 우아한, 그리고 살짝 도도한 | 조향사 미공개 | £

에이본의 타임리스는 1974년 출시되었다가 2012년 단종되었는데, 실망한 팬들의 좌절과 불만으로 가득한 아우성이 귀가 먹먹할 만큼 몰려들면서, 에이본은 그 결정을 빠르게 번복했다. 부드러운 향신료 내음을 밀어 올리는 포근한 앰버 노트와 은은하게 남아 맴도는 모스 베이스 노트로, 타임리스는 요즘 인기인 달달한 향기보다 1940년대와 1950년대 오리엔탈 시프레에 가깝다. 복숭아 향이 나는 보슬보슬한 탈크[04]와 함께 희미한 가죽 냄새도 느껴진다. 온통 꽃으로 뒤덮인 뗏목이 화장대에 놔두고 싶은 재스민, 장미, 아이리스, 가드니아 향기와 함께 기품 있게 나아간다. 미르, 머스크, 수줍은 바닐라 노트의 이국적인 조합에 파촐리가 깊고 진한 흙내음을 물씬 풍기며 닻을 내린다. **SS**

올드 스파이스　프록터 & 갬블
(Old Spice by Proctor & Gamble)

놀랍고도 놀라운 플로럴 앰버 | 조향사 알프레드 하우크[Alfred Hauck] | £

올드 스파이스는 향수 세계의 다크호스다. 1938년부터 존재해왔다는 사실이 놀랍고, 어마어마하게 들어 있는 플로럴 노트 또한 놀랍다. 사실, 남성용인 올드 스파이스를 여성들이 뿌리기 시작하면, 새롭고 상쾌한 스파이시 앰버 향수라며 아낌없는 찬사를 들을 수 있을 것이다. 시트러스 노트로 시작해 곧 카네이션, 알싸한 향신료가 더해진 제라늄, 은빛 캡시쿰[05] 노트가 터져나오고, 그 뒤로 재스민 노트가 살랑이는 바람결처럼 불어온다. 스파이시 노트는 곧 새하얀 솜털같이 가벼운 비누 내음에 녹아들고, 포근한 머스크와 레진 노트가 은은하게 느껴지는 가운데, 1970년대 TV 광고에 나오는 털이 수부룩한 서퍼를 떠올리는 건강한 솔트 노트가 마무리를 짓는다. 올드 스파이스처럼 오랫동안 명맥을 유지하는 클래식 향수는 다 이유가 있다. 남자들만 뿌리게 두지 말자. **SS**

시나바　에스티 로더
(Cinnabar by Estée Lauder)

후끈하고 이국적인 앰버 | 조향사 베르나르 송[Bernard Chant] | ££

이국적인 매력을 뽐내는 경쟁자인 입생로랑의 오피움이 먼저 출시되었고, 시나바가 그 뒤를 바짝 쫓았다. 그리고 1970년대 후반 향수 애호가들에게 큰 인기를 끌었다. 어린 시절 어른들이 풍기던 시나바 향기가 기억난다. 오래된 실크로드를 가로지르며 멈추어 서는 곳마다 진귀한 원료를 하나씩 더해 짙은 황금빛 주스를 만드는 것처럼 시나바는 평범한 하루에 신비스러움을 선사한다. 시나몬, 페퍼, 인센스, 레진이 맵싸한 숨결을 내뿜고 나면, 농밀하고 복잡하게 뒤섞인 플로럴 노트가 모습을 드러낸다. 스파이스 노트가 꽃향기를 다시 불러내 화려한 카네이션 꽃봉오리가 살짝 엿보이고, 곧 이국적인 잔향이 모든 것을 감싸며 마무리를 짓는다. 매혹적이고, 궁금증을 자아내는 세련미가 느껴진다. **SS**

해빗 루즈 겔랑
(Habit Rouge by Guerlain)

귀족적인 앰버 | 조향사 장 폴 겔랑^{Jean-Paul Guerlain} | ££

해빗 루즈는 말을 타고 사냥하는 남자들이 입는 붉은색 재킷에서 이름을 따왔다. 겔랑 가문은 프랑스 기득권층이었고, 장 폴 겔랑은 자신의 마구간을 소유한 기수이기도 했다. 누군가 승마의 향기를 구현해 낸다면 그건 바로 장 폴 겔랑이었다. 해빗 루즈는 클래식 향수지만, 21세기에 걸맞는 업데이트를 거쳐 이제 더이상 해빗 루즈를 입는 사람들만 살 수 있는 희귀하고 값비싼 향수가 아니다. 그리고 요즘 쓰는 세제 가루가 아닌 진짜 비누의 얇은 조각으로 깨끗하게 문지른 가죽 냄새가 난다. 가죽 냄새는 시간이 조금 지나면, 응접실에 놓인 우아한 꽃장식이 둘러싼 디저트 와인 같은 앰버 노트에 부드럽게 녹아든다. 오리지널 버전과 조금 달라졌을지 모르지만, 귀족적인 특권이 느껴지는 향기는 여전하다. **SM**

톨루 오르몽드 제인 (Tolu by Ormonde Jayne)

산뜻한 레진 | 조향사 게자 쇤^{Geza Schoen} | £££

톨루⁰⁶는 수천 년 동안 사용되었지만 찾기가 상당히 어려운 원료 중 하나이며, 향수에서는 다른 노트와 섞여 있어 식별하기가 쉽지 않다. 달콤함 조금에 약재 냄새를 약간 더하고, 인센스 향을 입힌 마법의 물약 같은 냄새가 난다. 오르몽드 제인의 톨루는 게자 쇤이 창립자인 린다 필킹턴과 함께 만든 것으로, 약간 산만해 보이는 형형색색의 반짝이는 금은보화를 두르고, 가운데에 톨루 보석을 박아 넣은 화려한 향기의 왕관처럼 느껴진다. 뛰어난 앰버 노트라면 응당 그래야 하는 것처럼 풍부하고 부드럽다. 거기에 세심하게 어우러진 약간의 주니퍼와 클라리세이지로 그린 허브 노트는 뜻밖의 싱그러움을 선사한다. 말 잘 듣는 강아지처럼, 톨루의 향기는 종일 거슬림 없이 곁을 지키며 감돌고 있다. **SM**

정글 엘리펀트 겐조
(Jungle L'Éléphant by Kenzo)

부드러운 아기 코끼리 | 조향사 도미니크 로피용^{Dominique Ropion} | ££

향을 맡기 전에 먼저 조엘 데그립이 디자인한 포장 상자와 향수병에 찬사를 보낸다. 언박싱이 의미를 갖기 훨씬 전, 심지어 유튜브가 나오기도 전에 조엘은 그 현대적인 의식의 시초가 될 경험을 창조했다. 상자를 열고 향수를 꺼낼 때마다 나는 그걸 반복할 수 있도록 조심스럽게 다시 정리해둔다. 조향사 도미니크 로피용은 지방시의 아마리지, 뮈글러의 에일리언, 랑콤의 라비에벨을 만든 이력이 있다. 그런 로피용의 작품이라는 걸 고려하면 (그리고 코끼리도) 정글 엘리펀트는 꽤나 부드럽다. 가벼운 발걸음의 유순한 앰버 노트는 마치 아기 코끼리가 먹을 게 있는지 코로 팔 위를 스치듯 간지럽히는 기분이 든다. 키가 큰 초록빛 잎과 열대 과일에 내리쬐는 밝은 햇빛이, 비누 내음을 머금은 머스크와 바닐라가 더해진 깨끗한 순백색의 꽃향기를 선사한다. **SM**

아이콘 　러쉬 고릴라 퍼퓸 컬렉션
(Icon by Gorilla Perfume for Lush)

가까이하면 위험한 광기 어린 망나니 | 조향사 마크 콘스탄틴Mark Constantine | £££

이건 바이런 경에 대한 묘사[07]이지, 러쉬에 대한 것이 아니다. 아이콘의 오리지널 버전이 출시된 1990년대, 러쉬의 아주 초창기 시절 나는 러쉬의 카피라이터였다. 내게 아이콘은 바이런, 아편, 기이한 행동, 아름다운 시로 대변되는 19세기 초, 스캔들이 가득했던 낭만주의를 상징한다. 내 기억이 맞다면 마크 콘스탄틴은 레드 제플린의 노래에서 영감을 받아 아이콘을 만들었다. 하긴 지미 페이지와 바이런은 닮은 점이 많다. 아이콘은 벨벳을 씌운 긴 의자에 한가로이 누워 있는 시인과, 촛불에 반짝이는 금색 잎사귀 문양으로 테두리를 장식한 가문의 초상화와 함께 장대하게 퇴락하고 있는 베네치아 궁전의 냄새가 난다. 오렌지꽃 탑 노트가 희미하게 일렁이고, 시트러스 미들 노트가 잠시 기운을 불어넣다가, 아이콘은 이내 짙고 어두운 앰버 베이스의 잠에 빠져 그곳에 머문다. **SM**

라다넘 18 　르 라보 (Labdanum 18 by Le Labo)

록 로즈와 친구들 | 조향사 모리스 루셀Maurice Roucel | £££

'실험실'이라는 뜻의 르 라보는, 주로 들어가는 원료명에 4~49 사이의 성분 수를 더해 향수 이름을 붙인다. 실험실 소속 전문가들은 주문과 동시에 블렌딩을 진행하는데, 이는 향취가 더 나아지는 것은 아니지만, 굉장히 특별한 느낌을 선사한다. 라브다넘은 향수 원료 중 하나로 긴 역사를 자랑한다. 록 로즈의 끈적거리는 잎사귀에서 추출한 것으로 아편 팅크인 브랜드 음료 라우다눔과 무관하다. 내게 모리스 루셀은 프레데릭 말의 무스크 라바쥐[08]처럼 두려울 정도로 강렬한 무언가를 만들지 않는 한 거의 실수가 없는 조향사다. 라다넘 18에서 모리스는 혼란스러울 정도로 싱그럽고 / 달콤하고 / 풍부하며 / 씁쓸한 라브다넘 노트를, 부드러운 바닐라, 가볍고 보송한 머스크, 통카, 파촐리로 은은하게 만들었다. 애니멀릭 시벳과 카스토레움 노트에 대해 말하자면, 그냥 뚜껑만 열고 흔들어 피어오르는 냄새 정도만 향수에 넣었다. 라다넘 18은 아기 고양이지, 호랑이가 아니다. **SM**

발삼과 레진

값비싼 앰버 향수에서는 보통 수천 년간 치료제와 향수 제조에 사용한 발삼과 레진(수지)을 발견할 수 있다. 발삼과 레진은 스티랙스, 라브다넘, 벤조인, 톨루, 시스투스, 그리고 멋진 이름의 오포파낙스 수지를 포함한다. 라브다넘과 시스투스 앱솔루트는 록 로즈에서 추출하는데 라브다넘은 가지의 수액에서, 시스투스는 잎사귀와 어린 잔가지에서 채취한다. 조향 클래스를 신청하거나, 5ml 정도 들어 있는 병을 사서 라브다넘과 시스투스 앱솔루트처럼 훌륭한 원료를 직접 맡아보고, 이해할 수 있는 기회를 가져보자.

SPICY

스파이시

옵세션 포 맨 캘빈클라인

(Obsession for Men by Calvin Klein)

따스하고 포근한 1980년대 앰버 | 조향사 밥 슬래터리[Bob Slattery] | £

옵세션 포 맨은 여성용에 이어 일 년쯤 지나 출시되었고 오리지널과 비슷한 노트가 많다. 따라서 여성용이 마음에 든다면, 남성용도 마찬가지일 것이다. 하지만 나처럼 둘 다 가지고 뿌려도 될 만큼의 차이는 충분히 존재한다. 옵세션 포 맨은 따스한 느낌을 선사하는 시나몬과 앰버 머스크가 시작과 끝을 장식하고 거의 그대로 유지된다. 오프닝의 상쾌한 시트러스 노트는 레모네이드 거품처럼 퐁퐁 튀며 향기가 너무 묵직해지지 않게 한다. 아늑하고 매력적인 옵세션 포 맨은 결혼식 날 이걸 뿌리고 내 곁에 섰던 남자처럼 듬직하고 변함없이 편안하게 곁에 머문다. SS

레르 뒤 데제르 메리케인 타우어

(L'Air du Désert Marocain by Tauer)

따뜻한 사막의 바람에 대한 오마주 | 조향사 앤디 타우어[Andy Tauer] | ££

조향사의 작품이 하나뿐인 상황에서 골수팬을 양산하는 일은 드물지만, 앤디 타우어의 두 번째 걸작인 레르 뒤 데제르 메리케인은 고객과 비평가 모두 이 취리히의 매력적이고 다재다능한 예술가를 주목하도록 만들었다. 마치 램프의 지니가 램프에서 풀려나오는 것처럼 레르 뒤 데제르 메리케인은, 맡자마자 바쿠르[Bakhoor] 향로에서 피어오르는 자욱한 연기와 함께, 향신료 내음이 가득하고 끝없이 펼쳐진 사막의 부드러운 모래 위에 세워진 베두인 캠프로 데려다준다. 인센스 향이 가득한 공기와 발아래 느껴지는 뜨거운 앰버 모래와 함께 향신료, 연기, 사막의 공기는 눈을 감는 순간 그곳에 있는 것처럼 생생하다. 농밀한 베티베르, 오크모스, 스파이스 베이스 노트와 함께 이 과감하고 묵직한 향수는 의외로 여름에도 잘 어울리며, 겨울에는 그야말로 따뜻한 향기에 온몸을 폭 파묻고 싶어진다. SS

통카 25　르 라보
(Tonka 25 by Le Labo)

잘게 부서진 레진과 달콤한 앰버 | 조향사 다프네 부기^{Daphne Bugey} | £££

사람들은 보통 르 라보의 통카 25의 향기를 맡고 그게 통카 향이라고 생각해서, 통카 원료 자체의 냄새를 맡으면 꽤 놀란다. 천연원료는 디프테릭스 오도라타 나무 열매인 통카빈에서 추출하며, 코코아, 마지팬, 건초를 풍부하게 섞은 향기가 난다. 르 라보는 이 통카 노트에 우디 앰버 베이스를 추가하고 은은한 오렌지 꽃 노트를 살짝 더했지만, 핥고 싶을 만큼 달콤한 향기는 압도적이다. 자라의 통카는 르 라보 한 병을 사는 가격에 열 병을 살 수 있었지만 유감스럽게도 단종되었고, 4711의 헤이즐 앤 통카는 한정판이다. 조향사 쿠엔틴 비쉬가 만든 프라고나르의 앙상 페브 통카도 있다. 하지만 말 그대로 돈이 문제가 되지 않는다면, 르 라보의 통카 25가 바로 여러분이 원하는 통카빈 향기다. **SM**

타부　다나
(Tabu by Dana)

더 깔끔하고 은은해진 클래식 | 조향사 장 카를레스^{Jean Carles} | £

다나의 타부는 원래 밤의 여인이 뿌리는 향수의 향기가 나야 한다는 취지로 만들어졌다. 나는 그 아이디어가 마음에 든다. 이걸 뿌리면 대담하고 무모한 전율이 느껴진다. 가성비가 훌륭한 보석 같은 타부는 놀라울 정도로 복잡하다. 내가 애정하는 노트가 겹겹이 쌓이고 서로 조화를 이루어 언제나 곁에 두고 싶은 이국적인 앰버 향이다. 상쾌한 향신료와 풍미를 더하는 은은한 오렌지 노트로 시작해 곧 장미, 재스민, 수선화, 오렌지 꽃 노트가 활짝 피어난 꽃향기를 한 아름 가져다주며, 바닥에 떨어진 속치마처럼 정숙함을 벗어던지게 만든다. 시벳 노트가 뜨겁게 달아오른 축축한 음부처럼 모습을 드러내고 레진과 우드 노트가 열기를 더한다. 향신료와 꽃내음의 잔향이 맴도는 가운데 오크모스 노트는 내가 사랑하는 시프레 향취를 더한다. **SS**

저스트 락! 뿌르 루이　쟈딕 앤 볼테르
(Just Rock! Pour Lui by Zadig & Voltaire)

모두를 위해 | 조향사 오렐리앙 귀샤르^{Aurélien Guichard} 나탈리 로손^{Nathalie Lorson} | £

강렬한 락^{Rock}보다 부드러운 롤^{Roll}이 더 많이 느껴지는, 향신료가 가득한 벨벳 같은 앰버 향기가 난다. 검은색 병의 울퉁불퉁한 면은 저스트 락! 뿌르 엘르의 흰색 병과 부드럽게 맞물리면 완벽한 음양의 조화가(비록 둥근 원은 아니지만 사각형으로) 만들어진다. 사실 저스트 락! 뿌르 루이는 모든 사람을 위한 것이다. 이름에서 느껴지는 묵직하게 부딪히는 남자의 향기를 기대할 수도 있지만, 단단한 돌덩이 대신 가볍게 피어오르는 나무 연기와 함께, 마시멜로를 녹이는 매끄럽고 둥글둥글한 조약돌을 만나게 된다. 뜻밖의 통카 노트가 더해진 알싸한 인센스 향기다. 클릭해서 장바구니에 담아두자. **SM**

토바코 & 앰버   링크스 / 액스

(Tobacco & Amber by Lynx/Axe)

계란도 가끔 바위를 깨트릴 수 있다 | 조향사 미공개 | £

링크스가 광고에서 그들의 마스터 조향사를 언급하자 일부 향수 애호가들은 비웃음을 보냈다. 하지만 우리를 포함한 나머지는 새로운 남성용 향수가 얼마나 좋은지 보려고 시내에 쏜살같이 달려 나갔다. 그래서 어땠냐고? 더할 나위 없이 아주 좋았다. 특별 할인 행사를 하면 유명한 앰버 토바코 향수 한 병을 살 돈으로 토바코 & 앰버를 100병 살 수 있다. 풍부하고 부드럽고 놀라울 정도로 섹시하다. 링크스는 더 이상 10대 소년만을 위한 브랜드가 아니다. **SM**

부아 드 세비야   안젤라 플랜더스

(Bois de Seville by Angela Flanders)

스페인 남부의 시트러스가 선사하는 따스한 온기

조향사 안젤라 플랜더스^{Angela Flanders} | ££

안젤라 플랜더스와 같은 개인 소유의 인디 퍼퓨머리는 20세기 초 점차 사라지고 있었다. 그러나 인터넷에서 리뷰, 블로그, 브이로그, 데이터베이스, 온라인 판매 등이 가능해진 덕분에, 작지만 창의적인 퍼퓨머리가 그들을 좇을 준비가 된 이들에게 즐거운 향기를 선보이는 새로운 유행이 시작되었다. 안젤라는 부아 드 세비야를 1986년에 만들었는데, 당시 고객에게 허용된 유일한 옵션은 이스트 런던 컬럼비아 로드에 있는 놀라운 세계를 직접 방문하는 것뿐이었다. 세비야 오렌지, 샌달우드, 스파이스 노트로 부아 드 세비야는 손쉽게 뿌릴 수 있고 가을과 겨울에 어울리는 따스한 앰버 향수가 되었다. 오 드 퍼퓸, 오 드 투알레트, 향초, 룸 스프레이, 디퓨저도 있다. 영국 내 배송이긴 하지만 이 반짝이는 보석 같은 향수를 온라인에서 살 수 있다는 사실이 감사하다. 런던의 컬럼비아 로드에 갈 일이 있다면, 꼭 안젤라의 퍼퓨머리를 방문해보기 바란다. **SM**

향신료를 더한 앰버	스파이시 앰버는 도발적인 노트로, 화려하게 옷을 차려입고 외출할 때 필요한 앰버 향기다. 엄밀히 말하면 스파이스, 즉 향신료 노트는 블랙 또는 핑크 페퍼콘, 카다멈, 스타 아니스(팔각)처럼 말린 씨앗의 냄새를 의미한다. 하지만 우리가 좀 더 관대하게 생각하면, 프랑킨센스, 통카빈, 담뱃잎, 카카오의 향기까지 그러모을 수 있다. 스파이시 앰버는 종종 오프닝에서 먼저 달려 나와 우리를 반겨주는 오렌지 스플래시나, 베이스 노트의 매끄러운 샌달우드와 잘 어울린다.

FRUITY

프루티

마일스 데따이으 (Miles by Detaille)

오픈 탑 스포츠카를 타고 눈부시게 빛나는 청춘들

조향사 미공개 | ££

프랑스의 불사조 같은 브랜드 데따이으가 출시한 프루티, 우디 앰버 계열 향수다. 데따이으는 1905년 설립 당시부터 지금까지 오래된 주문서, 장부, 제조법을 원형 그대로 모두 보유하고 있다. 영어식 발음인 '마일스'로 부르는 이 향수는 라벨에 1920년대 스포츠카 스케치가 그려져 있고, 세련된 세로줄 무늬가 새겨진 향수병에 고전적인 소프트 레진 앰버 향을 담았다. 데따이으는 말린 과일과 자두 향을 추구했겠지만, 내게는 꿀을 바른 나무 위에서 맴도는 블랙커런트 새순의 향취가 느껴졌다. 여태껏 맡아본 그 어떤 향수와도 다른 향이었다. 2000년대 초반에 데따이으는 마일스가 놓여 있는 남성 향수 진열대에서 나를 여성용 향수 쪽으로 돌려세우려고 했다. 그러나 1920년대에도 모험심이 강했던 여성들은 이 향수를 뿌렸을 것이다. 지금이라고 안될 게 뭔가? **SM**

쁘아종(포이즌) 디올 (Poison by Dior)

1980년대를 휘어잡은 향기 | 조향사 장 기샤르[Jean Guichard] | ££

쁘아종을 싫어한다고 선언하는 게 유행이란다. 자자, 진지한 척은 그만하자. 몇몇은 튜베로즈 향이 난다고 말한다. 하지만 이건 블랙커런트, 크렘 드 카시스[09]의 향취가 틀림없다. 쁘아종은 나무, 과일, 꽃, 어마어마하게 짙고 풍부한 앰버 노트, 리베나 블랙커런트 주스 내음, 저항할 수 없고 확실한 마법과 같은 모든 향을 품고 있다. 물론 유행으로만 머물기에는 너무 인기가 많지만, 신경 쓸 필요가 없는 게, 쁘아종은 품격이 있다. 극단으로 치닫던 1980년대 스타일은 쉽게 웃음거리가 되겠지만, 쁘아종은 고전이다. 이 향수를 뿌리고 사람들에게 추억을 선사해보라. 철없던 시절 끝내주거나 몸서리치던 풋사랑의 기억을 떠올리며 눈썹을 꿈틀거리는 이모나 삼촌을 지켜볼 준비가 되었는가? 그들은 슬그머니 미소를 지으며 말할 것이다. "그땐 그랬지." **SM**

디오레센스 디올 (Dioressence by Dior)
위협적인 매력과 위상 | 조향사 가이 로버트^{Guy Robert} | ££

어울리는 장갑과 모자 없이는 집을 나설 생각을 꿈에도 하지 않던 파리지앵을 위한 향수다. 젊은 세대가 유니섹스 진과 샌들 차림에 머리를 길게 기르던 1969년에 처음 출시되었다. 그들과 달리 세련된 착장에 디오레센스를 뿌리면서, 파리지앵은 플로럴 시프레 향수에 앰버 베이스를 추가한 가이 로버트의 대담한 시도가 반순응주의^{non-conformism}의 극치라고 여겼을 것이다. 그러면서도 디올의 클래식 향수 라인과 잘 어우러져, 옥스퍼드 가 셀프리지 백화점의 키가 큰 영업사원은, 내게 디올의 조향사 가이 로버트와 에드몽 루드니츠카의 존재를 부정하면서, 디오레센스는 무슈 디올의 개인적인 창조물이라고 설명해주었다. 어떤 면에서는 그가 맞았다. 리뉴얼을 거친 지금도 디오레센스는 그 담대한 향취로 크리스챤 디올 특유의 스타일을 널리 퍼트리고 있다. 플로럴, 이끼 혹은 앰버 계열로 분류되기도 하는 디오레센스는, 눈부시게 빛나는 알데하이드 탑 노트에 이끼, 발삼, 스파이스와 과일향을 더해 온갖 종류의 꽃향기를 머금고 있다. 20세기 중반 레트로의 절정이다. **SM**

라 쁘띠 로브 느와르 EDP 겔랑 (La Petite Robe Noire EDP by Guerlain)
나풀거리는 미니 블랙 드레스 | 조향사 티에리 바세^{Thierry Wasser} | ££

라 쁘띠 로브 느와르는 장난기 가득한 프루티 계열의 겔랑 향수 시리즈 출현을 처음 알린 향수다. 뢰르 블루(113쪽 참조)와 미츠코(187쪽 참조)같이 존경받는 대선배들이 지켜보는 가운데, 더 어린 고객을 찾기 위한 시도였을 것이다. 라 쁘띠 로브 느와르 오 드 퍼퓸은 오 드 투알레트와는 다르게 희미한 아몬드향을 품은 체리 노트의 향연이 펼쳐진다. 여기까지 보면 아마도 머릿속에 체리 베이크웰¹⁰이 떠오르겠지만, 순수한 바닐라 향도 미세하게 풍기며 여러 가지 다양한 향내를 뿜어낸다. 식용 원료의 향취 속에 숨겨진 아이리스, 작약, 장미로 만들어진 부케에서는 억누르기 힘든 플로럴 향이 노래처럼 흘러나와 새콤한 체리의 시작 향과 잘 어우러진다. 거기에 마치 드레스에 맞춘 검은 속눈썹처럼 매혹적인 향이 번져나가는 약간의 리코리스와 함께 파촐리가 향취의 균형을 잡아준다. 경고: 밤새 춤을 추게 될 수 있음. **SS**

프루티 앰버

프루티 앰버는 존재하는 향 중에 억누를 수 없을 만큼 아주 기분 좋은 향기지만, 아마도 전 세계 향수 사용자 절반 정도는 전혀 그렇다고 생각하지 않을 것이다. 프루티 앰버 향은 짙고 달뜬 화려한 향취로 활기 넘치는 이모가 샴페인 칵테일을 몇 잔 들이켜고 사람들을 덥석덥석 안아대며 마음을 나누듯이 당신의 공간에 치고 들어온다. 쁘아종은 프루티 앰버 계열 향수의 챔피언이다. 시끌벅적하지만 사랑스럽다. 어떤 사람들은 이 말에 코웃음을 치겠지만, 프루티 앰버 향수는 신경 쓰지 않은 채 즐겁게 방 안을 가득 채울 것이다.

라 쁘띠 로브 느와르 블랙 퍼펙토 오 드 퍼퓸 플로럴　겔랑
(La Petite Robe Noire Black Perfecto Eau de Parfum Florale by Guerlain)
붉은 장미와 칵테일 ｜ 조향사 티에리 바세[Thierry Wasser] ｜ ££

만약 당신이 진 앤 오렌지 칵테일에 올려진 마라스키노 체리[11]가 유럽의 운치를 선사하는 시대에 자랐다면, 블랙 퍼펙토의 장미, 어둡고 씁쓸한 아몬드, 달콤한 체리향에 웃음을 지으며 어린 시절을 그리워하게 될 것이다. 두 언어로 표현한 검정(느와르, 블랙)을 포함해 가장 긴 이름을 가진 이 향수는 이 책을 쓰고 있는 현재, 겔랑이 출시한 18개의 쁘띠 로브 느와르 시리즈 중 하나다. 블랙 퍼펙토가 우연찮게 내가 가장 좋아하는 향수가 된 건 아마 블랙 미니 드레스를 간절히 바라고, 부모님의 술 진열장을 몰래 열어 술이 아닌 펜윅 식료품점에서 사온 이탈리아산 체리 절임 단지를 꺼내던 사춘기가 떠올라서일 것이다. 윤이 나고 매끄러운 장미 향은 달콤하면서도 다행히(?!) 무겁고 어두운 향취가 어우러져 있다. 마치 장미 시럽, 아마레토, 쓴맛이 나는 비터즈를 섞고, 마라스키노 체리를 칵테일 픽에 꽂아 올린 샴페인 칵테일 같은 향수다. **SM**

르 빠티시쁘 빠세　세르주 루텐
(Le Participe Passé by Serge Lutens)
겨울 과일의 기억 ｜ 조향사 크리스토퍼 쉘드레이크[Christopher Sheldrake] ｜ £££

문법 용어[12]를 따서 향수 이름을 짓는 건 아마 세르주 루텐 밖에 없을 것이다. 세르주 루텐의 모든 향수는 시도해볼 가치가 있는데, 이는 모두와 사랑에 빠지는 건 아니지만 경의 정도는 표현하게 되는 것과 같다. 르 빠티시쁘 빠세는 세르주 루텐의 많은 향수와 마찬가지로 앰버 계열이다. 중동의 발삼 노트에서 느껴지는 끈적끈적한 말린 과일과 아랍 수크에서 찾은 고급진 대추야자의 포장을 풀고 거기에 살구, 퀸스, 자두 페이스트를 가득 채웠다. 과일을 제철에만 먹을 수 있던 시절, 신선한 라즈베리의 향기를 그리워하면서 집에서 만든 잼으로 추운 몇 달을 견뎌내던 기억이다. **SM**

마지팬 분자

다크 체리와 아몬드 향기가 나는 마지팬 노트는 종종 깊은 프루티 앰버와 향이 비슷하고, 만드는 과정에서 어떤 과일도 해치지 않는다. 비터 아몬드 에센셜 오일은 한 방울만 떨어뜨려도 주변의 모든 향을 압도하는 효과가 있으며, 인상적인 만큼 추출 비용도 많이 든다. 천연 벤즈알데히드 분자로 형성된 향이기 때문에, 보통 다크 체리와 아몬드 향은 합성원료를 사용해 구현한다. 바닐라 향을 바닐린 분자로, 통카의 향을 쿠마린 분자로 재현하는 것과 같다.

FLORAL

플로럴

르 퍼퓸 엘리 사브

(Le Parfum by Elie Saab)

병에 담은 세련미 | 조향사 프란시스 커징^{Francis Kurkdjian} | £

엘리 사브의 꾸뛰르처럼, 르 퍼퓸은 세련되고 매혹적이며 여성스럽다. 전설적인 조향사 프란시스 커징이 만든 이 향수는 엘리 사브의 첫 향수이며, 르 퍼퓸이 인기를 끌면서 여러 가지 새로운 플랭커 향수가 출시되었다. 순수함을 담은 화이트 플로럴의 오프닝과 함께 부드러운 오렌지 꽃 향기는 곧 한층 진해지고, 매혹적인 재스민 삼박과 재스민 그랜디플로럼 노트에게 자리를 내어준 다음, 흙내음이 나는 파촐리가 존재감을 드러낸다. 위엄 있는 장미 노트가 합류하면서 놀랄 만한 우디 플로럴 향조가 돋보이고, 허니 노트가 희미하게 아른거리며 살짝 달콤함을 더한다. **SS**

이자티스 지방시

(Ysatis by Givenchy)

펜트하우스 욕실을 가득 채운 디바의 부케

조향사 도미니크 로피용^{Dominique Ropion} | £

이자티스는 1980년대에 디바로 데뷔한 후, 지금까지 쭉 높은 몸값을 유지하고 있다. 후각의 거인들과 어깨를 맞댄 채로, 조르지오 비버리 힐즈의 조르지오, 디올의 쁘아종, 랑콤의 마지 느와르 사이에서 나름의 자리를 찾았다. 오프닝은 넓게 펼쳐진 푸른 하늘, 깨끗한 빨래, 비누 거품과 파우더의 깔끔함이 느껴진다. 이어서 플로럴 노트가 숨 쉴 틈 없이 복작이며 몰려든다. 어떤 사람들은 애니멀릭 시벳 노트가 느껴진다고 하지만, 나는 꽃향기, 탤컴 파우더, 보송한 수건, 버블바스, 마라부 뮬, 입욕제가 넘쳐나는 화려한 1980년대 스타일의 욕실이 떠올랐다. 커다랗고 도도한 튜베로즈, 재스민, 장미, 매혹적인 수선화 플로럴 노트가 활짝 피었다가 잦아들면, 과하게 차려입은 쿰쿰한 시프레 베이스가 모습을 드러낸다. **SS**

발 아 베르사유　장 데프레
(Bal à Versailles by Jean Desprez)

황홀한 난장판, 좋은 의미로 ｜ 조향사 장 데프레Jean Desprez ｜ ££

발 아 베르사유는 마음속으로 은근히 부러워하며 읽었던 카사노바의 스캔들로 가득했던 삶이다. 정교하게 만들어진 피상적인 겉모습 뒤에 파티가 끝나면 벌어지는 향락의 속임수를 숨긴 퇴폐의 향기다. 파우더, 꽃, 가죽, 허브, 머스크, 스모키 레진 노트가 문을 활짝 열고, 커다란 리본으로 가슴을 장식한 드레스와 파우더 가발[13] 차림으로 등장한 당신을 찬미하며 시선을 떼지 못한다. 하지만 그 아름다움, 가발, 파우더 아래 무엇이 숨겨져 있는가? 짓궂은 애니멀릭 시벳 노트가 피어오르며 어젯밤 무엇을 했는지 불편한 질문을 던진다. 마치 당신의 비밀을 알고 있는 상대가 눈을 찡긋거리며 맴도는 것처럼, 잔향에는 위험한 관계의 향기가 감돈다. 발 아 베르사유는 관능적이고 화려하며 아름답지만, 속치마 아래 순수한 쾌락을 숨기고 있다. ss

쥬빌레이션 25 우먼　아무아쥬
(Jubilation 25 woman by Amouage)

향기의 팡파르가 울려 퍼지면 ｜ 조향사 루카스 시우작Lucas Sieuzac ｜ £££

쥬빌레이션 25는 극적이고 타는 듯이 뜨거운 관능미를 발산하는 공연의 향기다. 수줍게 벽에 붙어 있는 사람에게 전혀 어울리지 않을 사치스러운 모습으로 쥬빌레이션은, 기대감에 들뜬 구혼자가 가득한 응접실의 문이 장엄하게 열릴 때까지 스스로 걸어 들어가지 않는다. 우편함처럼 붉디붉은 장미와 주위를 휘감고 있는 매캐한 인센스, 머스크 노트는 그 압도적인 아름다움을 줄이는데 아무런 도움이 되지 않는다. 깊고 흙내음이 나는 베티베르가 매혹적인 머스크 노트를 만나 함께 단추를 하나씩 푼다. 비눗방울 같은 노트가 어깨를 두드리기에는 너무 늦었다. 우리는 이미 침실로 향하고 있거든. ss

라비에벨　랑콤 (La vie est belle by Lancôme)

인생은 달콤해

조향사 올리비에 폴게Olivier Polge 앤 플리포Anne Flipo 도미니크 로피용Dominique Ropion ｜ ££

랑콤의 라비에벨이 2012년에 출시된 이후 세상은 입에 군침이 가득 고이는 캐러멜 향기로 가득 찼다. 줄리아 로버츠와 줄리아의 백만 불짜리 미소를 앞세우며, 주머니를 열지 않는 심술궂은 구두쇠 양반만 빼고, 라비에벨은 모두를 매력적인 향기로 끌어들이며 엄청난 성공을 거두었다. 페어와 블랙커런트 탑 노트는 과일 향을 머금은 채 부드럽고, 곧 장미, 재스민, 아이리스 노트가 달콤한 바닐라 캐러멜 향기가 담긴 상자를 실어 온다. 상자가 열리고 라비에벨은 프루티, 플로럴 노트를 둘러싼 엄청난 지속력을 가진 더할 나위 없는 프랄린[14]/캐러멜 베이스로 방안을 휩쓸어 버린다. 세계 최고의 조향사 세 명이 최종 제품을 완성하기까지 5,000개의 버전이 있었다고 한다. 라비에벨의 전 세계적인 인기는 그들이 옳았음을 증명한다. ss

파 어웨이　에이본

(Far Away by Avon)

향수의 세계가 간직해온 비밀 | 조향사 자비에르 레나르Xavier Renard | £

파 어웨이는 1992년 출시 이래 에이본에서 가장 잘나가는 향수다. 향수의 시대에 살아 있는 전설이었다. 그 이후로 많은 에이본 향수가 사라졌지만, 파 어웨이는 여전히 골수팬과 새롭게 생겨나는 팬층을 확보하고 있다. 바닐라, 코코넛, 복숭아, 그리고 특히, 멋진 이름을 가진 카로 카라운드karo karounde와 재스민, 가드니아의 화이트 플로럴 노트가 가장 눈에 띈다. 미들 노트부터 조금씩 온기가 오르면서 앰버, 깔끔한 머스크, 희미한 우드 노트가 따뜻하고 포근하게 감싸며 마무리를 짓는다. 파 어웨이는 가볍게 분을 발랐지만 여전히 상쾌한 꽃내음이 나는 보송보송하고 파우더리한 느낌을 선사한다. 경이로운 사실 하나를 덧붙이자면, 정말 말이 안 될 정도로 가격이 싸다. SS

미드나잇 판타지　브리트니 스피어스

(Midnight Fantasy by Britney Spears)

낮에 먹는 디저트 | 조향사 캐롤라인 사바스Caroline Sabas | £

수정 같은 별이 수놓아진 잉크빛 짙은 밤하늘처럼 거부할 수 없을 정도로 매력적인 향수 병과 함께, 미드나잇 판타지는 군침이 도는 자두와 프루티 노트를 품고 있다. 체리, 자두, 바닐라 노트가 어우러져 블루베리 향을 풍기며, 희미한 머스크 향의 배경을 보완해준다. 난초와 아이리스 노트는 10대 팬과 어른 사이의 간극을 메우며 이 장난기 많은 프루티 노트를 좀 더 어른스러운 플로럴 향으로 이끈다. 미드나잇 판타지는 이름이 보여주는 고혹적인 눈길보다 밝게 빛나는 프루티 플로럴에 가깝다. 그 안 어딘가에서 방금 샤워를 끝내고 나왔을 때처럼 깔끔하고 생기 넘치는 비누 향이 터져 나온다. 밤하늘 같은 병만큼이나 사랑스럽다. SS

코코　샤넬 (Coco by Chanel)

옅은 베이지 속에 숨겨진 1980년대의 화려함

조향사 자크 폴주Jacques Polge | ££

코코는 가장 강렬한 향수의 시대였던 1984년에 출시되었고, 다음 해에는 쁘아종과 옵세션이 뒤를 이었다. 모든 향수가 과도한 영역으로 향할 때, 코코는 절제된 파리지앵의 지적인 세련미로 단연 돋보였다. 자신의 매력을 지나치게 내세우지 않으면서도, 1980년대의 '날 좀 봐주세요' 하는 시끌벅적한 향수보다, 1940년대의 간결함과 우아함이 자연스럽게 흘러나온다. 스파이스와 플로럴 노트가 부드럽게 조화를 이룬다. 미모사와 오렌지 꽃 노트는 섬세한 손길로 클로브와 미르 노트를 밝게 빛나게 하며, 여성스러움과 신비로움이 어우러진 격조 높은 향기를 선사한다. 코코를 뿌리고 지나간 자리에는 앰버의 베일이 여전히 하늘거리고 있다. SS

유스 듀   에스티 로더 (Youth-Dew by Estée Lauder)
아름답게 숙성을 거친 클래식 | 조향사 조세핀 카타파노 Josephine Catapano | £

유스 듀는 그들이 생각하는 '평범한 여성'에게 고급스러운 느낌을 선사하려는 에스티 로더의 의도와 함께 바스 오일로 시작했다. 지금의 유스 듀 오 드 퍼퓸은 화려함과 사치스러움의 전형이지만 가격은 여전히 싸다. 살짝 뿌리기만 해도 온종일 클로브 내음과 함께 향신료의 이국적인 느낌이 온몸을 감싼다. 복숭아, 비누, 플로럴, 오크모스, 머스크, 바닐라, 깊은 레진 노트가 오묘하게 어우러진 여성스러움은, 맡자마자 즉시 알아볼 수 있고 절대 잊을 수 없는 향기를 선사한다. 유스 듀는 어린 소녀처럼 풋풋한 향기도 아니고, 맑고 깨끗한 이슬방울이 맺혀 있지도 않다. 그러나 이 지나치게 과장된 이름은 신문 광고가 여성들에게 별이라도 따다 줄 것 처럼 모든 것을 약속했던, 유스 듀가 출시된 1953년에 잘 들어맞는다. 드라마 '매드맨'의 조앤 할로웨이[15]가 유스 듀로 목욕을 했을 것 같은 생각이 든다. **ss**

클래식   장 폴 고티에 (Classique by Jean Paul Gaultier)
JPG의 이상형 | 조향사 자크 카발리에 Jacques Cavallier | ££

클래식의 원래 이름은 장 폴 고티에였는데, 향수 팬들의 열화와 같은 성원에 플랭커 향수가 잇달아 출시되면서, 이름을 오리지널 버전이라는 의미의 클래식으로 바꾸었다. 아름다운 여성의 토르소 모양의 향수병은 당시 혁신적이었으며, 앤디 워홀의 캠벨 수프 캔 같은 포장은 고티에의 전형적인 인습 타파적 유머(1990년대 TV '유로트래시' 시청자들은 그의 눈이 반짝이던 것을 기억할 것이다)[16]를 보여준다. 내게 장 폴 고티에의 클래식은 아주 시크한 핸드백 속 같은 냄새가 난다. 페어와 아니스[17] 노트에서 풍기는 희미한 매니큐어 향기에 장미, 아이리스, 튜베로즈는 파리의 거리에서 가볍게 지나치는 화려한 귀부인처럼, 고전미가 넘치는 플로럴 노트의 물결을 더한다. 활짝 피어난 오렌지 꽃이 여성스러운 비누 내음을 더하는 동안 바닐라는 그녀의 멋진 옷에 감추어진 흥분으로 콩닥거리는 가슴에 열기를 더한다. 기분 좋은 느낌과 여성스러움을 선사하는 클래식은 여성과 그들의 품격, 심오함, 신비로움… 아무튼 그 모든 매력을 찬양한다. **ss**

**플로럴?
아니면 앰버?**

향수를 어느 상자에 넣어야 할지 결정해야 하는 시점이 온다. 이 향수가 플로럴 계열이든가? 앰버 계열이든가? 둘 다인가 아니면 다른 게 더 있나? 향수가 만다린과 블랙커런트의 무지갯빛 향기로 시작해서, 꽃잎을 흩뿌리는 듯한 꽃내음을 전한 다음, 라브다넘과 머스크의 따뜻한 향취를 불어넣으면, 우리는 그걸 뭐라고 불러야 할까? 우리는 향수의 매력을 가장 잘 나타내는 향기를 기준으로 분류했다. 플로럴과 앰버 향수 모두 살결에 바닐라, 발삼, 꽃내음이 조화롭게 어우러진 부드러운 기운을 남기며 가라앉는다.

풀-나나 그로스미스
(Phul-Nana by Grossmith)

빅토리아 시대의 관능미 | 조향사 로베르테트의 향수 하우스^{House of Robertet} | ££££

20세기 중반 자취를 감추었던 그로스미스의 향수가 다시 돌아오자, 사람들은 큰 집과 신탁 저축을 가진 오랫동안 잊고 있었던 고모할머니를 다시 찾은 것처럼 매우 기뻐하며 환영했다. 고모할머니는 아마 이걸 뿌리셨을 것이다. 풀-나나는 풍부하고 아찔한 꽃향기가 가득한 앰버 향수로, 부유한 사람들이 파촐리 향이 나는 파시미나 숄을 걸치고, 인디고 염료로 만든 파촐리 향의 인도산 잉크로 편지를 쓰던 1891년, 힌디어 이름과 함께 출시되었다. 발삼, 플로럴, 밝은 시트러스 탑 노트에 이어 파촐리 노트가 중심을 잡고 있다. 빅토리아 시대의 그로스미스는 유명했고, 화려하며 고급스러웠다. 그 증손녀인 지금의 그로스미스는 조금 인기는 덜하지만 변함없이 매력적이다. **SM**

아프레 롱데 겔랑
(Après L'Ondée by Guerlain)

부드럽고 여리여리한 아름다움 | 조향사 자크 겔랑^{Jacques Guerlain} | ££

1906년에 출시된 아프레 롱데는 겨울에 세차게 쏟아지는 비가 아닌 가볍게 내리는 봄의 소나기를 의미하는 '비가 온 후'로 번역할 수 있다. 부드러운 꽃봉오리로 살살 간지럽히는 그 계절이다. 촉촉한 바이올렛과 잔잔한 헬리오트로프는 이끼가 낀 천사 조각상이 보여주는 아름다움처럼, 마음을 어지럽히는 멜랑콜리한 기분을 불러일으킨다. 풍부한 아이리스 노트가 작디작은 오렌지 꽃과 미모사의 노란 봉오리를 만난다. 겉으로는 들뜬 봄의 꽃다발을 담고 있지만, 아프레 롱데에는 고요함이 깃들어 있다. 그 고요함은 항상 파리의 페르라세즈 공동묘지의 아름다움과 침묵을 생각나게 한다. 대리석에 조각된 세라프 천사들의 석고상, 그리고 그 발치에 놓인 이끼와 꽃. **SS**

오피움 입생로랑
(Opium by Yves Saint Laurent)

신비로운 향신료의 세계 | 조향사 장 아믹^{Jean Amic} 장 루이 시우작^{Jean-Louis Sieuzac} | ££

많은 오피움 애호가들이 다시는 돌아오지 않을 오래된 1977년의 오리지널 제조법에 대해 여전히 애도하고 있다. 분이 폴폴 날리는 예전의 파우더리한 느낌은 없지만, 2009년 출시 버전의 오피움은 여전히 아름답고 풍부한 스파이시 앰버로 매력적이다. 프랑킨센스, 미르, 황금처럼 따뜻한 앰버 노트가 포근하게 감싸는 플로럴 부케이며, 파촐리 노트는 교회에서 풍겨오는 연기 같은 레진 노트에 강렬함을 더한다. 시트러스 노트가 향신료 사이사이 살짝 모습을 드러내며 향이 너무 무거워지지 않게 하고, 크렘 브륄레¹⁸ 윗부분처럼 황금빛 갈색으로 물든 바닐라 노트가 향긋하게 마무리한다. 노릇노릇하고 편안한 아주, 아주 프랑스다운 향기가 난다. **SS**

선 질 샌더
(Sun by Jil Sander)

따사로운 광채 | 조향사 피에르 부르동^{Pierre Bourdon} | £

선로션을 닮은 병을 보면 SPF가 없는데도 왠지 해변에 꼭 가져가야 할 것 같은 느낌이 든다. 나는 영국인이라서 선크림 하면 코코넛 향기를 떠올리지만, 선은 시크한 유럽 본토 사람이라 오렌지 꽃 향기가 난다. 은방울꽃과 장미의 아름다운 플로럴 노트가 사방에 흐드러지게 퍼진다. 카네이션의 알싸한 꽃향기가 따스한 앰버 베이스로 녹아 들어가고, 포근한 황금빛 바닐라 노트는 아이스크림까지 가지 않아도 코를 부비적댈 만큼 기분 좋은 향긋함을 더한다. 발아래 뜨거운 모래와 햇빛의 열기를 머금고 피부를 사로잡는 향이지만, 뿌리고 칵테일을 마시러 바닷가 바에 가도 좋을 만큼 충분한 활기차고 화려하다. **SS**

꾸뛰르 꾸뛰르 쥬시 꾸뛰르
(Couture Couture by Juicy Couture)

과즙이 팡팡 터지는 앰버 | 조향사 오노린 블랑^{Honorine Blanc} | £

쥬시 꾸뛰르의 향수는 대부분 과즙이 풍부한 향이 나기 때문에 갓 짜낸 과일이 취향이라면, 분명 어울리는 향기를 찾을 수 있을 것이다. 벨벳처럼 보드라운 앰버 베이스를 가진 현대적인 프루티 플로럴 노트에 대해서는 화려한 로고가 박힌 벨벳 소재의 운동복 하의만큼이나 의견이 갈리는데, 아마 꾸뛰르 꾸뛰르는 핑크 그레이프라고 표현한 두드러지게 밝은 탑 노트 때문일 것이다. 프랑스의 추수철에 느껴지는 부드럽게 으깬 과일, 꽃, 우드 노트와 할리우드의 고급 브랜드 아이스크림의 향기 사이를 오락가락하는 듯하다. 한껏 멋을 내고 다 큰 언니들과 놀러 나갈 때 도움이 되는 달달하면서도 우아한 꾸뛰르 꾸뛰르는 기분 좋을 때 뿌리면 즐거움이 배가 된다. **SM**

세빌 아 로브 라티잔 파퓨미에르
(Séville à l'Aube by L'Artisan Parfumeur)

새벽의 오렌지 나무 아래 | 조향사 베르트랑 뒤쇼푸르^{Bertrand Duchaufour} | £££

망설임 없이 곧바로 이걸 사서 뿌린 다음, 오렌지 나무 아래 누워 세비야의 하늘에 밝아오는 새벽을 바라보는 연인이라는 세련된 설명을 함께 즐길 수 있다. 아니면 풍경화 같은 경치가 펼쳐진 길을 데니스 볼리외가 어떻게 베르트랑 뒤쇼푸르와 협력해 라티잔 파퓨미에르의 세빌 아 로브를 만들었는지에 대한 다소 사적인 자전적 설명을 읽으며 한참 걸을 수도 있다. 『The Perfume Lover(향수 애호가)』에서 사실 퍼퓨머리와 데니스에 대한 더 많은 걸 배울 수도 있을 것이다. 이제 향기에 대해 말해보자. 페티그레인은 시트러스 열매를 수확한 후 남은 씨앗, 잎사귀, 잔가지 등에서 추출한 에센셜 오일로, 오렌지와 레몬 향이 나며 올리브 나무 냄새도 감돈다. 여기에 풍부하고 레진향이 풍기는 인센스 노트를 더하면 종이 울리는 교회의 문을 열고 봉헌대로 향하는 듯한 착각이 든다. **SM**

파우더 베일 밀러 해리스
(Powdered Veil by Miller Harris)

베일 뒤에 숨겨진 건 비밀일까, 정숙함일까? 아니면 둘 다?

조향사 매튜 나르댕^{Mathieu Nardin} | ££

파우더 베일은 이름 그대로다. 얇은 면사포 아래 감추어진 아름다움에 대한 환상. 루바브 노트는 햇빛 가득한 날의 진홍색 제라늄과 함께 영국 시골 정원의 배경을 떠오르게 한다. 꽃내음을 기대하는 게 맞겠지만 파우더 베일은 일반적인 결혼식 장미 부케를 생략하고 대신 난초의 우아함과 산뜻한 공기의 산들바람을 결합해 본식이 끝나고 사진을 찍는 야외의 느낌이 든다. 투명한 파우더 베일은 보송보송한 향기로 자꾸 시선이 가게 하고, 황금색으로 빛나는 앰버와 샌달우드가 포근하게 신부를 안아주며 마무리된다. SS

델리나 퍼퓸 드 말리
(Delina by Parfums de Marly)

황금빛 장미, 포근한 광채 | 조향사 쿠엔틴 비쉬^{Quentin Bisch} | £££

루이 15세는 자신의 말이 경주에서 이길 때마다 새로운 향수를 요청하는 경향이 있었고, 2017년 설립된 니치 향수 하우스인 퍼퓸 드 말리는 그런 향락주의에서 영감을 얻었다. 델리나는 바로크 스타일의 분홍색 꽃잎이 그려진 병에 양치기 소녀처럼 앙증맞게 담겨 있다. 프루티와 플로럴 노트가 조화롭게 어우러져 장밋빛 루바브 향이 반짝이게 한다. 과즙이 가득한 작은 물방울이, 욕조 안에서 쉽게 떠올릴 수 있는 환상적인 연못의 향기와 함께, 작약과 장미의 향기로운 바다로 떨어지며 흩어진다. 포근한 앰버와 바닐라가 금빛으로 빛나며 깊어가는 밤으로 마무리를 짓지만, 여기서 진짜 스타는 루바브 노트다. 루바브의 장미 향이 감도는 페어와 딸기 어코드는 오랫동안 머물며 델리나에 독특한 아름다움을 부여한다. SS

시간이 지나도 변치 않는 앰버의 매력

여기서 소개한 플로럴 앰버 향수는 100년이 넘는 역사를 자랑하며, 정열적인 관능미부터 귀여운 커트머리 소년 같은 중성적인 매력까지 모두 아우르는 가계도를 갖고 있다. 플로럴 앰버나 발삼 앰버 향수는 종류가 다양하지만, 모두 기본적으로 바닐린이 들어간다. 학술 연구에 따르면 바닐린은 행복함과 편안함을 느끼게 한다고 하는데, 우리는 그게 케이크를 생각나게 하기 때문인지, 아니면 뇌에 직접적인 영향을 미치기 때문인지는 아직 알 수 없다. 단지 앰버 계열 향수의 지속적인 인기만 설명할 수 있을 뿐이다.

토카드   로샤스
(Tocade by Rochas)

눈부신 플로럴 바닐라 | 조향사 모리스 루셀^{Maurice Roucel} | £

1994년 출시된 토카드는 멤피스 그룹[19] 디자이너들도 고개를 끄덕일만큼 활기차고 알록 달록한, 포스트모던 스타일의 병에 똑같이 장난기 가득한 향수를 담았다. 당시의 프루티 플로럴 노트가 주는 즐거움은 리뉴얼을 거치며 많이 사라졌지만, 모리스 루셀의 틀을 깨는 독특함은 여전하다. 그가 만든 향수를 뿌릴 때마다 느끼겠지만, 이번에는 장미와 바닐라 노트로 흠뻑 적시고 베르가못 향기가 분수처럼 쏟아진다. 평범한 프루티 플로럴 향수에 충분히 만족하며 안전함을 선호하는 대중과 멀리 거리를 두고, 로샤스와 루셀은 더 높은 곳으로 향하며, 가장자리에 가까워질수록 균형을 잡고, 오랫동안 머물며 활력이 넘치는 다채로움을 선사한다. **SM**

비잔스   로샤스 (Byzance by Rochas)
시간이 지나도 사라지지 않는 알싸한 매력

조향사 알베르토 모릴라스^{Alberto Morillas} | £

비잔스는 1987년, 그 시대에 걸맞는 짙은 사파이어와 금박을 걸치고 등장했다. 입생로랑의 오피움만큼 인기를 끌지는 못했지만, 두 배는 더 무성한 소문과 함께 가파른 상승세를 타며, 인기 있는 스파이시 앰버 계열 향수 목록에 이름을 올렸다. 그러고는 자취를 감추었다가 마이클 에드워즈의 참고서인 『Fragrances of the World(세계의 향수)』에 사라진 향수로 실렸다. 한껏 부풀린 어깨와 머리처럼 비잔스도 유행이 지났고, 가장 강렬한 스파이시 앰버 향수는 살아남지 못했다. 하지만 이제 다시 돌아왔다. 물론 예전과 완전히 같지는 않다. 새로운 버전은 황금빛이 감도는 앰버라기보다 옅은 푸른색에 가깝다. 하지만 여전히 비누 거품이 일고, 알싸한 스파이스 노트를 흩뿌리며 강렬한 플로럴 부케가 섞인 짙은 풍미를 즐길 수 있다. 마치 멋쟁이 이모가 20년 동안 유람선을 타고 세계를 여행하다 돌아온 것처럼, 약간 빛이 바랬지만 여전히 사랑스럽다. **SM**

톰 3, 레트르   쟈딕 앤 볼테르
(Tome 3, L'Être by Zadig & Voltaire)

설명서는 저리 치우고 일단 향기를 맡아봐 | 조향사 미공개 | ££

3권, 존재[20]. 톰 컬렉션은 쟈딕 앤 볼테르 매장과 웹사이트에서만 살 수 있다. 인디 퍼퓨머리가 향수를 고르기 전 충분한 시향을 해볼 수 있도록 종종 테스터 세트를 판매하는 것처럼, 쟈딕 앤 볼테르도 그랬으면 좋겠다. 블라인드 구매는 언제나 위험하기 때문이다. 이 향수는 '어른의 모호함을 높인다'고 말하는데, 이는 다소 무의미한 설명이며, 이 향수는 더 많은 수식어가 붙을 자격이 있다. 적절한 앰버 라브다넘 베이스와 캐시미어처럼 부드러운 장미 향이 가득하다. 다른 장미 앰버 향수보다 돋보이는가? 적어도 내게는, 그렇다. 이 향수는 남사친으로 시작해서 남친이 되는 그런 향기다. **SM**

더 액트리스　세인트 자일스 (The Actress by St Giles)
대배우의 분장실 | 조향사 베르트랑 뒤쇼푸르[Bertrand Duchaufour] | £££

세인트 자일스는 마이클 도노반이 조향사인 베르트랑 뒤쇼푸르와 함께 만든 향수 하우스다. 그들은 오페라를 보러 가기 전에 읽어보라고 악보를 주기보다 음악을 들려주는 것처럼, 향수를 감각적이고 자연스럽게 향이 퍼지도록 직관적으로 디자인했다. 더 액트리스는 값비싼 꽃다발이 터질 듯 가득 찬 분장실을 떠오르게 하는 자극적인 향이 난다. 들어오는 사람은 화이트 릴리와 허니석클 향취에 압도당하면서도 두 번, 세 번, 네 번, 자꾸만 향을 맡으러 다시 돌아오게 된다. 희미한 페어 노트는 붉은 매니큐어와 어수선한 화장대가 떠오르게 한다. 토마토 잎사귀의 풋풋한 그린 노트는 상쾌한 바깥 공기 같은 레몬 향을 더한다. 마지막을 장식하는 세련되고 이국적인 모든 노트가 수행원과 함께 아이비 레스토랑으로 향하는 디바의 어깨에 내려앉았다. 휘핑 크림 향기 같은 건 뭐지? 하지만 그녀는 말이 없다. **SS**

아쿠아 디 지오이아　조르지오 아르마니
(Acqua di Gioia by Giorgio Armani)
휴일이 선사하는 모든 기쁨을 모아 모아서
조향사 록 동[Loc Dong] 앤 플리포[Anne Flipo] 도미니크 로피용[Dominique Ropion] | ££

민트와 레몬이 함께 있을 때보다 더 상쾌한 게 있을까? 아쿠아 디 지오이아가 딱 거기서부터 시작하고, 그 싱그러운 풍미는 멈추지 않는다. 재스민과 작약의 자그마한 꽃다발이 민트의 싱그러움 사이사이 고개를 내밀며, 레몬 셔벗, 조각 얼음, 해변에서 하는 상쾌한 샤워가 뒤섞인 오션 스프레이의 청량감이 느껴진다. 시트러스 탑 노트는 놀랍게도 레몬 향이 민트 노트와 어우러지면서 뒷심을 발휘해 사라지지 않고 쭉 지속된다. 베리 향과 레진, 가죽 향이 섞인 라브다넘 노트는, 그 상쾌함에 거의 손을 대지 않아 완벽한 여름 휴가의 향기다. **SS**

뢰르 블루　겔랑
(L'Heure Bleue by Guerlain)
저녁의 모험을 약속하는 향기 | 조향사 자크 겔랑[Jacques Guerlain] | ££

자크 겔랑은 자신이 제조한 향수가 100년 이상 생명을 유지하는 몇 안되는 조향사 중 한 명이다. 최근 버전은 오리지널보다 더 깔끔하고 가볍지만, 여전히 아름답다. 뢰르 블루는 푸른빛의 시간[21]이라는 의미로, 겔랑이 가장 좋아하는 순간인 그의 고객이 저녁 식사를 위해 한껏 옷을 차려입고 향수를 뿌리는 찰나를 표현했다. 결정형 화학향료와 에센셜 오일을 모두 베르가못 노트로 블렌딩한 겔랑 고유의 겔리나드[Guerlinade]에 기반을 두고 있다. 당시 바닐린, 쿠마린, 헬리오트로핀, 합성 머스크는, 향수 업계에 혁명과도 같았던 거품이 이는 상쾌함을 더했다. 그리고 그 주변에는 정확히 알 수 없는 부드럽고 은은한 플로럴 노트가 앰버처럼 포근한 레진과 발삼과 어우러져 있다. **SM**

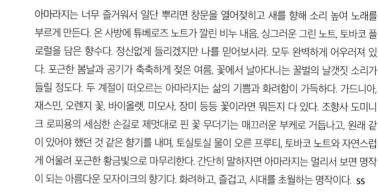

아마리지　지방시 (Amarige by Givenchy)

기분 좋은 플로럴 | 조향사 도미니크 로피용^{Dominique Ropion} | £

아마라지는 너무 즐거워서 일단 뿌리면 창문을 열어젖히고 새를 향해 소리 높여 노래를 부르게 만든다. 온 사방에 튜베로즈 노트가 깔린 비누 내음, 싱그러운 그린 노트, 토바코 플로럴을 담은 향수다. 정신없게 들리겠지만 나를 믿어보시라. 모두 완벽하게 어우러져 있다. 포근한 봄날과 공기가 축축하게 젖은 여름, 꽃에서 날아다니는 꿀벌의 날갯짓 소리가 들릴 정도다. 두 계절이 떠오르는 아마라지는 삶의 기쁨과 화려함이 가득하다. 가드니아, 재스민, 오렌지 꽃, 바이올렛, 미모사, 장미 등등 꽃이라면 뭐든지 다 있다. 조향사 도미니크 로피용의 세심한 손길로 제멋대로 핀 꽃 무더기는 매끄러운 부케로 거듭나고, 원래 같이 있어야 했던 것 같은 향기를 내며, 토실토실 물이 오른 프루티, 토바코 노트와 자연스럽게 어울려 포근한 황금빛으로 마무리한다. 간단히 말하자면 아마라지는 멀리서 보면 명작이 되는 아름다운 모자이크의 향기다. 화려하고, 즐겁고, 시대를 초월하는 명작이다. **SS**

샹티이　다나
(Chantilly by Dana)

부드러운 크림과 가벼운 레이스, 그리고 동화책에 나올법한 마법의 성
조향사 마르셀 빌로^{Marcel Bilot} | £

샹티이는 1941년 우비강에서 출시되었을 때부터 다나와 함께한 최근까지 특가 판매대를 전전하며 흥미로운 삶을 살아왔다. 1941년 우비강이 파리에서 미국으로 옮겼기 때문에, 샹티이는 엄밀히 말하면 프랑스 출신이 아니지만, 레이스, 달콤한 휘핑 크림, 웅장한 중세풍의 성채로 유명한 프랑스 북부 도시와 이름이 같고, 비슷한 스타일을 연상시킨다. 위대한 20세기 초 프루티 플로럴 앰버의 마지막 향수라고 상상해보라. 풍부함, 고급스러움, 크림 같은 부드러움, 압도적인 아름다움을 지닌 관능적인 플로럴 앰버 노트에 잘게 으깬 레드 프루티 노트가 희미하게 깔려 있다. 샹티이는 이제 다나가 제조한다. 원본 그림보다는 인쇄물에 가깝지만 가격 면에서는 여전히 독보적이다. **SM**

**저항할 수 없는
마력의 바닐라**

향수 노트 목록에 '바닐라'라고 쓰여 있다면 여러분의 향수는 현대 세계의 경이로움인 바닐린 분자를 함유하고 있는 것이다. 추출물은 파티시에의 주방에서 나온 짙은 갈색이 아니라 흰색 결정성 분말이다. 바닐라 앱솔루트의 바닐린과 같은 분자지만, 하나는 변수가 많은 식물에서 추출한 것이고, 하나는 늘 정확히 똑같은 성분을 만드는 화학자의 손에서 나왔다. 조향사는 더 꾸덕하고 부드러운 파우더리한 트리플 바닐라 향을 내기 위해 에틸 바닐린도 사용한다.

VANILLA

바닐라

샬리마 겔랑 (Shalimar by Guerlain)
제대로 된 오리지널 바닐라 | 조향사 자크 겔랑^{Jacques Guerlain} | ££

샬리마는 아내를 잃은 슬픔에 잠겨 타지마할을 지은 것으로 더 잘 알려진 샤 자한의 이야기에 영감을 받았다. 그 위대한 서사가 담긴 사랑은 그만큼 아름다운 향수를 가질 자격이 있다. 1925년에 만들어진 이 아이코닉한 향수병은 수많은 옛 할리우드 분장실 화장대 흑백 사진에서 볼 수 있다. 샬리마는 모두에게 강력한 힘을 발휘하기 전에 믿을 수 없을 정도로 상쾌하고 싱그러운 시트러스 노트로 방에 미끄러지듯 몰래 들어간다. 그 뒤를 따라 보석을 두른 묵직하고 강력한 스파이스 미들 노트가 프랑킨센스, 파촐리, 베티베르와 함께 몰려든다. 샬리마의 바닐라 노트는 완벽에 가깝게 블렌딩되어, 황금빛과 포근함으로 바닐라 향을 싫어하는 사람들에게 제대로 된 바닐라가 무엇인지 보여준다. 샬리마는 매혹적인 신비로움으로 일단 한 번 사랑에 빠지면 영원히 헤어나올 수 없다. **SS**

블랙 오피움 입생로랑 (Black Opium by Yves Saint Laurent)
더 달콤하게, 더 진하게, 더 상쾌하게 | 조향사 올리비에 크레스프^{Olivier Cresp}
오노린 블랑^{Honorine Blanc} 나탈리 로손^{Nathalie Lorson} 마리 샬라마뉴^{Marie Salamagne} | ££

2014년 블랙 오피움이 출시되었을 때 두 가지 일이 벌어졌다. 첫째, 기존 오피움의 팬들은 잔뜩 신이 났다가 이내 실망감을 감추지 못했는데, 그들이 기대했던 스파이시 오리엔탈 향수의 강렬함에 미치지 못했기 때문이다. 둘째, 그들의 성마른 외침은 새로운 팬들이 우르르 몰려드는 소리에 묻혀버렸다. 유행에 맞게 더해진 포근하고 달콤한 구르망과 함께, 오프닝은 풍성한 커피 향에 페어와 바닐라 노트를 조합해 버터처럼 고소하고 매혹적이었다. 화이트 플로럴 노트가 그 군침 도는 오프닝 노트를 한데 묶어 강렬한 파촐리 베이스로 데려가면서, 블랙 오피움은 그야말로 대박이 났다. 나는 이 향수를 20대에도, 70대가 되어서도 똑같이 사랑하는 사람들을 알고 있다. 누군가에게서 블랙 오피움 향이 날 때마다 나는 두 번 세 번 다가가 향기를 맡아야 한다. 그 마음을 억누를 길이 없다. **SS**

TOBACCO

토바코

볼류트 딥디크
(Volutes by Diptyque)

황혼 속 시가 | 조향사 파브리스 펠레그린^{Fabrice Pellegrin} | £££

딥디크 향수들은 첫 눈에 호감을 주고 마음을 사로잡는 능력이 뛰어나다. 매장에서 딥디크 향수를 뿌리면 사지 않고 벗어나기가 힘들다. 비록 실제로는 향수별로 호불호가 조금 있긴 하지만, 볼류트는 기대 이상으로 괜찮다. 첫 향을 맡자마자 향수가 얼마나 순식간에 사람을 다른 곳에 데려다 놓을 수 있는지 알게 된다. 마지막 햇살 한 줄기가 먼 곳에 드리우는 따뜻하고 어스름한 여름 해 질 무렵, 담뱃잎을 말리고 있는 들판을 정처 없이 거닐 때의 향기가 난다. 군데군데 꿀이 묻은 건초의 풍성한 흙내음과 달큼한 향기가 사라지기 시작하면, 깃털같이 가벼운 오리스의 아지랑이가 선명한 금빛 캐러멜 노트와 함께 온종일 나른하게 볕을 쬐던 고양이가 기지개를 켜듯이 퍼져나간다. **BB**

타박 타부 퍼퓸 드 엠파이어
(Tabac Tabou by Parfum d'Empire)

꿀을 바른 가죽과 앰버 플로럴

조향사 마크 앙투안 코르티치아토^{Marc-Antoine Corticchiato} | £££

타박 타부는 이름과 다른 향기가 난다. 담뱃잎 노트는 명목상 오프닝에서 잠깐 스쳐 지나갈 뿐이고, 실제로는 수선화 내음이 난다. 꽃가루가 묻은 건초와 꿀을 바른 가죽 냄새가 섞여 있고, 그 둘을 배우 탈룰라 뱅크헤드²²의 웃음보다 더 걸걸하고 깊은 플로럴 노트가 이어주고 있다. 조향사인 마크 앙투안 코르티치아토는 보이지 않는 조용한 노트를 사용해, 강렬한 스포트라이트를 비추어서 다채롭고 선명하게 빛나는 아름다움을 선사한다. 타박 타부는 총천연색이 가득한 수선화다. **SM**

타바코 토스카노   산타 마리아 노벨라
(Tabacco Toscano by Santa Maria Novella)
노릇노릇하게 구운 따뜻한 토바코 | 조향사 미공개 | £££

피렌체 수녀원과 다양한 향수 컬렉션을 가진 산타 마리아 노벨라는 허브 팅크, 초콜릿, 우아하게 포장된 비누 등으로 한국인 단체 관광객의 넋을 잃게 만든다. 모든 게 다소 관광상품처럼 보일 수도 있지만, 뛰어난 품질은 그것을 가치 있게 만든다. 그들의 향수는 오 드 투알레트로 지속성을 위해 만든 것이 아니지만, 토바코 향은 어느 정도 유지가 된다. 타바코 토스카노는 깊은 풍미가 느껴지는 몰트 위스키, 구운 보리, 불을 붙이지 않은 궐련, 토피, 달빛이 비치는 정원의 꽃내음으로 당신을 매료시킨다. 나는 산타 마리아 노벨라가 이 향수에 성별 라벨을 붙이지 않고, 우리가 시향을 권한 모든 사람이 놀라서 눈이 휘둥그레해지는 매력적인 향기가 난다는 사실을 확인할 수 있어서 참 기쁘다. **SM**

앙브르 누와르   안젤라 플랜더스
(Ambre Noir by Angela Flanders)
반드시 나누어야 할 어두운 비밀 | 조향사 안젤라 플랜더스^{Angela Flanders} | ££

앙브르 누와르 향기를 맡았는가? 그렇다면 맡은 소임을 다 했다. 궁극의 앰버 향수를 향한 지난한 임무는 디킨스와 해리포터, 아니면 『런던의 강들』²³ 사이 어디쯤인 이스트 런던의 좁은 골목길에서 끝난다. 이제는 고인이 된 안젤라 플랜더스의 작품에 대해 찬사를 아끼지 않고 열심히 이야기하는 건 안젤라의 향수가 그럴만한 자격이 있기 때문이다. 앙브레 누와르의 작은 병에는 영혼이 담겨 있어, 백화점 향수로 가득한 장바구니보다 더 많은 마법을 보여준다. 순수한 앰버 노트의 풍성한 물결이 넘실거린다. 아주 강렬하고, 진하고, 애니멀릭하지만 달콤한 유혹과도 같아서, 램프의 지니가 불쑥 나타나 세 가지 소원을 이루어준다고 해도 놀라지 않을 정도다. 앰버, 우드, 스파이스, 토바코 노트가 목록에 쓰여 있지만, 내게는 시티락스²⁴, 라브다넘, 바닐라, 벤조인 노트가 느껴진다. 내가 장담하는데 누군가 거부할 수 없는 향수를 원한다면 바로 이거다. **SM**

토바코 바닐   톰포드
(Tobacco Vanille by Tom Ford)
안아주고 싶은 포근함 | 조향사 올리비에 질로틴^{Olivier Gillotin} | £££

토바코 바닐은 이름이 주는 느낌보다 훨씬 더 고급스럽고 크리미하다. 음양의 조화처럼 모든 노트가 완벽하게 균형을 이루고 있다. 토바코도 바닐라도 서로 나서지 않고 나란히 서서 순수하고 풍요로운 안락함이 느껴진다. 오프닝은 말린 담뱃잎 노트가 가득하지만, 바닐라 노트가 곧바로 따라온다. 어렴풋이 희미하게 일렁이는 코코아 향기가 깊이를 더하면서 나무의 독특한 향취를 채워준다. 크리스마스 리큐어처럼 풍성한 말린 과일이 마지막에 합류하는데, 이때 군침이 도는 향긋함은 모두가 당신을 꼭 안고 싶어하게 만들 것이기 때문에 조심해서 뿌리도록. **SS**

INCENSE

인센스

프아브르 23   르 라보 (Poivre 23 by Le Labo)

런더너를 위한 르 라보 | 조향사 나탈리 로손[Nathalie Lorson] | £££

르 라보의 천재적인 마케팅 중 하나는 '시티 익스클루시브'라는 덫이다. 전 세계 어디서든 살 수 있는 9월을 제외하면 한 도시에서만 향수를 살 수 있는데, 이건 정말 향수 애호가를 애타게 만든다. 후추라는 뜻의 프아브르는 런던의 향이며 너무 사랑스러운 페퍼리 인센스 앰버 노트로 꽤 가볍지만 라브다넘 노트가 확실히 큰 목소리를 내며 돋보인다. 현대적인 우디 노트와 합성원료 기미가 느껴지는 강렬한 괴물(여기는 라스베이거스가 아니라 런던이다) 중 하나가 아닌 둥글둥글한 레진과 향신료가 가미된 전통적인 스타일이다. 런던에 이 향수를 사러 갈 수 없다면 초조해하지 말고 대신 구딸의 앰버 페티쉬(94쪽 참조)를 뿌리면 된다. 그리고 만약 런던을 방문 중이라면 프아브르 23에 돈을 펑펑 쓰기 전에 선택 사항을 확인해보라. 그 돈이면 안젤라 플랜더스의 앰버 향수를 네 병을 사고도 블랙캡 택시를 탈 수 있다. SM

라 리뚜르지 데 제흐   조보이 (La Liturgie des Heures by Jovoy)

신성한 교회의 인센스 | 조향사 자크 플로리[Jacques Flori] | £££

인센스, 즉 향을 피우면 집중력이 높아지고 마음을 진정시키고 명상하는 데 도움이 된다. 그걸 퇴폐라며 인정하지 않는 일부 분파를 제외하고 고대 사원에서는 사람들을 평온한 이완 상태로 만들기 위해 인센스를 사용했다. 라 리뚜르지 데 제흐는 축축하게 젖은 돌, 비가 새는 지붕, 오래된 책, 그리고 약간의 비눗물 향기를 떠오르게 한다. 생계를 꾸리느라 고군분투하며 고통과 순교의 흔적인 나무로 만든 신도석과, 연기로 얼룩진 그림이 있는 중간 정도 크기의 프랑스 교회 같다. 프랑스 교회 냄새를 맡고 싶은가? 좀 이상하게 들리겠지만 나름의 매력이 있다. 조보이의 라흐 드 라 게르와 레이어링해서 뿌리면 마치 카멜롯으로 걸어 들어가는 기분이 느껴진다. 향수에서 신성한 향기가 난다고 말하면 신성모독이려나. SM

코팔 아주르   아이데스 데 베누스타스

(Copal Azur by Aedes de Venustas)

바닷가의 인센스 | 조향사 베르트랑 뒤쇼푸르[Bertrand Duchaufour] | £££££

이 책에서 베르트랑 뒤쇼푸르의 이름이 군데군데 보일 텐데, 그건 그와 그의 팀이 소규모 퍼퓨머리 업계의 인기인이기 때문이다. 뛰어난 조향사이기도 하고, 특히 연기가 자욱하게 퍼지는 인센스 노트를, 전혀 어울리지 않을 것 같은 향과 조합하는 능력은 인상적이다. 코팔 아주르는 파도가 해변을 뒤흔들 때 해안가에 있는 교회의 문 같은 향기가 난다. 에스프레소와 함께 향신료를 뿌린 수제 패스트리를 내오는 작은 카페, 그물을 손보고 있는 어부들, 푸르가토리오 교회의 돌계단에 보이지 않게 감도는 지난밤 늦은 미사의 향기를 떠올리게 하는 시칠리아의 풍경이다. 종이 울리는 소리가 들린다. 향기가 선사하는 모험을 즐길 수 있으며, 익숙함과 안전함은 생각보다 그리 중요하지 않다. **SM**

인센스 앰버

프랑킨센스는 의식과 종교에서 자주 사용하기 때문에 좋은 기억을 떠오르게 하는 향기다. 유향의 의학적 특징을 중요시했던 고대 이집트인, 그리스인, 로마인과 함께 6000년의 역사를 가지고 있다. 마음을 진정시키고 순수한 생각을 장려하기 위해 도입되었던, 중세 유럽으로 다시 돌아가게 한다.

보스웰리아 사크라, 보스웰리아 카르테리, 보스웰리아 세라타 세 종이 주로 향수 제조에 쓰인다. 퍼퓨머리의 인센스 노트 원료는 대부분 인도와 소말리아에서 오지만, 오만 사람들은 자신들의 원료가 최고의 품질이라고 맹세한다. 유향나무의 잘린 나무껍질에서 떨어지는 수액인 '눈물'을 수확한 뒤 증류하고 정제 과정을 거쳐 에센셜 오일을 추출한다. 올리바넘(유향)이라고 부르기도 하므로 향수 설명서 노트 목록에 올리바넘(유향)이 적혀 있으면 인센스 향을 기대하면 된다.

전쟁과 기후 변화로 황폐해진 지역에서 자라는 다른 귀한 천연원료처럼, 유향나무도 과도하게 수확했고 일부 수종은 멸종 위기에 처해 있다. 껍질에 너무 자주 생채기를 내고 두드리면 그 유향나무에서 나온 씨앗은 발아하지 않는다. 샌달우드와 마찬가지로 우리는 장기적인 투자와 지속 가능한 재배, 수확을 바라고 있다.

이 책에서 소개한 인센스 향수 외에도 술탄 파샤의 귀한 인센스 계열 향수(£££££, 하지만 끝내준다), 아주 다른 꼼데가르송의 두 가지 인센스 향수인 향수 시리즈 3 인센스 라인의 아비뇽과, 인센스의 왕자 베르트랑 뒤쇼푸르가 만든 교토, 익스페리멘탈 퍼퓸 클럽의 베르가못 인센스, 힐리의 카디널을 추천한다.

WOODY

우디

오 드 메르베이   에르메스

(Eau Des Merveilles by Hermès)

기쁨이 가득 차오르는 정원

조향사 나탈리 파이스타우어^{Nathalie Feisthauer} 랄프 슈비거^{Ralf Schwieger} | £££

오 드 메르베이는 순간을 병에 담은 향수 중 하나다. 이 경우 그 순간은 폐 깊숙이 들어차는 바다에서 불어오는 바람과 따사로운 햇살이 피부에 입을 맞출 때, 선탠 로션처럼 살짝 우윳빛이 감도는 향기와 함께 시트러스 숲에 감도는 공기다. 희미한 스파이스 노트가 반딧불처럼 떠다니며 반짝이는 마법을 더한다. 오 드 메르베이는 실로 경이로운 향기를 지니고 있으며, 그 달뜬 아름다움은 너무 가볍지도 무겁지도 않은 활기를 선사한다. 오렌지의 풍미, 은은한 소나무 향, 바다 공기 같은 향이 온통 휘감기다, 이 향기로운 에덴을 마지못해 떠날 때 발 밑에 있는 마른 풀의 모시 노트가 마무리한다. **SS**

코코 마드모아젤   샤넬

(Coco Mademoiselle by Chanel)

우아하고 무해한 완벽함 | 조향사 자크 폴주^{Jacques Polge} | ££

코코 마드모아젤은 2001년 코코의 보조격으로 출시되었다. 하지만 코코를 능가하는 성공신화를 썼고, 이는 여기 일일이 열거할 수 없을 만큼 많은 '독자가 선택한 ~ 한 향수'의 타이틀을 가졌다는 의미다. 코코 마드모아젤은 공기처럼 가볍고 상쾌한 향수의 유행이 지나고, 달콤한 구르망 플로럴 향수가 서서히 인기를 얻기 시작하던 1990년대에 등장했다. 오렌지 꽃, 장미, 재스민 노트가 어우러진 세련되고 여성미가 넘치는 플로럴 부케와 함께, 거부할 수 없는 잔향이 고개를 돌린다. 파촐리와 머스크 베이스 노트는 지속력과 촉촉한 흙내음, 관능적인 향기의 독특함을, 바닐라 노트는 부드러운 매력을 더한다. 회사에서는 일할 때는 고상한 향기가, 둘만의 저녁 식사에는 매혹적인 향기가 감도는 마드모아젤을 뿌리고 관능적으로 걸어보자. **SS**

힙노틱 쁘아종 디올
(Hypnotic Poison by Dior)

매혹적인 풍미 | 조향사 아닉 메나르도^{Annick Ménardo} | £££

같은 라인의 향수라고 해서 항상 오리지널 버전과 공통점이 많은 것은 아니다. 디올의 힙노틱 쁘아종의 경우가 그렇다. 오리지널 쁘아종과 비슷한 점은 백설 공주의 독이 든 사과를 닮은 향수병과, 쁘아종 라인에 걸맞는 발산력과 지속력뿐이다. 나무, 과일, 꽃, 향신료의 복잡한 조합은 군침이 돌 만큼 달콤한 구르망 향조를 더하고, 재스민, 장미, 은방울꽃 노트가 능수능란하게 뒤를 받쳐준다. 하지만 아몬드, 바닐라, 코코넛 노트가 곧 무대를 빼앗아 따뜻한 바닐라와 희미한 마지팬 어코드로 힙노틱 쁘아종만의 독특한 특색을 만들어낸다. 바닐라 노트는 답답한 달콤함이 아닌 황금빛과 우디 향이 어우러진 은은한 향긋함이 가득해 구르망 향을 싫어하던 사람도 사랑에 빠진다. **ss**

듄 크리스찬 디올
(Dune by Christian Dior)

황금빛 앰버 모래와 밝게 빛나는 햇빛

조향사 장 루이 시우작^{Jean-Louis Sieuzac} 네즐라 바르비르^{Nejla Barbir} | ££

듄은 맨발로 해변을 걷는 느낌으로 1990년대 단아하고 절제된 젠 스타일의 유행을 사로잡았고, 투명한 스카프에 어울리게 흩날리는 가벼운 플로럴 노트가 광고 속에 물결처럼 떠다닌다. 기분 좋게 아침을 깨우는 알데히드와 아름다운 꽃으로 밝게 시작한다. -작약만큼 예쁜 향기가 있던가? 배경에는 오후의 그림자처럼 시간이 지날수록 희미해지는 가벼운 앰버와 스모키한 레진 노트가 잔잔하게 깔려 있다. 발밑에는 따뜻한 모래가 있고 머리 위로는 청아한 하늘이 펼쳐져 있다. 듄은 바다에서 오는 옅은 안개와 내부에서 뿜어져 나오는 환희의 빛으로 가득 차 있다. **ss**

삼사라 겔랑
(Samsara by Guerlain)

마법사를 위한 향기 | 조향사 장 폴 겔랑^{Jean-Paul Guerlain} | ££

듄(바로 위)이 해변에 있다면, 삼사라는 사막으로 데려다준다. 더 가까이 다가오는 샌달우드 향수는 매혹적인 친밀함과 부드러운 빛을 불러온다. 은은한 일랑일랑과 바닐라 노트가 하나로 어우러지면서 포근함과 관능미가 자연스럽게 휘감긴다. 삼사라는 아이라인을 두껍게 그렸지만 어째서인지 자신의 모습이 그대로 드러난다. 향긋한 샌달우드를 세련된 플로럴 노트가 둘러싼 채 삼사라의 흙내음이 나는 신비주의는 머리를 풀고 정열의 연기에 몸을 맡기라고 명령한다. 화려하고 이국적이며 잔향이 오래 남는 삼사라는, 낮뿐만 아니라 고양이가 쥐를 유혹하는 밤에도 도발적이다. PS: 고양이가 유혹에 성공했다. **ss**

롤리타 렘피카　롤리타 렘피카 (Lolita Lempicka by Lolita Lempicka)

바닐라와 바이올렛이 거는 마법 ┃ 조향사 아닉 메나르도 Annick Ménardo ┃ £££

롤리타 렘피카는 마치 백설 공주의 새 왕비가 마법을 걸어 만든 것처럼 보이는 병에 담겨 있다. 까사렐의 루루(56쪽 참조)와 같은 해에 출시되었다면, 둘 다 좋은 마스카라만큼 짙은 어두움으로 밤에 어울리는 향취를 지닌 라이벌이 되었을지도 모르겠다. 롤리타 렘피카는 능청스러운 고스 향수로 검은 벨벳과 짙은 보라색, 그리고 밴드 더 큐어의 로버트 스미스[25]의 모습과 완벽하게 어울린다. 담쟁이덩굴은 당신이 천사 조각상이라도 된 듯 시처럼 아름답게 주변을 어슬렁거리고, 체리 노트는 금지된 과일처럼 마법을 부린다. 아이리스와 바이올렛이 기묘한 아름다움을 더하는 동안 바닐라 노트는 가장자리를 부드럽게 감싼다. 그리고 마침, 배경에는 검은 레코드판이 있는데 왜냐면… 아가씨들, 음악을 좀 틀어봐요. 나는 할로윈에 이 향수를 즐겨 뿌리지만 1년에 하루를 위해 아껴둘 필요는 없다. 모든 계절을 대혼란으로 쓸어버리라고 만든 향수다. SS

지미 추　지미 추 (Jimmy Choo by Jimmy Choo)

달콤한 싱그러움과 화려함 ┃ 조향사 올리비에 폴게 Olivier Polge ┃ ££

2001년, 마스터가 신발 제작과 비법 전수에 집중하기 위해 회사를 떠나고 10년 후, 지미 추는 같은 이름의 이 향수와 함께 퍼퓨머리 브랜드를 확장했다. 크리스마스 유리 오너먼트를 조각한 듯한 향수병은 지미 추의 뮤즈였던 타마라 멜론이 디자인했다. 페어와 파촐리 탑 노트는 꽃과 과일 향의 여정을 위한 분위기를 조성하며, 크리미한 캐러멜 노트에서 잠깐 멈추어 선다. 반전으로 유명한 캐러멜 노트는 중간에 앉아 돋보이지는 않지만 없으면 허전할 존재감을 드러낸다. 이 매력적이고 아름다운 향수를 눈에 띄게 하는 것은 풍부한 토피 구르망 노트로, 잎사귀의 싱그러움과 톡톡 튀는 시트러스, 강렬한 난초 노트가 일하던 책상에서 디스코를 추는 클럽까지 충분히 가볍고 산뜻하게 지속될 수 있도록 유지해준다. 사랑스러운 여러분, 지미 추 힐을 신지 않더라도 지미 추를 뿌리고 거리를 활보할 수 있답니다. SS

중요한 건 특색이다

우디 앰버는 다양한 형태의 향기로 나타날 수 있으며, 심지어 어떤 경우에는 플로럴 노트가 폭발하는 것 같기도 하다. 우디 앰버의 향을 특정하는 것은 오프닝에서 풍기는 향이 아니라 근본적으로 내재되어 있는 특색이다. 우디 앰버는 은은하게 감도는 우드 향을 앰버 베이스와 조합한 것으로, 조향사가 어느 향에 추가하든 그 향을 최고로 이끌어낸다. 바이올렛에서 가죽까지, 시나몬에서 시트러스까지, 마시멜로에서 솜사탕까지 우디 앰버 어코드가 어우러져 최고의 인기를 끈 향수가 여럿이다. 여기 소개한 우디 앰버 향수가 마음에 든다면, 다른 향수도 꼭 찾아보기 바란다.

마지 느와르　랑콤

(Magie Noire by Lancôme)

앰버 구름에 떠다니는 시프레

조향사 제라드 구피[Gerard Goupy] 이브 탕기[Yves Tanguy] 장 샤를 니엘[Jean-Charles Niel]　| ££

마지 느와르의 향기는 우리가 보통 사용하는 탑, 미들, 베이스의 피라미드가 아니라 8자형 매듭이 펼쳐지게끔 만들었다. 내 생각에 이건 오크모스 노트가 바로 지금, 여기 있어야 하고 플로럴 노트가 잦아들 때까지 기다릴 수 없는 시프레 계열 향수 애호가에게 완벽한 향수다. 마지 느와르는 모든 향을 동시에 발산한다. 잎사귀의 녹색 캐노피, 나무의 수액과 숲에서 풍기는 냄새가 풍성한 플로럴 향기로 이어지며, 모스 노트의 촉촉한 흙내음이 담쟁이덩굴처럼 당신을 휘감고 숲과 하나가 되도록 주문을 외운다. 마침내 마법에 걸렸다. 이제 나가서 사람들의 넋을 빼놓을 차례다. **SS**

톰 1, 라 퓌르테 포 힘　쟈딕 앤 볼테르

(Tome 1, La Pureté For Him by Zadig & Voltaire)

새하얀 크림 구름 | 조향사 나탈리 로손[Nathalie Lorson]　| £££

1권, 순수[26]. 크림같이 뽀얀 병에 크림같이 새하얀 향수지만 조금 맵다. 화이트 초콜릿이지만 초콜릿 대신 인형의 집에 놓인 숟가락 만큼의 토피가 들어간 듯하다. 구르망 노트도 아니고, 사탕을 부순 것 같은 향은 더더구나 아니다. 그리고 다시 생각해보면, 쟈딕 앤 볼테르가 대체 왜 이름에 '그를 위한'을 붙였을까? '그녀를 위한' 버전 출시를 염두에 둔 단순한 관례일까? 이제 생각은 접고 새하얀 실크 시트가 덮인 침대에 누웠다고 상상해보자. 꽃다발이 곁에 있고, 샌달우드 쟁반에 살짝 구운 아몬드와 하얀 도자기 찻잔에 담긴 차가 놓여 있다. 순수하면서도 동시에 매혹적인 관능을 기대하게 만든다. **SM**

플라워밤　빅터 앤 롤프

(Flowerbomb by Viktor & Rolf)

핑크 파촐리 꽃잎이 팡팡

조향사 올리비에 폴게[Olivier Polge] 카를로스 베나임[Carlos Benaim]

도미틸 베르티에[Domitille Bertier] 도미니크 로피용[Dominique Ropion]　| ££

플라워밤은 2005년 출시되어 뮈글러의 엔젤(1992년 출시, 232쪽 참조)과 랑콤의 라비에벨(2012년 출시, 106쪽 참조) 사이에 터진 달콤한 플로럴 수류탄이다. 녹차와 라임의 밝게 빛나는 오프닝은 아직 발길이 닿지 않은 잔디의 상쾌함이 스쳐 지나가면, 달콤한 꽃이 핑크색으로 물들며 밀려든다. 플로럴 노트는 수줍은 시선을 모두 맞받아내는 강렬한 파촐리와 함께 균형을 이룬다. 만개한 재스민 꽃이 오렌지 꽃과 힘을 합쳐 화이트 플로럴의 눈부신 후광을 만들고, 장미와 난초 노트가 뒤를 이어 머스크 향과 세련미를 더한다. 플라워밤은 이름 그대로 설탕으로 뒤덮인 꽃잎이 빗방울처럼 떨어져 내리는 유쾌한 꽃의 폭발이다. **SS**

로 디베   에디션 드 퍼퓸 프레데릭 말

(L'Eau d'Hiver by Editions de Parfums Frederic Malle)

서리가 살짝 내린 앰버 | 조향사 장 클로드 엘레나[Jean-Claude Ellena] | £££

이베[Hiver]는 프랑스어로 겨울을 의미하지만, 털모자와 따뜻한 스웨터와 잘 어울리는 대부분의 포근한 앰버와는 달리, 로 디베는 더운 여름날에 시원한 청량감을 안겨준다. 이 향수는 장 클로드 엘레나가 에르메스 전속 조향사로 합류하기 전인 2003년에 출시되었는데, 당시 프레데릭 말은 그에게 뭐든지 원하는 대로 만들어도 좋다고 했다. 그는 로 디베에서 섬세한 발걸음으로 미니 폭포와 시원한 연못, 얼음을 띄운 홍차, 꽃으로 만든 침대가 있는 여름 정원으로 우리를 이끈다. 탄산수에는 연보라색 모브 플로럴, 헬리오트로프, 은은한 아이리스, 시트러스 과일 껍질을 더해 꿀과 함께 섞고 저었던 흔적이 남아 있다. 노트 목록에 헤디온™이 언급되어 있지만 향기를 기대할 수 있는 것은 아니다. 헤디온은 후각의 유리 같은 원료로, 다른 노트의 향을 더 깔끔하게 맡을 수 있도록 도와주며, 가볍고 산뜻한 느낌을 주고 향기를 구분할 수 있는 요소로 분리하는 역할을 맡는다. **SM**

라이더   엑스 아이돌로 (Ryder by Ex Idolo)

메이페어 클럽의 아늑한 의자 | 조향사 매튜 주크[Matthew Zhuk] | £££

캐나다의 인디 조향사 매튜 주크는 아내 타냐와 함께 리가로 향해 라트비아 최초의 니치 퍼퓨머리를 세우기 전까지, 런던에 기반을 둔 조향사 그룹에 속해 있었다. 다행히도 그의 아름다운 네 가지 향수는 여전히 전 세계에서 구할 수 있고, 우리 모두 발트해[27]로 가야 할 훌륭한 이유를 준다. 하지만 라이더는 매튜와 타냐가 살면서 향수를 만들던 런던의 메이페어를 배경으로, 이제는 여성의 입장을 허용하고도 세상이 무너지지 않는다는 점을 발견한 신사들의 클럽을 묘사하고 있다. 라이더는 체리 파이프 담배에 재스민을 섞은 향이며 우드, 인센스 노트가 앰버 쿠션에 부드럽게 배어 있다. **SM**

우디 앰버의 원료 I

무엇이 우디 앰버 계열 향수를 부드럽고, 달콤하고, 진하고, 은은하게 만들까? 앰버 베이스는 곁에 가볍게 쌓여 자리를 잡을 부드러운 우드 노트가 필요하다. 절대 앰버 노트를 밀어내거나 돋보이지 않고 은은하게 감싸기만 할 뿐이다. 조향에 관심이 있다면 IFF가 만든 세드람버[28]를 좀 더 찾아보면 좋겠다. 세드람버는 합성원료로 앰버 시더우드에 인센스와 후추를 더한 향이 나게 한다. 향수 노트 목록에서 찾기는 어렵겠지만, 여러분이 좋아하는 향수 중 하나에서 비밀스러운 책임을 지고 있을지도 모른다.

르말 장 폴 고티에
(Le Male by Jean Paul Gaultier)

허브로 반전을 더한 앰버 | 조향사 프란시스 커정Francis Kurkdjian | ££

르말은 끝내주는 베스트셀러 향수다. 한 방향으로 시작해서 막다른 골목으로 이끈다. 민트 라벤더가 들어간 우아하고 가벼운 허벌 시트러스 노트와 흥미롭지만 지나치지 않을 정도의 적절한 아르테미시아(쑥)와 커민 노트가 한데 어우러져 달콤하고, 부드럽다. 이렇게 성공적인 향수가 탄생하고, 조향사의 명성이 널리 퍼진다. 참고로 마스터 조향사는 수년간의 성공적인 연습 끝에, 업계에서 고전적으로 훈련받은 조향사에게 부여하는 공식적인 칭호다. 조향 실력이 뛰어나다고 해서 스스로 마스터 조향사라 부를 수 없다. 비록 어떤 사람들은 그러기도 하지만 말이다. 프란시스 커정은 르말 라인 향수를 다섯 개 더 만든 뒤 자신의 회사인 메종 프란시스 커정을 설립해, 다양한 제품과 심지어 향이 나는 비눗방울까지 판매하고 있다. 르말은 정말 인정해주어야 한다. 향수병도 환상적이다. **SM**

오간자 지방시
(Organza by Givenchy)

고전적인 형태의 우아함 | 조향사 소피 라베Sophie Labbé | ££

오간자는 1996년 출시되었는데, 이세이 미야케의 로디세이가 가져온 충격적인 성공으로부터 향수 업계가 조금씩 회복하고 있을 때였다. 1990년대는 광고에서 강조한 만큼의 배려와 나눔은 없었지만, 확실히 원색을 회색으로, 향수의 강도를 10에서 7이나 8정도로 낮춘 시대였다. 오간자는 얇고 투명한 직물로, 꽃을 얹은 앰버 노트는 정확히 말하면 하늘거리며 비치는 향이라기보다, 서로 다른 플로럴 노트가 층층이 쌓여 있는 향기에 가깝고, 각각의 가장자리가 번지며 갓 자른 잎사귀와 함께 꽃다발로 어우러진다. 그리고 앰버는 페티코트 속치마로 감싼 것처럼 놓여 있다. 존재감이 있지만, 과하지 않다. 오간자29 드레스를 입은 그리스 여신 모양의 병 디자인은 인정해주어야 한다. 그 우아한 아름다움을 사랑할 수도, 사랑하지 않을 수도 있지만, 클래스는 부정할 수 없다. **SM**

에스프리 듀 티그흐 힐리 (Esprit du Tigre by Heeley)

맵싸한 와일드캣 | 조향사 제임스 힐리James Heeley | £££

다른 힐리 향수처럼 에스프리 듀 티그흐는 구글 번역기를 아직 쓸 줄 모르는 사람에게 대안이 될만한 영어 이름, '호랑이의 영혼'을 가지고 있다. 히피들이 비상약 서랍에 넣어둔 근육이나 머리가 아플 때 바르는 중국 연고인 타이거밤과 같은 향이 난다. 멘톨, 클로브, 유칼립투스 노트에 블랙 페퍼, 카다멈, 시나몬, 스모키한 베티베르가 더해진다. 그 결과 이 향수는 여러분이 니치 퍼퓨머리에서 마주칠 수 있는 가장 맵고 얼얼한 향기를 갖게 되었다. **SM**

포머그래니트 누와   조말론
(Pomegranate Noir by Jo Malone)

앰버 프루티 그 자체 | 조향사 베벌리 베인[Beverley Bayne] | £££

2003년부터 조말론은 에스티 로더의 소유다. 조말론은 다국적 메가 브랜드로 조금 특별한 향수를 찾고 있는, 모든 방향에서 압박을 받는 워킹맘에게 위안을 주는 선택이다. 아빠들이 뿌려도 괜찮다. 조말론은 호감이 가는 대중적인 향수를 만들고, 2006년 출시된 이 붉은 과일 우디 앰버 향수는 맨투맨 티셔츠나 요가 바지를 입는 것처럼, 데일리로 뿌릴 수 있다. 포머그래니트 누와는 호기심을 자극하는 이름이다. 왜 반은 영어고 반은 프랑스어일까? 석류[30]보다는 라즈베리와 설탕에 졸인 자두 향기가 더 나고, 누아르의 짙고 어두운 색조보다는 가볍고 알싸한 호박색을 띤다. **SM**

에이*맨   뮈글러
(A*Men by Mugler)

남자다운 토피 | 조향사 자크 위클리에[Jacques Huclier] | ££

티에리 뮈글러의 주요 컬렉션은 엔젤(232쪽 참조), 아우라(86쪽 참조), 에일리언(56쪽 참조)처럼 비현실적인 현상에서 영감을 받거나 적어도 이름을 따서 출시되었다. 에이*맨은 오리지널 엔젤의 뒤를 이어 예의상 4년 후에, 멋쟁이 신사를 위한 감미로운 구르망 향조와 함께 모습을 드러냈다. 스파이스 노트는 달지 않은 다크 초콜릿처럼 인상적이면서도 은은하게 페퍼와 칠리 향을 선사한다. 에이*맨은 출시 당시에는 꽤 달콤하고 독특한 향수에 속했지만, 이후 달짝지근한 구르망 계열 향수의 범위가 넓어지면서 명예의 전당에 자리할 만큼 상대적으로 무난한 위치에 서게 되었다. **SM**

뉴욕   퍼퓸 드 니콜라이
(New-York by Parfums de Nicolaï)

무적의 만능선수 | 조향사 패트리샤 드 니콜라이[Patricia de Nicolaï] | £££

앰버, 이 단어로 충분하다. 이 향수를 처음 만났을 때 1965년 출시된 디올의 걸작인 시트러스 시프레 계열 향수 오 소바쥬(197쪽 참조)가 떠올랐다. 톡톡 터지는 베르가못, 레몬, 페티그레인으로 시작해 베이스는 바닐라와 레진뿐만 아니라 오크모스 노트도 느껴진다. 인센스와 스파이스 노트는 1980년대 뉴욕의 화려함을 더한다. 1989년의 오리지널 버전과 최근 더 길고 강렬한 향기를 원하는 현대 향수 애호가들의 요구에 부합하는 인텐스 버전 두 가지가 있다. 처음 오리지널 버전은 남성용이라고 적혀 있지만 전혀 그렇게 느껴지지 않았고, 가볍게 뿌리기 좋은 향수라 나는 기쁜 마음으로 모두에게 추천하고 싶다. 니콜라이 향수들은 니치 퍼퓨머리만큼 향기가 좋은데도, 일부 유명인 향수보다 가격이 훨씬 저렴하다. 허세나 가식 없이 오직 진심 어린 향기로 승부를 건다. **SM**

원밀리언　파코 라반

(1 Million by Paco Rabanne)

칭찬 제조기 ┃ 조향사 크리스토프 레이노^{Christophe Raynaud}

올리비에 페슈^{Olivier Pescheux} 미셸 지라드^{Michel Girard} ┃ ££

원밀리언은 순전히 너무 인기가 많다는 이유로 얕보는 향수 중 하나지만, 유명한 데는 다 이유가 있다. 탑 노트에는 시트러스, 미들 노트에는 알싸한 스파이시 로즈, 그리고 베이스 노트에는 앰버 우드가 자리하고 있다. 좋은 냄새가 나서 무슨 향수를 뿌리는지 물어봤을 때 열에 아홉은 원밀리언이었다. 그들은 종종 머쓱해하면서 "음, 이건 그냥 원밀리언인데 요"라고 말하겠지만 사실 그렇지 않다. 조향사들이 집단 지성을 쏟아부어 완성한 이 클래 식이 가진 매력을 마음껏 즐겨도 좋다. 2018년 출시된 플랭커 원밀리언 럭키도 있다. 달콤 한 헤이즐넛과 자두 향이 더해진 앰버의 풍미를 느낄 수 있으니 함께 즐겨보자. **SM**

말라바　펜할리곤스

(Malabah by Penhaligon's)

부드럽고 알싸한 즐거움 ┃ 조향사 미공개 ┃ £££

말라바는 향신료 무역으로 유명한 인도 해안 지대다. 말라바 향수는 달콤한 머스키 앰버 에 샌달우드, 생강, 넛맥 노트를 더해 전통을 계승한다. 설립자이자 영화감독인 프란코 체 피렐리[31](놀랍지? 정말이다)가 회사를 매각한 후 다국적 향수 거대 기업인 푸이그가 인수하 기 전, 즉 펜할리곤스 브랜드 역사의 중간쯤에 출시되었다. 브랜드는 정체성 위기에 직면 해 성격이 다른 향수가 많았다. 초기의 얌전하고 비현실적인 플로럴 계열 향수와, 상쾌한 푸제르 계열 향수부터 젊은 팬들의 인기를 끈 영국 귀족을 모티브로 만든 특별하고 멋진 동물 머리 모양의 캡과 세 배가 넘게 비싼 컬렉션[32]까지, 카탈로그를 채우는 라인업이 상 당하다. 갈피를 못 잡게 하는 어수선함에도 불구하고, 펜할리곤스에는 늘 향수 애호가를 행복하게 만드는 무언가가 있다. 내게는 말라바가 그중 하나다. **SM**

우디 앰버의 원료 Ⅱ　라브다넘 앱솔루트는 지중해 전역에서 자라고 북유럽의 공원과 정원에서도 발견할 수 있는 록 로즈 관목(학명: 시스투스 라다니페르)의 끈적한 수지를 추출해 만든다. 물결 모양 의 하얀 꽃잎이 샛노란 중심을 둘러싸고 있어서 여러분은 계란프라이 꽃으로 알고 있을 지도 모르겠다. 록 로즈는 수백 가지의 (천연) 화학 분자로 만들어져 놀랄 만큼 복잡하다. 싱싱한 허브와 크림 노트와 어우러져 건초, 가죽, 이끼, 인센스, 나무 향을 풍긴다. 라브 다넘 앱솔루트가 더해지면 앰버 향이 더욱 특별해진다.

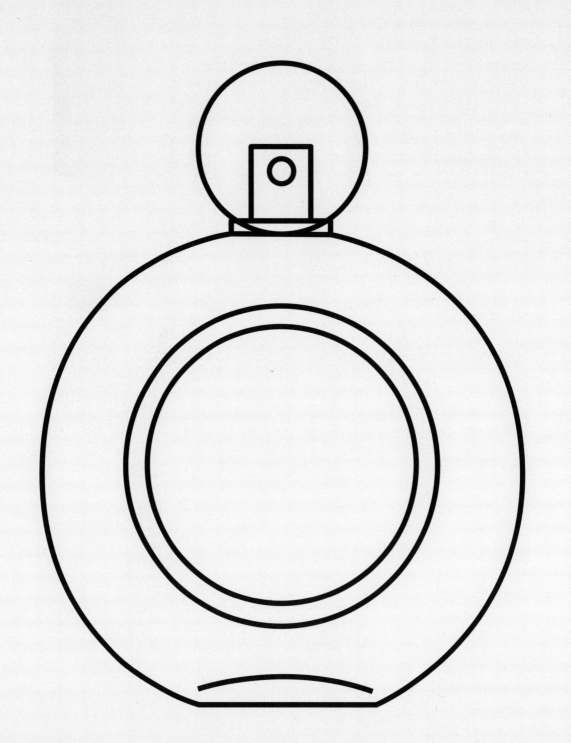

HERBAL

허벌

허벌 계열 향수의 원료는 일반적으로 식물의 잎에서 얻으며 향신료의 경우 씨앗이나 깍지에서 추출한다. 허브 에센셜 오일은 기운을 북돋고 금방 사라지는 휘발성이 강한 경향이 있다. 그래서 허벌 계열 향수는 허브 정원의 활기찬 합창과, 그들을 뒤에서 받쳐주는 예술가들의 좀 더 차분한 주제곡이 특징이다.

1800년대에 조향사가 상상할 수 있는 온갖 종류의 허브 노트를 개발할 수 있게 해준 합성 쿠마린 덕분에, 가장 잘 알려진 클래식 허벌 향수들이 존재할 수 있었다. 그중 하나가 양치류 향수로, 프랑스어로 푸제르라고 한다(131쪽 참조).

건초나 갓 밴 신선한 풀잎 내음의 그린 허벌 향수는 최근 훨씬 더 달콤한 경쟁자인 앰버와 구르망 계열 향수에게 자리를 내주었다. 하지만 허브는 우리에게 주는 게 많다. 정원에서, 그리고 실험실에서 얻는 모든 그린 노트는 풋풋한 풀 내음, 상쾌함, 활력을 느낄 수 있게 해준다.

사토리얼   펜할리곤스
(Sartorial by Penhaligon's)

상상 속의 메이페어 | 조향사 베르트랑 뒤쇼푸르 Bertrand Duchaufour | £££

사토리얼은 무척 신사적이라서 아마 사람이었다면, 당신을 위해 문을 열어주고 자리를 양보하며 스마트폰 대신 신문을 읽을 것이다. 이름은 새빌 로우[01]의 양복 재단사를 떠올리게 하고, 향에서도 양복점의 깔깔한 질감 같은 가죽 냄새가 느껴진다. 가죽에는 허브, 라벤더, 면도용 비누 냄새가 섞인 전통 바버샵의 향기가 희미하게 배어 있다. 발사믹 우드 노트는 과묵한 부내가 나는 조용한 개인 회원 클럽 내부의 정교한 벽 장식에서 풍기는 향기와 흡사하다. 꿀을 조금 섞은 홍차, 광이 나는 가죽 구두, 은은하게 퍼지는 라벤더 콜로뉴, 고급스럽고 값비싼 맞춤 울 코트가 모두 점잖게 모여 완벽한 영국 신사의 향기를 풍기는 런던 사교계의 멋쟁이를 만든다. **SS**

와일드 펀   지오 F. 트럼퍼
(Wild Fern by Geo. F. Trumper)

완벽한 신사 | 조향사 미공개 | £

트럼퍼는 푸제르 계열 향수가 등장하기 전부터 런던 한복판에서 변함없이 살아남았다. 와일드 펀은 향수란 뿌리는 것이 아니라, 손바닥 가득 애프터 쉐이브를 묻혀 얼굴에 상쾌하게 두드리는 것이라고 생각하는 신사들을 위한 것이다. 아침에 어울리는 향수답게 강렬하다. 낮잠 자는 아빠의 코 밑에 갓 뜯은 바질 잎사귀 한 움큼을 들이대고 흔든다고 상상해보라. "어어! 뭐야? 나 안 잤어…" 그런 다음 와일드 펀은 트위드 자켓 주머니에 들어간 나방을 쫓아내기 적당한 정도의 파촐리와 함께 우디모스 노트로 부드럽게 가라앉는다. **SM**

지키　겔랑 (Jicky by Guerlain)

향기로 그려낸 추상화 | 조향사 에메 겔랑^{Aimé Guerlain} | £££

정말이지, 1889년 파리에 있었다면 얼마나 멋졌을까! 화학자들이 새로운 합성원료를 발명했을 때, 있는 줄도 몰랐던 비밀스러운 세계로 향하는 문이 활짝 열렸다. 조향사들이 제조법을 손으로 써서 식물의 이름을 붙인 지 수 세기가 지난 후에, 에메 겔랑은 바닐린, 쿠마린, 헬리오트로핀, 이오논, 새로운 머스크 같은 원료를, 베르가못 에센셜 오일이 가득한 플라스크에 하나씩 용해시켜보며 실험했다. 그러고는 갑자기 바이올렛, 통카, 바닐라빈, 아이리스, 라일락, 머스크 합성 향료가 낮은 생산 가격에 거의 무제한으로 공급되기 시작했다. 이제 에메는 그가 좋아하는 것은 무엇이든 자유롭게 할 수 있었고, 그 결과 허벌 시트러스 플로럴 우디 푸제르 향수인 지키가 탄생했다. 우리가 태어나기도 전에 그는 훌륭한 향수의 기준을 세웠다. 파리에 가면 꼭 찾는 에펠탑처럼(1889년, 에펠탑은 두 살이었다), 지키도 꼭 뿌려봐야 할 가치가 있다. 둘 다 모든 것을 바꾸었고, 지금도 여전히 그 자리에 있다. **SM**

드라카 느와　기라 로쉬
(Drakkar Noir by Guy Laroche)

무시무시해 보이지만 사실은 말이야 | 조향사 피에르 바르니^{Pierre Wargnye} | £

드라카는 바이킹의 해적선을 뜻한다. 검은 배의 이름을 향수에 붙였지만, 상쾌한 푸제르 향기는 다행히 어두운 위험 속으로 따라 들어가지 않았다. 방금 산뜻하게 씻고 나와 쾌활하게 웃는 친구가 소나무 숲 산책길로 당신을 데려간다. 모험이지만, 안전한 모험이다. 1980년대 기라 로쉬는 펜과 면도기에 이어 일회용 향수를 추가 판매할 계획을 세우고 있던 빅^{Bic}에 매각되었다. 드라카 느와는 그 기묘한 사업 확장이 가져온 결과의 여파에서 완전히 회복하지 못했지만, 푸제르 향기가 가득한 숲으로 향하는 출발점 역할을 한다. 드라카 느와의 향기가 마음에 든다면 여기 소개한 다른 향수도 시도해볼 만하다. **SM**

**윌리엄 퍼킨과
푸제르 향수**

푸제르 계열 향수는 고사리 같은 양치류 식물로 만들지 않는다.[02] 양치류 식물은 대부분 향기가 전혀 나지 않는데도 19세기 후반에는 무척 인기 있는 가정용 식물이었다. 영국의 화학자 윌리엄 퍼킨이 통카빈 향기가 나는 합성 쿠마린을 발견한 뒤, 이 결정성 분말을 대량 생산해서 조향에 사용하기 시작했다. 쿠마린에 오크모스, 라벤더, 베르가못 노트를 섞으면 '푸제르' 노트가 완성된다.

레 엑셉시옹: 푸제르 퓨리우스　뮈글러
(Les Exceptions: Fougère Furieuse by Mugler)
숲속의 유희
조향사 장 크리스토프 헤로Jean-Christophe Herault 올리비에 폴게Olivier Polge　|　£££

우리는 뮈글러를 좋아한다. 향수를 리필해 주거든. 그리고 그들은 안전을 추구하지 않기 때문에, 다음에 어떤 향수가 나오든 항상 뭔가 특별한 향을 기대할 수 있다. 향수 브랜드를 보유한 많은 패션 하우스처럼 뮈글러도 니치 향수를 선보였는데, 이는 보통 향수 가격은 더 비싸지고 파는 매장 수는 적어진다는 의미다. 그들이 선보인 레 엑셉시옹 컬렉션은 클래식 니치 향수지만 거칠게 비틀려 있다. 일단 가격을 높게 책정하지도 않았거니와 사랑받을 만한 매력이 가득하다. 푸제르 퓨리우스에서 뮈글러는 클래식한 푸제르 어코드를 깊은 숲속으로 끌고 진흙탕에 '솜씨 좋게' 떨어뜨린다. 묵직하고 축축한 진흙 향기를 만들어놓고 그걸 깔끔한 향수로 선보이는 데는 용기와 기술이 필요하지만, 푸제르 퓨리우스는 스스로 진흙 부스러기를 털어내고 허브 향이 피어오르게 한다. 나는 진흙투성이가 되도록 이 향수를 뿌리고 또 뿌리는 걸 좋아한다. 그리고 푸제르 어코드는 진흙탕에 넘어지고도 성이 잔뜩 나 있지 않고, 심지어 짜증조차 내지 않는다. **SM**

폴 스미스 익스트림-포 맨, 포 우먼　폴 스미스
(Paul Smith Extreme-Men and Women-by Paul Smith)
대단히 점잖고, 대단히 사랑스러운　|　조향사 포 우먼-앙투안 메종디외Antoine Maisondieu, 포 맨-마리 오드 꾸뛰르Marie-Aude Couture 올리비에 페슈Olivier Pescheux　|　£

폴 스미스 익스트림은 남성용과 여성용이 있는데, 이보다 더 잘못된 인상을 줄 가능성이 있는 향수 이름을 거의 떠올릴 수가 없다. 아니면 아예 다른 두 이름을 짓는 게 경우에 맞다. 내 향수 스튜디오에 있는 누구도 어떤 것이 남성용이고, 어떤 것이 여성용인지 구별할 수 없었다. 심지어 걸어 다니는 향수 위키백과라고 불리는 직원 브룩조차도 틀렸다. 제 역할을 톡톡히 해내는 푸제르 미들 노트 덕분에 둘 다 매혹적이고 은은하며 균형이 잘 잡혀 있다. 몇 시간 후에 여성용이 아마 조금 더 플로럴 향이 나는데, 그저 내 상상일 수도 있겠다. 여성용에는 헬리오트로프와 프리지어 노트가, 남성용에는 스파이스와 인센스 노트가 있다고 조향사들은 말했다. 하지만 나는 둘 다에서 통카 우디 앰버 머스크 향을 즐기고 있다. 익스트림은 극단적이지 않고 남성이나 여성용으로 구분할 필요도 없지만, 그렇다고 놓치기엔 아까운 가격이다. 이름과 반대로 자신의 운명을 펼치는 무언가가 있다면, 폴 스미스 익스트림이 바로 그 주인공이다. **SM**

옴므 이데알   겔랑 (L'Homme Ideal by Guerlain)

실현 불가능한 꿈 | 조향사 티에리 바세^{Thierry Wasser} | ££

향수를 '이상적인 남자'라고 부르는 건 약간의 유머와 엄청난 자신감이 필요하다. 이상적인 남자로 사람을 변화시킨다는 걸까? 아니면 적어도 이상적인 남자에 가까워질 수 있게 하려는 걸까? 이상적이지 않은 남자에게 실망한 여자가 이걸 뿌리고 위안을 얻으라는 건가? 아니면 향수 애호가 중 현실적인 사람들이 불가능한 남자를 찾는 데 시간을 낭비하는 대신 베개 스프레이로 사용하라는 건가? 이 신사는 손톱을 정갈하게 다듬고 실크 양말을 신은 채, 다른 사람에게 벽에 선반을 달아달라고 하는 그런 남자다. 아몬드, 바닐라, 가죽, (그리고 나한테는) 시가 토바코 냄새가 느껴진다. 새 벨트의 날카로운 가죽 향보다는 고풍스러운 안락의자의 부드러운 가죽 내음이 난다. 그리고 신선한 아몬드가 아니라, 견과류의 고소함이 달콤함으로 가라앉을 때까지 설탕에 졸인 구운 아몬드가 풍기는 향이다. 이미 방을 떠난 남자의 향기처럼 부드럽고 은은하다. 여자들도 꼭 뿌려보자. **SM**

제리우스   지방시

(Xeryus by Givenchy)

전설적인 1980년대 푸제르 | 조향사 미공개 | ££

주요 향수 브랜드는 1980년대에 모두 어깨에 힘을 팍 준 푸제르 계열 향수를 출시했다. 제리우스는 당시 푸제르 어코드에 그린 노트를 섞어 '소나무 숲으로 데려가 꽃향기로 샤워를 시켜버릴 테다'라는 느낌의 접근법으로 선풍적인 인기를 끌었다. 지속력이 좋아 시간이 지나면 이끼 베이스와 활달한 여피족 같은 스파이스 노트만 조금 사라질 뿐이다. 자취를 감추었던 만큼 그 모든 향기를 잊어버렸다 해도 용서받을 수 있겠지만, 리뉴얼 버전의 싱그러운 향기를 맡자마자 상쾌했던 오리지널에 가깝다는 걸 깨닫고, 몇 번이든 다시 뿌리고 싶어질 것이다. 제리우스는 영화배우 로브 로우에 맞먹는 향수다. **SM**

**여성을 위한
푸제르 향수**

클래식 푸제르 계열 향수는 보통 남성을 위해 만들었다. 미국에서는 종종 '바버샵'이라는 라벨을 붙이는데, 이는 사실 남성용 애프터쉐이브를 의미하고 그보다 남성 지향적인 제품을 찾기는 어렵다. 하지만 푸제르 향수의 부드러운 쿠마린 노트는 은은한 통카빈과 구르망 향을 선사하며 모든 사람이 쉽게 즐길 수 있다. 진한 인텐스 우디 앰버나 마린 오션 스플래시로 강렬함을 더하지 않는 한, 푸제르 향수는 완벽하게 중성적인 향이다.

GREEN

그린

오 드 깡빠뉴　시슬리 (Eau de Campagne by Sisley)

그라스에서 느끼는 프랑스 밀밭의 내음

조향사 장 클로드 엘레나Jean-Claude Ellena ｜ £££

처음 오 드 깡빠뉴의 향을 맡았을 때, 시트러스, 복숭아, 플로럴 시프레 노트가 완벽하게 조화를 이룬 에드몽 루드니츠카가 만든 디올의 디오렐라(194쪽 참조)가 떠올랐다. 디오렐라는 1972년 출시되었고, 오 드 깡빠뉴는 1974년 루드니츠카의 멘토이자 친구였던 마스터 조향사 장 클로드 엘레나가 만들었다. 오 드 깡빠뉴는 오프닝에서 위트그라스 향이 넘실거리며 토마토 덩굴이 가득한 온실로 떨어진다. 정말 눈이 부시도록 온통 초록빛이 가득하다. 향수 노트가 언급되지 않았던 시대에서 왔고, 모든 것이 들어 있다. 꽃, 나무, 이끼, 과일, 허브가 입맛을 돋우는 데 제격인 셔벗처럼 완벽하게 조화를 이룬다. 프랑스 남부의 라 깡빠뉴(시골)의 모든 정취를, 한숨에 느껴보자. SM

오 파퓨메 오 떼 베르　불가리 (Eau Parfumée au Thé Vert by Bvlgari)

완벽한 녹차 ｜ 조향사 장 클로드 엘레나Jean-Claude Ellena ｜ £££

오 파퓨메 오 떼 베르는 팔뚝만큼이나 긴 공식적인 향수 노트 목록이 있지만, 장 클로드 엘레나가 18가지 원료를 모두, 아니면 딱 그것만 사용했다고 생각하지는 않았으면 좋겠다. 우선 천연 은방울꽃은 들어가지 않았다. 자신이 쓴 책에서 그는 향기의 기쁨을 떠올릴 수 있도록 사용한 합성원료와 즐겨 사용하는 천연원료에 대해 무척 명확하게 이야기했다. 향수 이름은 대강 '녹차 향이 나는 산뜻한 향수' 정도로 번역할 수 있다. 1993년 출시 이후 종종 '자연의' 향을 묘사하는 수백 가지의 산뜻하고, 가볍고, 상쾌하고, 깨끗한 향수를 위한 문을 활짝 열었다. 오 파퓨메 오 떼 베르에서는 시트러스 과일, 꽃, 클래식 푸제르의 풍미가 선사하는 산뜻한 사랑스러움이 단번에 펼쳐진다. 장 클로드 엘레나는 2000년에 엑스트레 버전도 출시했다. 여러분이 상상하는 대로 더 강렬하고, 맵고, 진한 나무 향을 풍긴다. SM

어메이징 그린　꼼데가르송 (Amazingreen by Comme des Garçons)

짐, 온통 녹색이야. 하지만 우리가 알던 녹색이 아냐

조향사 장 크리스토프 헤로^{Jean-Christophe Herault} | ££

어메이징 그린은 깊은 숲속 연못에 떠 있는 커다란 백합 꽃잎에 앉은 개구리 커밋[03]보다 더 짙은 녹색이다. 포장을 풀고 상자를 열면 이베이에서 산 중고품처럼 보이는, 에어캡으로 여러 번 감싼 거울처럼 빛나는 에메랄드빛 유리병이 모습을 드러낸다. 그리고 자꾸 새 향수라고 스스로 되뇐다. '환경친화적인'이라는 의미로서는 어메이징 '그린'이 아니지만, 향기를 생각하면 아이러니한 설명일 수 있다. 오프닝은 산더미같이 쌓인 잘린 풀 냄새로 시작한다. 이웃집 마당에 부드럽게 깎아놓은 잔디가 아니라 트랙터가 축구장 잔디를 정리하는 것처럼 어마어마한 양의 풀더미다. 그리고 잘린 풀잎 사이로 초록 잎사귀가 다시 끊임없이 자라난다. 도시에 사는 사람은 이 향수로, 숲속을 걸으며 스트레스가 해소되는 청량한 기분을 만끽할 수 있다. SM

그린 아이리쉬 트위드　크리드

(Green Irish Tweed by Creed)

가장 밝게 빛나는 녹색의 싱그러움 | 조향사 피에르 부르동^{Pierre Bourdon} | ££££

그린 아이리쉬 트위드를 열기 전에 어디든 붙잡고 마음을 단단히 먹자. 뿌리는 순간 쓰고 있던 모자를 날려버릴 테니까 말이다. 풀보다 더 싱그럽게 푸르고, 열대 우림과 비가 쏟아지는 날의 킬케니[04](나도 가본 적이 있어서 안다) 같다. 향기는 이름처럼 트위드의 감촉이 떠오르는 매력적으로 까끌한 질감이다. 레몬 버베나 탑 노트가 착 달라붙어 농축된 향기로 콧노래를 흥얼거리며 오래도록 머물러 있다. 메탈릭한 바이올렛 잎사귀는 빗방울처럼 쨍그랑거리며 가장자리를 은빛으로 물들이고 샌달우드 노트가 장미처럼 우아하게 마무리를 장식하지만, 킬케니의 거리에서 피어스 브로스넌과 함께 내리는 비를 맞으며 걷는 걸음마다 느껴지는 촉촉한 모스 노트의 향취는 무뎌지지 않는다. SS

레 엑셉시옹: 미스틱 아로마틱　뮈글러

(Les Exceptions: Mystic Aromatic by Mugler)

향기의 패러독스 | 조향사 장 크리스토프 헤로^{Jean-Christophe Herault} | £££

나는 뮈글러의 레 엑셉시옹 컬렉션이 마음에 든다. 뮈글러가 출시한 다른 향수인 엔젤이나 에일리언의 약 두 배 가격이지만, 디자이너가 만든 니치 향수라는 점을 고려하면 비교적 저렴한 편이다. 미스틱 아로마틱은 신비롭지 않다. 헤드 셰프가 신선한 허브 다발을 자르고, 뒤에서는 작은 팬에서 캐러멜을 졸이고 있는 정갈한 주방을 둘러보는 기분이다. 나라면 패러독스 아로마틱이라는 이름을 붙였을 것이다. 헤드 셰프가 캐러멜을 졸이고 있는 팬에 바질과 타임 잔가지를 가득 던져 넣는 것이 반전이기 때문이다. 뮈글러 웹사이트에서 향수를 사면 샘플을 선택할 수 있는데, 나는 항상 모험을 위해 레 엑셉시옹 컬렉션을 고른다. SM

그라스　데메테르 향기 도서관
(Grass by Demeter Fragrance Library)
여름 잔디가 선사하는 청량함
조향사 크리스토퍼 브로시우스[Christopher Brosius] 크리스토퍼 게이블[Christopher Gable] | £

데메테르 향기 도서관은 300가지 이상의 향수를 생산하는데, 대부분 병에 붙은 소재의 이름을 향기로 직접적으로 표현한다. 1993년 라인업을 출시했을 때는 영국의 하비 니콜스[05]에서만 매우 독점적으로 판매했고, 너무 모험정신이 강한 향수여서 언론이 들썩였다. 더트(미국의 흙냄새다. 영국에서는 진흙을 의미한다), 그라스, 토마토가 선풍적인 인기를 끌었다. 나는 그라스를 샀고, 여름 잔디 냄새가 났다. 데메테르의 향수 컬렉션은 복잡하지 않으며, 일부 향수는 이름과 딱 들어맞는 향기가 난다. 이들의 향수는 독창적인 아이디어를 앞세워 기존의 틀을 깼기 때문에 언급할 가치가 있다. 그리고 가끔, 무척 더운 날 푸른 잎 하나 보이지 않는 도시 한가운데 갇혀 있다면, 들판의 시원하고 상쾌한 공기가 그리울 수 있다. **SM**

스트링빈　데메테르 향기 도서관
(StringBean by Demeter Fragrance Library)
데메테르는 한물가려면 아직 멀었다고
조향사 크리스토퍼 브로시우스[Christopher Brosius] 크리스토퍼 게이블[Christopher Gable] | £

정원에서 막 따서 끝을 다듬고 팬에 넣을 준비가 된 싱싱한 그린빈 냄새가 난다. 우리는 왜 데메테르 향수를 이 책에서 소개하고 있을까? 이유는 차고 넘친다. 데메테르는 퍼퓨머리를 지금껏 존재하지 않았던 곳으로 데려갔다. 관능과 성공을 약속하는 우아한 작은 병을 파는 대신, 그들의 향기는 그냥 친숙할 뿐이다. 세트로 사서 레이어링을 해 자신만의 향기를 만들 수도 있고, 친구들과 함께 향기 맞추기 놀이를 할 수도 있다. 우리가 둘 다 해봤는데 너무 재미있고, 여러분의 후각 향상에도 도움이 될 것이다. 스트링빈은 뿌리면 그저 웃음만 나온다. **SM**

그린 향의 의미

일단 이 얘기를 들어보면 이해하기가 쉬울 것이다. '그린'으로 묘사하는 향수는 갓 잘라낸 잎이나 줄기에서 나는 풋풋하고 싱그러운 냄새가 난다. 갈바눔은 천연 에센스 오일로 향수에 그린 노트의 극적인 광채를 준다. 셀러리 허브, 고수, 솔잎 향도 마찬가지다. 오크모스는 허벌 계열 향수에 베이스로 쓰여, 깊고 진한 숲길의 냄새를 더한다. 천연 바이올렛 잎사귀는 기대하는 꽃내음 대신 진한 오이 향이 난다. 하지만 조향사들은 천연 잎사귀보다 주로 합성분자인 시스-3-헥센올을 사용해서, 갓 베어낸 풀과 다듬은 나무 울타리에서 나는 향기 같은 그린 노트를 구현한다.

LAVENDER

라벤더

뿌르 운 옴므   까롱

(Pour Un Homme by Caron)

그리고 뿌르 운 팜므 | 조향사 어니스트 달트로프^{Ernest Daltrof} | £

재치 있는 이야기꾼이자 겔랑 가문 출신이 아니면서도 겔랑의 창의적인 팀을 이끈 마스터 조향사 티에리 바세는 뿌르 운 옴므가 어린 시절 어머니의 친구가 뿌린 향수였고, 그 냄새를 맡고 나서 처음으로 향기에 관심을 갖게 되었다고 말했다. 한번 뿌려볼 만하지 않은가? 그리고 뿌르 운 옴므를 뿌려봐야 할 다른 이유는, 이게 1934년 조향사 어니스트 달트로프가 만들고 까롱이 출시한 오래된 향수인데도 여전히 매력적이기 때문이다. 클래식한 푸제르 계열 향수지만, 오프닝에 라벤더 노트를 진하게 강조했고, 거기에 로즈마리와 베르가못 노트도 느껴진다. 뿌르 운 옴므는 남성용 향수에 샌달우드 노트를 어마어마하게 넣기 한참 전에 나왔다. 지금은 새롭고 강렬한 퍼퓸, 스포츠, 로 버전도 살 수 있지만, 오리지널 뿌르 운 옴므 오 드 투알레트는 고풍스럽고 아름다워 여성에게도 잘 어울린다. 어떤 향기일지 정확히 이해한다면 인정하게 될 것이다. **SM**

잉글리쉬 라벤더   야들리

(English Lavender by Yardley)

오랫동안 사랑받은 | 조향사 미공개 | £

잉글리쉬 라벤더는 현재 남녀 공용이다. 19세기 말 남성용 향수로 시작했지만, 우리 할머니가 뿌릴 때 즈음에 한 번 바뀌었고, 지금은 리뉴얼을 거쳐 원래 스타일로 돌아갔다. 라벤더는 여전히 영국에서 재배한다. 우리 향수 연구실도 소중한 노퍽산 유기농 라벤더 에센셜 오일을 가지고 있다. 야들리는 실제 라벤더 향보다 좀 더 전통적인 향기로 묘사했다. 라벤더 애호가라면 아주 괜찮은 가격인 오 드 투알레트나 바디 스프레이로 즐겨보자. **SM**

아이데란틀러   제뉴어리 센트 프로젝트
(Eiderantler by January Scent Project)

부드러운 깃털과 털 코트 | 조향사 존 비벨[John Biebel] | ££

조향사 존 비벨이 만든 단어 중 하나인 아이데란틀러는 이름에서 솜털오리와 뿔 달린 사슴이 있는 시골 풍경이 떠오른다.[06] 나만 그럴 수도 있겠지만. 축축한 습지에 넓게 펼쳐진 풍경 속 부드러운 깃털과 털로 만든 코트. 아이데란틀러는 첫 향이 아주 우아하지만, 향긋한 라벤더, 싱그러운 그린, 시원한 바람, 넓게 펼쳐진 수풀, 지평선에 우거진 나무 등 시시각각 바뀌는 다채로운 구성으로 조금 멀게 느껴진다. 하지만 숲을 향해 걷다 보면 발밑에 이끼의 포근하고 보드라운 감촉이 느껴지고, 동물들에게 다가가면 따뜻하고 부드러운 온기가 느껴진다. 이 따스함을 알아야 하고, 그래서 청량한 향기가 걷힐 때까지 기다렸다가 거리를 좁혀 친해질 필요가 있다. **SM**

그리 끌레   세르주 루텐
(Gris Clair by Serge Lutens)

창과 방패를 가진 라벤더 | 조향사 크리스토퍼 쉘드레이크[Christopher Sheldrake] | £££

이름에 그리가 들어간 향수는 아이리스나 라벤더, 혹은 둘 다의 향기를 풍기는 경향이 있다(그리[gris]는 회색을 의미하므로, 그리 끌레는 '맑은[clair] 회색'이라는 뜻이다). 그리 끌레는 부드러운 앰버 우드와 짙게 차오르는 라벤더 노트가 어울리지 않게 짝을 이루었지만, 아이리스 노트가 투닥거리는 둘을 은은하게 그러모은다. 그 아래 진하고 스모키한 인센스 노트가 자리 잡고 있다. 세르주 루텐의 향수들은 경외하는 마음으로 속삭이듯 잔잔하게 말을 건다. 그리고 파리 팔레 루아얄 정원 쪽에 있는 무척 아름답고 세련된 매장은 향수 성지순례를 온 순례자를 끌어들인다. 새로운 향수에게 이전 향수가 자리를 내주고 사라질 때마다 인터넷에는 고통에 찬 외침이 울려 퍼진다. **SM**

오 파퓨메 오 떼 블루   불가리
(Eau Parfumée au Thé Bleu by Bvlgari)

섬세하게 어우러진 푸른빛 | 조향사 다니엘라 안드리에[Daniela Andrier] | ££

그린 티 동료인 오 떼 베르와는 달리 오 파퓨메 오 떼 블루는 라벤더, 우롱차, 아이리스, 셋이 단촐하게 노트 목록을 채운다. 우롱은 부분적으로 발효한 차로 깔끔한 그린과 쌉쌀한 블랙 노트 사이를 저울질하며 약간 진하고 비싸다. 상쾌하게 들이키고 싶어지는 (그렇다고 이걸 마시면 안 된다) 은은한 향기가 가득해서, 베를린의 리츠 칼튼 호텔은 그 향기에 영감을 받아 칵테일을 만들 정도였다. 아이리스 노트의 향긋함은 바이올렛과 포개진다. 그 둘은 같은 화합물을 자연과 화학 연구실에서 추출해 만들었다. 그리고 라벤더 노트와 서로 향을 주거니 받거니 한다. 함께 모습을 드러낸 우드 노트는 닌자 웨이터가 도자기 잔을 가져다주는 장면을 상상할 수 있을 정도로 섬세하다. **SM**

라벤더 임페리얼 산타 마리아 노벨라

(Lavanda Imperiale by Santa Maria Novella)

라벤더 그 자체 | 조향사 미공개 | £££

향수의 세계에서 가장 역사적이고 고급스러운 플래그십 스토어가 틀림없는 이탈리아 향수 하우스에서, 깔끔한 유니섹스 라벤더 향수를 선보였다. 산타 마리아 노벨라의 피렌체 매장은 단순히 향수 매장이라고 부르기 어려울 정도로 웅장함을 자아내기 때문에 찾아가볼 만한 가치가 있다. 대리석, 목재, 조각상으로 장식된 이전의 수녀원을 복원해 해외에서 온 단체 관광객을 수많은 방과 복도, 정원, 다실, 약초 진열대, 비누 판매대, 향수 진열대 등에 나누어 수용할 수 있다. 산타 마리아 노벨라는 저렴한 브랜드가 아니지만 즐거운 경험이다. 그리고 갓 딴 라벤더 꽃향기를 맡고 싶다면, 이쪽입니다. **SM**

라벤더가 허브라고?

향수에서 라벤더는 플로럴보다는 허브 계열로 분류한다. 프랑스와 이탈리아에서는 톡쏘는 상쾌함과 산뜻함을 강조한 남성용 향수 조향에 사용한다. 영국과 미국에서는 플로럴 노트로 취급해, 바닐라와 머스크를 섞어 달콤한 느낌을 살려 부드러운 여성용 향수로 만든다. 이런 종류의 성별에 대한 편견은 그저 패션과 관습일 뿐이니 얼마든지 무시해도 좋다. 내가 말했던 것처럼, 이건 남자는 아보카도를 먹으면 안 되고 여자는 치즈를 먹으면 안 된다고 말하는 것과 같다. 라벨에 뭐라고 써 있건 간에 신경 쓰지 말고 자신에게 어울리는 라벤더 향수를 골라보자.

MINT

민트

멍뜨 프레슈 힐리

(Menthe Fraîche by Heeley)

모로코 민트 티 | 조향사 제임스 힐리[James Heeley] | £££

제임스 힐리는 파리에 사는 영국 요크셔 사람이다. 제임스가 민트는 사용하기 어려운 원료라고 말할 때 나는 같은 요크셔 사람으로서, 그가 자신의 의견을 고집하며 '내가 보여줄 테다!'라고 혼잣말을 했나 싶었다. 아닐 수도 있지만, 어쨌든 그는 결국 보여주었다. 향기와 관련해서 '상쾌하다'라는 단어를 듣는다면, 이는 '잠시 머무르면서 소임을 다 하고 곧 흩날려 사라지다'라는 의미로 받아들이도록 하자. 그리고 민트 노트는 상쾌함의 대명사다. 마라톤 선수가 아닌 단거리 선수지. 멍뜨 프레슈(프랑스어가 익숙치 않은 나라에서는 프레쉬 민트라고 한다)는 얼그레이 베르가못을 섞은 스피어민트와 페퍼민트 녹차 한 잔에 우드 노트 디저트가 곁들여져 있다. **SM**

디아볼로 로즈 레 퍼퓸 드 로진느

(Diabolo Rose by Les Parfums de Rosine)

장미 향이 나는 리프레시민트 | 조향사 프랑수아 로베르[François Robert] | ££

디아볼로 로즈는 뿌리자마자 장미 향이 그윽하게 퍼져서, 대체 무슨 생각으로 이 향수를 허벌 계열로 분류했는지 의문스러울 것이다. 하지만 잠시 기다리면 일렁이는 민트와 녹차 노트를 느낄 수 있다. 어느 쪽이 도드라질지 주저하는 단계가 지나면 조화롭고 단순하게 함께 어우러진다. 민트와 장미 노트는 마치 오늘의 착장에 포인트를 주는 사탕 줄무늬 스카프와 같다. 레 퍼퓸 드 로진느의 현 소유주이자 크레이티브 디렉터인 마리 엘렌 로종은 디아볼로 로즈의 향기로, 어린 시절 마시던 프랑스 민트 음료수와 레모네이드를 떠올리고 싶었다고 설명했다. 디아볼로 멍뜨[07]가 마리가 사랑하는 장미와 만났다. 조향사 프랑수아 로베르에게 박수를 보내자. **SM**

아쿠아 알레고리아 헤르바 프레스카   겔랑

(Aqua Allegoria Herba Fresca by Guerlain)

이슬이 방울방울 맺힌 허브 정원

조향사 장 폴 겔랑Jean-Paul Guerlain 마틸드 로랑Mathilde Laurent | ££

봄의 전령으로 향기를 선발한다면, 겔랑의 아쿠아 알레고리아 헤르바 프레스카가 딱이다. 발밑에 촉촉하게 이슬 맺은 풀잎을 느끼며 들어간 허브 정원에는, 이슬방울이 가득하고 아침의 선선한 민트 향기가 희미하게 불어온다. 따뜻한 녹차에서는 김이 피어올라 흩어진다. 전설의 조향사 장 폴 겔랑과 마틸드 로랑이 만든 헤르바 프레스카는, 민트를 섞었는데도 치약이나 껌 같지 않고 아침에 쏟아지는 소나기 빗방울처럼, 기분 좋은 싱그러운 그린 노트만 느껴지기 때문에 특별하다. 그리고 세심하게 엄선한 플로럴 미들 노트가 있다. 은방울꽃은 봄이 오는 종소리를 은은하게 울리고, 시클라멘이 싱싱한 꽃잎의 향긋함을 선사하는 가운데, 클로버는 수줍게 행운을 빌어준다. 헤르바 프레스카를 뿌리는 순간 신발을 벗어 던지고 풀 내음이 가득한 초원을 달리고 싶어진다. **ss**

민트는 어렵다

조향의 세계에서 민트는 언제나 제대로 쓰기 어려운 원료로 악명이 높다. 이상한 냄새가 나는 건 아니고 가끔 민트 껌이나 치약을 떠올리게 할 뿐이다. 하지만 이제부터 얘기할 노트는 다르다. 경이로운 균형을 자랑한다. 조향사는 스피어민트, 페퍼민트, 베르가못 민트, 유칼립투스 민트 에센셜 오일을 사용한다. 유칼립투스 민트는 민트 같지만 사실 유칼립투스다. 그리고 남아프리카에서 재배하는 흥미로운 민트 제라늄도 있다. 톡 쏘는 민트 향이 나는 프레스코멘테나, 콧망울에 서리가 내려앉은 듯이 화한 기분을 느낄 수 있는 멘톨 같은 화학향료도 있다.

JUNIPER

주니퍼

아스펜 포 맨 코티
(Aspen for Men by Coty)
연둣빛 봄으로 향하는 입구 | 조향사 미공개 | £

아스펜 포 맨은 남성용이지만 여성들이 슬쩍하는, 향기가 꾸는 꿈속의 무성한 숲이다. 이름만으로도 눈 덮인 봉우리, 소나무, 신선한 공기가 느껴지고, 향기는 그 생생한 장면에 부합한다. 알프스 산허리에서 자라는 가장 깨끗하고 향긋한 허브와 함께, 새들조차 줄리 앤드루스의 노래[08]를 부르는 화창한 날 널어 말린 린넨 침대보에서 날 법한 향기다. 소나무 숲보다 더 풋풋하고 싱그러운 그린 노트와 풍성한 민트, 주니퍼 노트로 코티의 아스펜 포 맨은 활기 넘치는 건강함과 그 이상을 선사한다. 스파이스와 페퍼리 제라늄이 조금 더해져 존재감 있는 조연 역할을 하고, 갈바눔과 시트러스는 얼어붙은 나니아 왕국에 숨결을 불어 넣을 수 있을 만큼 포근하고 화사한 봄의 왈츠를 만들어낸다. **SS**

주니퍼 슬링 펜할리곤스
(Juniper Sling by Penhaligon's)
편안하고 무해한 피로 회복제 | 조향사 올리비에 크레스프Olivier Cresp | £££

주니퍼 슬링은 숲에서 자란 허브 향이 난다. 싱싱한 주니퍼 베리를 내밀며 붙임성 좋은 집주인이 저녁을 대접하듯, 자신감 넘치는 미소를 띠며 진토닉이 놓인 쟁반을 들고 문을 열며 존재감을 드러낸다. 허브 노트가 끝까지 지속되지는 않지만, 집주인은 점잖게 부드러운 머스크 향초와 갓 자른 풋풋한 풀잎으로 만든 센터피스centrepiece 가 놓인 테이블이 있는 아늑한 방으로 안내한다. 주니퍼 슬링은 2011년에 출시되었고, 펜할리곤스 컬렉션 중에서는 오래된 축에 속하는 부드럽고 은은한 향수다. 주니퍼가 살짝 입 맞춘 양볼을 매만지며 앰버와 향신료가 주는 따스한 친밀감 속에 편안히 앉아 몇 시간이고 무해한 포근함을 느껴보자. **SM**

진 앤 토닉 　아트 드 퍼퓸

(Gin & Tonic by Art de Parfum)

청량하고 부드러운 진토닉 | 조향사 루타 데구티테[Ruta Degutyte] | £££

진 앤 토닉은 한잔 걸친 듯한 술 냄새가 아니라, 진토닉의 활기를 불어넣는 향을 모두 그러 모아 선사한다. 상큼하면서도 톡 쏘는 허브 향은 수정같이 투명한 바닷가 경치를 (여전히 손에는 진토닉 한 잔을 들고) 보여주며 종일 곁에 감돈다. 퍼퓸에 버금가는 지속력에 감사한다. 시트러스 노트를 유지한다는 건 정말 쉽지 않은 일이다. 알싸하고 생기가 넘치는 주니퍼 노트는 차가운 유리잔에 토닉 방울이 톡톡거리는 게 보일 정도로 상쾌한 풍미와 어우러진다. 기분 좋은 자몽 노트가 눈부신 광채를 더하며 새콤한 레몬, 시원한 얼음, 씁쓸한 거품의 향취를 자아낸다. 진 앤 토닉은 여름 무더위가 가시지 않을 때 궁극의 피로 회복제 역할을 톡톡히 해낸다. 바닷가에서 집으로 돌아가는 길, 향기는 풍경과 어울리고 건초 같은 베티베르와 드리프트우드 잔향이 집까지 따라온다. **SS**

**진이 가득한
고풍스러운
영국 술집의 향기**

주니퍼 향료는 열매나 바늘에서 추출한다. 지금은 일시적인 활력을 불어넣을 뿐인 더치 예네버르와 런던 진에서 나는 향으로 가장 잘 알려져 있지만[09], 허브 약제에서 주니퍼는 전통적으로 피로를 회복하고 활기를 북돋워 주는 데 사용했다. 어떤 진은 향긋한 풍미가 너무 강해서 온 사방에 뿌려대고 싶은 마음이 든다. 그건 잘 마시고 대신 주니퍼 향수를 뿌려보자. 진도 향수처럼 수백 가지 다른 식물 원료로 만든다. 주니퍼가 언제나 필수적으로 들어가고, 레몬, 오렌지, 라임, 자몽 껍질, 오리스 뿌리, 핑크 페퍼콘, 블랙 페퍼콘, 고수, 안젤리카, 야로우, 리코리스(감초) 뿌리, 시나몬이나 카시아 껍질[10], 비터 아몬드와 넛맥 등을 넣기도 한다. 증류소는 허브나 시트러스 같은 휘발성 향을 사용하기 때문에, 상쾌한 허벌 계열 향수는 종종 첫 향이 진과 비슷하다.

HERB GARDEN

허브 가든

비트루트   데메테르 향기 도서관
(Beetroot by Demeter Fragrance Library)
내 말을 끝까지 들어봐
조향사 크리스토퍼 브로시우스^{Christopher Brosius} 크리스토퍼 게이블^{Christopher Gable} | £

비트루트는 방금 밭에서 뽑아 진흙이 묻어 있는 채소의 향기가 난다. 싱그러운 자연의 향취와 풀밭의 풀 내음, 잘라서 다듬은 나무 울타리 냄새, 희미한 과일 향, 밭에 뿌린 퇴비, 부드러운 흙 내음이 물씬 풍긴다. 이걸 대체 언제 뿌려야 할까? 가족에게 주말농장에 다녀왔다고 설득하고 싶을 때, 아니면 열정이 넘치는 정원사와 첫 데이트를 할 때? 우리는 데메테르의 젤리 도넛과 같이 뿌려서 비트 케이크 향을 만들었다. 이미 말했던 것처럼, 우리는 스스로 자신만의 향기 모험을 떠날 수 있게 해주는 데메테르를 사랑한다. **SM**

샤프론 앤 아이리스   4711 아쿠아 콜로니아
(Saffron & Iris by 4711 Acqua Colonia)
최면으로 떠나는 여행 | 조향사 알렉산드라 칼레^{Alexandra Kalle} | £

샤프론 앤 아이리스는 향신료와 흙 내음이 나는 오리스 뿌리를 섞은 통카빈의 인상을 주기 때문에, 플로럴 계열 향수를 다룬 장이 아니라 여기에서 소개한다. 이 향수를 뿌리면 마치 최면 요법에서 누군가 내게 '지금 어디에 있죠?'라고 물었을 때, 어렴풋이 알아차리고 대답하는 기분이 든다. '저는 바이올렛과 아이리스 향이 가득한 정원에 있어요.' 그리고 5분이 지나 '자, 이제 어디에 있나요?' '지금은 축제가 열리는 들판에서 건초 더미 위에 앉아 있어요.' 그리고 지금은요? '햇살이 비치는 잔디밭에 누워 있어요. 옆에는 퇴비 더미 위에 갓 베어낸 풀이 쌓여 있고요.' 익숙한 향기에 다른 익숙한 향기를 더하는 현대 향수의 세계에서 나는 아쿠아 콜로니아 컬렉션이 정말 마음에 든다. 저렴한 가격으로 모험을 떠날 수 있고, 풍부한 상상력을 더한 조합을 영리하게 한데 모은다. **SM**

라흐 드 라 게르 조보이
(L'Art de la Guerre by Jovoy)

전략을 세우는 집무실 | 조향사 바니나 무라치올레^{Vanina Muracciole} | ££

전쟁의 기술. 전투를 피하면서 전략으로 정복하는 것이 전쟁에서 이기는 가장 좋은 방법이다. 팔다리와 생명이 아니라 지성과 마음으로 말이다. 라흐 드 라 게르는 전략을 갈고 닦아 다음 몇 수를 내다보며 계획하는 집무실의 냄새가 난다. 날카롭고 빛나는 무기가 벽에 걸려 있다. 가죽에 기름을 칠하고 윤이 나게 닦아 부드럽게 만든다. 맞은편에는 제본한 책들이 놓여 있다. 허브, 과일, 나무, 발삼 노트의 향기가 피어오른다. 고대의 지혜, 매력과 유혹의 냄새가 난다. 경쟁자를 초대해서 선택 사항을 논의하고 그들이 항복하도록 부드럽게 제압해보라. SM

로 마그네틱 밀러 해리스
(L'Eau Magnetic by Miller Harris)

수정같이 맑고 깨끗한 | 조향사 린 해리스^{Lyn Harris} | ££

로 마그네틱은 그저 깔끔한 향기가 나는 게 아니라 마치 흙이 존재한 적이 없는 듯한 냄새가 난다. 높이 솟은 파도의 물마루처럼 활기차고, 허브 정원처럼 싱그럽고 푸르다. 페티그레인, 레몬, 베르가못, 그리고 약간의 시더 노트와 함께 이 순수하고 더럽혀지지 않은 향기는 단지 깨끗함을 느끼게 할 뿐만 아니라 다시 태어나는 기분이 들게 한다. 희미한 우디 노트가 살짝 드러나며 투명한 린넨을 말려 바스락거리게 하지만 티끌 한 점 없이 펼쳐진 지평선을 바라보는 당신을 방해하지 않는다. 해먹 안에 머물러 있으라. 인생은 즐겁다. SS

제라늄 뿌르 무슈 에디션 드 퍼퓸 프레데릭 말
(Geranium Pour Monsieur by Editions de Parfums Frederic Malle)

반짝이는 눈을 가진 신사 | 조향사 도미니크 로피용^{Dominique Ropion} | £££

민트, 그리고 민트, 다시 민트가, 붉은 벨벳 꽃잎을 가진 레몬, 후추, 장미 향을 섞은 제라늄을 입구에서 반기고 있다. 마스터 조향사 도미니크 로피용의 섬세한 손길로 주인공을 맡은 꽃은, 면밀한 분석과 평가를 거쳐 효과를 최대로 끌어낼 수 있는 파트너와 짝을 이룬다. 민트 노트가 점차 사라지면서 매캐한 향신료와 레진의 연기가 자욱하게 피어오른다. 모든 걸 압도하지는 않지만 종일 곁을 맴돌며 꽃이 피어나고 빛이 날 때까지 제라늄이 가진 독특한 매력을 강조한다. 이 숭고한 향기는 무슈뿐만 아니라 마드모아젤, 마담의 목 언저리에서 좀처럼 사라지지 않은 채 아름답게 머문다. 몇 시간이 지나도 눈을 감고 숨을 깊게 들이마시면 멀리서 민트 잎사귀가 물결치며 인사를 건넨다. 제라늄 뿌르 무슈는 주홍빛 여름이 뽐내는 아름다움을 순간으로 간직해, 일년내내 언제든지 느낄 수 있다. SS

WOODS

우드

우드 계열 향수는 보통 갈색 상자로 포장해서 '남성용' 진열대에 올려두었다. 하지만 시대는 변한다. 게다가 여러분은 이미 우리가 향수를 어떻게 생각 하는지 잘 알고 있다. 향수는 뿌리고 싶은 사람 모두가 뿌릴 수 있어야 한다.

우드 계열 향수는 플로럴 계열만큼이나 범위가 넓다. 버지니아산 시더우드의 새 연필 향에서 시작해 포근한 체취를 풍기는 애니멀릭 아틀라스 시더 향기나 싱그럽고 꾸덕한 소나무 향을 거쳐 검게 그을린 숯 향까지 실로 다양하다. 인도 마이소르에서 생산한 인디아 샌달우드는 알싸한 향신료가 들어간 차이 향이 나고, 로즈우드는 부드러운 비누 향이 난다. 그리고 현대의 분자로 만든 부드러운 화학향료는 멸종 위기에 처한 나무를 대신해 천연 에센셜 오일의 지속력을 높이고, 향수의 생산 가격은 낮춘다. 남자, 여자 가릴 것 없이 모든 사람이 숲속을 한가로이 거닐 때 느끼는 기쁨을 누릴 수 있다.

원더우드 꼼데가르송
(Wonderwood by Comme des Garçons)

알싸한 인센스 우드 | 조향사 앙투안 리에$^{Antoine Lie}$ | ££

꼼데가르송의 향수는 디자이너가 만든 옷처럼 언제나 모험이 가득하다. 창업자인 카와쿠보 레이는 1973년 자신의 회사를 설립함으로써 일본 향수 업계의 관행을 깨뜨렸다. 꼼데가르송은 '소년처럼', 또는 '소년들이 하는 방식'이라는 의미로, 이름처럼 행동했고, 심지어 더 나았다. 원더우드의 경이로움은 포장부터 시작한다. 다양한 에디션이 있지만, 내 향수는 빛나는 암회색 유리병에 담겨 크고 부드러운 검은색 무광 천에 싸여 있다. 깔끔하면서도 영롱하고, 부드러우면서도 단단하다. 오프닝에서는 향기 자체의 균형 잡힌 광채와 따뜻함이 잘 드러난다. 알싸한 향신료 내음이 가득하고, 샌달우드를 깎아 만든 화물 상자를 처음 열었을 때처럼 그윽한 나무 향이 공중으로 퍼져나간다. 블랙 페퍼, 가루로 곱게 빻은 다양한 향신료, 인센스 노트가 매끄럽고 윤이 나는 나무 위에 자리를 잡았다. **SM**

지방시 젠틀맨 지방시 (Givenchy Gentleman by Givenchy)
정장을 입은 진지한 남자를 위해 | 조향사 폴 레제$^{Paul Leger}$ | ££

위베르 제임스 마르셀 타핀 드 지방시 백작은 신사의 향기가 무엇인지 정확히 알고 있었다. 그가 예술적이고 귀족적인 고객을 위해 만든 알싸하고 애니멀릭한 가죽 내음의 우드 향수는, 향기가 마치 포효하는 사자 같았다. 첫 향수인 랑떼르디는 오드리 햅번을 위해 만들었고, 오드리는 친구답게 랑떼르디를 적극적으로 홍보했다. 지방시 가문은 1969년 남성복을 제작하기 시작했으며, 지방시 젠틀맨은 1974년 출시되었다. 몇십 년이 지난 지금은 LVMH가 패션과 향수 브랜드 둘 다 소유해 새롭게 단장했다. LVMH의 기술은 고전을 재해석해 좀 더 대중적이고 현대적인 스타일로 탈바꿈시키는 것이다. 그래서 지방시 젠틀맨의 스파이시 베티베르 노트가 나지막이 으르렁거리는 소리는, 이제 부드럽게 그르렁거리는 소리로 들린다. **SM**

떼르 데르메스   에르메스

(Terre D'Hermès by Hermès)

자연의 향기 | 조향사 장 클로드 엘레나 Jean-Claude Ellena | ££

떼르 데르메스는 완벽한 베티베르 향수이며, 널리 사용하던 이 성분을 슈퍼스타덤에 올려놓았다. 마른 흙내음이 나는 베티베르, 산뜻하고 시원한 캠퍼러스 시더, 효능을 발휘하는 파촐리 노트에 적당한 시트러스가 더해져 풍미가 한층 살아난다. 이 조합은 아주 가벼우면서도 풍미가 깊은 향수가 되었고, 도드라지는 노트라면 무엇이든 아늑하고 따뜻한 레진이 둥글게 감싸준다. 기분 좋은 바람에 실려 오는 제라늄은 작은 배역이지만 재치를 더해주는 단역 배우처럼 레몬 플로럴의 상쾌함을 더한다. 떼르 데르메스의 진수는 발을 붙이고 서 있는 숲과 대지의 따뜻한 향기를 선사하면서도, 마치 호수에 방금 도착한 것처럼 상쾌하고 시원한 바람이 느껴진다는 데서 드러난다. **SS**

지잔   오르몽드 제인 (Zizan by Ormonde Jayne)

남자를 위한 향기 | 조향사 게자 쇤 Geza Schoen | £££

오르몽드 제인의 설립자이자 크레이티브 디렉터인 린다 필킹턴은 지잔을 '남자들이 하는 이야기를 듣고 나서' 만들게 된 향수라고 아주 매력적으로 묘사했다. 유행은 빠르게 바뀌고 향수를 남성용과 여성용으로 분류하는 건 의미가 없지만, 그래도 굳이 나누어보자면 이 향수는 확실히 남성용이다. 윤이 나는 나무, 짭쪼름하게 찰박거리는 소금물, 부드럽게 말랑거리는 유기농 밀랍이 어우러져, 지잔은 품격 있고 비싼 옷을 입는 남자라면 누구나 뿌리는 후각적 유니폼이 되었다. 올리브색 피부의 훤칠한 남자가 지중해 바다에서 요트를 타며 즐거운 하루를 보내고 있다. 대형 브랜드 향수가 실제로 전달하는 것은 실패한, 광고를 보고 떠오르는 그 멋진 향기다. 더 큰 규모의 브랜드 향수 가격과 비교하면 지잔의 진가가 드러난다. 진하고 강렬하다. 강한 남자의 향기가 필요하다면 지잔을 뿌려보자. **SM**

몰리큘 01   이센트릭 몰리큘스

(Molecule 01 by Escentric Molecules)

한 가지에 집중하는 향기 | 조향사 게자 쇤 Geza Schoen | ££

2006년 몰리큘 01은 향수 업계의 판도를 바꾸며 영국에서 가장 잘 팔리는 니치 향수로 등극했다. 몰리큘 01에 대해 떠도는 재미있는 이야기 하나는 이게 페로몬 같은 역할을 한다는 것이고, 또 하나는 향수를 뿌렸을 때 자신의 향기는 맡지 못하고, 상대방의 향기는 맡을 수 있다는 것이다. 사실 자신한테서도 향기를 맡을 수 있고 페로몬도 아니지만, 이 향수는 사람한테서, 그리고 향수를 뿌리는 모든 것들에서 더 나은 냄새가 나게끔 한다. 조향사 게자 쇤은 조향에 가장 널리 사용하는 화합물 중 하나지만 이전에는 아무도 사용할 생각조차 하지 못했던 이소 이 슈퍼 분자를 사용해 단순한 향을 만들었다. 합성원료를 친근하게 만들어준 이센트릭 몰리큘스에 감사를 전한다. 자신의 부드러운 체취와 은은한 앰버우드 향을 즐겨보자. **SM**

SANDALWOOD

샌달우드

상탈 33 르 라보
(Santal 33 by Le Labo)

유명한 스타 샌달우드 | 조향사 프랭크 보엘클^{Frank Voelkl} | £££

상탈은 연예인 같은 분위기가 난다. 사기 전에 두 번은 생각할 만큼 비싸지만, 인생의 동반자나 긴 주말을 함께 보낼 파트너를 찾는 시크한 뉴요커들이 선택하면서, 칭송받는 챔피언이 되었다. 연필, 도서관, 안락의자가 군데군데 느껴진다. 여전히 손으로 글을 쓰는 소설가에게 반한다고 상상해보라. 뭐랄까, 사실 샌달우드 향 같지는 않다. 하지만 그게 대수인가? 조향에 사용한 33개의 원료 중 하나는 샌달우드일 것이고, 나머지 원료는 통나무를 가져다가 원래 냄새가 어땠는지 알아차리지 못할 정도로 겹겹이 옷을 입혀놨다. 같은 특성에 나무 내음을 확실하게 더 풍기는 다른 샌달우드 향수도 많지만, 상탈은 전설이다. **SM**

탐 다오 딥디크
(Tam Dao by Diptyque)

보헤미안 하모니 | 조향사 다니엘 몰리에르^{Daniel Moliere} | ££

딥디크는 향초로 시작해서 나중에 향수로 사업을 옮겼고, 그렇게 해서 너무 기쁘다. 1970년대를 보낸 사람이라면 당시 인기를 끌던 히피의 향기가 기억날 것이다. 보헤미안적인 성향을 지니고 배지가 달린 데님 재킷을 입고, 파촐리, 샌달우드, 머스크 오일이 어우러진 냄새가 바로 그들의 향기였다. 딥디크의 탐 다오는 오랫동안 잊혔던 샌달우드 오일을, 종일 움직일 때마다 살짝 흔적을 남기는 독특한 우드, 머스크 노트에 세심하게 섞어 재창조했다. 아직 불을 붙이지 않은 백단향 다발이 떠오르고, 눈을 감으면 조금은 텁텁한 장미 포푸리 냄새도 난다. 이게 샌달우드 노트를 사용하는 방식이고 샌달우드의 팬으로서 난 탐 다오를 포기할 수 없다. **SS**

엘리펀트 주올로지스트 (Elephant by Zoologist)
고요한 인도의 숲 | 조향사 크리스 바틀렛^{Chris Bartlett} | £££

주올로지스트의 설립자인 빅터 웡은 예상했던 것보다 더 심하게 스플래시 향수에 집착하게 되었다. 그의 원대한 계획은 동물의 향을 그들이 사는 환경까지 포함해서 만드는 것이었다. 인디 조향사들이 먼저 나섰다. 폴 킬러, 크리스 바틀렛, 엘렌 코비, 그리고 나도! 크리스는 애니멀릭 향을 극대화한 비버를 만들었고, 나중에 좀 더 대중적인 향으로 리뉴얼했다. 그리고 2018년 아트 앤 올팩션 어워드 결승에 진출할 만했던 매력적인 엘리펀트를 블랜딩했다. 크리스가 구현한 인도로 여행을 떠나보자. 차를 마시고, 코코아 밀크를 들이키고, 불 피운 인센스, 야생 재스민, 파촐리 사이를 지나 마침내 샌달우드 노트와 맞닥뜨린다. 주올로지스트를 들어보기만 했다면, 그들의 향수가 뿌리기에 너무 부담스럽다는 인상을 받았을 수 있다. 엘리펀트는 그렇지 않으니 안심하자. 솔직한 고백 하나: 나는 마카크를 만들었다. 남다른 주올로지스트의 컬렉션 중에서도 좀 더 색다른, 일본 사원에 사는 원숭이다. **SM**

콘크리트 꼼데가르송
(Concrete by Comme des Garçons)
현실 세계의 향기 | 조향사 니콜라스 볼리외^{Nicolas Beaulieu} | ££

영국에서 콘크리트라는 단어를 사용하면 사람들은 '실체가 있는'이라는 뜻보다, 골재와 시멘트로 만든 모더니즘 건축 자재를 의미한다고 생각하는 경향이 있다. 그런 이유로, 영국 사람이 꼼데가르송의 콘크리트 향을 맡으면 '응? 콘크리트 냄새가 아니라 나무 향이 나는데?'라고 말하는 것을 듣게 된다. 카와쿠보 레이는 우리가 거기 없었어서 정확히는 모르지만, 아마 추상적인 노트의 반대편에 있는 명확하고 현실적인 향기를 주문했을 것이다. 꼼데가르송의 향수는 우리가 이전에 맡아본 적이 없는 향기로, 인식할 수는 있지만 식별할 수 없게 만든다. 하지만 이건 알싸한 장미 향이 나는 과일과 한순간 반짝이는 메탈릭 숲 내음으로 왠지 알 것 같은 향취가 난다. 콘크리트는 만질 수 있을 정도로 질감이 느껴지고 단단하다는 의미다. 인도 시장에서 산 샌달우드로 만든 염주처럼, 향기는 현실 세계에 존재한다. **SM**

샌달우드와 친구들

샌달우드는 부드럽고 풍성한 나무의 순수함과 단단한 힘을, 향기에 더해주는 역할을 한다. 마이소르산 샌달우드(학명:산타룸 알바)는 놀라울 정도로 크리미한 향이 나지만, 세계적인 수요를 충족시킬 만큼 충분하지 않아 굉장히 비싸다. 그래서 조향사는 샌달로어^{Sandalore}, 산탈리프^{Santaliff}, 산지놀^{Sanjinol} 다른 합성원료를 사용한다. 모두 좋은 향기가 나고 샌달우드 향수의 생산 가격을 낮춰준다. 호주에서도 지속 가능한 샌달우드(학명:산타룸 스피카툼)를 상업용으로 재배하고 있으며, 아미리스나 토치우드로 부르는 아이티산 '샌달우드'도 품질이 뛰어나 샌달우드의 대체재로 사용한다.

샌달우드 사크레　르 자르당 르투르베
(Sandalwood Sacré by Le Jardin Retrouvé)

다시 태어난 진정성 | 조향사 유리 구사츠^{Yuri Gutsatz} | ££

고(故) 유리 구사츠의 조향 작업은 아들과 며느리가 이어받아 계속되고 있으며, 유리가 인도에서 일하는 동안 인연을 맺은 독립적으로 조달된 원료와 공급자를 그대로 사용하고 있다. 그 결과 샌달우드 사크레는 유리와 계약했던 인도 공급업자의 아들이 공급한 마이소르산 샌달우드로 만들 수 있었다. 그렇게 조향의 불꽃이 아들에서 아들로 전해졌다. 샌달우드 사크레는 파우더리한 히피 스타일 파촐리 노트로 시작하고 곧이어 더스티 플로럴의 은은한 광채로 가슴이 두근거리는 블론드 우드의 독특한 내음과 함께 샌달우드 노트가 모습을 드러낸다. 화이트 머스크 노트는 님프처럼 희미하게 바람결에 실려 숲속을 떠다닌다. 시프레 애호가들이 완전 좋아하는 짙은 모스 노트의 마무리로 보건대, 내 생각에 샌달우드 사크레는 여태껏 만나봤던 샌달우드 향수 중에 가장 훌륭하다. **SS**

상탈 마제스퀼　세르주 루텐
(Santal majuscule by Serge Lutens)

그럴듯하게 변장한 샌달우드 | 조향사 크리스토퍼 쉘드레이크^{Christopher Sheldrake} | £££

예술가이자 크리에이티브 디렉터인 세르주 루텐은 어떤 원료도 그대로 쓰지 않는다. 세상에서 가장 장미다운 장미 향수인 사 마제스테 라 로즈에 버금가는 향기를 기대하던 샌달우드 애호가들은, 장엄한 샌달우드를 얻지 못했다. 마제스퀼은 '대문자로' 또는 '꽤 큰'을 의미하지만 그럼에도 이건 과장된 표현이다. 나무를 통째로 갈아 넣고 로켓처럼 강렬한 힘을 가진 샌달우드 스타일의 합성원료를 더해, 진향이 한 달 반은 지속될 법한 샌달우드 향수를 찾는 사람들만 실망할 뿐이다. 상탈 마제스퀼은 장미, 코코아, 감미롭고 담뱃잎 향이 나는 통카 후식 음료에 마음을 빼앗긴 채, 아름다운 경치가 펼쳐진 길을 따라 즐겁게 향기를 찾아가는 모든 사람의 호기심을 자극한다. 이름을 보고 오해할 수 있지만, 오해하게 놔두어도 괜찮다. **SM**

**연필과
야생 고양이의 냄새**

연필을 깎으면 아마 모든 나무 향기 중에 가장 친숙하게 느껴지는 버지니아 시더우드의 에센셜 오일 향이 날 것이다. 하지만 식물학적으로는 시더가 아니라 주니퍼 트리의 일종인 연필향나무다. 에센셜 오일은 나무를 벌목할 때 나오는 부스러기에서 추출한다. 세드루스 아틀라스는 아틀라스산맥에서 자라는 삼나무를 잘랐을 때 나는 나무 향보다 가죽 향에 가깝다. 삼나무 숲에 사는 야생고양이의 향기를 상상해보라. 히말라야 삼나무인 세드루스 데오다라는 더 부드러운 향기가 나며, 파키스탄, 아프가니스탄, 인도에서 자란다.

CEDARWOOD

시더우드

노르딕 시더 　마야 엔자이 (Nordic Cedar by Maya Njie)

감비아 + 스칸디나비아 | 조향사 마야 엔자이^{Maya Njie} | ££

마야 엔자이는 노르웨이에서 보낸 어린 시절의 냄새를 향수에 담았다. 가족에 대한 사랑과 특별한 순간들을 떠올리고 되살려서 진심 어린 향수로 표현했다. 직접 수제 향수를 만드는 인디 조향사들처럼 다른 예술 분야에서 얻은 경험을 향수에 담는다. 아르티장 조향사들은 전통적인 도제 과정을 거치지도, 만 가지가 넘는 성분과 원료에 대한 지식을 쌓지도 않는다. 대신 그들은 자신이 상상한 향수를 정확히 구현하는 데 필요한 원료를 찾아내는 추진력과 영감을 가지고 있다. 노르딕 시더의 경우 그건 머스크와 앰버 파촐리로 부드러운 따스함을 더한, 단순하고 가볍고 산뜻한 카다멈 시더다. **SM**

페미니떼 드 부와 　세르주 루텐 (Féminité du bois by Serge Lutens)

낮게 드리워진 과일 열매와 삼나무

조향사 피에르 부르동^{Pierre Bourdon} 크리스토퍼 쉘드레이크^{Christopher Sheldrake} | ££

원래 시세이도를 위해 만든 페미니떼 드 부와는, 포근한 머스크 향이 나는 살결에 코를 바짝 댔을 때처럼 마음속에 고요한 친밀감을 지닌 맵싸한 향신료와 나무 향이 가득하다. 시작과 끝에 모두 느껴지는 시더 노트는 우거진 소나무와 갓 깎은 나뭇결 내음이 가득한 숲으로 손짓해 부른다. 검붉은 자두는 풍부한 과일 향이 나지만, 너무 달지 않아 대추나 건포도로 착각할 수도 있다. 더 진하고 시원한 스파이스 어코드가 산들바람에 실려 솔솔 불어온다. 여기에 즙이 많은 얇게 썬 생강 뿌리가, 저기에 나무로 만든 카네이션 같은 냄새가 나는 짙은 클로브가 있다. 머스크 레진이 감각적인 미들 노트로 흙내음을 물씬 풍기지만, 시더 노트는 사방을 막고 통나무집 안에서 메아리가 치듯 점점 더 강렬해진다. 과일 향이 나는 향신료들은 퍼져나가다 나무 벽에 부딪혀 매혹적인 향기의 물결 속으로 되돌아온다. **SS**

맨 우드 에센스 불가리
(Man Wood Essence by Bvlgari)

홀로, 깊은 숲속에 | 조향사 알베르토 모릴라스^{Alberto Morillas} | £

상쾌하고, 활기차고, 기운을 북돋는다는 말이 항상 남성용 우디 향수와 붙어 다니지는 않겠지만, 맨 우드 에센스는 자연 그대로의 야성미를 간직한 캐나다 숲과 같다. 막 톱질을 마친 시더우드에서는 레몬처럼 강렬한 상쾌함이 느껴지고, 떨은 솔잎 내음과 어우러진 신선한 공기를 깊이 들이마시면, 발끝부터 바람에 흩날리는 머리카락 끝까지 깨끗하게 씻겨나가는 기분이 든다. 맨 우드 에센스에는 숲에 넓게 펼쳐진 풀과 햇볕에 그을린 고사리 같은 장엄한 베티베르 노트도 있다. 고수, 오렌지, 셀러리가 조금씩 더해지지만 도드라지지 않고 은은하다. 고요하게 펼쳐진 자연이 선사하는 향기이자, 바람결에 실려 오는 나무의 한숨을 위한 향기다. ss

세드르 아틀라 아틀리에 코롱
(Cèdre Atlas by Atelier Cologne)

아틀라스산맥의 시더우드 | 조향사 제롬 에피네르^{Jérôme Epinette} | ££

새로운 주인의 솜씨를 인정해주어야 한다. 그들은 아틀리에 코롱 컬렉션을 탐험 가능한 수준으로 넓혔다. 샘플(뚜껑과 펌프가 없어 가볍게 문질러야 하지만 아무것도 없는 것보다는 낫다)이나 여행용 사이즈인 30ml도 살 수 있다. 이전에는 한정된 부티크에서만, 그것도 100ml 단위로 사거나, 아니면 예산에 맞는 다른 향수 매장으로 발길을 돌려야 했다. 새로운 주인은 더 넓은 시장에 진출하는 방식을 알고 있는 로레알이다. 아틀라스산맥에서 온 시더우드는 연필 향기가 나는 버지니아 시더우드와 다르다. 온기를 지닌 살아 있는 동물처럼 훨씬 더 애니멀릭하다. 세드르 아틀라는 거기에 재스민 노트를 섞어 관능미를 극대화했다. 눈이 쌓인 아틀라스 산봉우리에 삼나무가 무성하고, 머스크와 짙은 베티베르가 따뜻하게 감싸는 그 사이에 상큼한 시트러스가 반짝 빛나며 놀라움을 선사한다. SM

안젤리크 빠삐용 아티산 퍼퓸
(Angélique by Papillon Artisan Perfumes)

꿀이 살짝 묻은 미모사 | 조향사 엘리자베스 무어스^{Elizabeth Moores} | £££

안젤리크는 꿀벌 등에 올라타고 함께 떠나는 여정이다. 꿀벌의 털처럼 부드럽고 황금색으로 빛나는 기분이 느껴진다. 안젤리크는 꿀을 발라 달콤하고 민들레 홀씨처럼 불면 날아갈 듯 가벼운 노란색 미모사에 잠시 내려앉는다. 오리스가 흙내음이 나는 바이올렛 노트로 배경을 만드는 동안, 꿀벌은 꽃 사이를 부지런히 날며 흩날리는 꽃가루를 뒤집어쓴다. 여정은 희미하게 날카로움을 더하는 상큼한 새순이 돋은 시더우드 가지에 내리면서 끝나고, 작별 인사를 나누느라 꿀벌을 안으면 보송보송한 털과 흐르는 꿀 내음이 가득하다. 오리스를 마법을 거는 주문에 썼던 건 과연 우연일까? 내가 안젤리크와 사랑에 빠진 걸 보면 우연은 아닌 것 같다. ss

AMBERWOODS

앰버우드

암스테르담 갈리반트 (Amsterdam by Gallivant)

향수로 써서 보내는 엽서 | 조향사 조르지아 니비라^{Giorgia Navarra} | ££

갈리반트는 관광객들이 아직 침대에 누워 있는, 한적하고 촉촉한 암스테르담의 냄새를 향수에 담았다. 유명한 브라운 카페[01]에서 풍기는 짙은 스모키 우드 노트가 도드라지고, 실낱같은 스파이스 향기 한 줄기는 호기심을 자극하며, 다정한 도시의 친근한 인파 속 흔적을 따라가게 한다. 말린 장미? 인센스? 흙내 나는 레진인가? 계속 걷다 보면 어느새 교회 벽, 꽃시장, 아늑하게 반짝이는 불빛이 새어 나오는 카페의 향기가 한데 어우러져 바람결에 실려 온다. 희미하게 느껴지는 신선하고 알싸한 튤립 노트는 과하지 않고 딱 적당하다. 향기의 전체적인 조합이 암스테르담의 다정함과 색채를 최대한 그러모아 다양한 여행을 선사한다. 암스테르담에 직접 가볼 수 없더라도, 암스테르담을 뿌리고 꿈을 꿀 수 있다. **SS**

블루 드 샤넬 샤넬 (Bleu de Chanel by Chanel)

완벽한 부드러움 | 조향사 자크 폴주^{Jacques Polge} | ££

오 드 투알레트가 먼저 나오고, 그다음 더 강렬한 오 드 퍼퓸이 등장한다. 이것은 남성용 향수의 현대적인 전통이다(여성용의 경우 반대라고 보면 된다). 블루 드 샤넬은 엄청난 인기를 끌었는데, 왜냐, 이건 그냥 너무, 너무 좋기 때문이다. 유일하게 이상한 점은 이름이 샤넬의 파랑이지만, 사실 샤넬의 스파이스 브라운이라고 부르는 게 더 어울릴 법한 향기가 난다는 것이다. 이름만 보고 내가 그랬던 것처럼 상쾌하고 촉촉한 느낌을 주는 향수를 떠올렸다면 핑크 페퍼콘과 시트러스 토핑을 얹은 부드러운 앰버 우드 노트에 깜짝 놀랄 것이다. 블루 드 샤넬은 모든 노트가 너무 완벽하고 부드럽게 조화를 이루고 있어서 우리는 '매끄럽다'라는 진부한 단어밖에 쓸 수 없다. 샌달우드, 시더, 라브다넘, 생강, 넛맥, 페퍼민트 노트를 맡을 수 없다 해도 놀라지 말자. 그렇게 향기를 따로따로 느끼라고 만든 향수가 아니다. **SM**

하바니타 몰리나르
(Habanita by Molinard)

1920년대 파리에서 바라본 하바나 | 조향사 미공개 | £

하바니타는 1921년 출시되었고 지금은 21세기에 맞게 조정을 거쳤다. 오리지널과 같이 눈부시게 매혹적인 노트의 교향곡을 현대 양식과 자연스럽게 어울리도록 이리저리 손을 봤지만, 여전히, 다행스럽게도 시대를 초월한 고풍스러운 세련미는 고수하고 있다. 오프닝의 제라늄 플로럴 노트는 클로브 같은 주홍빛 꽃잎으로 감싸 당신을 범접할 수 없을 만큼 우아하고 조금은 도도하게 만든다. 하지만 얼음같이 차디찬 고상함 아래에는 따뜻한 파리지앵의 심장이 있다. 오크모스와 특히 잘 어울리는 따스하고 알싸한 레진인 렌티스쿠스 노트가, 시끄럽게 거드름을 떨며 진하고 풍성한 플로럴에서 스파이스 노트를 지나, 궁극적으로 축축하게 이끼 낀 흙내음까지 이어진, 관능의 뜨거운 열기가 가득 찬 다리를 놓는다. 하바니타는 프랑스 액센트를 쓰는 고상한 상류층이다. **SS**

잭 잭 퍼퓸
(Jack by Jack Perfumes)

런더너가 다 된 이방인의 런던 | 조향사 알리에노르 마스네$^{Alienor Massenet}$ | ££

배우이자 감독이고 작가인 리처드 E. 그랜트는 평생 향기에 대한 열정을 불태웠다. 친구인 안야 힌드마치가 가드니아 덤불 속에 코를 파묻고 있는 그를 발견했을 때, 리처드는 열정을 향수 제조로 돌리면, 자신의 후각적인 욕구를 전부 채울 수도 있겠다는 걸 깨달았다. 그 결과 잭이라는 단순한 이름을 붙인 첫 향수를 포함해 지금까지 세 가지 향수를 선보인 퍼퓨머리 잭 퍼퓸이 탄생했다. 리처드의 런던을 향한 사랑에서 영감을 받아 잭을 만들었고, 상쾌함과 알싸함을 솜씨 좋게 조합한 중성적인 향이 난다. 시트러스 오프닝은 차가운 셔벗처럼 날카롭지만, 곧 재미 삼아 더한 카나비스[02] 노트가 살짝 풍긴다. 기운을 북돋는 가벼운 탑 노트와 강렬하고 묵직한 미들 노트를 지니고 있다. **SS**

아프리카 링크스 / 액스
(Africa by Lynx/Axe)

곤궁한 10대의 성장기 | 조향사 미공개 | £

전 세계 사춘기 소년에게 사랑받는 데오드란트 링크스 아프리카는 허브, 나무, 상쾌한 물이 주는 느낌이 장 폴 고티에의 르말과 아주 흡사하다. 가격이 너무 싸서 마구 뿌려대고 싶은 유혹에 빠진다. 이걸 뿌리면 이성에게 성공적으로 어필할 수 있다고 익살스럽게 말하는 광고 때문에 특히 더 그렇다. 바디 스프레이와 데오드란트가 엄청난 인기를 끌면서 애프터 쉐이브도 출시되었다. 비싸지도 않고 냄새도 좋고 아마 다음 반세기 동안 소년들의 첫 키스를 떠올리게 할 것이다. 내가 브랜드 소유주라면 8시간 정도 유지되는 지속력과 화려한 잔향을 더한 니치 버전을 출시해서, '아프리끄'라는 이름을 붙이고 은행가들한테 팔 것이다. 끝내주는 아이디어가 고맙다고? 천만에요. **SM**

스파이스밤 빅터 앤 롤프
(Spicebomb by Viktor & Rolf)

향신료와 장작불에서 피어오르는 연기 | 조향사 올리비에 폴게^{Olivier Polge} | ££

이름 그대로 꽃과 함께 폭발하는 빅터 앤 롤프의 플라워밤이 익숙하다면, 스파이스밤에서도 비슷한 것을 기대할 수 있다. 수류탄 모양의 향수병은 다가올 충격에 대비하게 하고, 그 기다림은 가치가 있다. 보통 스파이스 노트를 알맞게 조절하고 느끼함을 잡아주는 가장 날카로운 시트러스, 자몽 노트로 시작한다. 하지만 스파이스밤의 경우, 시트러스가 시도는 했지만 폭포처럼 엄청나게 쏟아지는 스파이스 노트를 정의하는 강렬한 캡시쿰과 토바코 노트를 진정시키기에는 역부족이다. 약간의 핑크 페퍼와 시나몬의 아늑한 온기를 가진 믿을 수 없을 정도로 부드럽고 매끄러운 가죽 향기가 대단원을 장식한다. 누구에게나, 하지만 특히 나한테 끝내주게 잘 어울린다. SS

포 상탈 밀러 해리스
(Peau Santal by Miller Harris)

샌달우드 가지 위에 캐시미어 구름이 둥실둥실 | 조향사 매튜 나르딘^{Mathieu Nardin} | ££

포 상탈은 20대 후반을 위한 밀러 해리스 향수 중 하나로 향수 애호가와 비평가 모두를 기쁘게 한다. 가까이 다가가게 만드는 맑은 피부의 향기와, 촉촉하게 빛나는 흙내음이 물씬한 스파이스 노트가 어우러져, 포 상탈은 작은 황금빛 아우라처럼 살결 위를 떠다닐 때까지 샌달우드 노트를 다른 차원으로 띄워 올린다. 캐시메란^{Cashmeran}은 앰버와 바닐라로 따뜻하게 해줄 파시미나 숄이 준비될 때까지, 다양한 우드 노트를 함께 감싸준다. 이국적인 프랑킨센스는 샌달우드 노트와 완벽한 조화를 이루며, 거부할 수 없는 안개 같은 부드러움을 한껏 끌어올린 보들보들한 벨벳 같은 나무 내음을 선사한다. 포 상탈을 뿌리고 안길 준비를 하라. SS

우드컷 올림픽 오키드
(Woodcut by Olympic Orchids)

산더미같이 쌓인 나무와 코코아 | 조향사 엘렌 코비^{Ellen Covey} | ££

엘렌 코비는 파트타임으로 일하는 아르티장 조향사다. 많은 인디 브랜드 조향사가 직업을 하나 이상 가지고 있지만, 엘렌의 직업이 아마 가장 인상적일 것이다. 엘렌은 워싱턴 대학의 심리학 교수로, 포유류의 중추신경계, 특히 박쥐의 반향정위 시스템을 전문적으로 다루고 있다. 그리고 난초 농장도 운영한다. 아트 앤 올팩션 어워즈^{Art and Olfaction Awards}에서 두 개의 황금 페어를 받았고, 정말 사랑스러운 사람이다. 이 다양한 모든 경험을 퍼퓨머리에 가져와서 장엄한 우드컷을 창조해냈다. 다양한 색채의 나무를 겹겹이 쌓아 만든 커피 테이블은 부드럽게 윤이 나고, 그 위에 따뜻한 캐러멜 핫 초콜릿이 담긴 머그잔이 놓여 있다. 나무를 녹여 욕조에 풀고 몸을 담글 수 있다면 이런 향기가 날 것이다. SM

FRUITY

프루티

프리미어 휘기에 라티잔 파퓨미에르
(Premier Figuier by L'Artisan Parfumeur)

금단의 과일은 사실…│ 조향사 올리비아 지아코베티$^{Olivia\ Giacobetti}$│ ££

프리미어 휘기에는 두 가지 버전이 있다. 오리지널은 무화과 향수의 신기원을 열었고, 잇따라 출시된 익스트림은 더 강력하고 오래 지속되는 버전을 원하는 새로운 수요에 대한 21세기의 표준적인 답변이었다. 필로시코스(아래 참조)를 조향하기도 한 올리비아 지아코베티가 더 강한 과일 향을 더해 만든 익스트림은, 마치 여름에 누군가 골디락스[03]를 위해 무화과나무에서 훔쳐 온 아직 덜 익은 풋풋한 초록 무화과, 딱 맞게 익은 자줏빛 무화과, 너무 익어 물러진 갈색 무화과의 향기를, 갓 자른 잎사귀와 함께 무화과나무로 만든 그릇에 담아놓은 것처럼 느껴진다. 오리지널 프리미어 휘기에는 햇살이 내리쬐는 정원에서 나른한 오후를 보내고 있다. 금단의 과일은 아마도 무화과였을 것이고, 거의 벌거벗다시피한 조각상들이 수줍게 무화과 잎사귀를 입고 있는 까닭일 것이다. **SM**

필로시코스 딥디크
(Philosykos by Diptyque)

진하게 풍겨오는 무화과 향기│ 조향사 올리비아 지아코베티$^{Olivia\ Giacobetti}$│ ££

필로시코스는 그리스어로 '무화과나무의 친구'를 지칭한다. 그린 노트의 여왕 올리비아 지아코베티가 만들었고, 선풍적인 인기를 끄는 바람에 필로시코스가 싫다고 선언하는 것이 유행할 정도였다. 무화과 에센셜 오일의 향을 맡아보겠다고 할 때, 팬들의 마음을 아프게 하는 건 향수에 무화과 에센셜 오일이 없다는 사실이다. 지아코베티의 무화과는 솜씨 있게 조합한 합성원료로, 무더운 여름날 가지에서 방금 딴 싱싱한 무화과의 향기가 난다. 향수를 뿌리면 푸릇한 잎사귀, 촉촉하게 흘러나오는 새하얀 수액, 따뜻한 나무, 알맞게 익은 과일이 생생하게 그려진다. 완전 천재라니까. **SM**

레드 트러플 21 　조러브스

(Red Truffle 21 by Jo Loves)

은은하게 풍기는 트러플 뿌리 향기 | 조향사 미공개 | ££

트러플은 압도적이거나 촌스럽거나 둘 중 하나지만 마음이 맞는 친구와 함께라면 환하게 빛난다. 레드 트러플 21의 경우, 갓 벗겨낸 나무껍질의 하얀 나뭇결처럼 싱그럽고 톡 쏘는 시더우드 노트가, 반도체를 만드는 웨이퍼 두께만큼 얇게 자른 트러플의 버섯 향기를 돋보이게 한다. 통통하게 과즙이 꽉 찬 무화과는 과숙한 건포도 같은 녹진한 과일 향을 선사한다. 트러플은 술래잡기처럼 친구들에게 닿을 때마다 뿌리를 내린 은은한 숲의 흙내음을 묻힌다. 깨끗하고, 감각적이고, 과일 향이 가득하고, 농밀하다. 좀 더 멀리 가보려는 무화과 향수 애호가를 위한 환상적인 향수다. ss

돌체비타 　디올 (Dolce Vita by Dior)

으깬 과일과 달콤하고 따뜻한 살결

조향사 피에르 부르동^{Pierre Bourdon} 모리스 로저^{Maurice Roger} | ££

돌체비타는 여름의 로마가 생각나고, 곧이어 소피아 로렌이 마음속에 떠오른다. 스캔들을 부를 듯한 고양이처럼 매력적인 돌체비타는, 메마른 키스 자국을 남기며 살결을 달아오르게 하고, 지나간 자리에는 매혹적인 향기가 감돈다. 더운 여름, 가슴과 허벅지에서 피어오르는 체취와 함께 달콤한 관능미를 선사한다. 살구와 복숭아 노트는 도톰하고 촉촉해서, 키스를 부르는 입술처럼 과즙이 넘치는 풍성함을 더한다. 바닐라 노트가 만든 따스한 배경에 새하얀 꽃들이 마치 재키 오 선글라스를 쓴 그녀처럼 로마의 태양을 바라보고 있다. 이 모든 노트는 해가 저무는 동안 향기로운 미장센을 더한다. ss

---

**무화과 향수에
무화과가 들어 있을까?**

시트러스 에센셜 오일을 추출하는 것은 간단한 일이지만, 최근까지 다른 과일류 노트는 대부분 화학향료로 만들었다. 천연 무화과 앱솔루트가 존재하기는 하지만 피부를 자극하는 성분이 있어 사용이 금지되었다. 향수에 들어가는 아름다운 무화과 노트는 모두 정교한 조향사의 손끝에서 탄생한다. 복숭아 향수는 20세기 초부터 감마 운데칼락톤(알데히드 C14라고도 한다)으로 만들었다. 사과 향수도 프루티 계열 합성 분자를 사용한다. 점점 더 높아지는 천연향에 대한 수요와 함께 산업 과학자들은 새로운 과일 향을 추출하거나 창조하는 방법을 연구하고 있다. 앞으로 점점 더 다양한 천연향을 기대할 수 있겠지만 지금은 굉장히 희귀하고 비싸다.

SOFT AMBER

소프트 앰버

야칭 데따이으 (Yachting by Detaille)
요트를 타고 다다른 칸의 항구 | 조향사 미공개 | ££

야칭은 구식이다. 선체는 나무로 만들었고 무거운 삼베 돛이 달려 있다. 하얗게 빛나는 억만장자의 요트 따위는 찾아볼 수 없다. 데따이으는 이게 남성용 향수라고 생각하지만, 그런 속박 따위는 벗어던지고 출생 신고서에 성별이 뭐라고 쓰여 있든, 야칭이 선사하는 스파이스 플로럴 우드 노트를 즐겨보자. 처음 몇 분 안에 모든 것을 보여주는 현대적인 남성용 향수와는 달리 이게 우드 계열 향수라는 사실을 알리려면 시간이 필요하다. 재스민과 제라늄의 물결 위를 떠다니는 스파이시 플라워, 카다멈, 생강 노트가 매혹적으로 다가온다. 차분히 가라앉고 나면 시더우드로 만든 갑판 아래 구아이악우드와 베티베르의 모닥불 향기가 피어오른다. 이 모든 게 요트와 무슨 상관인지는 잘 모르겠지만 사실 그리 중요하진 않다. 향기가 너무 좋거든. **SM**

리코리스 베티베르 SP 퍼퓸
(Liquorice Vetiver by SP Parfums)
미지의 영역으로 떠나는 모험 | 조향사 스벤 플리츠콜레이트^{Sven Pritzkoleit} **| £££**

스벤 플리츠콜레이트의 향수는 말로 표현하기가 거의 불가능하다. 아주 세심하고 꼼꼼하게 만들었지만 다정한 독학자가 보여주는 부드러운 태도에 향수도 그처럼 상냥할 거라고 속으면 안 된다. 그의 향수는 미지의 영역으로 떠나는 힘찬 모험과도 같다. 리코리스 베티베르는 2016년 출시되었고, 그가 가을 숲에 비치는 햇빛이라고 묘사한 깊고 진한 모시 베티베르 향취를 지니고 있다. 시트러스 과일과 리코리스가 햇빛을 받아 밝게 빛나다가, 이내 늑대가 사는 깊은 숲으로 이어지는 작은 오솔길로 이끈다. 여러분이 정말 인디 향수가 부리는 기교의 끝을 보고 싶다면 SP 퍼퓸의 샘플 패키지를 사보자. 다시는 향수를 같은 방식으로 보지 못할 것이다. **SM**

샌달우드 콜로뉴 　지오 F. 트럼퍼

(Sandalwood Cologne by Geo. F. Trumper)

불가사의한 가격의 샌달우드 | 조향사 미공개 | £

고풍스럽고 품위 있는 신사 클럽의 나무가 깔린 바닥, 가죽으로 만든 소파, 수십 년 동안 배인 시가 연기 같은 느낌을 자아내는 향수가 많다. 그리고 이름을 샌달우드라고 짓긴 했지만 트럼퍼의 콜로뉴도 그중 하나다. 인도산 샌달우드 말고도 즐겁게 감상할 만한 향기가 아주 많다. 상쾌한 허브와 시트러스 과일로 시작해서 플로럴 부케 노트가 지나가면 우아한 응접실에 편안히 앉을 차례다. 트럼퍼의 향수는 원래 런던 바버샵에서 남성을 위한 애프터 쉐이브용으로 블렌딩한 것이다. 이 바버샵은 상류층만 출입할 수 있는 클럽에서 가죽 구두를 신은 신사들이 걸어서 갈 만한 거리에 있다. 바버샵 손님은 샌달우드 콜로뉴의 향기를 즐기며 한가롭게 거닐다 온갖 냄새가 뒤섞인 거리로 사라진다. 트럼퍼는 따로 광고를 하지 않아도 될 만큼 입지가 탄탄하고, 향수 포장은 기품이 느껴지면서도 수수하다. 그 결과 트럼퍼 향수의 가격은 향기만큼이나 유쾌하고 매력적이다. **SM**

스태쉬 　사라 제시카 파커 (Stash by Sarah Jessica Parker)

니치 향수의 탈을 쓴 가성비 갑

조향사 클레멘트 가바리Clement Gavarry 로랑 르 게르넥Laurent Le Guernec | £

스태쉬가 너무 많은 경계를 허물며 나아가는 바람에 향수 업계 내부에서는 큰 감동이 일었지만, 다른 사람들은 조금 혼란스러워했다. 떼지어 날아다니는 시트러스와 허브가 더해진 스파이시 앰버 우드 향수는, 라티잔 파퓨미에르의 중기 작품들과 함께 선반 위에 즐겁게 앉아 있을 수도 있었다. 영국에서는 체인점 매장에서만 살 수 있는데, 혼란스럽고 당황한 판매원들이 스태쉬가 남성과 여성 모두를 위한 향수라고 친절하게 설명했다. 매장 안에 있는 다른 향수는 죄다 남성용과 여성용으로 구분되어 있는데도 말이다. 연예인의 이름을 딴 브랜드 향수는 항상 향수병에 붙어 있는 사진 속 유명인의 성별에 맞추어져 있었다. 그리고 남녀 공용 향수는 오히려 더 비싸고 쉽게 사기가 어렵다. 스태쉬를 만든 조향사들은 니치 퍼퓸머리, 디자이너 향수, 연예인 향수를 조향했던 경험이 있었고, 마침내 여기서 기절초풍할 만한 놀랍고 충격적인 향수를 탄생시켰다. 사라 제시카 파커는 향수 제조에 적절하고 적극적으로 참여했으며, 모든 향수가 소유할 만한 가치가 있다. 그리고 특히, 가격이 정말 싸다. **SM**

| 길을 벗어날 줄 안다는 것 | 스파이시 우드는 독창적인 노트로, 약간의 향신료 내음과 특이한 나무 향이 섞여 조금 별난 구석이 있다. 위에서 소개한 스태쉬는 평범함을 벗어난 향기를 맡기 위해 비싼 돈을 들일 필요가 없다는 증거다. 샌달우드 콜로뉴 역시 그 이름에도 불구하고, 트럼퍼의 색다른 접근방식 덕분에 익숙한 단일 나무 향을 다룬 부분이 아니라, 여기 룰 브레이커 집단에 넣을 만했다. 세상을 뒤집어버리고 싶은 기분이 들 때 하나 골라보시라. |

GREEN

그린

팻 일렉트리션　에따 리브르 도랑쥬
(Fat Electrician by Etat Libre D'Orange)

뜨거운 전선과 흙 묻은 나무 냄새 | 조향사 앙투안 메종디외^{Antoine Maisondieu} | ££

향수에 팻 일렉트리션이라는 이름을 붙이면 분명 관심을 끌겠지만, 헐렁하게 걸쳐 입은 작업복 틈으로 보이는 엉덩이보다 훨씬 더 즐길 거리가 많은 향수다. 팻 일렉트리션은 놀랄 만큼 매력적인 베티베르로 시작해서 끝난다. 촉촉한 흙내음, 싱그러운 풀내음, 거칠거칠한 나무 향기는, 깔깔하면서도 부드러워 살짝 그을린 금속 케이블과 작업복 사이로 언뜻 보이는 가슴 털을 떠올리게 한다. (나만 그런가? 아니면 여기가 너무 더운가?) 남자다움 속에 부드러운 달콤함이 깔려 있고 크림과 마롱 글라세⁰⁴노트가 턱수염이 난 채 구슬땀을 흘리는 영웅의 섬세한 면모를 더한다. 어쩌면 그는 달콤함을 아껴두었다가 집에 도착해서 관자놀이에 묻은 땀, 구리선과 불꽃의 냄새, 자신의 체취를 그대로 놔둔 채, 사랑하는 통통한 얼룩 고양이 친구 팻 태비를 쓰다듬고 있을지도 모르겠다. **SS**

부아 드 아드리앙　구딸 (Bois d'Hadrien by Goutal)

숲속에서, 무화과 잎사귀에 뒤덮인 채로 | 조향사 까밀 구딸^{Camille Goutal} | ££

조향사 커뮤니티를 떠들썩하게 만드는 방법: 브랜드의 이름과 포장을 동시에 변경한다. 그 브랜드는 설립자의 이름을 딴 아닉 구딸이고, 클래식한 타원형 유리병은 촌스러워 보이기 시작했다. 하지만 멋진 향기가 그대로 남아 있는 한 괜찮을지어다. 부아 드 아드리앙은 이자벨 도옌이 만든 오 드 아드리앙의 다음 세대다. 분명 프루티 노트가 있는데도 드라이하고 우디한 향이 나서 아주 흥미롭다. 오프닝의 싱그러운 그린 노트는 구딸이 아이비라고 했지만, 유행을 타고 있는 무화과 노트에 좀 더 가깝고 노골적으로 강렬한 향이 아니라, 낙엽에 부드럽게 싸여 있는 잘 익은 과일의 향긋함이 느껴진다. 향수를 뿌리고 20분 정도 지나면 내가 내 팔을 감싸 안고 싶어진다. '부아(숲)'의 경우 싱그러운 이탈리아 소나무 숲이다. **SM**

운 자르뎅 수르닐　에르메스

(Un Jardin Sur Le Nil by Hermès)

해가 떠오르는 초록빛 정원 | 조향사 장 클로드 엘레나[Jean-Claude Ellena] | ££

나일강의 무성한 식물 섬에서 영감을 받은 운 자르뎅 수르닐은, 물, 고요함, 멀리 떨어진 이국적인 땅, 아득한 옛날부터 흐르던 강 자체가 주는 신비로움을 포착한, 묘한 즐거움을 선사한다. 장 클로드 엘레나는 특유의 부드럽고 매끄러운 조합으로 한 폭의 수채화를 완성한다. 섬의 새벽은 자몽, 히아신스, 이국적이고 통통한 망고 향기가 가득하다. 쾌활하게 도드라지는 레몬처럼 상큼한 토마토 잎사귀와 흙이 묻은 당근 향기 사이로, 싱그러운 그린 노트와 초목의 풋풋한 내음이 언뜻언뜻 수줍게 모습을 드러낸다. 맑고 가벼운 수련은 잔물결을 따라 강물에 비친 모습이 일렁거린다. 오솔길을 따라 야생화가 옹기종기 피어 있고 숲에 무성한 나무에서 새들이 떼지어 합창하는 소리가 들린다. 그리고 강가의 공기는 목가적인 섬의 낙원이 가진 가장 좋은 향기만 실어 온다. **SS**

알바 디 서울　산타 마리아 노벨라

(Alba di Seoul by Santa Maria Novella)

고요한 서울의 소울을 담아 | 조향사 미공개 | ££

피렌체에 있는 산타 마리아 노벨라 매장을 방문하면, 적어도 한 무리의 한국 단체 관광객과 마주치게 될 것이기 때문에, 그들의 수도에서 영감을 받은 향수를 출시하는 건 현명한 생각이다. 서울의 영혼을 제대로 표현했는지는 모르겠지만, 내 한국인 친구는 멋진 시도였다고 생각했다. 소나무 사이사이 아늑하게 걸린 옅은 안개, 폭신하고 부드러운 흙내음, 숲의 정령이 느껴진다. 향기는 마치 꿈처럼 가볍게 스쳐 지나가고 아리송하며, 은은한 인상을 주기 위해 만들어졌다. 동아시아에서는 개인적 거리보다 더 멀리 향수 냄새가 퍼지게 하는 행동을 무례하다고 생각한다. 알바 디 서울은 향수를 뿌린 기색은 느껴지지만, 잔향이 경계를 넘어서지 않는다. 예의 바른 사람이 되고 싶다면 알바 디 서울이 제격이다. **SM**

그린우드 속으로　　숲에서 영감을 받은 그린우드 향수는 아득히 오래된 오크 향보다 늘 푸른 상록수와 묘목의 향기가 더 많이 난다. 고풍스러운 가구가 아니라 살아 있는 나무 내음이다. 발밑에는 따뜻한 온기가 느껴지는 흙이 있고, 여름날 햇살을 피하듯이 푸른 향기가 물씬 풍기는 허브, 풀잎, 그린 망고, 상쾌하고 시원한 솔잎이 있다.

CITRUS

시트러스

운 자르뎅 메디테라네　에르메스
(Un Jardin En Méditerranée by Hermès)

햇살이 반짝이는 바다를 바라보며 | 조향사 장 클로드 엘레나[Jean-Claude Ellena] | ££

운 자르뎅 메디테라네는 지중해의 알 프레스코 아침 식사에서 풍기는 향을 병에 담았다. 소나무와 사이프러스 노트가 전체적으로 감싸는 가운데, 먹기 좋게 자른 조각, 잔에 담긴 주스, 주위에 자라고 있는 나무에 오렌지 향기가 가득하다. 하지만 진정한 스타는 무화과 잎이다. 무성하게 우거진 초록빛과 황금빛 건포도 한 줌이 어우러진 섬세한 프루티 노트는, 오렌지의 풍미에 상큼한 라임을 더해 집으로 가져가 언제든지 그곳으로 돌아가고 싶을 때마다, 마개를 열고 지니를 부르게 만든다. 조향사 장 클로드 엘레나가 후각의 수채화를 한 점 더 그렸고, 그림 속으로 들어가 살고 싶다. **SS**

더 섹시스트 센트 온 더 플래닛 에버(I.M.H.O.)　4160 튜즈데이즈
(The Sexiest Scent on the Planet. Ever. (I.M.H.O.) by 4160Tuesdays)

완벽한 파트너 | 조향사 사라 매카트니[Sarah McCartney] | ££

I.M.H.O는 '저, 제 생각에는 말인데요[In My Humble Opinion]'의 약자로 진지하게 받아들이라는 의미는 아니었다. 2013년 진 마스터클래스에서 손님들이 취향에 맞게 조향할 수 있도록 이름 없는 배경 향수로 만든 것이다. 몇몇 사람이 이걸 그대로 집에 가져가도 되겠냐고 물었을 때, 향기가 너무 섹시해서 자연스럽게 더 섹시스트 센트 온 더 플래닛 에버라는 이름이 붙었다. 처음 병에 담기 시작한 이래 런던의 자그마한 아르티장 퍼퓨머리에서 가장 잘 팔리는 향수가 되었다. 단순하게 네 가지 원료로만 만들었는데, 그걸 어떻게 아냐고? 내가 했거든. 베르가못 에센셜 오일에 바닐린을 섞어 만든 레몬 머랭은 향긋하고 고소한 향기가 나고, 살짝 알싸한 스파이시 우드 앰버 노트는 시간이 지날수록 부드러움을 더한다. 이게 섹시하다고? 상냥하고 단순하며 무해한, 바로 우리가 누군가와의 관계에서 찾는 느낌이라 그렇지 않을까? **SM**

카르마 러쉬 고릴라 퍼퓸 컬렉션
(Karma by Gorilla Perfume for Lush)

히피 운전사의 향기 | 조향사 마크 콘스탄틴[Mark Constantine] | £

1996년부터 2010년까지 러쉬의 카피라이터로 일하면서 마크 콘스탄틴에게 카르마에 얽힌 이야기를 직접 들었다. 간략하게 여기 소개해본다. 도싯의 풀[05]에서 러쉬 팀이 첫 번째 회사였던 코스메틱 투 고를 운영하고 있던 어느 날, 밴 운전사가 불법주차 딱지를 받았다. 하지만 이 온화한 영혼은 주차 관리인에게 화를 내지 않았다. 우주가 자신의 행동에 벌을 내릴지도 모른다는 이유로, 슬픔과 나쁜 감정을 나누는 걸 걱정했기 때문이다. 그러고는 다 자신의 업보라고 낙담 섞인 목소리로 말했다. 카르마는 그 운전사에 대한 존경을 담아 만들었다. 러쉬는 항상 긴장을 풀어주는 효능뿐만 아니라 좋은 향기를 위해서도 에센셜 오일을 사용한다. 기운을 북돋는 오렌지, 균형을 잡아주는 라벤더, 흙내음이 나는 파촐리, 그리고 우리는 항상 그들이 언급하지 않은 샌달우드가 적당히 들어갔다고 생각한다. 회의에 제조법을 가져왔겠지만 난 한 번도 본 적이 없고, 조향사들이 공유하기로 선택한 것만 들었을 뿐이다. 카르마는 향수 그 이상이고, 좋은 에너지를 위해 코에 거는 마법의 주문이다. **SM**

로 타우어 (L'Eau by Tauer)
완벽한 순간을 떠올리며 | 조향사 앤디 타우어[Andy Tauer] | £££

'로'라는 이름에서 여러분은 클래식 콜로뉴를 기대할지도 모르겠다. 하지만 그 대신 따뜻한 여름날 산들바람에 흩날리는 부드러운 꽃잎, 푸른 하늘, 톡톡 터지는 갓 짠 세인트 클레멘츠, 소박한 나무 데크 위에 있는 머스크와 마시멜로의 부드러운 깃털 침대가 느껴진다. 앤디는 취리히에 있는 집의 발코니에 활짝 피어난 레몬 나무에서 영감을 받았다고 했다(따라서, 레몬 나무가 아주 작았거나 발코니가 무척 컸을 것이다). 발코니에서는 생각지도 못했던 아이리스 향기가 함께 불어온다. 이런 게 대형 브랜드에서 만든 완벽한 무드보드를 위한 향수와, 자신이 사랑하는 장소들을 다정하게 공유하며 만드는 인디 조향사의 향수의 차이다. **SM**

시트러스와 우드 - 절친	사랑스럽지 않은 게 뭐지? 시트러스 과일 + 우디 향 = 뿌리기 편함의 공식은 늘 진리다. 향수 세계의 딸기와 크림, 피시 앤 칩스, 홍차와 비스킷이다. 오렌지 노트가 샌달우드와 잘 어울리는가? 그럼. 레몬 노트와 시더우드는? 당연하지. 베르가못 노트는 천연이나 현대적인 합성 우디 향과 잘 어우러지는가? 물론, 그렇고말고 향기로운 히피부터 실크를 걸친 초시크한 요트 주인까지, 시트러스 우드 향수는 조화로운 유대감을 형성한다.

MUSK

머스크

동물성 머스크는 수천 년 동안 조향에 사용되었다. 1800년대 후반 화학자들이 합성 머스크를 발견했다. 과학의 발전에 무한한 감사를 표하는 바다. 천연 머스크 향을 재현하면서도 잔인함은 피했고 생산 가격이 훨씬 낮았기 때문에, 세제가 발명되었을 때 자연스럽게 그들의 선택을 받았다. 깨끗한 빨래에서 풍기는 향기가 사향노루의 냄새에서 영감을 받았다고 생각하면 좀 이상하지만, 향수의 역사가 원래 그렇다.

우리는 애니멀릭한 머스크 향이 도드라지는 향수와 깨끗한 수건처럼 부드럽고 보송보송한 향수를 골랐다. 이 장에서는 순수하고 단순한 머스크 향수뿐만 아니라, 옷을 한 겹씩 천천히 벗을 때마다 머스크의 부드러움이 드러나는 플로럴 또는 우드 노트와 블렌딩한 머스크 향수도 함께 소개한다.

소프트 머스크   에이본
(Soft Musk by Avon)
솔직 담백한 플로럴 머스크 | 조향사 미공개 | £

에이본의 이 클래식 베스트셀러는 1980년대에 출시되었고, 향기를 추종하는 충성스러운 애호가 무리 덕분에 원래 모습을 그대로 유지하고 있다. 사실 최근에 릴리 소프트 머스크와 바닐라 소프트 머스크가 라인업에 합류하긴 했지만 말이다. 소프트 머스크는 1980년대 느낌이 난다. 오리엔탈 오일이 절정을 누리던 1970년대의 유물처럼. 이름에 알맞게 부드러운 머스크 향이 느껴지지만, 복숭앗빛 장미와 짙은 재스민, 파우더리 노트가 더해져 아기 같은 보드라움을 비롯한 여러 다채로운 매력을 보여준다. 에이본이 연인에게서 느껴지는 매혹적인 향기라고 묘사했음에도 불구하고, 소프트 머스크는 담백하고 깨끗해서 수수하게 걸친 카디건이나 화려한 꽃무늬 원피스에 모두 잘 어울린다. 머스크 향이 내내 이어지고, 포근한 바닐라가 감싼 후추 향이 어스름하게 불어온다. 처음부터 끝까지 머스크, 머스크. **SS**

베이비 파우더   데메테르 향기 도서관
(baby Powder by Demeter Fragrance Library)
베이비 파우더를 바른 아기 냄새 | 조향사 미공개 | £

베이비 파우더는 다른 데메테르 향수와 마찬가지로 라벨에 적힌 이름과 설명 그대로다. 이번에는 메리 포핀스[01]의 효율성을 더해 약속을 지킨다. 다른 향수와 겹쳐 뿌리거나 '강조'하는 데 이상적이며(특히 장미와 아이리스에 잘 어울린다), 베이비 파우더는 당연히 베이비 파우더 냄새가 난다. 건조기에서 방금 꺼낸 도톰하고 새하얀 수건처럼 순수한 부드러움이 느껴진다. 익숙하면서도 애매한 꽃향기가 요정처럼 떠다니는데, 수건을 부드럽게 만드는 섬유유연제 냄새 같기도 하다. 베이비 파우더는 파우더를 바르고 살짝 입김으로 불어낸 자그마한 아기 발만큼 보드랍다. **SS**

화이트 머스크 더바디샵
(White Musk by The Body Shop)

단순한 머스크 그대로 | 조향사 그레이엄 브러운^{Graham Brown} | £

부드럽지만 지속력이 강한 화이트 머스크는, 수십 년 동안 더 화려하고 훨씬 비싼 머스크 향수 사이에서 살아남았고, 여전히 선반 위에 놓일 자격이 있다. 바디샵이 새롭고 독립적이며 놀라울 정도로 멋졌던 1980년대에, 지금은 러쉬를 소유하고 이끌어가는 팀이 창업자 어니타 로딕을 위해 화이트 머스크를 만들었다. 그들은 바디샵의 베스트셀러인 아이스 블루 샴푸와 코코아 버터 바디 로션도 만들었다. 화이트 머스크는 당시 모든 10대 소녀의 생일 선물이었고, 박제할 소셜미디어가 없었음에 감사하며 몇십 년 후에도 기억할 거라고는 아무도 기대하지 않았던 추억을 떠오르게 하는 힘이 있다. 머스크 노트는 부드럽고 보송보송하다. 플로럴과 바닐라 노트는 복잡하지 않고 은은하게 머스크 주위를 맴돈다. **SM**

케이티 페리 인디 케이티 페리
(Katy Perry's Indi by Katy Perry)

달 뜬 열기를 차분히 가라앉히고 | 조향사 캐롤라인 사바스^{Caroline Sabas} | £

케이트 페리 인디는 10대들의 우상인 케이티 페리의 큰 변화다. 무채색의 포장 상자와 모두에게 존재감을 드러내는 향기로, 인디는 독립적이거나 개인적이거나 원하는 이미지는 뭐든 의미할 수 있다. 중요한 건 광고 속 다양한 얼굴들이 보여주는 포용력이다. 페리의 이전 차트 히트곡처럼 인디는 뜨거우면서도 차갑다. 화이트 티 노트가 시원하게 청량감을 유지하고, 열 가지 서로 다른 머스크 노트가 함께 어우러져 포근함을 선사하며, 깨끗한 녹차 노트가 깔끔함을 더한다. 꽃봉오리 몇 송이가 눈에 띌 수도 있지만, 나한테는 더운 여름 달아오른 피부를 시원하게 식혀주는 동시에, 서로 안아주며 친절해지고 싶어지게 만드는 머스크 향수다. 잘했어, 케이티! **SS**

화이트 머스크

머스크는 조향에서 아주 중요한 원료이기 때문에, 19세기 화학자들이 향수 원료를 만들 수 있다는 사실을 발견하자마자, 천연 머스크 향을 재현하려는 움직임이 시작되었다. 연금술사가 납을 금으로 바꾸려했던 것과 같은 연구가, 빅토리아 시대에 있었던 것이다. 하지만 연금술사와는 달리 화학자는 성공했고, 인공 머스크는 최신 유행 향수에 섞여 들어가기 시작했다. 그리고 지금도 여전히 부드러운 향기와 함께 향수의 잔향성을 높이는 고정제로 사용하고 있다.

머스크 알리샤 애쉴리 (Musk by Alyssa Ashley)

히피의 역사와 함께한 머스크 | 조향사 미공개 | £

나눔과 배려의 히피 시대인 1970년대, 동양적인 느낌이 나는 싱글 노트 향수가 인기를 끌었다. 향수의 유행은 동양 철학의 트렌드를 따랐고, 이는 머스크, 샌달우드, 파촐리 오일에 대한 사랑으로 이어졌다. 이렇게 동서양이 뒤섞인 문화 속에서 알리샤 애쉴리의 머스크가 탄생했다. 오일로 시작해서 지금의 스프레이 콜로뉴로 발전을 거듭했고, 모든 향수 진열장에 놓여야 할 정도로 교과서적인 머스크 향기를 지니고 있다. 희미하게 가까이서 휘감기는 매혹적인 향기와 함께, 머스크는 관능적이면서도 편안한 이중적인 느낌이 든다. 오랫동안 머무른다면 그리 나쁜 조합은 아니다. 통카 노트가 부드럽고 폭신한 담요로 감싸는 동안 머스크 노트는 미세한 파우더와 함께 깨끗한 빨래의 향긋함을 선사한다. 재스민, 제라늄, 장미 노트가 희미하게 고전미를 더한다. 오크모스가 닻을 내려 단단히 붙들고, 매끄럽고 고급스러운 아이리스 노트가 한층 더 부드럽게 감싼다. 오랫동안 인기를 끌 수밖에 없는 머스크 향수다. **SS**

화이트 린넨 에스티로더 (White Linen by Estée Lauder)

여성스러운 머스크의 대모 | 조향사 소피아 그로스만^{Sophia Grojsman} | ££

화이트 린넨은 비누 향이 나는 플로럴 알데히드가 향기로운 구름에 실려 영국 전역을 떠다니던 1978년에 출시되었다. 내가 시프레를 시작으로 얼마나 멋진 향인지 깨닫게 되기 전, 한때 저항했던 곰팡내 머스크 향기를 가지고 있다. 화이트 린넨은 미국 출신이지만, 하얀 천막이 드리워진 가든파티에 참석한 영국 숙녀들같이 전형적인 영국 스타일을 보여준다. 깨끗한 린넨이 떠오르는 것은 말할 필요도 없고, 아름다운 영국 숙녀들이 겨우 버틸 수 있을 만큼 더운 여름날, 얼굴에 바른 파우더나 목에 건 진주목걸이와도 완벽하게 어울린다. 깨끗하고 하얀 비누 내음이 퍼지면서 하늘처럼 가볍게 흩날리는 봄꽃의 향기가 이어진다. 하지만 더 가까이 다가가면 플로럴 시프레 노트가 커다란 꽃다발을 만들고, 오크모스 노트는 촉촉한 흙내음이 나는 초록빛 오아시스로 꽃을 더 빛나게 한다. 오랫동안 지속되는 머스크 플로럴 어코드는 금방 알아차릴 수 있고 일단 그걸 알게 되면 자주 찾고 친해지다 결국 사랑하게 될 것이다. **SS**

합성 머스크

안전한 합성 머스크는 투명한 액체, 분말, 때로는 단단한 얼음 같은 결정질 구조 상태로 실험실에 도착한다. 향기 화학자가 머스크의 부드럽고 파우더리한 향을 기반으로 다른 효과를 내는 분자를 발명하면, 조향사는 팔레트에 새로운 노트를 추가한다. 향수에서 미묘하게 빈티지한 느낌이 난다면 지난 수십 년 동안 발견한 다양한 머스크 노트가 들어있기 때문일 수 있다.

브와 파린 라티잔 파퓨미에르
(Bois Farine by L'Artisan Parfumeur)
구운 비스킷 내음이 나는 우드 | 조향사 장 클로드 엘레나^{Jean-Claude Ellena} | ££

브와 파린은 '밀가루 나무'라는 의미다. 깔끔하게 닦아 오늘의 패스트리를 만들 준비가 된 커다란 나무 테이블 위에 놓인, 향신료를 섞은 반죽에서 나는 아늑하고 사랑스러운 향기가 떠오른다. 브와 파린의 노트 목록이 보도 자료로 세상에 나왔을 때, 얼굴색 하나 바꾸지 않고 속임수를 쓰고 있다는 의심이 들게 했다. 펜넬, 아이리스, 구아이악우드라고? 아니, 저기요, 좀! 하지만 그게 향수의 세계다. 허브, 꽃, 나무를 완벽하게 조향할 수 있다면, 프랑스 아르티장 베이커리에서 알싸한 향신료가 들어간 비스킷 반죽의 향을 만들어낼 수 있다. 2003년에 출시되었을 때 브와 파린은 다른 어떤 향수와도 달랐고, 여전히 비스킷 내음이 나는 걸작으로 우뚝 서 있다. SM

레르 드 리앙 밀러 해리스 (L'Air de Rien by Miller Harris)
느릿느릿 조용히 다가오는 유혹 | 조향사 린 해리스^{Lyn Harris} | ££

아무것도 없는 공기라는 의미의 레르 드 리앙은, 배우 제인 버킨을 위해 제인과 함께 만들었다. 무심한 파리와 런던에서 제인의 시크함을 포착하고, '침묵이 주는 분위기'를 병에 담으려는 목적이었다. 린 해리스가 성공했는지는 개인의 판단에 맡기거나 제인 버킨에게 물어봐야 할지도 모르겠다. 우리는 이 향수를 떠올리려 애쓸 때, 모호함만 감도는 보헤미안적인 기억을 포착했다는 점만 느껴진다. 내가 옛날에 그 파티에 갔다가 정말로 그 아파트에서 일어났던 일인가? 레르 드 리앙은 선반 위 책에 쌓인 먼지, 어제 피우고 남은 선향 같은 머스크 인센스, 시프레 노트의 전형적인 프랑스산 파우더 퍼프 냄새가 난다. 아늑한 앰버 노트는 조향사 친구와 내 열두 살짜리 아들이 똑같이 묘사한 '부드러운 면 플란넬 베갯잇'이 가장 적당한 표현이다. 나도 과거가 있었다는 사실을 떠올리기 위해 이 향수를 뿌리는 걸 좋아한다. SS

뮤스크 앙상세   아이데스 데 베누스타스 (Musc Encensé by Aedes de Venustas)
여러 가지가 뒤섞인 뮤스크 | 조향사 랄프 슈비거^{Ralf Schwieger} | £££

뮤스크 앙상세는 일부러 애매하게 지은 이름으로 큰 소리로 발음하면 인센스나 광기라는 단어처럼 들릴 수 있다. 소맷자락에 몇 가지 속임수를 감춘 향수라 그 장난스러운 이름이 아주 잘 어울린다. 뮤스크 앙상세는 경건한 교회 인센스 향이 배어 있는 부드럽고 고급스러운 스웨이드로 자신을 표현하지만, 몰려드는 히피스러운 클라리세이지와 깨진 보도블럭 사이 삐죽이 솟은 풀잎의 싱그럽고 짙은 푸릇함을 지울 수 없다. 이 반항아들의 손길은 점잖은 겉치레를 걷어내고 단정하게 단추를 채운 셔츠 아래 숨겨진 관능적인 머스크 노트로 우리를 데려간다. 신사 클럽의 묵직한 내음과 매혹적인 전율의 향기를 모두 가지고 변덕스럽게 장난치는 뮤스크 앙상세는 오랫동안 잠자고 있던 생각을 일깨우고 눈을 반짝거리게 한다. **SS**

몰리큘 02   이센트릭 몰리큘스
(Molecule 02 by Escentric Molecules)
매끄러움 중에 매끄러움 | 조향사 게자 쇤^{Geza Schoen} | ££

몰리큘 02는 단일 분자 화학향료인 암브록산으로 만들었다. 그 자체로도 은은하게 빛나는 향기가 나며, 조향의 발산력^{blend projection}을 높이고, 더 오래 지속되게 한다. 자연에서는 앰버그리스에서 추출할 수 있다. 꽤 신비한 향이지만 상대적으로 무척 비싸다. 천연 장미 에센스 오일이나 수선화 앱솔루트만큼 비싸진 않지만, 오렌지 에센셜 오일보다는 열배 정도 비싸다. 몰리큘 01이 놀라운 성공을 거둔 이후 어떻게 해야 했을까? 암브록산을 병에 담기로 한 건 좋은 아이디어였다. 비록 많은 조향사가 여러 개의 향수를 겹쳐 뿌려 취향대로 섞는 '레이어링'에 공포를 느끼지만, 몰리큘 02가 정말 좋은 향수인 이유는 레이어링에 적합하기 때문이다. 후각용 프라이머처럼 사용해보자. **SM**

베이 럼   지오 F. 트럼퍼 (Bay Rum by Geo. F. Trumper)
가장 깔끔하고 개운한 머스크 | 조향사 미공개 | £

처음부터 끝까지 희미한 카네이션 내음이 섞인 클로브 노트가 느껴진다. 그리고 빻은 월계수 잎사귀 향도 마찬가지다. 베이 럼의 스파이스 노트는 강렬하다. 내가 애프터 쉐이브를 쓰는 사람도 아니고 이건 신사를 위한 전통적인 스타일의 콜로뉴라서, 단순한 호기심에 Basenotes.net에 올라온 다른 후기를 살펴봤다. 모두 갖가지 의견을 내놓고 있었다. 클로브 애호가들은 베이 럼을 찬양했고, 클로브를 싫어하는 사람들은 질색했다. 게다가 베이 럼은 '콜로뉴'라는 단어에 대한 대서양을 가로지르는 전형적인 생각의 차이로 고통받고 있었다. 유럽에서는 향이 강하지 않고 금방 사라지는 스플래시를 의미하지만, 미국에서는 남성용 향수를 뜻하며 몇 시간이고 지속된다. 전통적인 향수 기업 대다수가 베이 럼 같은 향수를 만들고 있고, 그것들은 향이 약하지만 '오, 이거 완전 대박인데?'라는 소리가 절로 나올 것이다. 지속력은 머스크가 부드럽고 점잖게 꼭 잡고 있다. **SM**

뮤스크 라바줴   에디션 드 퍼퓸 프레데릭 말

(Musc Ravageur by Editions de Parfums Frederic Malle)

황홀하게 취하는 머스크 | 조향사 모리스 루셀^{Maurice Roucel} | £££

마스터 조향사에게 브리핑 없이 전권을 주면 어떻게 될까? 프레데릭 말이 딱 그랬다. 단종되어 많은 사람의 애도를 받은 구찌의 엔비와 전설적인 겔랑의 인솔런스 같은 대중적인 클래식을 선보인 모리스 루셀은, 평소처럼 뛰어난 솜씨로 뮤스크 라바줴를 만들었다. 그 결과 찐팬을 가진 컬트 클래식이 탄생했다. 이건 모기약 냄새가 아니라 방금 씻고 나온 연인의 상쾌함과, 선잠을 자고 있던 상대의 체취가 묻은 베개 내음이 섞인 향기가 난다. 라벤더와 시트러스 노트가 오프닝에서 엄청나게 깔끔한 향기를 선사하고, 곧 가까이 누운 연인의 살결에서 느껴지는 체취로 녹아든다. 깨끗함과 잠들기 전 보이는 목 뒷덜미처럼 아주 사적인 체취가 뒤섞여 있는 아주 매력적인 향수다. 새로운 짝사랑 상대가 내 코트 위에다 자기 코트를 올려두었다고 상상해보자. 그리고 몰래 옷깃 냄새를 맡아보는 거지. 황홀하도다! **ss**

애니멀릭 향수	향수에서 머스크는 원래 동물로부터 얻던 원료를 설명하기 위해 사용하는 단어인 "애니멀릭"한 원료로, 결코 호랑이 굴 같은 냄새가 나지 않는다. 애니멀릭 노트는 현재 대부분 합성원료로 만들고 일부는 여전히 동물에게서 얻는다. 밀랍이나 앰버그리스 분자처럼 부드럽지만, 너무 강렬하기도 해서 실수로 과하게 넣으면 쓰레기통 같은 냄새가 날 수도 있다. 사람들은 보통 머스크 향기를 악취를 뿜는 동물 냄새를 떠올리는데, 사실 부드러운 파우더 향기가 난다.

독특한 동물의 냄새를 풍기는 원료로는 비버가 영역을 표시하기 위해 분비하는 물질로 가죽 냄새가 나는 카스토레움, 비슷하지만 사향고양이한테서 얻는 시벳, 작고 귀여운 바위너구리 무리의 배설물이 오랫동안 응고된 이라세움 등이 있다. 전부 사실이다.

"그런데 대체 누가 그걸 쓸 생각을 했을까?"라는 질문이 떠오른다. 어느 시점에서 어떤 인간이 우연히 비버의 향낭을 줍고 "오, 향수에 넣어봐야지!"라고 생각했는지는 아무도 모르지만, 이런 애니멀릭 노트는 아주 조금만 넣어도 향수의 잔향성을 높여준다. 요즘에는 동물성 원료를 대체한 다양한 애니멀릭 합성원료를 사용한다.

FLORAL

플로럴

NARCISO

나르시소   나르시소 로드리게즈 (Narciso by Narciso Rodriguez)

머스크와 우드의 모던 클래식 | 조향사 오헬리엉 기샤르[Aurelien Guichard] | ££

백화점 진열대에 놓인 수많은 디자이너 브랜드 향수 중에서 어디서부터 시작해야 할까? 우리는 완벽하게 즐거웠지만, 특별히 기억에 남지 않았던 향수를 많이 조사했다. 나르시소는 집에 가져가고 싶어지는 무언가가 있다. 하얀 향수병과 향기는 깊고 어두운 실크처럼, 부드러운 연기 한 줄기와 우아한 꽃잎과 함께 짙은 나무 향을 숨기고 있다. 독특하거나 특이하지 않고 누구도 나르시소를 뿌린 다음, 향수의 세계를 다시 생각하지 않는다. 그저 좋은 향기만 난다. 미국의 디자이너 나르시소 로드리게즈의 드레스는 단순하고 유행을 타지 않으며 아름답게 빛난다. 거기에 어울리는 향이다. SM

PARLE MOI
DE PARFUM
PARIS-GRASSE

TOTALLY WHITE / 126

토탈리 화이트 / 126   팔레 모이 드 퍼퓸

(Totally White / 126 by Parle Moi de Parfum)

파리에 대해 말해주세요 | 조향사 미셸 알마이락[Michel Almairac] | £

토탈리 화이트는 봄날 아침의 파리 몽소 공원으로, 활짝 핀 꽃 향기가 공기를 가득 채운다. 생생하고 상쾌하며 부드럽고 가볍다. 개선문 주변을 달리는 자동차 소리도 들리고 우아한 노부인들이 강아지를 산책시키는 모습도 보인다. 구찌의 러쉬, 라티잔의 볼뢰르 드 로즈, 그리고 심각하게 저평가된 나오미 캠벨의 캣 디럭스를 만든 조향사에게 우리는 뭔가 대단한 걸 기대한다. 이 향수의 경우, 파리에서 가장 세련된 공원에서 반짝거리는 옅은 자줏빛 꽃에서 피어오르는 시원한 아침 안개 같다. 팔레 모이 드 퍼퓸은 "향수에 대해 말해 주세요"라는 뜻으로 "음, 그러니 당신에 대해 말해주세요"라는 의미다. 니치 향수 브랜드지만 가격이 합리적이다. 마스터 조향사들은 그들의 향수가 지나치게 비싼 값에 팔리는 건 생각도 하지 않고, 더더구나 최상급의 순수 천연원료를 써서 조향했다고 여기저기 떠벌리지도 않는다. 최고의 향수를 만드는 것은 원료가 아닌 자기 자신이라는 사실을 잘 알고 있기 때문이다. SM

플레르 드 뽀 딥디크
(Fleur de Peau by Diptyque)
솜털 이불처럼 편안한 머스크 | 조향사 올리비에 페슈Olivier Pescheux | £££

지금까지 세 개의 플레르 드 뽀 향수가 출시되었으며, 이 책에는 두 개가 실려 있다(63쪽 참조). 플레르 드 뽀는 '피부의 꽃'이라는 의미인 동시에 약간 불안하고 예민한 사람을 뜻하는 훌륭한 이름이다. 딥디크의 플레르 드 뽀는 계속 '플레르 드 뽀'한 사람을 차분하게 달래기 위해 만들어진, 피부에 뿌리면 코에서 작용하는 진정제처럼 느껴진다. 톡톡 튀는 핑크 페퍼와 겹겹이 쌓인 다양한 꽃, 장미, 아이리스가 조화롭게 어우러지고, 아늑한 머스크 담요가 부드럽게 감싸고 있다. 플레르 드 뽀를 뿌려 편안한 부드러움이 여러분을 일상에서 겪는 가시 돋친 말과, 종이에 손을 베이는 위험에서 보호할 수 있도록 하자. SM

글로우 제니퍼 로페즈
(Glow by Jennifer Lopez)
깨끗함으로 환하게 빛나는 | 조향사 루이스 터너Louise Turner | £

J.LO Glow라는 별명을 가진 글로우는 현대 연예인 향수 중 가장 이른 시기(2002년)에 출시되었고, 폭발적인 판매고는 이후 물결처럼 이어진 유명인의 향수 출시에 영향을 주었다. 글로우는 지금도 여전히 인기가 많은데, 급변하는 유행에 따라 얼마나 많은 향수가 등장했다 사라지는지 생각해보면 꽤 놀랄 만한 일이다. 글로우의 성공은 아마도 보편적인 깔끔함, 비누 내음, 막 씻고 나온 듯한 상쾌함이 느껴지는 향기 때문일 것이고, 나는 아직 그런 향긋함을 싫어하는 사람은 만나본 적이 없다. 샴푸, 빨래에서 나는 머스크, 한없이 부드러운 플로럴 노트가, 스파에서 관리를 받고 난 피부에 광채를 선사하는 깨끗하고 새하얀 수건 속에 어우러져 있다. 달콤하지도, 끈적이지도, 독특하지도 않지만, 여러분이 원하는 것이 아름답게 빛나는 피부와 깨끗한 옷이라면 글로우를 뿌려보자. 향수병은 제니퍼의 노래 'Jenny from the Block' 스타일의 반짝이는 장식을 두른 길고 우아한 목을 닮았다. SS

뿌르 블랑카 에이본
(Pur Blanca by Avon)
옅은 분홍빛이 감도는 순백의 향기 | 조향사 해리 프리몬트Harry Fremont | £

2003년에 출시된 뿌르 블랑카는 나를 포함한 에이본 팬들에게 변함없는 사랑을 받고 있다. 오프닝은 프리지어 향기가 나비 날개처럼 가볍게 퍼져나간다. 곧이어 티 없이 맑고 깨끗한 워터민트와 수련이 시작부터 은은한 물 내음이 나는 플로럴 노트를 만든다. 장미와 소녀 같은 분홍빛 작약 노트가 섞이면서, 뿌르 블랑카는 방금 빨아 널어놓은 린넨과 닮아가기 시작하고, 창 밖에는 새들이 즐겁게 지저귀며 노래를 부른다. 작약이 활짝 피어나며 느껴지는 부드러운 머스크 향기를 맡으면, 산뜻하고 가벼운 요정이 된 기분으로 온종일 날아다니고 싶어진다. 내가 에이본 레이디[02]였다면 백설 공주에게 뿌르 블랑카를 권했을 것이다. SS

노아 까사렐 (Noa by Cacharel)

크림처럼 하얗고 부드러운 진주 에센스 | 조향사 올리비에 크레스프^{Olivier Cresp} | £

노아는 가볍고 깨끗한 향수가 대세이던 1990년대 후반 출시되었다. 진주 모양의 병에 진주 같은 구슬이 들어 있다. 진주는 노아가 선사하는 오팔 빛이 감도는 순백의 아름다움에 완벽하게 어울리는 보석이다. 헤어스프레이 같은 효과와 함께 은은한 프리지어, 깨끗한 화이트 머스크, 은방울꽃, 싱그러운 연둣빛 풀잎이, 투명하고 날아갈 듯 가볍다. 봄날의 천사가 부드럽게 잠을 깨우고 갓 내린 커피를 가져다준다. 그렇다. 노아의 아름다운 투명함 안에는 벨벳처럼 부드러운 커피 원두 한 알이 들어 있다. 커피 향은 활짝 피어나고 또 피어나다가 미들 노트에 자리를 내어주며 사라진다. 그 존재는 노아가 어떤 향수인지 알아보게 하면서도 역설적으로 도드라지지 않는다. 누가 어여쁜 플로럴 머스크에 커피 원두 향을 더할 생각을 하고 아름다운 향기를 만들었을까? 천재적인 올리비에 크레스프가 그랬지. ss

머스크 앤 프리지어 E. 쿠드레

(Musc et Freesia by E. Coudray)

순결해 '보이는' | 조향사 크리스토프 레이노^{Christophe Raynaud} | ££

아직 첫 키스도 하지 않은 맑고 깨끗한 청순미, 그게 머스크 앤 프리지아다. 영화 '악마는 프라다를 입는다'에서 미란다 프리슬리가 디스한 이후로 프리지어는 내게 바른 생활 소녀처럼 느껴진다. 프리지어를 가벼운 비누 내음이 나는 화이트 탈크와 섞으면 정숙하고 순결한 향기가 당신을 노후 연금, 집 열쇠, 매력적인 남편을 가진 신뢰할 만한 사람처럼 보이게 한다. 하지만 단정하고 고지식함 속에도 말하지 않은 무언가가 있기 마련이고, 머스크 앤 프리지어의 차분한 관능미를 과소평가하는 건 어리석은 일이다. 단정하게 여민 옷에 가려 드러나지 않는 가슴골의 주근깨처럼, 잘 보이지 않아도 관능미는 거기 그대로 있다. ss

플로럴 머스크	향수 매장에서 핑크색 진열대에 놓인 병을 무작위로 고른다면 플로럴 머스크 향수일 가능성이 높다. 흰색, 베이지색, 옅은 분홍색 박스에 담긴 향수라면 플로럴 머스크 향수일 확률이 크고, 플로럴 머스크 향수로만 책 한 권을 꽉 채워 쓸 수 있으며 그러고도 2편에 쓸 향수가 잔뜩 있다. 향기가 너무 좋고 세계적으로 유명한 조향사들이 만들었지만, 가격이 매우 저렴하므로 서랍 한가득 넣어두고 즐겨보자.

러블리 사라 제시카 파커 (Lovely by Sarah Jessica Parker)

이름값을 톡톡히 해내는 플로럴 머스크

조향사 로랑 르 게르넥[Laurent Le Guernec] 클레멘트 가바리[Clement Gavarry] | £

사라 제시카 파커는 크리에이티브 디렉터로 인정받을 정도로 러블리의 탄생에 적극적으로 참여했다. 러블리는 언제나 늘 그 자리에 있었던 것처럼 클래식한 향기가 난다. 당시에는 향수 시장에서 돋보이려고 위험을 감수했지만, 2005년부터 지금까지 우리 곁에 머무르는 걸 보면 확실히 성공을 거두었다고 할 수 있다. 라벤더는 허브 향이 나는 베르무트[03]와 주니퍼가 담긴 마티니와 함께, 숙녀처럼 깔끔하고 우아하다. 조금 특이한 선택이지만 효과가 있다. 묵직하고 매끄러운 난초로 시작해 깊고 진한 플로럴 노트가 이어진다. 파촐리와 로즈우드 노트가 라벤더, 보송보송한 머스크, 그리고 심지어 약간 짭쪼름한 소금이 어우러진 향기를 둥글게 둘러싼다. 종이에 써놓고 보면 이게 뭔가 싶겠지만, 비평가, 블로거, 향수 애호가가 모두 사랑스럽다고 말했다. 그 어려운 걸 해냈네. **SS**

화이트 티 엘리자베스 아덴
(White Tea by Elizabeth Arden)

시원하고 깔끔한 가벼운 머스크 | 조향사 캐롤라인 사바스[Caroline Sabas]
로드리고 플로레스 루[Rodrigo Flores-Roux] 기욤 플라비니[Guillaume Flavigny] | £

가장 투명하고 새하얀 보일 커튼을 걸쳐보라. 그것 말고는 가볍고 투명하며 시원한 화이트 티를 설명할 길이 없다. 자매품인 그린 티처럼 시원하고 깔끔한 느낌을 주지만 마치 보송보송한 흰색 스파 타월로 감싼 것처럼 더 부드럽고 더 향긋하다. 천사들이 거룩한 노래로 목욕시키고 방금 빨랫줄에서 걷어온 흰색 로브를 입힌 다음 머리에 성유를 발라준다. 투명한 커튼을 아직 걸치고 허브차 한잔을 마시며 이슬이 맺힌 정원을 걷는 것처럼 활력을 불어넣는 상쾌함도 느껴진다. **SS**

화이트 다이아몬드 엘리자베스 테일러
(White Diamonds by Elizabeth Taylor)

반짝이며 빛나는 여배우의 플로럴 머스크 | 조향사 카를로스 베나임[Carlos Benaim] | £

많은 사람이 고(故) 엘리자베스 테일러를 유명인 향수 트렌드의 기폭제였다고 생각한다. 진정한 테일러 스타일로 병목에 두른 반짝이는 보석 장식은, 이 향수를 가진 사람들에게 할리우드의 황홀함을 느낄 수 있게 한다. 꽃집을 통째로 옮겨놓은 듯한 향기는 쾌활한 1980년대 스타일을 연다. 알데히드 향기가 은빛 풍선처럼 터져 나오고 이어서 백합, 네롤리, 튜베로즈, 재스민, 수선화, 장미, 바이올렛, 제라늄, 카네이션 다발이 무지갯빛처럼 화려한 향기를 쏟아낸다. 그걸로는 충분하지 않다는 듯 눈부신 시프레 노트가 오크모스, 파촐리, 머스크와 어우러져 마무리한다. 엘리자베스 테일러의 화이트 다이아몬드는 스페인의 무적함대보다 잔물결이 더 길게 이어지며, 열 번의 할리우드 결혼생활보다 더 오래 남아 있다. 이 할미도 좋아한다우. **SS**

조반 머스크 포 우먼   조반 (Jovan Musk For women by Jovan)

가성비가 좋은 은은한 머스크 ｜ 조향사 미공개 ｜ £

조반의 조반 머스크 포 우먼은 누구에게나 잘 어울리는 클래식한 향기를 지니고 있지만, 눈에 잘 띄지 않는 잊힌 스타다. 여성스러운 플로럴 머스크로 희미하게 번지는 화사한 여름 허니석클과 크림 같은 바닐라 배경이 돋보인다. 부드러운 베이비 파우더의 독특한 느낌은 이 향기를 무해하면서도 중독성 있게 만든다. 콜로뉴다운 짧은 지속력에도 불구하고 익숙한 비누 내음처럼 곁을 맴돈다. 이제 반나절 정도 갓 세탁한 빨래 바구니를 찾기 시작할지도 모른다. 그게 바로 절대 실망하지 않을 교과서적인, 꼭 사서 향수 서랍에 넣어두어야 할, 머스크의 깨끗하고 건강한 향기이기 때문이다. **ss**

플레르 머스크 포 허   나르시소 로드리게즈

(Fleur Musc For Her by Narciso Rodriguez)

플로럴의 우아함을 더한 머스크

조향사 소니아 콘스탄트 Sonia Constant 칼리스 베커 Calice Becker ｜ ££

전설적인 조향사들이 선두에 나서면서 나르시소 로드리게즈의 플레르 머스크 포 허는 성공이 확실해졌다. 짙은 장미 향이 나지만 핑크빛 향수병은 장미와 작약 둘 다 스타처럼 돋보이게 하며, 눈부시게 여성스러운 광채를 선사한다. 부드럽게 속삭이며 불어오는 머스크와 초대하지 않았는데도 관심을 끌려는 신부 들러리처럼 우렁찬 프루티 핑크 페퍼가 고귀한 플로럴 노트를 솜씨 좋게 감싼다. 하지만 장미와 작약이 우아하게 피워내는 향기를 막을 수 있는 건 아무것도 없다. 어스름한 땅거미가 내려앉는 동안 시원하게 불어오는 앰버 노트가 마침내 그들을 공중으로 흩날려 보내고 새틴처럼 매끄러운 꽃잎은 아른거리며 연인의 체취에 자리를 내준다. **ss**

톰 2, 라 레제르떼   쟈딕 앤 볼테르

(Tome 2, LA Légèreté by Zadig & Voltaire)

힘들 때 손을 잡아 줄 머스크 ｜ 조향사 미공개 ｜ ££

쟈딕 앤 볼테르의 3부작 컬렉션 중 제2권은 '가벼움'이라는 부제가 붙었다. 그 가벼움은 공중으로 떠올라 사라지는 게 아니라 흙 위로 사뿐히 내려앉는다. 산뜻한 프루티와 하늘거리는 플로럴을 머스크 노트가 부드럽고 가볍게 잡고 있다. 그 가벼움은 마치 편하게 어깨를 기댈 수 있는 친구나 늘 곁에 있지만 결코 거슬리지 않는 영혼의 단짝 같다. 쟈딕 앤 볼테르가 이름 붙인 노트는 페어, 아이리스, 머스크를 나타내는 코드인 앰브레트 씨앗 세 가지다. 앰브레트 씨앗 앱솔루트는 장난꾸러기 꽃으로 알려진 인도산 히비스커스에서 추출한다. 가슴이 미어질 만큼 비싸고 그만큼 아름답다. 톰 1, 톰 3과 마찬가지로 톰 2는 쟈딕 앤 볼테르 매장에서만 찾아볼 수 있다. 미니멀리즘을 추구하는 사람이라면 톰 2를 향한 탐험을 떠나봐도 좋겠다. **SM**

퍼스트 반 클리프 아펠 (First by Van Cleef & Arpels)

머스크에 화려한 꽃을 더해서 | 조향사 장 클로드 엘레나Jean-Claude Ellena | ££

퍼스트는 명품 보석 브랜드 반 클리프 아펠이 처음 낸 향수라서 붙여진 이름이다. 젊은 시절 장 클로드 엘레나가 자신의 경력 초기에 만들었고, 출시된 1974년 당시의 유행을 반영했지만, 여전히 21세기의 시크한 분위기와도 잘 맞는다. 퍼스트는 사계절의 향이다. 히아신스, 수선화 노트가 봄날 같은 오프닝을 선사하고, 이어서 꿀, 난초, 카네이션이 여름 같은 분위기를 자아낸다. 꽃과 꿀의 달콤한 향기는 마른 베티베르와 흙내음이 나는 오크모스 노트 속으로 사라진다. 장 클로드 엘레나는 어린 시절, 향수의 본고장인 그라스 숲속 참나무에 덮인 이끼 위에서 잠을 청하기도 했다. 그다음에 앰버, 통카, 머스크가 아늑하게 감싸는 겨울이 다가온다. 퍼스트는 상쾌한 새벽의 눈부신 광채로 시작해서 종일 곁에 머물다, 따스한 노을빛이 내려앉은 그린, 머스크 시프레의 어스름한 황혼으로 우리를 이끈다. ss

플로럴 노트에 대해 덧붙이고 싶은 말

보통 '플로럴' 노트라고 하면 어떤 꽃을 의미하는 걸까? 향수의 세계에서 우리는 모두 저렴한 플로럴 머스크가 선사하는 빛나는 향기가 자연이 아닌 마스터 조향사 덕분이라는 걸 알고 있다. 그걸 비밀에 부친 채 천연 장미, 진짜 재스민이나 자연에서 유래한 바이올렛을 들먹이며 고객에게 허세를 부리는 행동은 부정직하고 불공평하다. 위대한 조향사들의 기교는 세상에 널리 알려야 마땅하다. 그리고 축하 꽃다발 대신 분자모형을 건네는 게 맞겠지?

DEEP

딥

머스크 쿠빌라이 칸   세르주 루텐
(Muscs Koublai Khan by Serge Lutens)
깔끔한 머스크와 정반대 | 조향사 크리스토퍼 쉘드레이크^{Christopher Sheldrake} | £££

이제 속삭이는 관능과 깨끗한 빨래 같은 머스크는 잊어버리자. 우리는 지금 왕좌의 게임 속에 들어와 있다. 동굴에서 전투 후에 씻지 않은 채 동물 가죽 더미 위에서 잠든 전사들의 냄새가 풍겨온다. 흠을 잡는다기보다는 머스크 쿠빌라이 칸같이 꽃잎처럼 부드러운 관능미와, 저돌적인 야수의 향기를 동시에 만들어낼 수 있는 조향사 크리스토퍼 쉘드레이크의 기막힌 솜씨에 감탄하며 얼이 빠져 있는 상태다. 애니멀릭 노트는 시작, 중간, 끝에서 으르렁거리며 떠나기를 거부하고 용감무쌍한 장미는 검붉은 향기의 피를 흘리며 전쟁터로 향한다. 이 머스크는 전사의 살결에서 자라나고 그의 일부가 된다. 전능하고, 근육이 솟아 있고, 야생적이고, 길들여지지 않은 그들의 체취와 하나가 된다. 워페인트⁰⁴는 옵션. **SS**

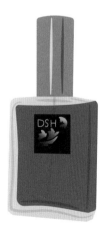

뮤스크 알 메디나   DSH 퍼퓸 (Musc al Medina by DSH perfumes)
가까운 과거와 아득히 먼 옛날을 오가는 머스크
조향사 던 스펜서 허위츠^{Dawn Spencer Hurwitz} | £££

연금술, 마법, 시간여행(어디까지나 내 개인적인 생각이다)으로 만든 뮤스크 알 메디나는 어떤 영화보다도 생생하다. 긴 생머리에 플레어 스커트를 입고 뿌리던 1970년대의 머스크를 상상해보라. 이건 흙내 묻은 머스크 향기다. 당시 꼬마릭 청바지를 입은 어른한테서 맡았던 향기를 떠올리게 한다. 이제 머스크는 그대로 있고 배경만 바뀐다고 상상해보자. 먼저 보송보송한 수건과 비누가 있지만 새로운 배경이 다가와 다른 이야기를 들려주기 전에 희미하게 사라진다. 그러고는 연기가 자욱하게 피어오르는 레진, 베티베르, 즐거운 호기심의 바람과 함께 고대 이집트로 되돌아가고 있다. 오우드가 머스크를 감싸며 여러 번 고쳐 쓴 양피지 두루마리 같은 다양한 향을 선사한다. 머스크는 두려움 없이 어둠 속으로 손을 잡아 이끌고, 당신은 그 뒤를 기꺼이 따른다. **SS**

마 베트　에리스 퍼퓸 (Ma Bête by Eris Parfums)

다정한 나의 반려 동물 | 조향사 앙투안 리에[Antoine Lie] | £££

바바라 허먼[05]은 빈티지 향수에 대한 모든 걸 알고 있다. 바바라가 쓴 책 『Scent & Subversion(향기와 전복)』은 내 책장에 있고, 여러분이 아직 그 책을 읽어보지 않았다면 독서 목록에 올려두도록 하자. 2016년 조향사 앙투안 리에와 함께 '미녀와 야수'라고 불리는 빈티지 향수에서 영감을 받은 향수 컬렉션을 선보였다. 이 향수의 이름 마 베트는 야수라는 의미다. 그렇다고 해서 이게 무시무시하거나 야수 같다는 것은 아니다. 그보다 공원에서 한참 뛰어놀다가 야생 재스민과 오렌지 꽃의 울타리 옆에 있는 넓은 시더우드 그늘 밑 먼지 묻은 풀밭에 털썩 주저앉은, 내가 가장 좋아하는 동물이 떠오르는 향기다. 그 좋아하는 동물은 사람일 수도 있다. 아직 땀방울이 맺혀 있고 흙이 묻은 채 일어나서 당신을 안아준다. 1930년대 스타일의 알데히드 노트는 광이 나는 철판 위에 쏟아지는 햇빛처럼 너무 밝고 경쾌하지만, 곧 당신과 머스크 향이 나는 동물만 남겨두고 사라진다. **SM**

머스크 인텐스　퍼퓸 드 니콜라이
(Musc Intense by Parfums de Nicolaï)

가볍고 포근한 머스크 산 위에 꽃이 흐드러진 초원

조향사 패트리샤 드 니콜라이[Patricia de Nicolaï] | ££

패트리샤 드 니콜라이가 뭘 하든 그건 스타일과 진심을 담고 있다. 이름만 보고 단순히 향이 강한 화이트 머스크를 기대했다면 실수로 병을 잘못 집어 들었다고 생각할 수도 있다. 대신 향기의 정원을 떠올려보자. 머스크 침대를 조심스럽게 내려놓고 꽃씨를 심어 섬세하게 길러낸 다음 꽃을 피울 수 있도록 정성껏 보살피고 있다. 싱그럽게 푸른 풀잎, 페어, 갈바넘에서 잘려진 줄기의 향기가 퍼진다. '남자는 플로럴 향수를 뿌릴 수 없다'는 건 현대 서구 문화에서 가장 불가사의한 부분 중 하나다. 장미, 재스민, 바이올렛 카네이션은 샌달우드 팀의 지원 아래 아름다운 조화를 이루고 있어서, 말할 것도 없이 너무나도 매혹적이다. 누군가 머스크 인텐스를 집어 들려다가 플로럴 노트를 보고 발길을 돌린다면 너무 안타까운 일이다. 이건 머스크 향수일까, 아니면 플로럴 향수일까? 어떤 향수 애호가도 마담 드 니콜라이와 입씨름하는 건 꿈도 꾸지 못할 것이다. 이건 머스크 향수가 맞아. **SM**

야생의 향기

깨끗하고 깔끔한 빨래 향기와 정반대인 호랑이 동굴 냄새가 나는 머스크 향수를 찾고 있다면 여기서 취향껏 골라보자. 애니멀릭하고 강렬한 머스크 향수는 보통 니치 퍼퓸 머리에서 출시하는 경향이 있어 가격이 더 비싸다. 다른 산업계와 마찬가지로 향수 역시 적은 양은 생산 비용이 많이 든다. 하지만 니치 브랜드에서는 더 모험적인 원료를 다양하게 선택할 수 있다. 여기 소개한 향수로 실제 동물보다 더 애니멀릭한 향기를 맡아보자.

힌트 오브 머스크　임펄스
(Hint of Musk by Impulse)

향수 애호가들이 숨겨둔 머스크 | 조향사 미공개 | £

이건 향료가 들어간 데오드란트 스프레이일 수도 있지만 뿌려보니까 마치 오 드 투알레트 같았고 향이 너무 좋았기 때문에 여기서 소개하기로 했다. 임펄스의 힌트 오브 머스크는 1990년대 출시되었고 끊임없이 바뀌는 시장의 변덕스러운 입맛에도 불구하고 여전히 자리를 지키고 있다. 이름에서 알 수 있듯이 머스크 향이 주로 나는데 이 머스크는 포근하면서도 가볍다. 라임과 재스민 향기가 살짝 더해져 머스크 노트를 섬세하게 유지하면서 은은한 꽃내음을 선사한다. 나는 보통 다른 향수에 머스크 향을 더하고 싶을 때 사용하지만, 이것만 단독으로 뿌릴 때도 있다. 가격 대비 지속성이 뛰어나며, 내 향수 모음에서 절대 빠지지 않는 클래식 머스크다. 1990년대에 좋아하던 게 너무 많이 사라졌지만, 내가 기억하는 것처럼 이 오랜 친구가 여전히 곁에 있다는 건 정말 멋진 일이다. **SS**

끌레 드 머스크　세르주 루텐
(Clair de Musc by Serge Lutens)

맑고 순수한 머스크 | 조향사 크리스토퍼 쉘드레이크^{Christopher Sheldrake} | £££

쉘드레이크의 머스크 쿠빌라이 칸(180쪽 참조)이 머스크 스펙트럼 한쪽 끝에 있다면 끌레 드 머스크는 다른 쪽 끝에 있다. 너무나도 순결해서 성스러운 영역으로 발을 딛기 시작하는, 순수함을 지닌 부드럽고 깨끗한 머스크 향이 난다. 아이리스와 재스민 노트가 배경에서 은은하게 어우러지며 모습을 드러내기 전에 자신의 이름을 조용히 속삭인다. 끌레 드 머스크는 거슬리는 노트 하나 없이 모든 노트가 사랑스럽다. 줄리 앤드루스가 노래 'My favorite things'를 짧게 부른다고 상상해보자. 막 목욕을 끝낸 아기, 새 비누, 희미한 샴푸 향기, 보송보송한 새 이불을 깔아놓은 침대. **SS**

뮈르 에 뮈스크 라티잔 파퓨미에르

(mûre et Musc by L'Artisan Parfumeur)

가시가 없는 블랙베리 덤불 | 조향사 장 프랑수아 라포르트^{Jean-François Laporte} | ££

블랙베리(뮈르^{mûre})와 머스크는 뜻밖의 조합처럼 보이지만 둘이 함께일 때 너무 잘 어울린다. 라티잔 파퓨미에르의 뮈르 에 뮈스크는 모든 계절에 어울리는 향기로, 블랙베리와는 달리 일년내내 즐길 수 있다. 즙이 피처럼 검붉고, 작고 탱글탱글한 블랙베리는, 특히 너무 익으면 희미하게 머스크 향이 느껴진다. 이 블랙베리가 합성 머스크를 만나면 하늘이 이어준 인연이 된다. 거기에 더해진 시트러스와 바질 노트는 섬세하게 어우러져 약간 쌉싸름하면서도 달달한 과일 향이 나고, 톡 쏘면서도 부드럽다. 블랙베리 향은 보통 플로럴 노트로 착각하기 쉽지만 사실 여기에는 어떤 꽃 이름도 들어가 있지 않다. 만약 그렇다면 그건 아주 희귀한 진보랏빛 난초일 것이다. 그게 이 홀릴듯한 향기를 맡았을 때 내 마음속에 떠올랐거든. **SS**

내일의 머스크

머스크는 은은한 조명이 비추는 진열장으로, 거기 놓인 에센셜 오일과 화학향료가 빛날 수 있도록 돕는다. 오늘날 최고의 향기 화학자들은 훨씬 더 오래 지속되고 더 밝은 향기가 나는 새로운 머스크를 연구하고 있다. 21세기 트렌드에 맞는 복숭아, 체리, 자두, 라즈베리처럼 은은한 과일 향이 더해진 머스크도 있다.

다음은 뭘까? 업계에서 누군가 아기 고양이 정수리 털에서 나는 향기를 만들어낼 수 있다면 대박을 터뜨릴 거라고 생각한다.

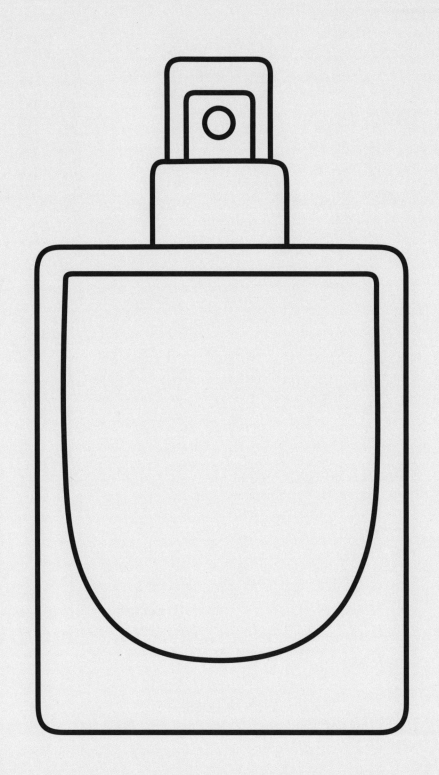

MOSSY

모시

우리는 이 장의 이름을 모스 노트를 기반으로 만든 향수를 지칭하는 업계 용어인 시프레라고 붙일 수도 있었다. 시-프ㄹㄹㄹ라고 발음하며 사이프러스를 뜻하는 프랑스어 단어에서 따왔거나, 오크나무를 의미하는 이탈리아의 사르디니아 섬 속어에서 유래한 것으로 추정된다(초기에는 '시프레'라는 이름이 붙은 향수가 모두 모스 노트를 함유하지는 않았다).

클래식 시프레 향수에서는 보통 오크모스 노트를 발견할 수 있고, 그 오크모스는 절대 떡갈나무 아래 자라는 실제 이끼가 아니다. 싱그러운 초록빛 수염처럼 오크나무에 걸려 있는 이끼의 내음일 뿐이고, 삼나무 이끼에서 추출하거나 합성 분자로 만든다. 마치 방금 숲에서 넘어져 짙푸르고 축축한 이끼를 뒤집어쓴 것처럼 강렬한 향부터, 나무뿌리 근처에서 희미하게 피어오르는 오크모스 향기까지 흥미로운 강도와 구조를 보여준다.

혹시라도 쿰쿰하거나 꿉꿉한 극단적인 모스 향수 냄새에 질렸던 적이 있다면, 프루티 모시 향수를 추천한다.

CLASSIC

클래식

드라이어드 빠삐용 아티산 퍼퓸
(Dryad by Papillon Artisan Perfumes)

오크 나무의 정령 | 조향사 엘리자베스 무어스 Elizabeth Moores | £££

드라이어드는 숲 한가운데 살면서 자신을 둘러싼 주변을 마음으로 이해하고 존중하는 여성에게서 태어난 완벽한 이름인 것 같다. 병 속의 지니처럼 아득한 과거에서 21세기로 시프레 향기를 가져온다. 싱그럽고 무성한 잎이 펼쳐진 숲속의 캐노피 같은 오프닝과 함께 갈바넘, 클라리세이지, 오크모스가 태곳적의 신비함을 더한다. 과즙이 가득한 살구, 달콤한 연노랑빛 수선화, 활짝 피어난 오렌지 꽃이 어우러지며 부드럽게 감싼 오리스 뿌리, 페루 발삼, 코스터스 노트는 인정 많고 자애로운 착한 마녀의 주문처럼 신비롭다. 드라이어드는 정장 차림의 우아한 여성이 머리를 풀고 맨발로 숲에 들어가 새로운 경험을 시작하는 만남의 장소가 된다. SS

미스 디올 오리지널 디올
(Miss Dior Originale by Dior)

우아하고 낙관적인 | 조향사 장 카를레스 Jean Carles 폴 바셰르 Paul Vacher | ££

미스 디올은 디올의 대표적인 향수로 각 버전은 디올 시대의 변천에 따른 여성상을 전형적으로 보여준다. 이 첫 번째 미스 디올은 현대 버전과 구별하기 위해 오리지널이라고 부른다. 1947년 출시 당시 여성들은 잘록한 허리 라인과 발목을 아름답게 드러낼 수 있는 스커트에 장갑을 낀 디올의 뉴룩01 스타일에 사로잡혀 있었다. 미스 디올 역시 여성스러움과 세련미를 강조해 시크하고 우아한 뉴룩 스타일을 완성했다. 비누 향기, 페이스 파우더, 마를레네 디트리히02의 광대만큼 날카로운 그린 노트로 시작해 장미, 카네이션, 수선화, 아이리스, 가드니아의 고전미가 넘치는 꽃향기가 피어오르고, 시프레 노트가 향수를 뿌리는 모든 이에게 자신이 얼마나 고급스러운지 속삭이며 마무리 짓는다. 고전 중의 고전을 선택한 당신 역시 하이클래스의 세련미를 누릴 자격이 있다. SS

프레셔스 원 안젤라 플랜더스
(Precious One by Angela Flanders)
매혹적인 수작 | 조향사 안젤라 플랜더스[Angela Flanders] | ££

안젤라 플랜더스는 도클랜즈[03]에 아직 향신료 내음이 가득하던 시절 꽃시장으로 유명한 런던의 콜롬비아 로드에 퍼퓸머리를 열었다. 안젤라는 도클랜즈에 있는 보관 창고에 가서 향신료를 자루째 사오곤 했다. 2012년 안젤라의 수제 향수 프레셔스 원이 TFF 영국 어워드에서 베스트 뉴 인디펜던트 프래그런스를 수상하면서 인디 향수 애호가들은 55번 버스를 타고 해크니구로 향하기 시작했다. 재스민과 튜베로즈가 강렬한 매혹을 뽐내지만, 곧 변덕스러운 오크모스와 베티베르 노트가 부드럽게 구슬려 한층 상냥해진 향기로 어우러진다. **SM**

미츠코 겔랑 (Mitsouko by Guerlain)
오리지널 복숭아 시프레 | 조향사 자크 겔랑[Jacques Guerlain] | ££

미츠코는 1919년 유행하던 일본 문화에서 영감을 받아 출시되었다. 이후 유행과 규제의 변화에 맞게 조정된 제조법으로 백 년이 넘는 시간 동안 향수를 생산하고 있다. 2008년 티에리 바세가 겔랑 가문 외부 인사로는 처음으로 조향팀을 이끌면서, 미츠코와 다른 겔랑의 클래식 향수를 원래의 향기로 되돌리기 시작했다. 말처럼 간단한 과정이 아니었다. 향수 제조용 베르가못 원료는 이제 안전하게 추출해야 하고, 동물성 원료는 사용이 금지되었으며, 천연 장미, 재스민, 오크모스는 피부에 알레르기 반응을 일으킬 수 있어 사용량이 엄격히 제한되었다. 이 모든 것을 장애물이 아닌 도전으로 받아들인 결과, 우리는 1919년의 획기적인 복숭아-애니멀릭, 플로럴-모시, 우드-레진 향수를 다시 즐길 수 있게 되었다. **SM**

팜므 로샤스 로샤스
(Femme Rochas by Rochas)
메마른 우아함, 그리고 무뚝뚝한 알싸함
조향사 에드몽 루드니츠카[Edmond Roudnitska] (오리지널) 올리비에 크레스프[Olivier Cresp] (리뉴얼) | £

로샤스의 여인이라는 의미의 팜므 로샤스는, 1944년 에드몽 루드니츠카가 대공황에 대한 반발로, 1930년대 향기에 퍼져 있던 끈적이는 달콤함을 지워내고 만든 첫 향수였다. 진지하고 사막처럼 건조하며 지적인 아름다움이 필요하던 시기였다. 향수병을 디자인한 마르셀 로샤스의 손길이 더해져 팜므는 새로운 프랑스 꾸뛰르가 풍기는 향기의 상징이 되었다. 이 고급스럽고 값비싼 독특한 향수의, 알싸하게 그을린 흙내음이 나는 시프레, 클로브, 시나몬, 오크모스, 가죽 향은 다소 무뚝뚝한 인상을 주고, 이어 말린 과일과 꽃의 미들 노트가 다가온다. 조향사 올리비에 크레스프의 리뉴얼 버전으로 백 년이 지나 다시 돌아온 프루티 바닐라 노트는 현대적인 유행에 아랑곳하지 않고 여전히 이지적인 매력을 간직하고 있다. **SM**

FRUITY

프루티

시그니처 루스 마스텐브룩
(Signature by Ruth Mastenbroek)

폭신한 이끼에 내려앉은 현대적인 우아함 | 조향사 루스 마스텐브룩^{Ruth Mastenbroek} | ££

시그니처는 오랫동안 향수 업계에 몸담았던 조향사 루스 마스텐브룩이 자신의 브랜드로 처음 선보인 향수다. 루스 자신을 위해 만든 향수였지만 다행히도 이 놀라운 향기를 세상과 나누기로 했다. 프루티 시프레 향수인 시그니처는 대비가 가득한 그림 같은 과일 바구니로 시작한다. 파인애플의 새콤달콤함과 복숭아에 가득 밴 과즙은 쿰쿰하고 씁쓸한 블랙커런트와 어우러지면서 각자의 개성을 뽐낸다. 천사처럼 새하얀 플로럴 노트가 프루티 노트를 오크모스로 이끌며, 은은한 꽃향기에서 강렬한 흙내음으로 매끄럽게 모습을 바꾼다. 꽃이 가득한 바에 앉아 마시는 한 도수 높은 칵테일이다. **SS**

오 뒤 스와르 시슬리
(Eau du Soir by Sisley)

뿌리자마자 느껴지는 세련미 | 조향사 쟈닌 몽진^{Jeannine Mongin} | £££

저녁의 향수라는 의미의 오 뒤 스와르는 끝내준다. 옷을 갈아입을 필요도 없이 해가 질 때쯤 뿌리면 낮이 밤으로 바뀐다. 오 뒤 스와르는 1990년부터 밀레니엄을 향한 프루티 플로럴 시프레의 새로운 주자였고, 21세기까지 명맥을 유지하고 있다. 갓 빻은 허브와 시트러스 껍질을 플로럴 부케 위로 골고루 흩뿌려, 전통적이고 우아한 방식으로 각각의 노트가 아닌 조화롭게 어우러진 향기가 느껴진다. 모스 베이스 노트가 있다는 걸 눈치채지 못했더라도 시프레가 선사하는 향취에 감탄을 금할 수 없다. 부드럽게 피어오르는 앰버 노트의 잔향과 함께 오 뒤 스와르는 매혹적이고 다채롭고 매력적이다. 향기가 너무 좋은데 이유를 콕 찍어 설명하기 어렵다면, 그건 아마 신비롭고 매력적인 모스 노트 때문일 것이다. **SM**

레블 플뢰르 리한나

(Reb'l Fleur by Rihanna)

코코넛 나무 사이 가득한 꽃과 과일

조향사 캐롤라인 사바스^{Caroline Sabas} 마리피에르 줄리앙^{Marypierre Julien} | £

레블 플뢰르는 느긋하게 내리쬐는 바베이도스 햇살 아래 화려하게 빛나는 프루티 플로럴 노트가 가득하다. 머스크 향이 나는 이국적인 히비스커스 미들 노트와 잠에 취하게 하는 튜베로즈 노트가 함께 마법진을 그려, 이 평화롭고 태평한 분위기를 벗어날 수 없고, 떠날 마음조차 들지 않는다. 오감을 자극하는 레드베리, 자두, 복숭아 과즙의 향연을 선사하며, 배경을 맡은 파촐리는 과감하게 힘을 발휘해 한낮의 여유를 마무리하고 즐거운 밤을 보낼 준비를 한다. 코코넛 향기가 싫은 사람도 두려워할 필요가 없다. 코코넛 노트는 부드럽고 달콤한 향긋함에 장식을 더하는 얇은 레이스 테두리일 뿐이다. 잔향이 땅거미가 질 때부터 새벽녘까지 길게 이어진다. **SS**

로자 리베즈 4160 튜즈데이즈

(Rosa Ribes by 4160Tuesdays)

장미와 붉은 과일, 그리고 이끼 | 조향사 사라 매카트니^{Sarah McCartney} | ££

로자 리베즈는 들어 있다고 말을 해야 알 수 있는 모스 계열 향수다. '리베즈'는 라틴어로 '현재'를 의미하고 리베즈로 읽으면 되지만, 사람들은 이 두 가지 사실을 모른다. 가장 기억에 남는 이름은 아니다. 하지만 솔직히 말하자면, 이건 내가 뿌리려고 만든 향수라서 향기가 얼마나 좋은지 내 취향에 따라 얘기할 수밖에 없고, 이름이 별로라고 마음껏 욕할 수도 있다. 그럴거면 왜 이 책에 넣었냐고? 나는 프루티 플로럴 시프레 향수의 열렬한 팬인데, 모스 향기의 유행이 지나면서 자취를 감춘 향수가 많다. 커다란 장미와 리베나 주스를 사랑하는 사람으로서, 내 꿈의 향수는 붉은 과일과 장미 시프레였고, 요술 지팡이를 흔들어 그걸 만들 수 있는 위치에 있다면 양심상 계속해나가야 한다. 베르가못, 자몽, 탄제린 귤로 시작하고 오포파낙스⁰⁴와 파촐리 노트가 이어진다. 로자 리베즈는 독특하게 재해석한 고전이다. **SM**

이끼 위에 놓인 과일과 꽃

프루티나 플로럴 노트에 들어간 모스 노트는 잘 만든 노래의 희미한 베이스 라인과 같다. 미리 알고 있지 않다면 그게 거기 있는지조차 알기 어렵지만, 모든 것이 순조롭게 흘러가도록 하고, 주의를 끌지 않으면서 다채로운 구성을 더한다. 모스 노트가 무대 앞에서 자신을 뽐내며 독주를 하는 클래식 시프레 향수는, 향수 초보자를 겁먹게 할 수 있다. 우리는 이 장에서 모스 노트가 풍부함을 더해, 그 섬세함으로 여러분을 유혹하는 프루티 우드와 플로럴 계열 향수를 주로 다루며, 부드럽게 시작할 생각이다.

FLORAL

플로럴

마 그리페 (2013) 까르뱅

(Ma Griffe (2013) by Carven)

가장 푸르른 그린 시프레 | 조향사 장 카를레스^{Jean Carles}(오리지널) | ££

오리지널 마 그리페는 아주 독특한 방식으로 출시되었다. 까르뱅은 작은 향수 샘플을 낙하산에 묶어 파리 상공에서 떨어뜨렸는데, 이는 그걸 잡은 여성들에게 향긋한 기쁨의 소나기가 되었다. 1946년 장 카를레스가 만든 빈티지 제조법은, 2013년 리뉴얼 버전과 다르지 않기 때문에 오리지널이 마음에 들었다면 아울렛에서 구입할 수 있다. 마 그리페는 모시 그린 시프레 향수로, 흙내음이 나는 베티베르와 요조숙녀가 쓰는 욕실의 비누 거품 바람이 톡 쏘는 시트러스를 실어 나른다. 장미, 오렌지 꽃, 재스민, 가드니아 미들 노트가 우아한 꽃향기를 선사하고, 벨벳 장갑을 낀 비단같이 보드라운 손처럼 매끄러운 마무리로 끝난다. 고급스럽고 시대를 초월한 분위기를 연출하고 싶은 날 뿌려보자. **SS**

유크리스 오 드 퍼퓸 지오 F. 트럼퍼

(Eucris Eau de Parfum by Geo. F. Trumper)

신사가 선택한 모스 | 조향사 미공개 | ££

오리지널 유크리스는 1912년 출시되어 지금까지 이어지고 있다. 그래서 현대적인 향수 용어로 정의하는 성별은 없지만, 트럼퍼는 모든 향수를 신사용으로 제조했다. 젊은 신사들은 아버지 손에 이끌려 트럼퍼로 들어서고, 여생 동안 내내 방문하게 된다. 유크리스는 더 잘 알려져야 마땅하지만, 트럼퍼는 지나치게 많은 관심을 끌 필요 없이 적당한 입소문에 만족하고 있어서 눈에 잘 띄지 않는다. 유크리스 오 드 퍼퓸은 106년 전 출시한 오 드 콜로뉴의 새로운 플랭커 향수로, 아마 현대에서는 갓 깎은 턱의 느낌보다 향기가 오래 지속되기를 기대하기 때문일 것이다. 쌉싸름한 블랙커런트, 부드러운 화이트 플라워, 우드, 모스 노트가 거의 알아채지 못할 정도로 미끄러지듯 들어가 있다. **SM**

마아이　보그
(MAAI by Bogue)

인디 애호가를 위한 모스 | 조향사 안토니오 가르도니[Antonio Gardoni] | £££

스타일과 유머 감각을 모두 갖춘 남자가 진지한 시프레를 보여준다. 인디 조향사로서 안토니오는 더 멀리, 더 깊이 나아갈 수 있다. 왜냐하면 그렇게 할 수 있기 때문이다. 오래된 스타일의 깊고 진한 시프레가 그립다면 여기가 새로운 집이다. 재스민, 튜베로즈, 일랑일랑처럼 하얗고 강렬한 꽃이 가득 피어 있다. 이 정도로 진한 향기는 모두를 위한 것이 아니다. 모스 향수의 세계로 떠나는 첫 여정에 마아이가 있다면, 아마 소파 뒤로 달려가 숨어 있다가 향수를 안전하게 서랍에 넣고 나서야 나오게 될 수도 있다. 하지만 오랫동안 자취를 감추었던 빈티지 클래식을 그리워하는 시프레 애호가라면 마음껏 즐겨보자. **SM**

커뮤니티　더 주
(Community by The Zoo)

국경 없는 향기 | 조향사 크리스토프 라우다미엘[Christophe Laudamiel] | ££

크리스토프 라우다미엘은 이 향수에 대한 제조법을 온전히 세상에 공유했다. 교육과 정확한 정보전달, 그리고 향수 성분의 안전성을 알리기 위해서였다. 크리스토프는 스무 곳이 넘는 나라의 원료로 커뮤니티를 조향했고, '활력과 패기 vs 확실하게 안심할 수 있는 기반을 가진 낙관주의'라고 묘사했다. 오프닝은 무성한 잎사귀의 싱그러움과 광채를 선사하고, 곧이어 다채로운 후각의 향연이 펼쳐진다. 북쪽에 우거진 숲, 지중해산 시트러스 과일, 일요일 오후에 갓 깎은 마당 잔디, 숲속에 난 오솔길, 너른 들판과 개울가를 걷는 모습이 생생하게 떠오른다. 이런 향수는 틀림없이 프랑스 사람이 만들었을 것이고, 그는 미국에서 공부하고 베를린에 산 적이 있으며, 여러분이 이걸 읽을 때쯤이면 일본에 있는 연구실에 있을 것이다. 향수를 뿌리고 8시간 정도 지나면 바위에 부딪히는 파도와 함께 안개 낀 절벽 꼭대기의 향기가 느껴지고 아침이 밝아와도 희미한 꽃내음의 기억이 남아 있다. **SM**

운 로즈 시프레　타우어
(Une Rose Chyprée by Tauer)

숲속의 덩굴 장미 | 조향사 앤디 타우어[Andy Tauer] | £££

레르 뒤 데제르 메리케인(99쪽 참조)을 만든 사람이 오크모스 노트를 장미에 소개하면 운 로즈 시프레가 탄생한다. 전통적인 클래식 시프레 향수로 목에 묶은 블라우스의 리본이 스르륵 풀리는 듯한 황홀한 관능미를 선사한다. 날카로운 그린 베르가못 노트가 장미를 오크모스와 이어주고, 이들을 둘러싼 배경 노트는 전형적인 시프레의 포근한 분첩 내음을 풍긴다. 장미는 주인공이고 디바이며 우상이다. 영광의 불꽃으로 모든 것을 덮어버린다. 제라늄은 대담하게 도드라지고, 파촐리는 풍성한 정원의 흙내음을 품은 배경이다. 화려하고 푸르르며 지독하게 아름답다. **SS**

아이리스 프리마　펜할리곤스
(Iris Prima by Penhaligon's)

연습실에 가득한 아이리스 향기 | 조향사 알베르토 모릴라스^{Alberto Morillas} | ££

아이리스 프리마는 출시 당시 매장 창문에 발레 슈즈를 리본으로 묶어 가득 매달아 장식
했다. 알베르토 모릴라스는 오프닝에서 이상적인 발레리나를 창조했다. 반원형의 무대 위
에서 쉽게 뛰어오르고 빙글 도는 그런 발레리나. 하지만 여기에는 잘 드러나지 않는 연습
실이 있다. 몸무게를 줄이느라 피운 담배 냄새, 고된 연습으로 흘린 구슬땀이 밴 단단한
나무 바닥. 펜할리곤스는 모스 노트를 목록에 표기하지 않았지만, 겹겹이 쌓인 머리망처럼
어렴풋이 느껴지는 검푸른 향기와, 발레복이 걸려 있는 옷장 냄새 때문에 이 장에서 소개
하기로 했다. 아이리스 프리마는 여느 발레 공연보다 훨씬 오래 감상할 수 있으며, 저녁이
지나면서 균형 잡힌 우아함이 한층 더 부드러워진다. **SM**

노마드　끌로에
(Nomade by Chloé)

당신의 첫 모스 향수 | 조향사 쿠엔틴 비쉬^{Quentin Bisch} | ££

노마드는 요즘 취향에 맞는 완벽한 입문용 시프레 향수다. 그린 오크모스 피니시라는 시
프레 고유의 특성이 드러나지만, 들어가는 문이 완전히 다르다. 샛노란 자두 탑 노트는 약
간 덜 익은 천도복숭아처럼 호기심을 자아낸다. 단단하고 향긋한 시트러스 노트 특유의
상쾌한 풍미가 물결처럼 퍼진다. 고급 호텔 욕실처럼 세련된 비누 내음과 함께 곧이어 프
리지어, 재스민, 장미 노트가 꽃을 활짝 피우기 시작한다. 선명한 과일과 꽃잎이 밝게 빛나
는 색채로 생기를 더하며, 솜털처럼 부드러운 머스크는 흙내음이 나는 모스 노트를 만나
놀랄 만큼 강렬한 피날레를 장식한다. 현대의 시프레는 새로운 모델을 내세웠고, 그 이름
은 노마드다. **SS**

르 빠르팡 드 떼레즈　에디션 드 퍼퓸 프레데릭 말
(Le Parfum de Therese by Editions de Parfums Frederic Malle)

오랫동안 자취를 감추었던 걸작 | 조향사 에드몽 루드니츠카^{Edmond Roudnitska} | £££

르 빠르팡 드 떼레즈는 전설적인 조향사 에드몽 루드니츠카가 그의 아내 테레즈를 위해
만들었다. 프레데릭 말이 자신의 브랜드를 설립한 후, 이 향수를 온 세계에 알릴 수 있도록
테레즈를 설득했다는 이야기가 전해진다. 요즘 향수 매장에 가보면 프레데릭 말의 향수는
파운드 세 개짜리 가격에 걸맞게 두꺼운 카펫이 깔린 진열대에 놓여 있다. 그래서 디올의
디오라마가 좋은 대안이 될 수 있다. 르 빠르팡 드 떼레즈는 자두 향으로 유명하지만, 동시
에 지중해 멜론, 스파이스, 루드니츠카에게 친숙한 꽃송이의 꽃잎을 결합해 조각한 추상적
인 플로럴 노트, 그리고 모든 노트를 감싸고 있는 보드라운 가죽 장갑의 내음이 어우러져
부드러운 향긋함을 선사한다. **SM**

덩 떼 브라 에디션 드 퍼퓸 프레데릭 말
(Dans Tes Bras by Editions de Parfums Frederic Malle)
서로의 살결을 맞대고 | 조향사 모리스 루셀^{Maurice Roucel} | £££

덩 떼 브라는 '당신의 품 안에'라는 의미로 최근 출시된 어떤 향수와도 같지 않다. 보이지 않는 연필로 맨살의 향기를 그려내겠다는 목적으로 만들었다. 이건 누군가 '음, 향기가 꽤 좋군'이라고 표현할 수 있는 향기가 아니라, '어머 세상에, 이게 뭐람?'이라는 말로 사랑에 빠지거나 질색하게 되는 그런 향기다. 나는 사랑에 빠진 쪽이지만 당신의 품에 있다기보다 당신의 곁에 있는 향기처럼 느껴진다. 사랑하는 사람과 해변에서 서로 팔을 맞대고 따뜻한 날 느긋하게 애정과 행복을 나누는 향수다. 바이올렛, 스파이스, 우드, 인센스, 부드러운 머스크, 베르가못이 더해진 헬리오트로프가 모두 함께 어우러진다. 조향사는 주제가 무엇이든 고유의 스타일이 있고, 모리스 루셀의 작품은 향수 애호가가 따로 모아서 진열장에 넣어놔도 될 만큼 뛰어나다. SM

포트레이트 오브 어 레이디 에디션 드 퍼퓸 프레데릭 말
(Portrait of a Lady by Editions de Parfums Frederic Malle)
복잡한 만큼 아름다운 | 조향사 도미니크 로피용^{Dominique Ropion} | £££

같은 이름의 헨리 제임스 소설에서 영감을 받은 포트레이트 오브 어 레이디는, 자유롭고 독립적인 삶을 꿈꾸었지만 감당할 수 없는 사람들의 희생양이 되어버린 소설 속 이자벨 아처 만큼이나 복잡하고 매혹적이다. 어둡게 그을린 장미로 만든 벨벳 커튼이고, 웅장한 빅토리안 양식의 집에 불이 들어오지 않는 방이다. 파촐리의 깔깔하고 거친 줄기에서 나온 텁텁한 먼지가, 커튼에 내려앉아 가시밭길 같은 그녀의 앞날에 위험을 더한다. 로마의 교회가 모여 있는 골목길에서 인센스 내음이 퍼져나간다. 강렬함과 부드러움이 서로 자리를 차지하려 다투며 지나간 자리에는 관능미가 느껴지는 잔향이 남는다. 씁쓰름한 블랙커런트 노트가 이자벨을 더 깊은 어둠 속으로 이끌어, 역설적이게도 붉은 장미의 순수한 아름다움이 책을 덮고도 한참 동안 곁을 맴돌고 있다. SS

| 조향사의 컷 | 모시 플로럴에 등장하는 향수 열 개 중 프레데릭 말의 향수가 세 개, 인디 조향사의 향수가 세 개다. 프레데릭 말은 조향사에게 창조적인 자유를 허용하는 것으로 유명하며, 직접 만든 향수를 출시하는 아르티장 조향사는 원하는 향은 뭐든 만들 수 있다. 조향사는 시프레 향수를 즐겨 만들지만 보통 너무 진하고 빈티지해서 부담스럽기 때문에, 대중적인 인기를 얻는 경우가 드물다. 하지만 우리는 그게 디렉터스컷 영화처럼 즐겨볼 만한 가치가 있는 취향이라고 믿는다. |

CITRUS

시트러스

크리스탈　샤넬 (Cristalle by Chanel)

반짝이는 선명함 | 조향사 앙리 로버트[Henri Robert](EDT) 자크 폴주[Jacques Polge](EDP) | ££

크리스탈은 1974년 출시된 오리지널 오 드 투알레트와 1993년 출시된 오 드 퍼퓸 두 버전이 있다. 먼저 디올의 디오렐라와 경쟁 중인 크리스탈 오 드 투알레트는 가장 우아한 광채를 선사하는 클래식 프렌치 시트러스 시프레 향수이며, 오 드 퍼퓸은 거기에 플로럴 부케로 더욱 풍성하고 압도적인 아름다움을 자랑한다. 향수 감정사들은 둘 중 어느 버전이 더 나은지를 두고 몇 날 며칠을, 아니 아마도 평생 논쟁을 벌이겠지만, 사실 선택은 어떤 것을 추구하느냐에 달렸을 뿐이다. 둘 다 항상 뿌릴 수 있도록 공병에 담아 넉넉하게 여분까지 챙겨 다니기를 권한다. 크리스탈은 반짝이며 빛나고 무척 특별하다. 시트러스 노트가 스치듯 지나가고 싱그러운 잎사귀와 플로럴 노트가 따라와 나무 향이 나는 오크모스 위에 맴돌고 있다. 하나는 옅은 옥색의 하늘거리는 시폰 같고, 다른 하나는 매끄럽고 광택이 나는 에메랄드빛 공단 같은 느낌이지만, 시프레 애호가라면 모두 쉽게 즐길 수 있다. **SM**

디오렐라　디올 (Diorella by Dior)

역사상 가장, 가장 아름다운 향수 | 조향사 에드몽 루드니츠카[Edmond Roudnitska] | ££

어디를 가든지 향수를 딱 하나만 가지고 갈 수 있다면 내 선택은 디오렐라다. 에드몽 루드니츠카의 손길로 복숭아, 매끄럽게 섞인 우드, 플로럴, 시트러스 노트가 폭신한 이끼 위에 내려앉아 환하게 빛나는 아름다움을 선사한다. 하지만 내가 무척 경건하고 진지한 태도로 빈티지 향수를 꺼낼 때마다 젊은 세대가 '이건 너무 촌스럽지 않아?'라든가, '아, 우리 할머니가 뿌리던 향기다!'라는 말을 들으면 정말 가슴이 아프다. 시대가 바뀌면서 디오렐라도 코듀로이 나팔바지처럼 유행이 지나 이제 더 어리고 달콤한 디올들에게 자리를 내주었다. 오리지널 디오렐라는 은퇴했다가 무슈 디올 컬렉션에서 오 드 투알레트로 다시 등장했다. 젊은이들, 21세기 버전으로 다시 시도해보기 바란다. 물론 오리지널과 같지는 않지만 여전히 삶의 즐거움을 느끼게 해주는 걸작이다. 복숭아 시트러스는 여전히 보슬거리고 가볍다. 굳이 빈티지로 자신을 괴롭힐 필요 없이, 지금의 디오렐라를 그대로 즐겨보자. **SM**

러쉬 구찌
(Rush by Gucci)

천천히 피어나는 프루티 모스 | 조향사 미셸 알마이락^{Michel Almairac} | £

복숭아, 파촐리, 그리고 펀치 한 방. 구찌의 러쉬는 진하고 과즙이 풍부한 시프레 노트에, 희미한 가슴결의 체취를 더했다. 깊이와 여운이 느껴지는 프루티 플로럴 노트는 완벽한 균형을 자랑하고, 차가운 벨리니⁰⁵처럼 쾌활하다. 러쉬는 가격 이상의 럭셔리함을 누릴 수 있는 향수다. 복숭아와 새하얀 꽃들이 말 그대로 미친 듯이 피어나지만 과하지 않고, 언제나 그랬던 것처럼 모두 조화롭게 어우러진다. 흰 꽃과 바닐라가 섞인 크림을 발라 마감한 흙내음이 나는 파촐리로 만든 뗏목이 만족스러운 피날레를 장식한다. 침이 고이는 디저트 향기가 나지만 욕심껏 베어 물어도 너무 달콤하다는 느낌이 전혀 들지 않는다. **SS**

파로마 피카소 파로마 피카소
(Paloma Picasso by Paloma Picasso)

레드 카펫을 걷는 매혹적인 시프레 | 조향사 프랜시스 보크리스^{Francis Bocris} | £

양 문을 활짝 열어 화려하게 등장하는 그녀를 맞이하자. 파로마 피카소는 붉은 립스틱, 모피, 다이아몬드의 전성기를 떠오르게 한다. 겉으로 보이는 화려함뿐만 아니라 마치 갈라진 옷 트임 사이로 언뜻 드러나는 순수한 여성스러움처럼, 애니멀릭한 향기가 피어올랐다가 이내 사라진다. 프랑스 패션 디자이너인 파로마 피카소는 자신의 반짝이는 새까만 눈동자와 완벽한 붉은 입술로 잊을 수 없는 향기를 대표한다. 강렬하고 독특한 이 향수에는 모든 향신료, 모든 꽃, 모든 나무, 그리고 세상 모든 오크모스가 들어 있다. 걸음마다 흔적을 남기며 휙 소리와 함께 그녀가 방을 떠난 뒤에도 홀릴 듯한 잔향이 오랫동안 남아 있고, 조금 무섭다. **SS**

골든 시프레 그로스미스
(Golden Chypre by Grossmith)

고요하고 잔잔한 황금빛 석양 | 조향사 트레버 니콜^{Trevor Nicholl} | ££££

골든 시프레는 1970년대 디올, 샤넬, 로샤스, 랑콤, 시슬리의 걸작에 대한 그로스미스의 오마주다. 당시 향수는 명확하게 남성이나 여성을 겨냥해서 출시, 판매되었지만 이런 구별을 양쪽 모두 무시했고, 현명하게도 골든 시프레는 모두가 즐길 수 있는 향수다. 21세기의 강렬함보다 은은하게 느껴지는 기쁨이다. 베르가못, 오렌지, 향신료, 나눌 수 없을 정도로 조화롭게 어우러진 플로럴과 우드 노트(아마 제라늄 향기처럼 느껴질 것이다), 앰버 향으로 한층 부드러워진 풍부한 파촐리 시프레 베이스의 편안함을 만끽할 수 있다. 하지만 가격이… 우리가 이 책에서 소개한 향수 중에 가장 비싸기 때문에, 우리처럼 거부하기 힘든 향수인지 먼저 시향해보기 바란다. **SM**

나르시소 로드리게즈 포 허　나르시소 로드리게즈
(narciso rodriguez for her by Narciso Rodriguez)
우아하고 생기가 넘치는
조향사 크리스틴 나이젤^{Christine Nagel} 프란시스 커정^{Francis Kurkdjian} | ££

코끝을 간지럽히는 파우더처럼 부드러우면서도, 관능미가 느껴진다. 우아한 여성의 순결한 꽃내음은 자신도 모르는 사이 구혼자들을 황홀하게 만든다. 청순하면서도 매혹적인 나르시소 로드리게즈는 둥글고 부드러운 살구와 크고 고풍스러운 장미의 매력을 모두 지녔다. 면처럼 보드랍고 깨끗한 화이트 코튼 머스크 내음이 햇빛 아래 널어놓은 시트처럼 펄럭인다. 파촐리 노트가 천천히 합류하며 강렬함을 선사하지만 도드라지지 않는다. 마지막으로 보송한 샌달우드 노트가 마치 장미를 머금고 자란 나무처럼 향기로운 피날레를 장식한다. 주머니에 잔돈 몇 푼밖에 없을 때라도 마치 백만장자가 된 듯한 기분을 느낄 수 있다. **SS**

로 믹스트　퍼퓸 드 니콜라이
(L'Eau Mixte by Parfums de Nicolaï)
신선한 공기보다 더 신선한 | 조향사 패트리샤 드 니콜라이^{Patricia de Nicolaï} | ££

로 믹스트는 일에 집중하려 하지만 머릿속에 자꾸 딴생각이 드는 오후에 활기를 불어넣는 토닉이다. 이건 안에서 일하는 사람 모두의 보편적인 이익을 위해 창문이 열리지 않는 모든 건물의 에어컨 시스템에 주입해야 한다. 새콤함, 크게 달지 않은 블랙커런트에 자몽, 베르가못, 민트 한 방울. 패트리샤 드 니콜라이는 베티베르를 자신만의 독특한 오크모스 노트와 함께 사용해 베이스 노트에 부드럽고 촉촉한 흙내음을 더했다. 향기가 좀 더 오래 지속되기를 바라는 사람에게, 이 향수가 어느 계열에 속하는지 잘 생각해보고 다시 뿌리는 걸 권장한다. '야수 모드'의 강렬한 남성용 향수 50ml를 살 돈이면 로 믹스트 250ml 한 병과 리필용 스프레이까지 가질 수 있다. 밝고 가벼운 쪽으로 오라. **SM**

누가 시트러스에게 마이크를 건넸을까?

1960년대와 1970년대 시트러스 계열 향수가 플로럴을 압도하고 무대 위에서 마이크를 잡았다. 한때 스쳐 지나가는 오 드 콜로뉴의 탑 노트였던 그들이 반짝이는 스타로, 소프라노 디바로 거듭났다. 유니섹스 오 드 퍼퓸은 당시 히피족의 이상을 충족시키기에 적당한 만큼의 파촐리 노트와 함께, 가격이 꽤 나가긴 했지만 터무니없이 비싸지는 않았다. 1965년, 밥 딜런이 처음으로 전자 기타를 들고 나왔던 그해, 시트러스도 전기를 사용했다. 에드몽 루드니츠카가 헤디온을 추가해 오 소바쥐의 레몬 노트에 반짝이는 불빛이 들어오게 했고, 시트러스 시프레는 새로운 생명력을 얻어 다시 일어서기 시작했다.

아에로쁠란 데따이으 (Aéroplane by Detaille)
당신이 찾아야 하는 것 | 조향사 미공개 | ££

모시 시트러스 향수를 향한 우리의 작은 편향을 눈치챘는가? 그렇다면 유죄를 선언한다. 이제 마음 놓고 여러분을 숲속 비밀의 정원으로 향하는 길로 안내하겠다. 레몬 나무가 무성하게 자라고 있고, 파촐리 잎사귀 향기가 공중에 감돌며 오크나무 아래에는 편히 누워 쉴 수 있는 부드럽고 촉촉한 짙푸른 이끼가 깔려 있다. 이 향기를 생각하면 아에로쁠란은 조금 특이한 이름이다. 향수 라벨에 그려진 1920년대식 비행기는 빈티지 스타일의 향기를 기대하게 만드는데, 사실 이건 100년도 더 된 진짜 빈티지 오 드 콜로뉴다. 과거를 떠오르게 하지만, 조향사가 클래식 콜로뉴에 독특함을 더해 오 소바쥬나 오 드 로샤스 같은 향수를 가져다주던 1960년대의 정신이 깃들어, 이전 오리지널이 그랬던 것처럼 풍성하고 깊은 향기가 난다. 데따이으의 다른 남성용 향수처럼 아에로쁠란도 일단 사면 가족 모두 돌아가며 빌려달라고 할 만큼 누구에게나 잘 어울린다. 지금 파리에 있다면 얼른 가서 사도록 하자. SM

오 소바쥬 디올 (Eau Sauvage by Dior)
1960년대의 모험심 강한 청춘 | 조향사 에드몽 루드니츠카Edmond Roudnitska | ££

향수 업계에 전설처럼 떠도는 오 소바쥬에 대한 소문이 있는데, 여성에게 역사상 최고의 인기를 끌었던 이 향수가 사실 우연히 출시된 남성용 향수였다는 것이다. 하지만 그게 대수로운 일은 아니다. 당시 젊은 세대는 모두 긴 머리를 하고 플레어 스커트에 티셔츠를 걸친 채로, 자유와 해방을 상징하는 시트러스 시프레 스플래시인 오 소바쥬를 뿌렸다. 오 소바쥬의 독창성은 헤디온에서 비롯되었다. 플로럴, 프루티, 우디 노트가 부드러운 바람결에 실려 오는 정원에 들어서는 듯한 느낌을 주는 이 합성원료는, 당시 특허권에 매어 있어 사용이 제한적이고 가격이 비쌌다. 오 소바쥬는 곧 1960년대 쾌락주의의 상징이 되었다. 넥타이나 중압감 따위는 벗어 던지라고! 오 소바쥬는 우드, 플로럴, 발삼, 모스 노트가 모두 완벽하게 느껴진다. 향수 업계에 새롭고 더 가벼운 향수의 가능성을 보여준 클래식하면서도 스타일리시한 시프레 향수다. 마치 모나코 출신의 어린 상속녀처럼 느껴진다. 그녀는 자유로운 정신과 자신의 정체성을 찾기 위해 여행을 떠나고, 히피족의 자취를 쫓아 히말라야산맥에 도착한다. 하지만 자신을 기다리고 있는 신형 포르쉐 911과 길들인 애완 치타를 잊지 않았다. SM

WOODY

우디

노잉 에스티로더 (Knowing by Estée Lauder)

아는 게 힘이다 | 조향사 엘리 로저Elie Roger | ££

마음을 단단히 먹어야 한다. 노잉은 극적으로 등장할 것이고, 그걸 뿌린 여러분도 마찬가지일 것이기 때문이다. 노잉은 쌉싸름한 그린 오크모스 노트와 함께 터져 나오는 클래식 시프레다. 흙이 가득 묻은 묵직한 파촐리가 힘과 효과를 더하고, 대담한 플로럴 노트가 이목을 끌기 위해 서로 존재감을 드러내는 가운데, 튜베로즈와 재스민은 서로 부딪히고 밀치며 주인공 자리를 차지하려고 다툰다. 그 사이 값을 매길 수 없을 만큼 신성한 비누 향기가 밀려와, 크림처럼 부드럽고 파우더처럼 향긋한 목욕 시간을 선사한다. 이어 놀랍도록 세련된 오리스와 샌달우드 노트가 까슬까슬하게 모여들며 피날레를 장식한다. 이 화려한 쇼는 갑자기 끝나지 않는다. 노잉의 향기는 잠자리에서도 좀처럼 사라지지 않고, 다음 날 아침 깨어났을 때도 여전히 부드럽게 맴돌고 있다. 이건 온갖 미사여구를 갖다 붙일 만하고 특히 블랙 벨벳으로 만든 거라면 무엇과도 잘 어울리는 최강의 팀이다. **SS**

2 맨 꼼데가르송

(2 Man by Comme des Garçons)

지적으로 피어오르는 연기 | 조향사 마크 벅스턴Mark Buxton | ££

꼼데가르송 향수에서는 살짝 떨어뜨린 한 방울부터 거대한 사원의 향내까지 다양한 인센스 내음이 묻어난다. 2 맨은 막 향불을 피우려고 그은 성냥 냄새다. 인광이 번쩍이고 타들어 가는 초의 끄트머리에서 연기가 피어오르며, 녹아내리는 촛농의 향기가 느껴진다. 관능미와는 거리가 멀지만, 완전히 심미적이다. 2 맨은 사람의 후각을 지능적으로 사용하는, 마음으로 만나는 데 관심이 있는 사람을 위한 향수다. 아마도 카와쿠보 레이의 자아 표현에 영향을 받았을 것이다. 카와쿠보와 마크 아틀란이 향수병을 디자인했다. 향수와 향수병 컨셉을 논의하던 그 회의실에 나도 있었다면 얼마나 좋았을까. 시간이 지나 부드러운 나무와 이끼 내음이 느껴지고 베이스 노트가 소임을 다한다. **SM**

더트   데메테르 향기 도서관 (Dirt by Demeter Fragrance Library)

끝내주는 진흙 | 조향사 크리스토퍼 브로시우스^{Christopher Brosius} | £

더트^{dirt}는 대서양을 건너면서 의미가 바뀌는 단어 중 하나다. 영국인에게 더트란 차 위로 떨어진 새똥이나 티셔츠에 얼룩진 소스, 손가락에 묻은 잉크처럼 건드리고 싶지 않은 얼룩을 만드는 어떤 것이다. 향수에서 더티하다는 표현은 애니멀릭한 향이나 땀 냄새가 밴 체취, 가죽 냄새를 의미하며, 심지어 재스민도 더티 노트로 분류한다. 하지만 데메테르의 더트는 다르다. 이건 미국의 흙, 영국의 진흙 내음이 난다. 특히 조향사가 나고 자란 펜실베니아의 들판에서 나는 흙내음이다. 여러분을 도발하고 호기심을 자극하기 위해 만들었다. 정원에서 흙을 팔 때 나는 냄새가 그립다면, 더트를 뿌리고 집 앞마당을 떠올려보자. SM

셀 드 베티베르   더 디퍼런트 컴퍼니

(Sel de Vétiver by The Different Company)

깔끔하고 깨끗한 고운 흙 | 조향사 셀린 엘레나^{Céline Ellena} | £££

향수 회사가 완벽한 향수병을 찾기 위한 긴 여정을 묘사할 때, 그게 경험의 일부라는 사실을 알고 있다. 견고하고 우아한 계단식 뚜껑이 단단한 유리 위에서 딸깍 소리를 내며 맞물린다. 어쨌든 뚜껑일 뿐이고, 이제 향기를 보자. 소금(향수 이름의 '셀')은 향이 없지만 우리는 소금의 짠맛을 해변에서 맡을 수 있는 모든 냄새와 연관지을 수 있다. 셀 드 베티베르는 해변보다 강과 바다가 만나는 강어귀에 가깝다. 연기의 텁텁함을 지운 에센셜 오일의 깔끔한 버전인 모던 베티베르 미들 노트가 깨끗하고 고운 모래가 섞인 흙 향기를 선사한다. 겔랑의 설립자인 피에르 프랑수아 파스칼 겔랑은 솜 만이 내려다보이는 가문의 저택인 레투렐을 소유하고 있었는데, 그곳에는 흙내음이 가득한 꽃과 바다 옆에서 자라는 허브가 있었다. 셀 드 베티베르는 해 질 무렵 테라스에서 즐기는, 제라늄 잎 가지와 바다 소금을 묻힌 잔, 향신료가 들어간 허브 자몽 칵테일 향기가 난다. SM

비 드 샤토 인텐스   퍼퓸 드 니콜라이

(Vie de Chateau Intense by Parfums de Nicolaï)

위풍당당한 프랑스의 시골집 | 조향사 패트리샤 드 니콜라이^{Patricia de Nicolaï} | ££

우리는 퍼퓸 드 니콜라이의 모스 계열 향수 두 가지를 소개했고(하나는 196쪽 참조), 둘은 오크모스 노트를 제외하면 큰 차이가 없다. 비 드 샤토 인텐스는 시골을 사랑하고 시골집을 꿈꾸는 사람을 위한 것이다. 말은 그렇게 해도, 매일 대자연을 온몸으로 느껴야 하는 시골이 아니다. 이건 프랑스 루아르 계곡의 강을 따라 웅장한 자태를 뽐내는, 슈베르니성에서 보내는 삶을 의미한다. 나무, 이끼, 건초, 담뱃잎으로 만든 태피스트리를 걸치고 있으면, 가문의 최고급 코냑이 담긴 잔이 나온다. 시트러스 과일 향기는 오렌지를 재배하는 온실에서 인사를 건네고, 부엌에서 방금 자른 싱싱한 허브 향기가 반갑게 맞이한다. 흙내음이 물씬 풍기는 파촐리와 베티베르는, 시간이 지나 저녁이 되어 와인 셀러에서 빈티지 와인을 꺼내 먼지와 거미줄을 털어낼 때까지 곁을 맴돌고 있다. SM

HERBAL

허벌

아로마틱스 엘릭서 　크리니크
(Aromatics Elixir by Clinique)

사랑받는 고전 ｜ 조향사 버나드 챈^{Bernard Chan} ｜ £

아로마틱스 엘릭서에는 없는 게 없다. 하늘을 찌를 듯한 은빛 알데히드 노트, 쨍하고 상쾌한 허브의 오프닝, 정원에 가득 핀 확신에 찬 강력한 꽃, 밀도 있고 묵직한 모스 노트의 마무리. 정갈한 손글씨와 좋은 매너처럼 아로마틱스 엘릭서는 시간을 초월하며 명망 높은 향수들 사이에 두어도 손색이 없다. 레몬 버베나 노트가 조금 날카로운 첫인상을 준다. 한껏 자라난 거대한 파촐리 미들 노트는 쿰쿰한 냄새와 함께 디올 향수를 뿌리고 뽐내며 걷는 우아한 여성의 유령을 떠오르게 한다. 이윽고 폴폴 날리는 파우더의 빛바랜 분위기가 시프레 피니시와 완벽하게 조화를 이룬다. **SS**

안테우스 　샤넬
(Antaeus by Chanel)

도발적인 강렬함 ｜ 조향사 자크 폴주^{Jacques Polge} ｜ ££

내 오리지널 1980년대 안테우스 포장 상자에 들어 있던 종이에는, '매우 개인적인 취향을 가진 결단력 있고 자유로우며 올곧은… 현대적인 남성'을 위한 향수라고 적혀 있었다. 요즘은 종이에 적힌 단어 대신 선명한 근육과 털 한 올 없이 매끄러운 몸매의 모델이 등장해서, 향수 이름과 같은 고대 그리스 신화의 거대한 격투기 선수의 모습을 생생히 재현해낸다. 안테우스는 훌륭하고 강하며 새로워진 1980년대 시프레 향수이고, 도전자들의 세계에서 아직도 우뚝 서 있다. 선반 위에 놓인 향신료를 싹 쓸어다 담았고, 꽃집, 숲, 허브 정원을 통째로 옮겨왔다. 강렬한 노트들이 서로를 돋보이게 하며, 야생동물이 주위를 어슬렁거리는 듯한 발삼과 모스 베이스 노트 위에 굳건히 존재감을 드러낸다. 요즘 아이들은 1980년대 버전에 놀랄지도 모르지만 가장 최근 새롭게 태어난 현대적인 남성 역시 안테우스가 여전히 도발적인 강렬함을 지니고 있다는 데 동의할 것이다. **SM**

파리 1948 4160 튜즈데이즈 (Paris 1948 by 4160Tuesdays)

지난날의 고전에 경의를 표하며 | 조향사 사라 매카트니^{Sarah McCartney} | ££

1948년 시프레 향수는 오늘날 프루티 플로럴과 구르망 향수만큼 거리를 휩쓸고 다녔다. 물씬 풍기는 흙내음, 쿰쿰한 오크모스, 커다란 클래식 플로럴의 강렬한 향취, 운이 좋다면 피니시에서 희미한 탈크 향도 느낄 수 있었다. 이런 진짜배기 시프레는 요즘 찾기 어렵지만 사라 매카트니는 1940년대의 우아한 시프레가 가졌던 특성을 재현하고, 잊혔던 화려한 속삭임을 다시 일깨웠다. 자몽, 복숭아, 바질 노트가 쨍하면서도 달큼한 오프닝을 선사하고, 바질 향이 잠시 주위를 맴도는 동안 민트가 감도는 아니스 노트가 소리 없이, 하지만 뚜렷하게 존재감을 드러낸다. 장미, 감미로운 꽃잎, 진한 나무 내음은 파리의 여인들이 한때 그들의 도시를 어떤 향기로 물들였는지 떠올리게 하며, 흙내 나는 오크모스 노트로 우리를 이끈다. 먼지 날리던 긴 코트가 화려하게 부활한 것처럼, 파리 1948은 현대 세계에 우아함을 가져다 준다. **SS**

비하인드 더 레인 폴 쉬체

(Behind the Rain by Paul Schütze)

비가 내린 후에 | 조향사 폴 쉬체^{Paul Schütze} | £££

페트리코^{Petrichor}는 마른 땅 위에 비가 내리며 나는 흙냄새를 뜻한다. 그리고 그리스어로 돌^{petra}과 신화 속 신들의 혈관을 흐르는 황금빛 유체^{ichor}를 의미하기도 한다. 폴 쉬체의 황금빛 향수도 짙푸른 퍼 트리⁰⁶ 시프레 노트가, 에게해의 섬에서 햇빛이 모습을 드러낼 때 증발하는 비 냄새와 같아, 페트리코라는 단어와 잘 어울린다. 비하인드 더 레인은 인디 향수로, 대형 브랜드는 결코 만들지 못할 만큼 주류에서 멀리 떨어져 있다. 축축하게 젖은 땅 냄새 위로 자몽과 펜넬⁰⁷의 알싸한 상쾌함이 진하게 퍼진다. 인디 브랜드 향수의 목적이 바로 이거다. 비가 내린 그리스 섬 같은 냄새가 매력적이라고 느끼는 누군가를 위해 기묘한 향기의 아름다운 순간을 기록하는 것. **SM**

모험심이 강한 사람에게 '만'

허브 향과 짙고 무성한 녹색 잎사귀 내음이 물씬 풍기는, 시프레 향수를 찾아 떠나는 모험에 친구와 함께하길 바란다. 보통 표지판이 서 있는 길을 벗어나 깊은 숲속 그늘진 곳으로 향한다는 걸 알게 될 테니까. 시프레는 혹하는 마음에 사는 향수가 아니므로 반드시 먼저 시향해봐야 한다. 규모가 작은 퍼퓸머리는 보통 샘플을 판매하고, 대형 브랜드 향수는 매장에 가서 시향해볼 수 있다. 먼저 시향지에 뿌려서 향을 맡아보고, 마음에 든다면 피부에도 뿌려보자.

GREEN

그린

2 꼼데가르송
(2 by Comme des Garcons)

보이지 않는 추상 미술 작품 | 조향사 마크 벅스톤^{Mark Buxton} | ££

2는 2017년 서머셋 하우스 전시회 '향수: 현대적인 향기를 통한 감각적인 여행'에 출품되었다. 전시회는 10개의 방에서 10개의 향수를 선보였는데, 온갖 향기로 가득 찬 백화점 향수 매장의 일반적인 테스트용 향수병과 달리 전시회장은 향수 하나하나를 온전히 감상할 수 있도록 따로 놓아두었다. 향수를 포장과 분리해서 향기를 맡는 행위는 무척 색다르고 새로운 경험이었다. 2는 이전에 발견하지 못했던 아마존 우림 깊은 곳에 활짝 피어난 꽃처럼 굉장한 향기를 풍겼다. 자, 이제 평소대로 해보자. 2는 평범한 갈색 상자 안에 바스락거리는 은박 비닐로 압축포장이 된 채 도착한다. 잉크 냄새가 난다고 하지만 나는 아주 깔끔하고 정갈한 미슐랭 식당 스테인레스 싱크 위에 놓인 갓 빻은 허브와 리크⁰⁸, 그리고 반질반질한 나무 그릇에 담긴 식용 꽃 샐러드가 떠오른다. **SM**

1905 데따이으
(1905 by Detaille)

지난날의 향긋함을 향해 | 조향사 미공개 | ££

1905는 데따이으가 설립된 해를 기념하기 위해 만든 것이다. 언뜻 맡으면 적당한 알데히드의 광택과 아름답게 어우러진 플로럴 노트의 조화가 느껴지는 클래식 파우더리 향수 같다. 그러다 곧 이런 향수가 더 이상 존재하지 않는다는 사실과 마지막으로 그 향기를 맡았던 게 다섯 살 무렵이었다는 기억이 떠오른다. 데따이으는 장미, 재스민, 일랑일랑이 그려내는 완벽한 삼각형에 블랙커런트로 미세한 프루티 향조를 더한, 1950년대 플로럴 시프레에 새로운 숨결을 불어 넣었다. 할리우드 전성기가 생각나는 비누 거품 같은 향긋함은 실크 스카프와 선글라스와 무척이나 잘 어울린다. **SM**

GOURMAND

구르망

미스 디올 (2012) 디올
(Miss Dior (2012) by Dior)

지극히 현대적인 미스 디올 | 조향사 프랑수아 드마시^{François Demachy} | ££

누구와도 비할 데 없는 나탈리 포트만은 가녀린 섬세함과 발레리나의 근육이 주는 강인함이 공존하는 현대적인 미스 디올의 새로운 이미지를 나타내기에 완벽했다. 장미와 재스민 부케가 오프닝을 선사하고, 향긋한 꽃내음의 물결이 기분 좋게 이어진다. 미스 디올이 가진 아름다움을 한껏 들이마시고 나서야 어떤 향기였는지 진지하게 생각한다. 그사이 진한 파촐리 노트가 흙내음이 풍기는 다양한 플로럴 미들 노트에 스며들어 힘과 지속력을 더해 준다. 미스 디올의 매력이 활짝 피어나고, 당신이 지나간 자리에는 화이트 머스크 향기가 시폰 날개처럼 너울거린다. 이 우아한 아름다움은 약하지 않고, 가냘픈 꽃조차도 인상적일 만큼 강인한 힘을 지니고 있다. SS

푸아리에 덩 수아 밀러 해리스
(Poirier d'un Soir by Miller Harris)

석양이 지는 페어 나무 아래 | 조향사 매튜 나르딘^{Mathieu Nardin} | ££

'해 질 무렵의 페어 나무'라는 부드러운 이름과 달리 이건 조금 거칠다. 현대 향수는 대부분 탑, 미들, 베이스 노트를 차례대로 맡을 수 있게끔 조향한다. 하지만 푸아리에 덩 수아 같은 향수는 강렬하고 제각각인 오프닝 노트가 조금 가라앉고 나서야 매력이 드러난다. 보통 이런 향수는 매장 선반을 지키고 있다. 확실히 시간이 필요하다. 톡 쏘는 블랙커런트와 층층이 쌓인 캐러멜 노트와 함께 설탕을 넣고 졸인 페어가 모닥불에서 끓어오르면서 진하고 묵직한 냄새를 풍긴다. 현대적인 남성미의 확실한 표식인 우디 노트가 달콤함과 진한 과일 향에 어우러진다. 너무 진부한 표현이 아니라면, 이건 마치 울, 새틴, 철사를 한데 엮어 수놓은 태피스트리 같다. 기묘하지만 흥미롭다. SM

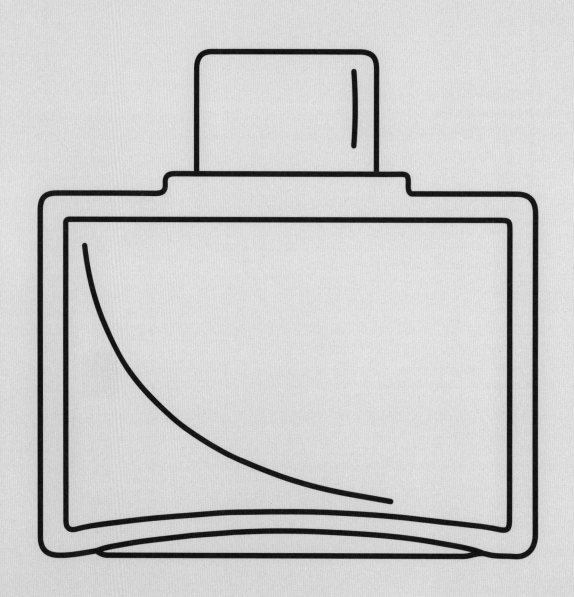

LEATHER

가죽

가죽 계열 향수는 화학향료인 이소부틸 퀴놀린[IBQ]이 합성된 직후 선풍적인 인기를 끌었다. 그건 우연이 아니었다. 파촐리와 자작나무 에센셜 오일과 혼합된 IBQ는 20세기 초반 모든 가죽 계열 향수의 토대를 형성했다.

이후 가죽 향을 내는 새로운 합성 개별 분자와 혼합물이 속속 만들어졌다. 스웨이드 지갑 냄새나 1960년형 재규어 가죽 시트 냄새, 상자에서 막 꺼낸 새 신발 냄새가 나기도 한다(그리고 자동차 회사나 신발 회사가 새 가죽 냄새를 나게 하기 위해 향기를 입히기도 한다). 조향사는 희미한 가죽 핸드백 냄새부터 가죽 바지를 입은 채 체스터필드의 안장 제작자 공방 의자에 편안히 앉아 있는 듯한 냄새까지, 모든 가죽의 향취를 선사하기 위해 다양한 합성원료를 사용한다. 가죽 계열 향수를 진짜 가죽으로 만드는 사람은 아무도 없다는 사실을 들으면 비건주의자들이 기뻐할 거라 믿는다.

CLASSIC

클래식

스패니시 레더 지오 F. 트럼퍼
(Spanish Leather by Geo. F. Trumper)

책의 향기

조향사 미공개 | £

트럼퍼의 스패니시 레더는 100년이 넘었고 다른 콜로뉴와 마찬가지로 단정한 유리병이나 양장본 책보다 저렴한 여행용 버전을 살 수 있다. 책을 최고급 가죽으로 장정할 때 가죽의 강한 악취를 덮기 위해 향기를 입혔고, 스페인에서는 허브와 시트러스 오일을 사용해서 더 좋은 냄새가 났다. 그 향기 자체가 유행을 탔고, 트럼퍼는 1902년부터 신사들이 책 향기를 풍기게끔 도왔다. **SM**

징! 라티잔 파퓨미에르
(Dzing! by L'Artisan Parfumeur)

(성난) 군중의 함성

조향사 올리비아 지아코베티Olivia Giacobetti | ££

올리비아 지아코베티는 오도레 데 프레의 누 그린, 프레데릭 말의 엉 빠썽(89쪽 참조)과 같은 잎사귀가 무성한 무화과 향수를 만든, 그린 노트의 여왕으로 알려져 있다. 그걸 기대했다면 놀랄 준비를 하시라. 징!은 놀이기구가 있는 유원지를 돌아다니며 서커스를 보러 가는 길에 맡을 수 있는 냄새다. 가죽 향이 솜사탕, 커다란 서커스 천막, 말에게 먹일 건초, 마구간에서 나는 냄새와 뒤섞여 있다. 우리는 이 장에서 라티잔 파퓨미에르 향수를 꽤 비중 있게 소개하고 있는데, 그들은 정말 잘 해냈고 세 가지 향수가 모두 다른 매력을 가지고 있다. 징!은 가장 혁신적이고 정말 이상한 향수지만, 우리는 도전을 좋아한다. **SM**

크니제 텐 크니제
(Knize Ten by Knize)

오리지널 가죽

조향사 프랑수아 코티^{François Coty} 뱅상 루베르^{Vincent Roubert} | ££

1924년, 빈의 남성복 브랜드 오너이자 조향사인 프랑수아 코티와 뱅상 루베르가 합작한 크니제 텐이 출시되었다. 새로운 향기 분자인 이소부틸 퀴놀린은 향수에 가죽 노트를 구현하는 것이 가능하다는 의미였고, 시트러스 과일, 허브, 플로럴, 우디 노트, 전통적인 고정제가 들어간 신사의 콜로뉴에 더해졌다. 오프닝은 노트가 관심을 끌기 위해 제각각 튀어오르는 통에 조금 소란스럽다. 여기는 스파이시 저기는 허브, 그리고 사이사이 항상 새 가죽 냄새가 있다. 안락의자의 가죽을 부드럽게 해주는 밀랍으로 만든 가구 광택제 향기도 감돈다. 크니제 텐이 너무 소리 없이 유행하는 바람에, 가구 광택제 제조업자들이 그들의 제품에 이 향을 입혔을지도 모를 일이고, 그래서 우리에게 익숙한 향일 수도 있다. 아주 작은 병에 들어 있고, 향수의 역사에서 매우 중요한 향수이므로 꼭 시도해보자. **SM**

오래도록 이어진 연결고리

산업 시대 이전에는 조향사와 장갑 제조업자가 매우 밀접한 관계였고, 보통 한 사람이 사업을 같이 운영했다. 무두질한 가죽은 소변에 담그는 과정을 거쳤기 때문에, 지린내가 하늘을 찌를 듯이 진동했다. 가죽 장갑의 냄새를 덜 끔찍하게 만들기 위해 향긋한 에센셜 오일을 사용했다. 고급스러운 가죽의 향기는 자연스럽게 그 근본적인 냄새를 중화하기 위해 사용하는 향수와 연관이 있다.

그래서 가죽 향이 나는 화학향료가 처음 만들어졌을 때, 조향사는 장정한 책과 부드러운 장갑의 친숙한 향기를 재현하기 시작했다.

FLORAL

플로럴

런던   갈리반트
(London by Gallivant)

신발 가죽 밑창이 닳도록 걸어보자 | 조향사 카린 슈발리에[Karine Chevallier] | ££

갈리반트는 전 세계를 한 바퀴 도는 즐거움에서 영감을 받았고 미슐랭 가이드보다 러그 가이드[01]에 가깝다. 런던의 향기는 관광객의 발길을 돌려 북적북적한 이스트 엔드에 데려다 놓는다. 콜롬비아 로드 꽃 시장에서는 향긋한 장미 내음이 나고, 페티코트 레인 옷 시장을 지나면 걸려 있는 가죽 냄새가 그윽하다. 그리고 스피타필즈의 활기찬 거리에는 개성 있게 차려입은 힙스터들이 스쳐 지나가며 파촐리 향기를 풍긴다. 독특하게도 가죽 향에 오이 노트가 붙어 있지만, 바이올렛 잎사귀의 메탈릭한 향기와 어우러져, 종종 런던의 공기에서 느껴지는 마치 우산을 깜박하고 나갔을 때 내리는 비처럼 촉촉하고 상쾌하다. 궁전, 화려함, 모든 것이 정신없고 빠르게 돌아가는 매력적인 도시와 상관없는 진정한 런던의 매력이다. 런던의 가죽과 장미와 비여, 내게로 오라! SS

파이어댄스   루스 마스텐브룩
(Firedance by Ruth Mastenbroek)

사과 물어 올리기 놀이와 모닥불 | 조향사 루스 마스텐브룩[Ruth Mastenbroek] | ££

루스 마스텐브룩은 파이어댄스를 조향할 때, 쌀쌀한 가을 날씨에도 안에 들어갈 생각이 없는, 사랑하는 사람들과 함께한 자연의 길고 어둑한 저녁에서 영감을 받았다. 파이어댄스는 아삭한 가을 사과 노트와 함께 축제 분위기로 시작한다. 은은하게 타닥거리는 모닥불 연기가 피어올라 가죽 내음이 풍기는 장미 노트에 스며들면, 마음의 눈에 작은 불꽃놀이가 펼쳐진다. 아래가 볼록한 눈물방울 모양의 오우드 미들 노트는 과하지도 부족하지도 않다. 모든 노트가 함께 조화를 이루며 노래를 부르면, 포근한 담요처럼 따뜻한 황금빛 향기가 당신을 감싸고, 어두워진 하늘 아래 앉아 여름에 작별을 고한다. SS

켈리 깔레쉬   에르메스
(Kelly Calèche by Hermès)
통나무 향기는 빠르게 지나치고
조향사 장 클로드 엘레나[Jean-Claude Ellena] | *££*

켈리 깔레쉬는 장 클로드 엘레나의 손길에서 탄생했고, 그의 작품은 매끄럽고 믿을 수 없는 블렌딩 덕분에 종종 수채화로 묘사된다. 신이 내린 손길로 켈리 깔레쉬는 차원이 다른 그윽한 광택을 띤 최고급 가죽의 향기를 담았다. 봄 부케와 함께 장미, 아이리스, 미모사 노트가 선사하는 편안하면서도 우아한 꽃향기가 가죽 내음과 함께 퍼져나간다. 장미 꽃잎은 보이지 않게 가죽 속으로 녹아들고, 회색빛 스웨이드를 떠올리는 부드러운 아이리스가 장미와 가죽 노트를 경주마의 윤기 나는 털처럼 매끄럽게 감싸준다. **SS**

겔롭 데르메스   에르메스
(Galop D'Hermès by Hermès)
최고급 가죽 | 조향사 크리스틴 나이젤[Christine Nagel] | *£££*

장 클로드 엘레나가 에르메스를 떠났을 때 그 공백은 동등한 재능으로만 메워질 수 있었고, 과연 그랬다. 크리스틴 나이젤이 고삐를 잡아 자신의 첫 향수인 겔롭 데르메스를 선보였다. 등자 모양의 향수병에는 장미와 가죽 노트가 가득하지만 코러스 라인 노트가 향기의 가장자리를 부드럽게 문질러 번지게 한다. 복숭아 향이 나는 플로럴 노트인 오스만투스가 사프란, 퀸스 페어 노트와 섞인다. 어렴풋하게 느껴지는 노트지만 가죽 안장과 화려한 장미 향기가 달아나지 않도록 잘 잡아주고 있다. 비평가와 소비자에게 호평을 받은 겔롭 데르메스가 더비 경마에 나가면 아주 쉽게 우승을 차지할 것이다. **SS**

볼뢰르 드 로즈   라티잔 파퓨미에르
(Voleur de Roses by L'Artisan Parfumeur)
누가 장미 덩굴 속 파촐리를 잡아당겼나 | 조향사 미쉘 알마이락[Michel Almairac] | *££*

볼뢰르 드 로즈는 장미 도둑이라는 의미로, 마치 당신을 괴롭히면서 거기에 맞설지 아니면 돌아서서 도망칠지를 가늠하듯이 거칠고 무례하게 시작한다. 성마른 파촐리가 조금 진정될 때까지 기다리면 장미 노트가 모습을 드러낸다. 이건 1990년대 위험을 감수하던 라티잔 스타일의 향수다. 당신은 인내심이 없다. 하지만 조금만 참고 기다리면, 장미 도둑이 마침내 동화 속 주인공 같은 향기를 선사한다. 가장 향기롭게 피어난 꽃을 훔치기 위해 매끄럽게 윤이 나는 가죽옷을 입고 숲속의 긴 가시를 헤치며 나아간다. 볼뢰르 드 로즈는 가장 아름다운 장미처럼 기다리는 수고를 들일 가치가 있다. **SM**

구찌 길티 앱솔루트 구찌
(Gucci Guilty Absolute - for Men and Women - by Gucci)

매혹적인 현대 가죽의 향기 | 조향사 알베르토 모릴라스^{Alberto Morillas} | ££

2017년 구찌는 마스터 조향사 알베르토 모릴라스가 만든 길티 앱솔루트 뿌르 옴므를 출시했다. 구찌 길티의 확장 라인업인 플랭커 향수였다. 플랭커는 보통 성공한 향수를 뒤따라 나오지만 곧 자취를 감춘다. 그러나 구찌 길티 앱솔루트는 완벽한 시트러스 우디 향으로 길티 오리지널의 명성을 위협하며 더 오래 자리를 지켰다. 나무와 가죽으로 만들어낸 현대적인 걸작이다. 나무로 장식한 응접실, 거기에 있는 패브릭 안락의자처럼 강렬하면서도 부드럽다. 2018년에는 여성을 겨냥한 자줏빛 구찌 길티 앱솔루트가 등장했다. 짙고 농밀한 과일과 장미 향이 나는 가죽 노트 아래, 옴므와 같은 우드 노트가 자리 잡고 있다. 거짓말 하나 안 보태고, 이 둘은 서로 바꾸어 뿌려도 무방하다. 디자이너 브랜드 향수는 남성이나 여성을 겨냥했을 때 더 잘 팔리지만, 그건 단지 라벨과 유행일 뿐이다. 더 마음에 드는 걸 고르거나 둘 다 가져보자. **SM**

정원에서 흡연실까지

가죽 노트는 뒷자리를 차지하거나 독보적인 역할을 맡으며, 꽃, 허브, 나무, 이끼 등과 함께 섞여 예상치 못한 향기를 선사하기도 한다. 토바코(오른쪽 참조) 노트는 가죽 향의 가장 가까운 친구로 100년 간의 창조적 유대감을 자랑한다.

담뱃잎에서 추출한 토바코 앱솔루트는 신선한 시가 상자의 냄새가 난다. 토바코는 향수의 세계에 도착하기, 전 피부에 닿아도 안전하도록 니코틴 성분을 제거한다. 천연 토바코 앱솔루트는 값비싼 원료라서 보통 재배 기후의 영향을 받지 않고 생산 가격이 낮은 합성원료를 더하거나 대체한다. 다른 환경에서 유래한 다양한 종류의 토바코 노트가 있다. 버지니아 토바코는 마른 냄새가, 불가리아산 벌리 토바코는 좀 더 달콤한 향기가 난다. 토바코와 가죽 노트는 현실 세계의 담배 냄새가 밴 가죽보다 향수에서 만났을 때 훨씬 더 잘 어울린다. 건강을 해치지도 않고, 동물성 원료도 없다. 토바코 노트가 가죽 어코드에 섞이면 도서관, 장정한 책, 윤이 나는 나무 바닥처럼 역사와 고요함이 느껴진다.

타박 블롱 까롱
(Tabac Blond by Caron)

해방의 향수 | 조향사 어니스트 달트로프[Ernest Daltroff] | £££

1919년 출시된 타박 블롱이 여전히 존재한다는 사실은 두터운 지지층과 놀라운 향기를 증명한다. 타박 블롱은 해방을 상징하는 향수로 시작했다. 여성이 담배를 피우기 시작했고, 이 향수는 후각용 장신구였다. 조향사 어니스트 달트로프가 활짝 핀 꽃으로 둘러싸인 안전한 길 대신 어두운 파리지앵 살롱으로 들어갔기 때문에, 타박 블롱은 일종의 새로운 시작이기도 했다. 흙내음이 섞인 마른 가죽과 토바코 노트는 담배 냄새를 흉내 내지 않고 더 나은 풍미를 선사한다. 파촐리와 시더우드의 강렬한 품 안에 안겨 있는 뾰족한 카네이션 노트는 사막에 버려진 지 오래된 카메라 케이스 냄새를 불러오는 데 성공한다. 가죽, 먼지, 담배, 그리고 오랫동안 잃어버린 시대. 타박 블롱을 뿌리고 '잉글리쉬 페이션트'[02]를 보자. SS

카보샤 퍼퓸 그레
(Cabochard by Parfums Grès)

반항적인 가죽 | 조향사 베르나르 송[Bernard Chant] | £

고집스럽다는 의미의 카보샤는 출시된 1959년의 어둡고 음울한 매력에 어울리며, 연기가 자욱하고 매혹적인 재즈 클럽을 닮았다. 흙내가 풍기는 오크모스가 먼저 무대에 모습을 드러내고, 탈크의 먼지와 지탄 담배로 허스키해진 목소리와 함께 짙은 우디 타바코 노트가 존재감을 드러낸다. 농밀한 복잡성은 아찔할 정도로 강렬한 플로럴, 비누 내음 같은 가벼운 알데히드, 묵직함을 가로지르는 시트러스, 겹겹이 쌓인 알싸하고 따뜻한 앰버와 머스크 향기가 뒤섞여 있다는 의미다. 여기저기 더듬는 팔처럼 당신을 감싸고 있는 가죽 향기는, 담배 냄새가 배어 있고, 낡고, 조금 초라해 보이는 마치 나쁜 남자친구 같다. 위스키 한 모금을 들이키고 쿨하게 거절하자. SS

자스민 에 시가렛   에따 리브르 도랑쥬
(Jasmin et Cigarette by Etat Libre D'Orange)

앞뒤 안 가리는 무모한 가죽 | 조향사 앙투안 메종디외[Antoine Maisondieu] | ££

자스민 에 시가렛은 요즘 기준으로 보면 질색할 수 있지만 그래도 탐구해볼 가치가 있다. 1920년대, 흡연은 자유와 해방을 상징하는 행위였다. 여자들은 시프레 향기 사이로 담배 연기를 내뿜으며 '남자처럼 우리도 담배를 피운다'라고 나지막이 말했다. 그 연기처럼 매캐한 매력은 사라진 지 오래지만, 토바코 노트가 들어간 향수는 다시 한번 돌아볼 가치가 있다. 자스민 에 시가렛은 불을 붙이지 않은 파이프 담배처럼 옅은 살구 향이 섞인 나무 냄새가 난다. 문간에서 담배를 피우는 무례한 녀석이 풍기는 냄새가 아니다. 이제 거기에 꽃가루처럼 산뜻한 향기가 나는 재스민 꽃봉오리를 넣고 베이스로 살짝 머스크를 더한다고 상상해보자. 짜잔! 자스민 에 시가렛이 탄생했다. 이 향수는 연기가 자욱한 세상의 꽃향기를 풍기며 자유를 위해 고군분투하는 실제 여성의 이야기를 담고 있다. 이게 메타포가 아니라면 대체 뭐란 말인가? SS

토박   마야 엔자이
(Tobak by Maya Njie)

스칸디나비아의 가죽과 담배 | 조향사 마야 엔자이[Maya Njie] | ££

인디 조향사는 모두 친구나 가족에게서 영감을 받은 향수를 만든다. 마야 엔자이 웹사이트에 가면 어린 시절의 사진과 마야의 향기에 착상을 불어넣은 장소를 볼 수 있다. 그리고 토박 페이지에서는 사진 속에서 할아버지가 어린 마야를 바라보고 있다. 나무 향이 감도는 가죽 내음은 따뜻하고 사랑스러우며 빛바랜 사진 곁에 편안히 앉아 있다. 시나몬과 통카로 알싸한 풍미를 내고, 빻은 베티베르를 넣은 다음 머스크로 부드럽게 만든 토박은 담배가 아니라 행복에 관한 것이다. SM

트래버시 두 보스포어   라티잔 파퓨미에르
(Traversée du Bosphore by L'Artisan Parfumeur)

튀르키예 향신료 내음이 밴 가죽 | 조향사 베르트랑 뒤쇼푸르[Bertrand Duchaufour] | ££

내 계산이 맞다면 트래버시 두 보스포어는 라티잔 파퓨미에르가 다국적 멀티 브랜드 푸이그에 인수되기 전에 베르트랑 뒤쇼푸르가 만든 29개의 향수 중 하나다. 아시아와 유럽을 갈라놓거나 만나게 하는 이스탄불의 보스포러스 해협을 건넜던 경험을 향수에 담았다. 옛날에는 유람선을 타고 건너야 했는데, 영국의 낭만파 시인인 바이런 경은 목숨을 걸고 헤엄쳐 건넜다. 트래버스 두 보스포어는 부드럽게 달리는 리무진을 타고 현대식 다리를 건너는 기분이 든다. 그랜드 수크[03]에서 산 석류, 피스타치오와 장미 향이 나는 튀르키예 사탕, 보랏빛 아이리스와 함께 리무진의 가죽 시트에 편안히 앉아 있다. SM

테이크 미 투 더 리버   4160 튜즈데이즈
(Take Me To The River by 4160Tuesdays)

1980년 지하 클럽의 공연 | 조향사 사라 매카트니^{Sarah McCartney} | ££

이건 가죽 소파다. 토요일 밤에 밴드가 연주하는 작은 클럽 아래층에 놓여 있다. 몇 년 동안 쏟아진 술이며 음료수가 나무 바닥에 스며들었고, 레드 와인, 코냑, 아주 매혹적이고 부드러운 머스크, 하바나 시가 한 상자, 붉은 장미 열댓 송이가 있다. 일방적인 관계의 향기이며 나쁘다는 걸 알지만 끝낼 준비가 되지 않았다. 솔직한 고백: 이건 내가 만들었다. 자신이 만든 향수에 대해 쓰는 게 조금 건방져 보일 수 있지만, 뿌리고 나갈 때마다 누군가 이게 뭐고 어디서 살 수 있는지 묻는다. 내 향수병을 건네면 가져간 후로 소식이 없다. 내가 만든 향수 컬렉션 중 일부만 이런 일을 겪으며, 그게 테이크 미 투 더 리버가 여기 실린 이유다. SM

뀌르 쿠바 인텐스   퍼퓸 드 니콜라이
(Cuir Cuba Intense by Parfums de Nicolaï)

모히토, 쿠바 리브레, 그리고 하바나 시가

조향사 패트리샤 드 니콜라이^{Patricia de Nicolaï} | ££

쿠바 시가는 젊은 여자들이 허벅지에 굴려 만든다는 말이 있지만, 실은 다양한 연령대의 숙련된 여성들이 부드러운 천을 씌운 가죽 의자 팔걸이를 사용해 만든다. 뀌르 쿠바 인텐스는 그 향기가 난다. 시가 작업장에서 쓰는 오래되고 낡은 가죽 냄새에 민트 모히토 럼 칵테일, 갓 짠 라임을 넣은 쿠바 리브레, 화끈한 향신료, 더 화끈한 살사 댄서의 향기가 섞여 있다. SM

오 드 가가   레이디 가가
(Eau de Gaga by Lady Gaga)

가가의 이름에 걸맞는 | 조향사 우르술라 완델^{Ursula Wandel} | £

레이디 가가의 첫 향수인 페임은, 색깔의 흔적을 남기지 않고 뿌릴 수 있는 최초의 검은 액체라는 마케팅의 승리였다. 향수병은 우주선에 있는 에이리언의 알처럼 보였고 엄청난 흥분을 약속했다. 향수는 충분히 기분 좋은 향기가 났지만, 검은색과 금색의 외계인 우주선에 담길 특권을 누릴 자격은 없었다. 오 드 가가는 그 첫 향수병에 담겼어야 했던 향기다. 그랬다면 아주 짜릿했을 텐데. 가죽과 바이올렛 노트, 신선하게 압착된 시트러스 과일로 시작한다. 이건 내가 처음 맡아 본 가죽 바이올렛 노트는 아니지만, 실험실 바깥으로 가지고 나와 선반에 올려둔 건 처음이다. 여러분이 기대하는 가가의 향기 그 자체다. 도전적이고 중성적이다. 예상 밖에 예측할 수 없는 향기를 선사하며 가성비가 뛰어난 멋진 향수다. SM

PATCHOULI

파촐리

화렌화이트　디올 (Fahrenheit by Dior)

스포츠카와 가죽 넥타이

조향사 장 루이 시우작[Jean-Louis Sieuzac] 미셸 알마이락[Michel Almairac] | ££

디올의 화렌화이트는 사치와 낭비의 시대였던 1980년대에 출시되었고, 소박함과 절제는 가치가 없다고 생각하는 시대상에 딱 들어맞았다. 하지만 이러한 시기에 태어났음에도 화렌화이트는 매끄러운 월넛 대시보드로 장식한 빈티지 스포츠카 내부의 가죽이 떠오른다. 게다가 1950년대의 턱이 각진 영웅 같은 매력이 느껴진다. 복잡하고 다양한 노트는 영화 제작팀처럼 무척 인상적인 가죽 파촐리 노트에 스포트라이트를 준다. 이 영웅에게 인간적인 면모를 더하기 위해서는 생각보다 많은 꽃향기가 필요하다. 삐죽한 제라늄과 후추향이 나는 카네이션 노트는, 날카로운 나무 향이 나는 시더, 재스민, 라벤더, 은방울꽃 노트와 어우러져, 저항할 수 없이 코를 부비적거리고 싶은 향기가 돋보일 다채로운 무대를 만든다. **SS**

몰트　아크로 (Malt by Akro)

스카치 위스키와 가죽 | 조향사 올리비에 크레스프[Olivier Cresp] | ££

아크로는 마스터 조향사 올리비에 크레스프가 딸 아나이스, 파트너 잭과 함께 설립한 브랜드다. 향수는 각각 나쁜 습관을 나타내며 이건 위스키다. 마치 술 냄새는 풍기지 않으면서도 위스키의 좋은 향기를 모두 느낄 수 있다는 데서 이 향수의 비범한 재능이 드러난다. 넓게 펼쳐진 하늘 아래 오크통과 깊은 위스키 내음이 떠오른다. 그 순간을 어떻게 포착할 수 있을까? 믿거나 말거나, 미세한 미역 냄새가 몰트, 소금기, 끝없이 펼쳐진 스코틀랜드의 황야의 향기를 한데 어우러지게 한다. 여러분이 맡을 수 있는 가죽 향은 버려진 자전거 자켓이다. 위스키를 홀짝거리는 침대 옆에 자켓이 놓여 있고, 내가 있어야 할 곳이 다른 곳이라는 걸 퍼뜩 깨닫는다. 어쩔 수 없지 뭐. **SS**

프라다 르 옴므 인텐스 프라다

(Prada L'Homme Intense by Prada)

훌륭한 아이리스 가죽 | 조향사 다니엘라 안드리에르[Daniela Andrier] | ££

이 장을 위해 우리가 뿌려보고 골라낸 모든 가죽 계열 향수 중에서 르 옴므 인텐스가 가장 놀라웠다. 전혀 다른 향수를 사고 가방에 떨어뜨린 샘플 같았다. 인텐스라는 단어가 라벨에 붙은 남성용 향수는 대부분, 향기가 과할 정도로 명확한 우디 앰버 노트로 만든 무기, 즉 향수의 세계에서 달리는 머슬카 같다. 하지만 이건 향수계의 페라리다. 날렵하고, 매끄럽고, 예상치 못한 아름다움이다. 아이리스와 가죽 노트가, 부드러운 달콤함 속으로 녹아들고, 부드러운 스파이스 노트가 통카의 희미한 아몬드 향과 어우러진다. 팜므 인텐스이기도 하다. **SM**

**진짜가 선사하는
다양한 향기**

파촐리는 화학자들이 아직 재현할 수 없는 독특한 향이라서, 파촐리 냄새가 난다는 부분을 읽는다면 문자 그대로 파촐리 냄새를 의미한다. 역사를 기록하기 시작한 이래로 오랫동안 인센스, 사람, 카펫, 잉크에서 맡을 수 있었던 고대 원료 중 하나다. 잉크와 카펫에 대해서: 숯으로 만든 오리지널 인도 잉크는 파촐리 향이 났고, 이는 굴뚝의 그을음으로 만든 유럽산 복제품과 구별하는 기준이었다. 나방을 쫓는 막강한 방충 능력 덕분에 파시미나 캐시미어 숄과 동아시아산 카펫에 파촐리 오일을 사용했다. 유럽산 복제품은 그렇지 않다.

1960년대와 1970년대, 상업주의에 대항하던 히피 모험가들이 샌달우드 노트와 섞은 파촐리 향수를 뿌리기 시작하면서, 파촐리 향기가 인도에서 다시 돌아왔다. 진정한 인도의 향기다.

파촐리의 매력적인 특성 중 하나는 향기를 바꾼다는 것이다. 허브의 톡 쏘는 얼얼한 그린 노트는 파촐리와 섞으면 진한 초콜릿 향기가 된다. 이소부틸 퀴놀린과 결합하면 가죽 냄새가 나고, 자몽 에센셜 오일을 적당한 비율로 더하면 테리스 초콜릿 오렌지 같은 향기가 난다.

WOODY

우디

론스타 메모리즈　타우어
(Lonestar Memories by Tauer)

바짝 마른 가죽 | 조향사 앤디 타우어[Andy Tauer] | £££

이건 엄청난 가죽이다. 론스타 메모리즈를 만들 때 무슨 목적이었는지 정확히 알 수 있도록 앤디 타우어의 말을 들어보자. '버치 타르를 위한 시: 진실하고 독특하며, 풍부하고 오래 지속됩니다. 낡은 청바지와 가죽 재킷을 입은 고독한 라이더의 향기입니다. 마른 숲속에서 말을 타고 긴 하루를 보낸 후 연기가 피어오르는 모닥불에 커피를 올리고 있습니다.' 씻지 않은 카우보이의 냄새가 나므로 주의하자. 텍사스 사막, 먼지, 어제 타고 남은 장작이 생생하게 떠올라 조금 두려웠다. 하지만 가죽을 마른 흙먼지 속에 한참 밀어 넣은 론스타 메모리즈는 시도해볼 만하다. **SM**

댕 블론드　세르주 루텐
(Daim Blond by Serge Lutens)

부드럽고 은은한 스웨이드 | 조향사 크리스토퍼 쉘드레이크[Christopher Sheldrake] | £££

댕 블론드는 가죽 계열 향수의 그레이스 켈리다. 멋지고 단정한 차림새에 목소리를 높이지 않으면서도 느껴지는 조용한 하이클래스의 섬세함, 하지만 일단 내면으로 자신을 유혹하면 드러나는 파우더리한 살구의 관능미가 있다. 자동차 창문에 코를 대기도 전에 신용 등급을 조회하는 조용한 고급 자동차 쇼룸처럼, 누구도 손대지 않은 스웨이드의 향기가 가장 먼저 도드라진다. 하얗고 고운 어깨를 덮은 오뜨 꾸뛰르처럼, 나지막이 속삭이는 머스크가 감싸고 있는 댕 블론드는, 피부에 부드럽게 휘감겨 움직이는 대로 일렁이며 품격 있는 향기를 풍긴다. 이런 관능적인 세련미는 증명할 길이 없다. 이미 완벽한 향수의 조향사가 크리스토퍼 쉘드레이크라는 사실을 알고 나면 놀랍지도 않다. **SS**

보테가 베네타   보테가 베네타
(Bottega Veneta by Bottega Veneta)
부드러운 가죽으로 감싼 꽃다발
조향사 미셸 알마이락^{Michel Almairac} | ££

보테가 베네타는 넓게 펴 바르지 않고 섬세하게 번져나가는 방식으로 가죽 노트를 사용한
완벽한 예를 보여준다. 보통 가죽과 파촐리 노트가 쇼의 주인공이지만 여기서는 배경에서
다른 노트와 함께 어우러져 큰 효과를 발휘한다. 은방울꽃, 시트러스, 한껏 가라앉은 부드
러운 핑크 페퍼 베리가 함께 조화를 이룬다. 조향사의 섬세한 기교로 부드럽고 희미하게
복숭아 향이 나는 머스크가, 오크모스 베이스 노트의 시프레 향취를 보완하며 퍼져나간다.
보테가 베네타는 꾸뛰르 컬렉션의 고급스러운 여행 가방처럼, 가장 비싸고 고급진 가죽
위로 꽃과 머스크 향기를 흩뿌려, 가장 좋아하는 파슈미나 숄처럼 부드럽게 감싼다. SS

소프트 우드와 모닥불	흰 자작나무인 화이트 버치는 조향사가 전통적인 가죽 향기를 만들 때 사용하는 에센셜 오일이다. 뭔가 신비롭게 들리지 않는가? 은빛 자작나무 숲에서 느껴지는 은은한 향기 라든지? 하지만 이건 조향사의 팔레트에서 가장 강렬한 물질 중 하나다. 킬로그램당 한 방울만 넣어도 가죽 내음이 그윽한 향수를 만들 수 있다. 과하게 넣으면 실수로 연구실 을 불태워버린 듯한 냄새가 나게 할 수도 있다.

구아이악우드는 그슬린 흙냄새를 표현하는 원료로 바싹 메마른 듯한 향조는 건조한 가
죽 냄새와 잘 어울린다.

스웨이드 우드 향수에는 매끄러운 고정제로 사용하는 마법의 분자 이소 이 슈퍼<sup>Iso E
Super</sup>, 종종 '화이트 우드' 노트로 언급되는 이오논^{ionone}, 바이올렛이 들어가지만, 대부
분 눈치채지 못하고 그저 가볍고 부드러운 구름만 느껴진다.

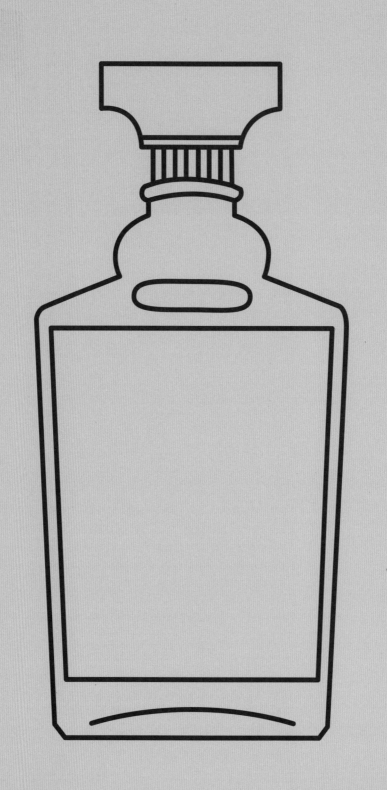

OUD

오우드

오우드^{oud}는 아랍어로 나무를 뜻하며 우드^{oudh}, 아우드^{aoud}, 아에드^{aoudh} 등으로 표기하기도 한다. 우드^{oudh}는 또한 류트와 비슷하게 생긴 중동의 전통 현악기 이름이다. 하지만 향수의 세계에서 오우드는 아가우드 나무에서 추출한 특정 종류의 우드 노트를 의미하며 알로에우드라고 부르기도 한다. 좀 더 구체적으로 말하면 곰팡이의 일종인 피알로포라 파라시티카^{Phialophora} $_{parasitica}$에 감염된 나무로 강렬한 냄새가 확 풍긴다.

값비싼 오우드 에센셜 오일은 인도, 극동 아시아, 중동 지역의 전통 향수에 주로 사용되었고, 최근에는 서양 향수에서도 종종 찾아볼 수 있다. 탁월한 합성원료를 만들어냈고, 이는 저렴한 오우드 향수가 존재할 수 있도록 한다. 이 장에서 우리는 광대한 오우드 향수의 바다에 그저 발을 담그고 있을 뿐이며, 더 깊이 들어가면 수많은 모험이 기다리고 있다.

오우드 루반 솔리드   아프텔리에
(Oud Luban Solid by Aftelier)

평화, 사랑, 오우드, 사람 | 조향사 맨디 아프텔^{Mandy Aftel} | ££££

오우드 루반은 가장 진귀한 기쁨이다. 은빛 분갑에 담긴 고체 향수라니! 이 밀랍같은 넥타르[01]는 자연의 아름다움과 불완전함을 모두 보여준다. 맨디 아프텔은 자신의 천연원료를 독립적으로 직접 공급하고, 뛰어난 소믈리에가 동의하듯 조금씩 다른 천연원료가 만드는 약간의 차이는 그들 매력의 큰 부분을 차지한다. 수세기 동안 향로의 연기가 번지고 배인 고대 교회의 벽이 떠오르는, 매캐하면서도 친숙한 살냄새가 감도는 가운데, 우드와 레진 노트가 깊이와 질감의 우위를 놓고 경쟁을 벌인다. 오우드는? 무대의 중앙에서 황금 파이프를 피우며 마법의 고리를 만들고 있다. 파촐리는 느긋한 시원함을 더한다. 맨디는 지금은 고인이 된 레너드 코헨[02]이 가장 좋아하던 향수가 오우드 루반이라는 사실을 밝히는 걸 두려워하지 않는다. SS

오드 사파이어   아틀리에 코롱
(Oud Saphir by Atelier Cologne)

보슬한 프루티 오우드 | 조향사 미공개 | ££

이건 오우드 향수가 맞지만, 어디에 사파이어가 있는지 말하기는 어렵다. 오드 사파이어는 다정하고 설득력 있는 향수로 몇 시간 동안 지속되며 부드러워지기를 반복하다 결국 오랫동안 뭉근히 졸인 과일 내음이 난다. 오프닝은 약간 알싸하면서도 우아하고 따뜻하다. 이런 종류의 우디 향수가 남성용일 거라고 상상하는 모두에게, 완벽히 어울리는 오우드다. 이름에 사파이어가 들어간 건 여전히 미스터리지만, 오드 사파이어는 완전한 기쁨을 선사한다. SM

부아 도드　데따이으
(Bois d'Oud by Detaille)

숲에 우거진 나무들 | 조향사 미공개 | ££

인터넷은 문제가 많지만, 작은 퍼퓨머리를 전 세계에 알릴 수 있다는 큰 장점이 있다. 하지만 데따이으의 목표는 경계를 허무는 것이 아니다. 그들은 파리의 생 라자르 거리 매장에 안전하게 머물며 아름다운 향수를 합리적인 가격에 선보이고 있다. 프랑스어와 아랍어를 둘 다 번역하면 부아 도드는 '나무 나무'라는 의미이며, 이름 그대로 사랑스러운 우디 향이 풍성한 앰버 향과 아늑한 분위기를 자아낸다. 가죽과 향신료 내음이 희미하게 느껴지며 마치 파리의 아파트에 있는 편안한 살롱에 앉아 있는 기분이 든다. **SM**

루드　타우어
(L'Oudh by Tauer)

열대 과일에 싱그러움이 더해진 오우드
조향사 앤디 타우어[Andy Tauer] | ££££

앤디 타우어의 오우드 향수는 처음에 짙은 과일 향기를 풍긴다. 모닥불과 장작더미가 경쟁하듯 강렬한 향기를 내뿜고 있는 정원 끝에서 너무 익은 망고와 파인애플이 무더기로 나온다. 루드는 진정한 오우드 노트를 정의하는 놀라운 애니멀릭 향조를 선사하면서도, 오래된 아가우드 나무에 감긴 담쟁이덩굴처럼 예상치 못한 그린 노트가 수액의 향기를 더한다. 네 가지 관점이 다른 노트가 만나 건설적인 대화를 나누고, 서로 악수하며 협력을 약속한다. **SM**

네즈마 6　네즈마
(Nejma 6 by Nejma)

오우드와 과일 | 조향사 장 니엘[Jean Neil] | £££

네즈마 6은 균형을 잃고 무너질 정도로 풍성한 과일과 전통적인 동양 발삼이 가득한 오우드 향기가 난다. 네즈마의 설명서를 읽으면 '작은 곡물 에센스'가 무엇인지 궁금할지도 모르겠다. 그건 오렌지 잎사귀, 씨앗, 그리고 수확 후 남은 잔여물에서 추출한 페티그레인 에센셜 오일을 의미한다. 네즈마는 코코넛 노트 중에 하나라고 명시하고 있다. 코코넛의 텁텁한 냄새를 싫어할 사람을 위해 덧붙이자면, 거의 느껴지지 않을 정도이므로 걱정하지 않아도 된다. 파인애플 노트는 제대로 조향하기가 아주 까다롭기로 악명이 높지만, 넘치도록 들어간 통카, 벤조인, 오우드 베이스 노트 위에 가볍게 맴돌고 있다. 한 숟갈 듬뿍 뜬 라일스 골든 시럽[03]을 상상해보자. 네즈마 6은 그 느낌과 똑 닮았다. **SM**

FLORAL

플로럴

센슈얼 오우드 아트 드 퍼퓸
(Sensual Oud by Art de Parfum)
향락에 젖은 오우드 | 조향사 루타 데구티테^{Ruta Degutyte} | £££

센슈얼 오우드는 아라비안 나이트의 낭만과 에피쿠로스의 향락이 만나는 향연이다. 향기가 마치 안젤라 카터⁰⁴의 동화 같다. 붉은 벨벳처럼 도톰하고 부드러운 장미 꽃잎에서 부드럽고 보슬보슬한 스웨이드와 흙내음이 가득한 숲으로 데려간다. 바카날리아⁰⁵를 즐기는 사람들이 자아내는 화려한 분위기처럼, 끈적하고 달콤한 대추야자 미들 노트가 센슈얼 오우드의 진수를 보여준다. 이 녹진한 과일 향기는 숲 내음과 꽃향기 사이 놓인 다리 역할을 한다. 제라늄과 클로브가 알싸한 풍미를 더하고 장엄한 오우드 노트가 지나갈 자리를 만든다. 오우드는 흙빛이 짙고 묵직하며 독보적이다. 처음부터 끝까지 장미 노트와 존재감을 다투며 기분 좋게 취해 춤추는 오우드는 뿌리는 즐거움이 있다. **SS**

써티 쓰리 엑스 아이돌로
(Thirty Three by Ex Idolo)
여정의 끝 | 조향사 매튜 주크^{Matthew Zhuk} | £££

써티 쓰리는 매튜 주크가 첫 향수를 만들면서 사용한 33년 된 오우드의 이름을 따왔다. 사막의 성채에서 고대부터 대대로 전해 내려오는 비법에 따라 섞은 향기가 느껴진다. 하지만 이건 런던에 사는 캐나다 사람이 만들었다. 중동에서 로즈 오우드 향수를 맡아봤다면 어떤 스타일인지 알겠지만, 써티 쓰리는 훨씬 정교하고 아름답다. 향수 애호가들이 런던에 오면 덥석 집어 드는 이유다. 중동 향수보다 로즈 오우드 노트가 훨씬 강렬하지만, 자그마한 다이아몬드 반지가 아닌 커다란 큐빅 지르코니아가 박힌 반지를 갖는 것과 같다. **SM**

스케르초 밀러 해리스 (Scherzo by Miller Harris)

정원에서 조화롭게 울리는 현악 사중주

조향사 매튜 나르딘Mathieu Nardin | ££

매튜 나르딘은 오우드와 프랑킨센스를 든 채 아주 영국스러운 정원을 가로지르며 향기가 날 만한 것들을 줍는다. 복잡하게 얽혀 있는 도시를 조심스럽게 걸으며 골라낸 허브, 꽃, 과일로 스케르초를 장식해 놀라울 정도로 향기가 풍부하다. 수선화가 살짝 고개를 내밀고 장미꽃이 활짝 피어나는 가운데 희미한 리코리스(민감초) 내음과 함께 아르테미시아가 정원 의자에 살포시 앉아 있다. 가볍고 장난기 많은 구성을 보여주는 스케르초06 곡처럼 이름에 걸맞게 끊임없이 변하는 향기를 선사한다. 진지한 오우드와 프랑킨센스가 유쾌한 친구들을 만나 마음 깊이 행복을 느끼며 기억에 남는 저녁을 만든다. SS

오우드 새틴 무드 메종 프란시스 커정
(Oud Satin Mood by Maison Francis Kurkdjian)

새벽부터 해가 질 때까지 이어지는 드라마

조향사 프란시스 커정Francis Kurkdjian | £££

오우드 새틴 무드는 이름처럼 새틴 같은 부드러운 향기를 풍기는 묘한 능력이 있다. 장미 오우드 노트로 금빛과 부드러움을 가지고 있으며, 전에 언급한 장미 오우드와는 향조가 다르다. 바닐라 미들 노트가 돋보이려는 아가우드와 장미 향기를 부드럽게 감싸준다. 향기가 타는 듯한 금빛으로 펄럭이는 망토처럼 펼쳐지며, 장미, 오우드, 바닐라 노트가 서로 어우러진다. 강렬함과 긴 잔향 속에 빠져 매혹적인 모든 매력을 즐겨 보자. 하지만 사무실에서 일하는 동안은 자제하도록. SS

나이트 아크로 (Night by Akro)

어젯밤 흔적이 남아 있는 아침 | 조향사 올리비에 크레스프Olivier Cresp | ££

영화 '타이타닉'에서 뜨거운 숨결이 서린 차창에 손바닥을 대는 상징적인 장면을 기억하는가? 김이 서린 창문에 네 손바닥을 대고 있다고 상상하면 그게 바로 나이트의 향기다. 아크로 향수 컬렉션은 올리비에 크레스프와 딸 아나이스, 파트너 잭이 함께 출시했다. 향수는 각각 나쁜 습관이나 유혹에 영감을 받아 만들었고, 이건 섹스. 사탕발림으로 꾸밀 필요가 없다. 머스크 향이 가득한 가슴 털에 코를 묻고, 헝클어진 시트 위로 몸이 반들거린다. 흙내음과 가죽 향이 섞인 사프란 내음일 수도 있고, 깊고 축축한 오우드 향일 수도 있다. 아니면 체취를 닮은 커민 냄새일지도 모른다. 여기서는 너무 점잖은 단어일지도 모르지만 로맨스를 상징하는 붉은 장미 향기일 수도 있다. 나이트가 이 모든 향기보다 더 강렬하다. 나이트는 새로운 사랑을 향한 무모하고 맹목적인 열정이며 잔뜩 어질러진, 떠나기 싫은 침대와 같다. SS

로즈 오우드   이브 로쉐 (Rose Oud by Yves Rocher)

최고의 가성비, 완벽한 균형 | 조향사 아닉 메나르도[Annick Ménardo] **| ££**

가성비 좋은 브랜드가 만든 향수라고 해서 절대 무시하면 안 된다. 로즈 오우드는 아닉 메나르도가 만든 이브 로쉐의 시크릿 디센시스 컬렉션에 속해 있으며 정말 매력적이다. 아닉 메나르도는 불가리의 블랙(264쪽 참조), 디스퀘어드2의 와일드(단종되었으므로 사라지기 전에 몇 개 사두자)를 비롯해 겔랑, 디올, 르 라보의 향수를 만들었다. 로즈 오우드는 풍부한 스파이시 노트의 알싸함과 함께, 동양의 나무와 장미의 혼합물이라는 이름 그대로의 매력을 보여준다. 값비싼 일부 장미 오우드 향수처럼 강렬하지 않을 수 있지만, 두 병을 사서 두 배로 자주 뿌리면서도 여전히 고급 향수 가격의 80%를 절약할 수 있다. 다크우드를 얇게 깎아낸 톱밥 위에 조심스럽게 올려놓은 향기로운 장미 꽃잎을 상상해보라. 장미 꽃잎 위에 모든 노트가 완벽하게 균형 잡혀 있다. **SM**

네즈마 2   네즈마

(Nejma 2 by Nejma)

향신료를 더한 나무와 장미 | 조향사 앨리스 라베나[Alice Lavenat] **| £££**

네즈마 2는 내가 여태 맡아 본 가장 사랑스러운 오우드 향수가 틀림없다. 클로브 향기가 끝내준다. 냄새를 맡는 즉시 알싸함이 풍기는 장미와 부드러운 오우드 향에 둘러싸인 채 두바이 한가운데에 서 있는 기분이 든다. 클레오파트라가 율리어스 카이사르와 안토니우스를 향수로 유혹했다는 말도 안 되는 소문이 돌지만, 네즈마 2는 뜨겁고 잔잔한 물결을 따라 비옥한 둑을 향해 흐르는 클레오파트라의 나일 범선에서 풍기는 향기가 떠오르게 한다. 도도하고 사납지만, 점잖고 부드럽다. 상상이 가는가? 아라비안 수크에서 살 수 있는 다마스크 장미 인센스의 향이 떠오른다. 독창적인 아이디어는 아니지만, 완벽하게 다듬었다. **SM**

**오우드 향기를
찾아 떠나는 모험**

우리가 고른 오우드 계열 향수는 대부분 알코올 기반이지만, 전통적인 스타일과 가격이 합리적인 오우드 오일이나, 천연원료를 함께 증류해서 만든 100% 강도의 향수인 아타르도 있다. 돈을 좀 쓸 생각이 있다면 술탄 파샤 아타르의 진귀한 개인 블렌딩 향수를 탐험해보자. 천연 오우드는 희귀하고 매우 비싸기 때문에, 적당한 가격의 오우드 향수는 모두 최고의 국제 향수 제조 기업들의 합성원료로 만들어진다. 이는 최고는 아니더라도 다행히 우리 모두 오우드 향기를 즐길 수 있다는 의미다. 오크모스처럼 오우드도 향수의 주인공을 맡거나 다른 노트와 섞여서 플로럴, 우드, 앰버 향조를 지원할 수도 있다.

AMBER

앰버

M7 오우드 압솔뤼　입생로랑
(M7 Oud Absolu by Yves St Laurent)

더 강렬해진 오리지널

조향사 알베르토 모릴라스^{Alberto Morillas} 자크 카발리에^{Jacques Cavallier}　| £££

M7은 시대를 앞선 향수다. 2002년 톰 포드가 크리에이티브 디렉터로 있는 동안 이 이상 하면서도 기분 좋은 흙내음이 섞인 우디 앰버 향수가 탄생했고 이내 모습을 감추었다. 몇 년이 흘러 톰포드 브랜드는 중동 고객만을 위한 컬렉션을 출시했고(그렇다고 판매직원이 말해주었다) 놀랍게도 유럽과 미국 역시 사랑에 빠졌다. M7 오우드 압솔뤼는 입생로랑의 '왜 단종했나요' 헤리티지 컬렉션 중 하나이고, 운 좋게도 인 러브 어게인과 이브레스가 포함 되어 있다. 2011년 마침내 원래의 조향사들이 새로운 버전을 재창조했으며 더 강렬하지만 지나치지 않다. 라브다넘, 파촐리, 몰약 노트가 제대로 된 앰버 향기를 만든다. 아직 파리지 앵 스타일이지만 두바이 쪽으로 고개를 끄덕이고 있다. **SM**

오우드 우드 & 다크 바닐라　링크스 / 액스
(Oud Wood & Dark Vanilla by Lynx/Axe)

엄청난 앰버 오우드의 미친 가성비 | 조향사 미공개 | £

정말이지, 동네 슈퍼마켓에서 살 수 있는 향수라니. 이건 애니멀릭 오우드 향수는 아니지 만 향기가 너무 좋아서 여기 실릴 만한 가치가 충분하다. 가격이 다른 오우드 향수의 100 분의 1밖에 안 되는데도 향기는 그에 못지않다. 브랜드에 대한 편견을 버리고 일단 뿌려보 시라. 링크스는 10대들에게 낭비되고 있다. 아니, 내 말은 10대가 아주 잘 쓰고 있지만 나 이, 사이즈, 다양성이 서로 다른 사람 모두가 뿌리기에도 좋을 만큼 훌륭하다는 얘기다. 아 무도 이걸 어디서 샀냐고 묻지 않을 테니 슈퍼마켓에서 샀다고 굳이 말할 필요 없이 그냥 칭찬을 받고 남은 돈은 잘 묻어두자. **SM**

GOURMAND

구르망

향수 업계는 1990년대 솜사탕처럼 달콤한 향수의 유행을 대표할 만한 완전히 새로운 용어가 필요했다. 뮈글러의 엔젤(232쪽 참조)이 몇 년 동안 철저하게 기묘한 향수 취급을 받다가 마침내 인기를 끌기 시작하면서, 구르망 계열 향수가 유행하기 시작했다. 갑자기 모든 향수 하우스가 엄청나게 달콤한 향수를 원했다. 사실 처음은 아니었다. 1900년대 초 달착지근하고 과일 향이 나는 향수가 인기를 끌었고 1930년대까지 이어졌지만, 전쟁으로 세상이 더 심각한 곳이 되면서 시들해졌다.

솜사탕 향기가 나는 분자인 에틸 말톨이 앰버에 더해지면서 달콤한 향수는 새로운 궤도에 올랐다. 설탕의 단맛을 넘어 구르망 향조의 범위가 넓어진 만큼 우리는 음식처럼 감미로운 풍미가 가득한 향수도 함께 소개한다.

CARAMEL

캐러멜

네아 줄 엣 매드
(Néa by Jul et Mad)

구르망 향기에 몸을 푹 담그고 | 조향사 루카 마페이[Luca Maffei] | £££

향수병이나 포장보다 향기가 중요하다고 말하는 사람들이 있다. 물론 그 말이 맞지만, 그들에게 1957년 이모할머니의 우아한 화장대에서 나온 것처럼 빈티지하고 세련된 향수병과 포장 디자인을 추구하는 니치 향수 브랜드 줄 엣 매드를 소개한다. 대개 향수 패키징은 어떤 향인지 어느 정도 예상하게 해준다. 하지만 줄 엣 매드는 그렇지 않다. 금색과 흰색은 아름다운 플로럴 향조를 기대하도록 만들지만, 향신료가 뿌려진 말린 과일, 설탕절임의 단맛이 소용돌이치며 고대 레진의 녹진한 풍미가 가득한 욕조에 몸을 담그는 느낌이다. 네아는 순수함으로 위장한 늦은 밤, 어른의 구르망이다. 다른 유명한 장미 파촐리 바닐라 캐러멜 향수와 공통점이 많지만, 여기서는 특별한 마법이 벌어지고 있다. **SM**

프라다 캔디 프라다
(Prada Candy by Prada)

내가 바로 구르망 향수다 | 조향사 다니엘라 (로슈) 안드리에[Daniela (Roche) Andrier] | ££

프라다 조향팀은 유행을 지켜보며 기다리다가 완벽한 향수를 만들어냈다. 2011년 출시된 프라다 캔디는 달콤한 향수의 물결에 조금 늦게 올라탔지만, 대성공을 거두었다. 큰 모자와 밝은 드레스를 입고 거기에 어울리는 향기를 머금은 향수병은 마치, 에스콧의 레이디스 데이[01]를 위해 옷을 차려입은 슈퍼모델 같다. 갓 으깬 복숭아를 더해 만든 벨리니 칵테일을 홀짝거리며 솜사탕을 들고 있다. 뒤에는 부드러운 머랭 접시를 든 웨이터가 그녀를 향해 다가온다. 프라다 향수는 향수 대기업인 로레알이 라이선스를 보유하고 있으며, 패션 브랜드가 홀로 감당하는 것보다 더 많은 인기를 끌고 있다. 어디서든 흔하게 볼 수 있는데, 이는 멋진 향수를 찾으러 멀리 갈 필요가 없다는 의미이기도 하다. **SM**

몰라시스 데메테르 향기 도서관

(Molasses by Demeter Fragrance Library)

부드럽고 끈적한 설탕 시럽 | 조향사 미공개 | £

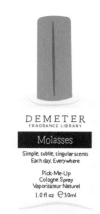

미국에서 온 데메테르 향수 택배를 받고 우리가 보냈던 시간은 정말이지 놀라웠다. 며칠 동안 하나씩 향을 맡고 서로 더해서 새로운 향기를 만들어내는 즐거운 레이어링이 이어졌다. 데메테르 향수는 비싸지 않고 적은 용량도 살 수 있다. 몰라시스는 비스킷에 붓거나 뜨거운 블랙커피에 달콤함을 더할 준비가 된, 짙은 갈색의 부드러운 설탕 시럽 향기가 나서 단독으로 뿌려도 향이 정말 좋다. 향수의 세계는 간혹 거만하지만, 데메테르 향수는 언제나 즐겁고 유쾌한 웃음을 선사한다. **SM**

솔트 카라멜 셰이 앤 블루

(Salt Caramel by Shay & Blue)

달콤한 캐러멜 냄새가 한가득 | 조향사 줄리 마세^{Julie Massé} | £

솔트 카라멜은 뿌리면 토피 팝콘을 먹고 싶게 만드는, 파블로프의 개와 같은 조건반사 효과가 있다. 캐러멜 노트는 집에서 만든 것처럼 달착지근하면서도 고소하다. 톡톡거리며 사이사이 느껴지는 소금은 달콤함이 지나치지 않게 잡아주고, 이건 세련된 어른의 간식이라고 설득한다. 솔트 카라멜은 봉봉 초콜릿 전체가 아니라 겉을 감싸고 있는 초콜릿 코팅의 향기가 나고, 쇼트브레드나 팝콘처럼 자꾸 손이 가는 은은한 달달함이 느껴진다. 통카빈과 샌달우드 노트가 달콤함이 더 길고 포근하게 이어질 수 있도록 돕지만, 조건반사처럼 돋우어진 식욕을 진정하는 데 도움이 되지는 않는다. 머릿속에 먹고 싶은 간식이 이것저것 떠올라도 놀라지 말자. 캐러멜 쇼트 브레드… 뜨거운 초콜릿 시럽을 얹은 아이스크림… **SS**

수크레 데벤느 피에르 기욤 / 위티엠 아트

(Sucre d'Ébène by Pierre Guillaume/Huitième Art)

세련미가 넘치는 진한 갈색빛 설탕 | 조향사 피에르 기욤^{Pierre Guillaume} | ££

데메테르의 몰라시스가 즐겁게 구르망 계열 향수로 향하는 입구였다면, 수크레 데벤느는 진지한 감미로움이다. 진하고 풍부하며 세련된 설탕이랄까. 나무로 피운 불 위에 커다란 팬을 올리고 며칠 동안 졸여 거품이 이는, 부드러운 토피의 진한 향긋함이 느껴진다. 피에르 기욤은 이 책의 3분의 1을 채우기에 충분한 향수 컬렉션을 보유하고 있는데, 지금은 같은 이름의 브랜드 라인에 포함되어 있다. 나는 위티엠 아트 브랜드 시절 흰색 병에 들어 있을 때부터 수크레 데벤느를 즐겨왔다. 피에르 기욤 브랜드 웹사이트에서 샘플 세트를 살 수 있고, 하나씩 뿌리다 보면 6개월이 훌쩍 지나간다. 피에르는 지금까지 어떤 조향사도 가 본 적 없는 곳으로 용감하게 향하고 있으며, 그 길 위에는 여러분 마음에 들 만한 향수가 적어도 하나쯤은 있을 것이다. 내게는 수크레 데벤느가 그랬다. **SM**

AVANILLA

바닐라

번트 슈가 바닐라 DSH 퍼퓸
(Burnt Sugar Vanilla by DSH Perfumes)

멈출 수 없는 갈망 | 조향사 던 스펜서 허위츠^{Dawn Spencer Hurwitz} | ££

여러분이 아무리 자제심을 발휘해도 번트 슈가 바닐라가 마법을 걸면 힘없이 무너져 당장 달콤한 케이크에 손이 갈지 모른다. 바닐라가 작정하고 옷을 차려입고 나오면 따스함이 편안하고 아늑하게 방 안을 가득 채운다. DSH 퍼퓸의 번트 슈가 바닐라는, 노란 커스터드 배경에 봉봉 초콜릿을 한 입 베어 물면 한가득 흘러내리는 크림과, 점점이 박혀 있는 검은 바닐라 씨앗이 생생히 떠오르는 달짝지근한 향이 난다. 번트 슈가 바닐라는 너무 맛있는 냄새가 나서, 나는 지금 파리 거리에 있고 턱에는 크렘 앙글레즈⁰²가 묻어 있다는 생각이 들 정도도. SS

바닐라 플래시 타우어빌
(Vanilla Flash by Tauerville)

기쁘게 맞이해주는 바닐라 품속으로 | 조향사 앤디 타우어^{Andy Tauer} | ££

바닐라 향기에 싫증이 날 때면 앤디 타우어가 이 조용한 걸작으로 여러분을 설득할 수 있도록 해보자. 바닐라 플래시는 시럽 같은 녹진하고 달큼한 바닐라가 아니라, 가장 좋은 끈적한 꼬투리에서 나오는, 매끄러운 새틴의 시원하고 부드러운 주름 같은 바닐라다. 재능이 넘치는 조향사는 바닐라 노트를, 중간에 붉은 장미를 만난 풍부하고 축축한 토바코 노트와 섞었다. 그 결과 어두운 숲속의 내음이 탄생했다. 오래된 담배 상점의 바닥에는 마호가니 나무가 깔려 있고, 안에는 코코넛 냄새가 감돌고 있다. 장미 노트가 바닐라의 가장 부드럽고 향긋한 내음을 끌어내 바닐라 플래시는 향기의 비단 같은 꿈을 만든다. 얇게 비치는 파촐리는 모든 노트를 가볍게 감싸며 마무리를 짓는다. 존재만으로도 감사할 만큼 엄청난, 후각에게 바치는 선물이다. SS

올림피아   파코 라반

(Olympéa by Paco Rabanne)

짭쪼름하고 알싸한 내음의 바닐라

조향사 앤 플리포^{Anne Flipo} 도미니크 로피용^{Dominique Ropion} 록 동^{Loc Dong} | ££

올림피아는 설탕 대신 소금이 들어가, 바닐라 계열 향수 중에 홀로 서 있다. 특이하게 들릴 수 있지만 소금과 캐러멜이 얼마나 잘 어울리는지 생각해보면, 결국 이 조합은 다른 향수와 같이 감미로운 구르망 향조를 지향한다. 마스터 조향사 세 명의 손길로 소금과 바닐라의 조합은 홍차에 설탕 다섯 숟갈 대신 꿀 반 숟갈을 넣는 것처럼, 자제의 미학을 보여주는 따뜻한 향수가 되었다. 황금빛 구름 안에서 산뜻한 생강 향이 더해진 프루티, 우디, 플로럴 노트가 바닐라의 향긋함을 돋보이게 하고, 그 뒤로 재스민, 시트러스, 앰버그리스 노트가 은은하게 맴돈다. SS

플레이 도   데메테르 향기 도서관

(Play-Doh by Demeter Fragrance Library)

정말이지, 너무 사랑스럽지 않아? | 조향사 미공개 | £

플레이 도는 속임수처럼 들리고 정확히 그런 냄새가 나지만 사실 훨씬 더 많은 매력이 있다. 어린 시절 엄마가 보지 않을 때 유혹에 굴복해서 플레이 도⁰³에 빠졌던 게 나 혼자는 아니라고 확신한다. 이 맛있고 분명한 향기의 영향이다. 플레이 도(장난감과 향수 모두)는 아몬드, 바닐라, 코코넛, 마지팬, 케이크 반죽 같은 냄새가 난다. 어린아이들이 그 안에 이빨 자국을 남기는 건 이상한 일이 아니다. 미식을 추구하는 구르망 향수로서, 간식 찬장을 넘어 유혹과 향수를 자아내는 어린 시절의 기억을 떠오르게 하는 건 천재적인 일격이다. 향기를 맡으면 이름 붙이기 어려운 행복한 마음에 눈가가 촉촉해진다. SS

바닐라 부르봉   이브 로쉐

(Vanille Bourbon by Yves Rocher)

온라인 주문을 위한 프랑스어 공부가 아깝지 않은 | 조향사 미공개 | ££

처음 바닐라 부르봉을 뿌렸을 때, 엄청 싼데 향기는 거룩할 정도로 풍부해서 가격이 잘못된 줄 알았다. 안타깝게도 이브 로쉐는 더이상 영국에서 찾아볼 수 없지만, 유럽과 미국에 지점이 많다. 바닐라 부르봉은 디저트 트롤리에 놓인 부드러운 커스터드 크림이 봉긋하게 올라와 있고 그 위에 얇고 바삭한 캐러멜을 얹은, 너무 맛있어 보이는 크렘 브륄레에서 눈길을 뗄 수 없게 만든다. 머스크와 플로럴 노트가 모습을 드러내지만 그 이름을 떠올리기도 전에 사라진다. 일년내내, 특히 크리스마스에 빛을 발하는 사랑스럽고 자꾸만 손이 가는, 먹음직스러운 향기만 남는다. SS

WOODS

우드

디아망　프라고나르 (Diamant by Fragonard)
가벼운 파우더에 더해진 강렬함 | 조향사 미공개 | £

파촐리가 바닐라와 캐러멜 노트를 만나면 너무 익숙한 느낌이 들 수도 있지만 디아망은 이름처럼 다채롭게 반짝인다. 파촐리 노트가 전반적으로 둘러싼 가운데 바닐라와 캐러멜 노트가 첫 페이지부터 에필로그까지 내내 주인공 자리를 놓고 다투고 있다. 디아망은 여느 파촐리 캐러멜 향수와 다르게 파우더리한 가벼움과, 발치에 다양한 플로럴 노트가 내려앉아 있다는 특징이 있다. 달콤하면서도 깔끔하고 여성스러운 향기는 뜨거운 열기에도 끈적거리지 않고 산뜻한 느낌이다. 디아망은 꽃무늬 페티코트를 입어 한층 풍성하고 감미로운, 강렬한 매력을 드러낸다. **SS**

엔젤　뮈글러 (Angel by Mugler)
오리지널 파워 캔디 | 조향사 올리비에 크레스프^{Olivier Cresp} | ££

뽀아종 이후 가장 논란거리였던 향수로, 엔젤을 사랑하는 쪽은 푸른 별 모양의 향수병, 천국(혹은 지옥)의 향기 같은 토피, 파촐리, 플로럴, 베리 노트가 어우러진 대담함을 극찬한다. 엔젤은 에틸 말톨 분자를 사용한 구르망 계열 향수를 크게 유행시킨 첫 향수다. 화학자가 아닌 일반 사람에게 그건 솜사탕 향기였고, 엔젤은 설탕 같고 끈적이는 더 달콤한 향기의 행진을 시작했다. 몇 년 동안 홀로 걸었지만, 곧 수십 개, 수백 개의 분홍색 옷을 입은 솜털 같은 향수가 여기저기서 튀어나왔고, 행렬에 합류해 전 세계의 시내와 사무실을 점령했다. 이 유행은 아직 잦아들 기미가 보이지 않는다. 하지만 엔젤은 유행 이상의 매력이 있다. 스포트라이트를 받는 노트 말고도 배경에 초콜릿 재스민과 허니 샌달우드 노트처럼 독특하고 다채로운 향기가 인기를 유지하는 비결이다. 향수계의 티나 터너[04]처럼 시끄럽고, 사랑스럽고, 활력이 넘치며 오래 지속된다. 자기 스타일이 아니더라도 찬사를 보내도록 하자. **SM**

14아워 드림　저스박스 (14Hour Dream by Jusbox)

쏟아지는 아침 햇살 아래 깔끔한 히피의 향기 | 조향사 앙투안 리에[Antoine Lie] | ££

고백할 게 하나 있다. 저스박스는 잠깐 나왔다 사라지는 흔한 컨셉 중심의 니치 브랜드처럼 보였기 때문에, 곧 망할거라고 스스로를 설득하며 3년 동안 그들의 테스터 세트를 줄곧 무시하고 있었다. 내가 틀렸고, 정중히 사과한다. 저스박스[Jusbox]는 프랑스어 말장난으로 만든 이름이다. 업계에서는 향수를 주스, 프랑스어로 쥬흐[jus]라고 부르며, 향수상자를 의미하는 쥬흐박스[Jusbox]는 쥬크박스와 발음이 비슷하다. 비록 영국 사람한테는 한 귀로 들어가 한 귀로 나올 만큼 재미가 없는 농담이지만, 레코드처럼 생긴 뚜껑이 달린 병은 우리가 연결고리를 놓치더라도 시선을 끌기에 충분히 멋지다. 이제 향기로 돌아가보자. 떠오르는 태양 같은 향기다. 아침놀은 노란빛이라 내게는 시트러스 노트, 특히 로즈 레몬 앤 라임 마멀레이드가 선사하는 아침 식사 향기가 느껴진다. 하지만 그건 아마도 향수 이름처럼 14시간이나 줄곧 이어진 쥬크박스에서 흘러나온 락 음악이 건 마법 때문일지도 모른다. 향신료가 곁들여진 바닐라 노트가 나무로 만든 공원 벤치에서 종일 꾸벅꾸벅 졸고 있다. **SM**

티 포 투　라티잔 파퓨미에르 (Tea for Two by L'Artisan Parfumeur)

가장 기본적인 차와 비스킷 | 조향사 올리비아 지아코베티[Olivia Giacobetti] | ££

잊을 수 없는 향기의 세계에서 티 포 투는 감자밭에 우뚝 솟은 야자나무처럼 눈에 띈다. 올리비아 지아코베티는 영국의 티타임을 향기로 그려냈다. 꿀과 생강을 넣은 홍차 한 잔. 너무 사랑스럽지 않은가? 어떤 사람에게는 이게 향기에 대한 정의 밖에 존재할 수도 있다. 그들은 뿌리기에 너무 이상하다고 생각한다. 하지만 그 생각은 틀렸고 그들의 경계는 확장될 필요가 있다. 티 포 투를 한가로운 오후에 마시는 차라고 생각하지 말자. 이건 그렇게 세련미가 넘치지 않는다. 그보다는 나를 매일같이 갈아 넣는 사무실로 들어가기 전, 잠깐 머무는 휴게실의 냄새다. 아니면 가족 여행 중에 운전에 지친 아버지가 잠깐 쉬면서 여는 보온통과 비스킷 상자의 냄새다. 극도의 기교를 가진 마담 지아코베티가 오후 티타임을 염두에 두고 만든 건 아니겠지만, 공교롭게도 오후의 휴식과 너무나 잘 어울린다. **SM**

향기가 벌이는 베이크 오프

모든 향수에 달달한 사탕을 얹어놨다. 구르망 우디 향수는 아이스크림을 먹고 남은 막대기 같은 냄새가 난다. 이전에 나무였던 냄새가 분명히 있지만 온갖 달콤한 노트에 흠뻑 젖어 있다. 뮈글러의 엔젤이 푸른 별빛을 비추어 별똥별처럼 쏟아지는 구르망 우디 향수의 길을 밝혀주었다. 구르망 우디 컨셉이 자리를 잡자 조향사들은 앞다투어 군것질거리를 파는 상점 선반의 모든 단지와 비스킷 상자, 젤라또 아이스크림, 디저트 트롤리를 실험하기 시작했고, 바야흐로 향기가 벌이는 흥미진진한 베이크 오프[05]의 새로운 시즌이 막 올랐다.

FLORAL

플로럴

바라 펜할리곤스

(Vaara by Penhaligon's)

인도 디저트 | 조향사 베르트랑 뒤쇼푸르^{Bertrand Duchaufour} | ££

바라는 마스터 조향사 베르트랑 뒤쇼푸르가 연구를 위해 여행했던 인도의 도시 조드푸르에 대한 오마주로 만들어졌다. 요새, 궁전, 정원, 향신료로 이루어진 화려한 도시가 선명한 아름다움 속에 소리 없이 담겼다. 바라는 입에 침이 고이는 달콤한 장미수와 꿀로 시작해 먹고 싶을 만큼 감미로운 플로럴 노트로 이어진다. 과즙이 가득한 퀸스 페어 노트는 꿀과 가벼운 향신료와 어우러져 마치 도자기 잔에 우려낸 맑은 차같이 깔끔하다. 바라는 달착지근하고 살짝 알싸한 과즙미와, 활력이 느껴지는 중독적인 피날레를 선사한다. 바라의 태생이 인도임에도 불구하고 내게는 무척 영국스러운 시골 정원이 떠오른다. 장미 향기 사이로 느껴지는 마르멜루 잼과 꿀을 넣은 홍차. **ss**

굿 걸 캐롤리나 헤레라

(Good Girl by Carolina Herrera)

아몬드 설탕 졸임이 묻은 화이트 플라워 | 조향사 루이스 터너^{Louise Turner} | ££

내면의 신데렐라를 동요하게 만드는 몹시 탐나는 향수병에는, 두 가지 메가 트렌드인 구르망과 화이트 플로럴이 만나, 우리가 바라는 모든 향기가 담겨 있다. 이 유리구두는 너무 높아서 신을 수 없지만 어쨌거나 갖고 싶다. 왜냐고? 갖고 싶게 생겼잖아! 크리미한 튜베로즈와 재스민 노트로 시작해 화이트 플로럴 부케가 감미롭게 설탕에 졸인 아몬드, 커피, 초콜릿이 놓인 매혹적인 웰컴 테이블로 번져간다. 놀랍게도 설탕은 그리 달지 않아 유혹을 가라앉히고 초콜릿과 아몬드의 몽환적인 진한 향기와 함께, 군침 도는 향기가 나는 꽃으로 이루어진 하얀 캐시미어 담요를 만들지만, 시럽 같은 끈적한 달콤함은 느껴지지 않는다. 사랑스러운 사람이 되는 건 향수가 아니라 자기 자신에게 달렸다. **ss**

몽 겔랑 겔랑

(Mon Guerlain by Guerlain)

고상한 라벤더 초콜릿 | 조향사 티에리 바세^{Thierry Wasser} 델핀 젤크^{Delphine Jelk} | ££

모두가 기대하던 향수였다. 안젤리나 졸리가 향기의 얼굴로 선정되었고, 졸리의 아름다운 실루엣 프로필은 짜릿한 티저 광고의 일부였다. 나는 몽 겔랑의 향기를 맡을 때마다 졸리가 텅 빈 주택 주위를 생각에 잠긴 채 거닐던 TV와 영화 광고를 떠올린다. 모든 것이 하얗고 투명하다. 현대 세계의 소음과 먼지가 전혀 묻지 않은 라벤더의 깨끗한 순수함에서 신비로움이 느껴진다. 장미, 아이리스, 재스민 노트가 어우러지며 부드러운 바닐라 미들 노트의 포근함과 만난다. 광고 출연료를 모두 기부한 졸리처럼 몽 겔랑은 우아하고 아름다우며 따뜻한 마음을 지녔다. **SS**

마돈나 오브 더 아몬드 플로리스

(Madonna of the Almonds by Floris)

16세기 아몬드 칵테일 | 조향사 셸라 포일^{Shelagh Foyle} | ££

기묘한 이야기: 부드럽고 달콤한 아몬드 플로럴 향수가 출시된 2009년, 같은 이름의 마리나 피오라토의 역사 소설이 출간되었다. 향수는 한정판으로 출시되었지만, 여전히 살 수 있다. 소설에서는 과부가 된 젊은 여주인공 시모네타가 아몬드가 들어간 음료를 만들고 젊은 예술가를 위해 마돈나 행세를 한다. 그러다 모든 것이 밝혀진다. 우아한 향기는 시모네타가 서늘한 돌이 깔린 부엌에서 바닐라 꼬투리 한 줌을 넣고 으깬 아몬드처럼 고소하고 부드럽다. 갓 딴 베르가못 오렌지, 살구, 레몬이 테이블 위에 얇게 썰린 채 놓여 있고 가장 가까운 교회에서는 종 소리와 인센스 연기가 구불거리며 피어오른다. 플로리스는 런던에서 가장 오래된 퍼퓨머리다. 직접 방문해서 그들이 명맥을 이어갈 수 있도록 도와주면 좋겠다. **SM**

고급스러운 사랑과 초콜릿	플로럴 구르망 향수는 전통적인 이탈리아 과자점이나 설탕에 절인 바이올렛과 장미 꽃잎, 오렌지 꽃 캐러멜, 마지팬, 헤이즐넛 클러스터, 재스민 밀크 초콜릿이 가득한 런던 리버티 백화점 매장 같은 요소를 가지고 있다. 사탕수수 설탕이 사치였던 16세기와 17세기, 푸딩에 꿀과 꽃을 더하는 것은 요리의 일부였다. 같은 향기를 지닌 21세기 향수를 즐겨보자.

슬로다이브　히람 그린
(Slowdive by Hiram Green)

나를 꿀로 덮어주세요 | 조향사 히람 그린^{Hiram Green} | £££

이건 느린 다이빙보다는 꽃잎과 말랑거리는 반쯤 말린 과일로 만든 부드러운 베개에 천천히 뒤로 눕는 것과 같다. 미소를 지으며 누워 있는 동안 온몸에 꿀이 뿌려지고 기분이 좋아진다. 1990년대 히람이 용감하게 런던 마샬 스트리트에 인디 퍼퓨머리를 열었던 걸 기억하는 사람이 있을 것이다. 카나비 스트리트로 불리며 임대료가 세 배나 오르기 전이었다. 지금은 암스테르담에 기반을 두고 상을 받는 놀라운 향수를 만들어내며, 아르티장 조향사로 거듭나고 있는 그를 보면 기쁘다. 히람은 조향에 천연원료를 사용하는데, 이건 들리는 것보다 훨씬 까다롭고 업계에서 생각보다 훨씬 희귀한 일이다. 그의 향수를 찾아 뿌려보자. **SM**

로즈 프랄린　레 퍼퓸 드 로진느
(Rose Praline by Les Parfums de Rosine)

부서질 듯 부드러운 초코릿 | 조향사 프랑수아 로베르^{François Robert} | ££

로즈 프랄린은 설탕에 절인 장미 꽃잎에 구운 헤이즐넛을 으깨서 얹고 코코아 가루를 뿌린 듯한 은은한 향기가 난다. 주인이 직접 기르는 장미 향기를 닮았고, 꽃에서도 초콜릿 향기가 날 수 있다. 조향사 프랑수아 로베르가 그 장미 향기를 재현하는 임무를 맡았다. 화이트 우드, 투명한 꽃과 꽃잎의 색채를 띤 은은한 향수가 대세이던 2008년 로즈 프랄린을 출시했다. 구르망이라는 용어가 나오기 전이었고, 구르망 향수가 방 안을 가득 채우고 강렬한 잔향을 선사하기 전이었다. 로즈 프랄린은 부드럽고 곁에 가볍게 남아 지속력 면에서는 높은 점수를 받지 못하겠지만, 더 진한 초콜릿 향수가 부담스럽다면 좋은 대안이 될 수 있다. **SM**

니나　니나 리치 (Nina by Nina Ricci)
동화 속 프랄린 사과

조향사 올리비에 크레스프^{Olivier Cresp} 자크 카발리에^{Jacques Cavallier} | ££

니나의 병을 손에 들고 있으면 마치 백설 공주의 사악한 계모가 된 기분이 든다. 은빛 잎사귀가 달린 매혹적인 유리 사과 모양의 향수병이 동화 속으로 끌어들이고, 조향사 올리비에 크레스프와 자크 카발리에는 사람들이 사랑에 빠질 만한 향수를 만드는 법을 잘 알고 있다. 개구쟁이 요정처럼 니나는 장난을 친다. 상큼한 노란색 골든 딜리셔스 사과를 한 입 베어 물고 팬트리로 몰래 다가가면, 초콜릿 프랄린과 상큼하고 톡 쏘는 라임이 막 피어나기 시작하는 꽃송이 옆에 쌓여 있다. 니나는 예기치 못한 이야기지만 퍼즐 조각을 다 맞추고 나면 부드러운 감미로움이 느껴지는 꽃내음이 가득하다. **SS**

SWEET ADVENTURES

스위트 어드벤처

프라다 캔디 슈가 팝 　프라다
(Prada Candy Sugar Pop by Prada)

거품이 이는 레모네이드와 톡톡 터지는 사탕

조향사 다니엘라 (로슈) 안드리에[Daniela (Roche) Andrier] | ££

오리지널 프라다 캔디는 완벽한 솜사탕 향수고, 우리는 솜사탕이라는 단어를 가볍게 사용하지 않는다. 슈가팝은 캔디 시리즈의 세 번째 작품으로 레몬 셔벗 프로스팅을 얹었다. 조향사는 아마 유명한 파시토[06]에서 레몬 셔벗 아이스크림을 먹어본 적이 있을 것이다. 폴 스미스 경이 말한 것처럼 영감은 어디서나 얻을 수 있다. 설령 파시토가 밀라노가 아닌 영국 레드카에 있다고 해도 말이다. 슈가팝은 솜사탕이라기보다 바닐라 비스킷과 거품이 이는 레모네이드에 가깝다. 정원에서 열린 일곱 살짜리 아이의 생일 파티에서 달콤한 간식과 게임을 시작하기 전 잠시 갖는 티타임 같은 오프닝이다. 한 시간쯤 지나면 부모님이 앉아 있는 거실의 냄새가 리몬첼로[07]와 퐁당과자를 떠올리게 하고, 레모네이드의 거품은 프레스코 와인으로 가라앉는다. 가볍게 시작하지만, 곧 우아함이 뒤따른다. **SM**

쉐이드 센츠: 벨벳 테디 　맥
(Shadescents: Velvet Teddy by M.A.C)

테디와 초콜릿 공장 | 조향사 미공개 | £

벨벳 테디라니. 껴안고 싶은 보들보들한 곰인형인가? 촉감이 좋은 속옷? 아니면 둘 다? 비싸고 완전 부드러운 초콜릿 프랄린[08]은 먹을 수 없는 향수의 형태일 때 훨씬 안전하다. 프랄린 색감과 어울리는 립스틱도 있고 말이다. 구운 아몬드와 통카, 크림처럼 부드러운 밀크 초콜릿에 헤이즐넛 바닐라 무스를 얹어, 마치 로스코의 추상화처럼 보이는 현대적인 직사각형 병에 담겨 나온다. 비싸지도 않고 온종일 달착지근한 향기가 은은하게 느껴진다. 비극적일 정도로 간과된 매력이다. **SM**

엔젤 뮤즈 뮈글러
(Angel Muse by Mugler)

밀레니얼 세대의 엔젤 | 조향사 쿠엔틴 비쉬[Quentin Bisch] | ££

엔젤(232쪽 참조)의 뾰족한 별은 가까이 다가가기 어려웠지만, 엔젤 뮤즈의 별은 마치 다른 세상의 탈출용 우주선처럼 생긴, 반짝이는 금속으로 만든 매끄러운 조약돌로 둘러싸여 있다. 향기 역시 훨씬 친근하다. 엔젤, 에일리언(56쪽 참조), 아우라(86쪽 참조)와 함께 티에리 뮈글러는 트레키[09]스러운 뭔가를 벌이고 있다. 엔젤이 방패를 들고 공격적으로 다가왔다면, 엔젤 뮤즈는 더 우호적인 모습으로 스팍을 유혹하고 스코티가 하이랜드 춤을 추도록 만든다.[10] 엔젤이 물려준 유산의 향기가 느껴지지만 이건 확실히 다음 세대의 새로운 향기다. 시트러스의 상큼함으로 시작해 누그러진 장미 헤이즐넛 코코아 노트가 느껴지고 마침내 초콜릿 내음이 나는 파촐리 베이스가 정체를 드러낸다. **SM**

카페 튜베로사 아틀리에 코롱 (Café Tuberosa by Atelier Cologne)
침대에서 느껴지는 모닝커피 향기 | 조향사 제롬 에피네르[Jérôme Epinette] | ££

구르망 계열 향수는 보통 커스터드 도넛, 캐러멜 컵케이크, 크렘 브륄레 같은 달콤한 냄새가 난다. 카페 튜베로사는 그 정도로 달지 않지만, 커피에 설탕 두 개를 넣은 향기가 감미로워서 훨씬 더 달달한 다른 향수와 함께 여기서 소개하기로 했다. 커피와 튜베로즈는 서로 영감을 주고받는 동반자적 관계다. 조향사가 선택할 수 있는 모든 조합 중에 이건 분명히 목록 저 아래에 있긴 하겠지만 말이다. 우리가 다른 장에서 언급했던 것처럼, 이름을 보고 사람들이 틀림없다고 상상하지만 튜베로즈는 장미가 아니다. 튜베로즈 노트는 약간 짓궂은 향기로 따뜻한 인간의 체취 같은 뭔가가 있다. 거기에 흑설탕을 넣은 블랙커피를 더하면, 별안간 이른 아침 번쩍 눈이 뜨이고 우선 집에 가야겠다는 생각이 드는 첫 향이다. 몇 시간이 지나도 향기는 그대로 맴돌고 기분 좋은 앰버 우디, 희미한 플로럴, 천진난만하고 무해한 향기로 가라앉아 어젯밤 일은 전혀 없었던 척하고 있다. **SM**

달콤한 향기	우리는 설탕 냄새를 맡을 수 없다. 달콤함은 맛이지 향이 아니다. 바닐라 향기가 나는 바닐린은 자연적으로 생성되는 화학물질이며, 맛은 끔찍하지만 냄새는 달착지근하다(맛은 우리가 봤으니 여러분은 절대 따라 하지 말도록). 마음속에서 감각 사이에 교차 모달 연결[cross-modal connections]이라고 부르는 공감각적 현상을 일으킨다. 향수에서 구르망 노트 냄새를 맡으면 단맛을 기대하는데, 이는 서양에서 보통 바닐라가 케이크나 아이스크림에 들어가고 에틸 말톨은 솜사탕이 있다는 신호이기 때문이다. 이런 달달한 향수를 뿌리면 진짜 달콤한 음식은 덜 먹고 싶어질 가능성이 있다. 해볼 만하지 않은가?

히트 비욘세
(Heat by Beyoncé)

열정이 넘치는 토피 | 조향사 클로드 디르^{Claude Dir} | £

히트는 뮈글러의 엔젤(232쪽 참조)이 거둔 성공에 이어 사탕 버섯처럼 갑자기 튀어나온 특이한 캐러멜 향수다. 비욘세의 이름이 붙은 뭔가가 당신을 단번에 낚아채길 원한다면 히트를 뿌리면 된다. 과일 향이 나고 달콤하며 강렬하다. 그리고 구르망 계열 향수 중에 가장 가성비가 뛰어나다. 향수병을 좀 보자. 현대적인 샹들리에 디자인처럼 완벽하게 아름다워 보이지만, 들고 뿌리기가 굉장히 불편하다. 디자이너 여러분, 어떻게 좀 해봐요. 겹겹이 쌓인 솜사탕 향기와 함께 토피에 적신 복숭아 아몬드 내음은, 얼굴에 도도한 미소를 지은 채 부끄러움 없이 관심을 끌고 있다. **SM**

모멘티: 우나 티라 알트라 힐데 솔리아니 프로푸미
(Momenti: Una Tira l'Altra by Hilde Soliani Profumi)

술향기가 나는 체리 케이크 | 조향사 힐데 솔리아니^{Hilde Soliani} | ££

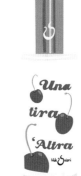

힐데는 우나 티라 알트라에 체리 노트 하나만 들어 있다고 말한다. 그 이름은 솔리아니의 다른 매력적인 향수와 마찬가지로 단어에 대한 공감각적 놀이다. 하나가 다른 하나로 이어진다. 이탈리아어로 하자면 '체리처럼, 한 감각이 다음 감각으로 이끈다.' 용기를 북돋는 향수다. 마라스키노 체리, 체리 브랜디, 새콤달콤한 체리 냄새가 아몬드 타르트의 부드러움과 어우러진다. 힐데는 재능이 넘치는 예술가로 제2의 혹은 제3의 직업으로 향기를 탐구하며 축적된 다양한 지식으로 영감을 불어넣은 독특한 향수를 선보이고 있다. 재능은 향기로운 환상의 비행으로 이어지는데, 힐데는 거기에 유머와 다정함도 더했다. **SM**

램브로스크 힐데 솔리아니 프로푸미
(Lambrosc by Hilde Soliani Profumi)

스파클링 와인을 들고 신나는 밤거리로 | 조향사 힐데 솔리아니^{Hilde Soliani} | ££

힐데 솔리아니는 예술가이자 진정한 인디 조향사, 공감각적 연극 공연자, 보석 디자이너다. 힐데의 유머 감각은 모든 향기와 함께 병에서 터져 나온다. 힐데는 자신을 '후각과 미각의 예술가'라고 묘사한다. 음식을 토대로 만든 힐데의 향수는 종종 가장 좋아하는 셰프에 대한 헌신이다. 영국에서 어린 소녀들이 밤에 놀러 나가면서 마시기에 적당한 스파클링 레드와인을 표현한 램브로스크는, 이탈리아에서는 그만한 명성을 떨치지 못했다. 이탈리아 사람들이 값비싼 빈티지 와인을 자신들을 위해 보관하는 덕에 우리는 싸구려 와인만 즐길 수 있다. 하지만 램브로스크는 당신을 웃게 만든다. 매끄럽고 따뜻하며 과일 향이 살짝 느껴진다. 머스크 노트의 포근함은 부드럽고 매력적이다. 친근하고 가볍다. 작은 레드 벨벳 케이크 한 조각처럼 적당히 달콤하다. **SM**

아라비아　세르주 루텐
(Arabie by Serge Lutens)

크리스마스 이브, 럼주에 푹 담근 과일

조향사 크리스토퍼 쉘드레이크^{Christopher Sheldrake} | £

아라비아는 2000년에 조향사 크리스토퍼 쉘드레이크가 만들었다. 뿌리자마자 황금빛 아우라를 발현하면서 크리스마스 케이크의 술향기가 난다. 겨울의 지니처럼 마법을 부리면 마음속에 럼주에 1년 정도 담구어 숙성시킨 말린 과일을 얹은 자메이카 블랙 케이크가 떠오른다. 무화과, 오렌지, 대추야자, 넛맥 노트가 몰약과 어우러진다. 크리스마스가 병 안에 담겨 있다. 아라비아는 취하지 않을 만큼 탐닉하게 만들고 율레타이드¹¹와 달리 일 년에 한 번 이상 즐길 가치가 충분하다. SS

오 샹귄느: 블러디 우드　리퀴드 이미지네르
(Eaux Sanguines: Bloody Wood by Les Liquides Imaginaires)

어른을 위한 프루티 우드 | 조향사 샤말라 메종디외^{Shyamala Maisondieu} | £££

'상상 속의 액체'라는 의미의 리퀴르 이미지네르 향수는 단독, 또는 함께 뿌릴 수 있도록 트리오로 출시된다. 빅토리아 앤 알버트 뮤지엄 1년 회원권과 샴페인 두 병을 살 수 있는 금액으로, 그것도 세 개씩이나 사야 할 무언가가 필요하다는 걸 설명하는 브랜드의 자신감 넘치는 매력에 감탄을 금할 수가 없다. 흥미로운 판매 전략이지만 다른 향수와 함께하지 않고도 감동을 줄 수 있어야 한다. 블러디 우드는 솔로 테스트를 통과했다. 오래된 오크 와인 통의 내부를 비우고 체리, 라즈베리, 블랙커런트를 가득 채워 브랜디를 부은 다음, 한 달 정도 숙성시켰다가 프랑스 시골의 어느 더운 여름날 오후 온몸에 들이붓는 듯한 기분이 든다. 디자이너 브랜드가 어린 향수 입문자 고객을 사로잡기 위해 사용하는 프루티 핑크 향수의 도취 에디션이다. SM

단델리온 피그　셰이 앤 블루
(Dandelion Fig by Shay & Blue)

상쾌하고 싱그러운 풍미 | 조향사 줄리 마세^{Julie Massé} | £

단델리온 피그는 정원의 냄새를 표현한 향로 사랑스러우면서도 제멋대로다. 햇살처럼 노란 민들레가 흙이 묻은 토마토 잎사귀 옆에 가득 피어 있는 정원. 여름이 나른하게 물러날 기색을 비치며 온화하게 내버려두었다. 어린 시절의 탐험을 떠올리게 하는 토마토 덩굴의 솜털이 가득한 잎사귀는, 무화과 잎의 매끄러운 그린 노트와 어우러지는 레몬 조각과 함께 감미로운 싱그러움을 선사한다. 남아 있는 더위에 진토닉이 마시고 싶어진다면, 주니퍼 베리가 해가 질 때쯤 시원한 잔에 담긴 게 이거였구나 하는 생각을 들게 한다. SS

카다멈 커피　　러쉬 고릴라 퍼퓸 컬렉션

(Cardamom Coffee by Gorilla Perfume for Lush)

향수 그 이상의 가치 | 조향사 사이먼 콘스탄틴 $^{Simon\ Constantine}$ | £££

손수 정성스레 만든 카다멈 커피는 음료일 뿐만 아니라 공손히 대접하는 마음이 담겨 있다. 러쉬의 카다멈 커피는 조향사 사이먼 콘스탄틴이 레바논 난민 캠프에서 겪은 경험을 나누는 향기다. 러쉬는 진짜 커피 앱솔루트, 장미 앱솔루트, 올리브 앱솔루트와 카다멈 에센셜 오일로 감성적인 향을 연출했다. 단순하고 아름답다. 나는 14년 동안 러쉬의 카피라이터로 일했기 때문에 잘 알고 있다. 그들은 진실을 말하고 때때로 쓴소리를 마다하지 않아, 멋진 배스밤을 사러 온 의심 한 점 없는 고객을 부담스럽게 만들기도 한다. 그러나 러쉬의 포장, 플라스틱, 윤리, 삼림벌채에 대한 의견은 옳으며 전 세계가 곧 따라야 한다. 그들의 향수는 가치가 뛰어나고, 언제나 흥미롭다. 카다멈 커피는 커피 애호가를 위한 감미롭고 따뜻한 향수이면서도, 인간이 지닌 연민에 대해 말하는 방식이다. **SM**

레더 오우드, 허니 오우드　　플로리스

(Leather Oud and Honey Oud by Floris)

헤로즈에서 만난 두 전통 | 조향사 미공개 | £££

플로리스의 레더 오우드(사진)와 허니 오우드는 모두 2014년에 출시되었으며 헤로즈 백화점에서만 살 수 있었다. 출시 행사에서 질문이 나왔다. '그런데 왜 오우드 향수인가요? 영국 왕실에 납품하는 플로리스 맞죠?' 그들은 매력적이고 솔직하게 헤로즈가 요청하지 않았다면 만들지 않았을 거라고 설명했다. 결국 플로리스는 용감하게 이 미개척 분야에 뛰어들어, 서로 다른 문화의 협력을 보여주는 놀라운 두 작품을 탄생시켰다. 허니 오우드는 런던 브라운 호텔에서 먹는 조식 같다. 영국 꿀이 뚝뚝 떨어지는 토스트에 아가우드와 샌달우드 노트가 곁들여진다. 꿀 냄새를 정말 맡을 수 있다는 걸 고려하면 풍부하지만 지나치게 달지 않다. 레더 오우드는 마구(馬具)를 보관하는 마구실의 강렬한 냄새, 말고삐의 레진 향기가 느껴진다. 현존하는 가장 오래된 영국 향수 하우스가 중동 고객을 위한 향수 만들기에 도전했고, 영국과 중동 모두에서 영감을 받아 두 문화를 향기 속에 유쾌하게 녹여냈다. **SM**

**향긋한
술과 칵테일**

구르망 향수가 나이트 캡 한 잔을 걸치러 술집에 들어가면 럼, 진, 위스키, 체리 브랜디, 스파클링 와인의 향기가 스며든다. 우리는 어떻게 그런 향기를 떠올릴 수 있을까? 으깬 포도껍질, 주니퍼 베리, 럼과 오크 위스키 통으로 만든 천연원료가 있다. 그리고 체리 향은 마지팬 냄새가 나는 벤즈알데히드를 바이올렛 향기가 나는 이오논과 라즈베리 분자에 더해 얻을 수 있다.

FRUITY

프루티

프루트 계열 향수는 코벤트 가든 마켓을 가득 채울 만큼 많지만, 우리는 과일 향이 곧 존재 이유가 되는 향수로 한정해 선택했다. 현대의 프루티 계열 향수는 향료 캐비닛에서 샴푸와 샤워 젤에 넣을 향료를 고른 다음, 좋은 향수에 넣는 물질로 만들어진다. 보통 과일 맛 요거트에 풍미를 추가하는 원료가 비누 향을 내는 식이다. 풍미는 사실 맛이 아니라 향기이며, 이에 대해 더 알고 싶다면 찰스 스펜서 교수의 『왜 맛있을까』를 읽어보라.

루바브, 라즈베리, 수박 향기가 나는 분자들이 있다. 실제 과일에서 천연원료를 추출하는 건 불가능하거나 비용이 많이 들기 때문에, 겉으로 보기에 자연스러운 과일 향은 사실 기술적으로 재능이 뛰어난 마스터 조향사들이 보이지 않는 기교로 다듬은 덕분이다. 기술이 날로 발전하고 있으니 새로운 천연 과일 추출물도 기대해보자.

아모르 아모르   까사렐 (Amor Amor by Cacharel)

상쾌한 과일 향이 가득한 첫사랑

조향사 로랑 브뤼예르^{Laurent Bruyere} 도미니크 로피용^{Dominique Ropion} | £

적당한 가격에 누구나 뿌리기 쉬운 이 프루티 플로럴 향수는 2003년 출시 이래 본모습을 그대로 유지하고 있다. 은방울꽃, 재스민, 커다란 붉은 장미가 사지 않고는 지나칠 수 없는 풍성한 부케의 향기를 선사한다. 이제 부드럽고 즙이 가득한 잘 익은 살구를 더해보자. 새콤하고 톡 쏘는 블랙커런트와 대조를 이룬다. 상쾌한 시트러스 노트가 활력을 불어넣고 나면 따뜻한 바닐라 향기가 이 맛있는 칵테일 위로 쏟아져 내린다. 향수의 세계에 막 발을 내딛는 10대에게 완벽한 향수지만 그들이 다 사게 두지는 말자. 이 아름다운 향기는 모든 나이에 어울린다. 특히, 나에게도. **SS**

프레쉬 꾸뛰르   모스키노

(Fresh Couture by Moschino)

푸른빛 라즈베리가 선사하는 산뜻함 | 조향사 알베르토 모릴라스^{Alberto Morillas} | £

모스키노는 터져 나오는 웃음을 꾹 참은 채, 마치 섬유 탈취제처럼 생긴 병에 담긴 프레쉬 꾸뛰르를 선보였다. 그리고 아름다운 모델인 린다 에반젤리스타가 향수 광고에 나오는 바람에, 모든 청소 제품이 매혹적으로 보인다는 게 우리를 더 혼란스럽게 만든다. 참 아이러니한 병이지만 프레쉬 꾸뛰르는 속임수가 아닌, 확실한 매력을 지닌 장난기 넘치는 향이다. 새가 지저귀는 소리와 햇살이 비치는 시트러스 오프닝은 활기가 넘친다. 핑크 작약과 붉은 라즈베리 미들 노트는 셔벗처럼 부드럽게 녹아들며, 플로럴 노트의 달콤함과 어우러져 얼음을 띄운 칵테일처럼 과즙이 가득하다. 달달하지만 시럽처럼 끈적이지 않는다. 거품이 이는 베르가못과 탠저린 귤이 칵테일을 더욱 반짝이게 만든다. 마지막으로 파격적인 병에 알맞게 아주 살짝 느껴지는 비누 내음이 귀여움을 더한다. 아주 깔끔하고 쾌활하며 땡땡치는 날에 완벽히 어울린다. 청소? 내일의 나에게 맡겨! **SS**

위 쥬시 꾸뛰르 (Oui by Juicy Couture)

그래, 정말 좋아! | 조향사 미공개 | ££

과일, 튜베로즈, 앰버가 어우러져 묵직한 향기를 기대할 수 있지만 쥬시 꾸뛰르의 위는 그렇지 않다. 마치 립스틱 두 개가 행운을 부르는 목걸이를 걸고 있는 듯한 탐나는 향수병에 담긴 위는, 시원한 물이 가득하고 상쾌한 수박이 가진 모든 매력을 선사한다. 맑고 깨끗한 티 노트 덕분에 끈적이지 않는 달콤한 물처럼 느껴진다. 인기 많은 블랙커런트와 페어 듀오가 모습을 드러내며, 톡 쏘는 향기와 짜릿한 맛을 서로 주거니 받거니 하며 조화를 이룬다. 수박 노트가 가라앉고 나면 어여쁜 꽃들이 일제히 수줍게 피어나고 허니석클과 재스민 노트가 가장 도드라진다. 싱그러운 잎사귀가 둘러싸고 맑은 찻물을 머금은 풍성한 과일이 웅장한 피날레를 장식한다. 그 뒤로 파우더 퍼프처럼 포근한 머스크가 속삭이듯 은은하게 퍼진다. SS

과일의 향기

후각은 냄새를 맡아 생존에 도움을 주고 위험을 피해 반대편으로 달아날 수 있도록 하는 목적이지, 향수를 즐기기 위한 것은 아니다. 그건 어디까지나 현대적 보너스다. 천연 설탕, 비타민, 섬유질을 함유한 과일은 인류의 후각이 자연스럽게 찾는 향기다. 강아지가 바나나 냄새를 맡지 못한다는 걸 알고 있는가? 사실이다. 강아지는 바나나를 먹지 않기 때문에 뇌에서 관련된 후각 신호를 감지할 필요가 없다. 100년 전 합성원료를 발견한 이후로 과일 향기가 나는 향수가 출시되기 시작했다. 정말 과일 같은 향기가 나서 하루에 다섯 번은 들이마실 수 있다.

FRUIT BOWL

프루트 보울

피그 누와르   안젤라 플랜더스 (Figue Noire by Angela Flanders)

인디 무화과 향수 옵션 | 조향사 안젤라 플랜더스^{Angela Flanders} | ££

피그 누와르는 여름에 어울린다. 안젤라 플랜더스가 한 말이 아니고 그저 내 생각이다. 얼마든지 반대해도 괜찮지만 일단 한번 뿌려보자. 더운 날 잘 익은 무화과가 나무에서 오므린 손안으로 떨어진다. 겉껍질의 살짝 쌉싸름한 향기가 나고 동시에 말캉하고 따뜻하다. 겨울에는 너무 일찍 딴 무화과처럼 그닥 어울리지 않았다. 피그 누와르를 따뜻한 날씨에 뿌리고 그 매력을 다시 느끼게 되어 얼마나 다행인지 모른다. 무화과 향수는 대부분 자른 잎사귀의 풋풋함과 싱그러움을 지니고 있지만, 피그 누와르는 전혀 다르다. 알싸한 향신료, 술 향기, 앰버가 어우러진 프루티 노트. 플랜더스는 방송국 의상 디자이너의 삶에서 은퇴한 후 포푸리를 만들었고, 이스트 런던 콜롬비아 로드에 빅토리아 양식을 복원한 매장을 연 뒤, 향초와 향수도 선보이기 시작했다. 기회가 된다면 꼭 방문해보기 바란다. 고정관념을 깼던 곳이고, 여전히 멋지다. **SM**

화이트 피치 앤 코리앤더   4711 아쿠아 콜로니아

(White Peach & Coriander by 4711 Acqua Colonia)

복숭아 향기가 간질간질 | 조향사 알렉산드리아 모네^{Alexandria Monet} | £

이름 그대로, 복숭아와 고수의 향기를 느낄 수 있다. 둘은 탑 노트로 함께 모습을 드러낸다. 이 어울리지 않는 한 쌍의 균형을 맞추는 일은 플루트와 실로폰을 위한 짧은 듀엣곡을 작곡하는 것과 같지만, 4711은 기가 막히게 해냈다. 아쿠아 콜로니아는 시즌별 한정판도 출시한다. 최근 블랙베리 앤 코코아는 이미 완판되었으니 새로운 한정판을 얻기 위해서는 알람을 맞추어두자. 이 컬렉션은 몰두해서 보는 블록버스터 영화가 아니라 가볍게 즐기는 단편소설에 가깝다. 화려한 브랜드 향수를 선택하는 대신 화이트 피치 앤 코리앤더 대용량과 샤워 젤을 사보자. 그러고도 바디로션을 살 잔돈이 남아 있을 것이다. **SM**

프루트촐리 플래시 타우어빌
(Fruitchouli Flash by Tauerville)

달지 않은 파촐리 프루트 | 조향사 앤디 타우어^{Andy Taue} | ££

타우어빌의 프루트촐리 플래시는 프루트촐리 향기를 싫어하는 이들의 의심을 가득 살지도 모른다. 몇 년 전 그들이 일으킨 짧은 쓰나미가 있었다. 하지만 앤디 타우어는 섬세한 손길로 모든 노트를 분해하고 재배열한 뒤 다시 합쳤다. 이제 여러분은 끝내주는 복숭아 향기를 맡을 수 있다. 달콤한 과즙이 가득하고 흙내음이 물씬 나는 파촐리 노트가 든든히 받쳐주며, 은은한 장미 향이 느껴지는 핵과류의 내음이 맴돌게 한다. 도대체 앤디가 어쨌기에 이걸 갖고 싶어지는 거지? 앤디는 이가 아플 정도로 달콤한 향기를 피하고 자연이 스스로 이야기하도록 내버려두었다. 그 덕분에 우리는 복숭아와 파촐리, 그리고 살짝 감도는 장미 향을 즐길 수 있게 되었다. 모두 우리 집 식탁에 귀하게 모셔두어야 할 손님들이다. **SS**

프랑브와즈 느와 셰이 앤 블루
(Framboise Noire by Shay & Blue)

라즈베리와 어두운 비밀 | 조향사 줄리 마세^{Julie Massé} | £

프랑브와즈 느와라는 이름을 보면 짙은 라즈베리가 떠오르고, 여지없이 바에서 마주친다. 하지만 미처 예상하지 못했던 건 라즈베리가 붉은 포도주 콧수염을 달고 나타나 저녁이 다가올수록 강렬한 오우드 향기가 나기 시작한다는 것이다. 이 프루티 구르망 향수는 세 가지 메뉴가 나오는 코스 요리다. 과즙이 풍부한 프루티 노트로 시작해서 곧 진한 블랙 시럽을 살짝 뿌린 크림 캐러멜이 나오고, 이어 입에 군침이 도는 보졸레 와인이 아찔할 정도로 소용돌이치는 오우드 노트와 함께 모습을 드러낸다. 프랑브와즈 느와는 밤새 들을 수 있는 다양한 이야기를 들려준다. 끈적이지도, 달콤하지도 않지만 베리처럼 산뜻한 피니시와 흥미가 피어나는 묵직한 풀바디 와인의 매력을 선사한다. 2015년에 출시되었고, 무척 좋은 해였다. 여기 두 병 주세요! **SS**

아로마틱스 블랙 체리 크리니크
(Aromatics Black Cherry by Clinique)

어른을 위한 꾸덕하고 묵직한 체리 아이스크림 | 조향사 파스칼 고랑^{Pascal Gaurin} | £

야생 블랙 체리 향기가 저녁 내내 머물다 새벽까지 남아 맴돌고 있다. 오리지널 아로마틱스 엘릭서가 역사상 가장 고전적인 시프레 향수이기 때문에, 아로마틱스라는 이름을 붙였다면 어떤 향수든 오리지널과 가족적인 성격을 지니고 있어야 한다. 블랙 체리는 붉은 과일류 향수 중에서 아주 드문, 우아함을 지닌 프루티 앰버 향수다. 솜사탕처럼 달콤한 라즈베리나 딸기 토피는 없다. 대신 굳이 기쁨을 선사하느라 힘들이지 않겠다는 비터 아몬드의 톡 쏘는 진한 풍미가 느껴진다. 살짝 새콤한 향기는 전통적인 앰버가 가려주고, 관능적인 재스민의 친구가 된다. **SM**

워터멜론 셰이 앤 블루
(Watermelons by Shay & Blue)

여름날 들판에서 느끼는 수박의 향기 | 조향사 줄리 마세^{Julie Massé} | £

수박은 무더운 여름에 최고지만, 다른 슈퍼스타들과 마찬가지로 관중이 더 많은 걸 원하는 동안 떠나버린다. 그렇다면 길게 이어지는 수박 향기는 어떻게 만들까? 조향사 줄리 마세의 향수는 그림이 그려진 엽서로 떠나는 소풍을 떠오르게 한다. 수박은 과즙이 가득하고 우아한 꽃향기가 넘쳐나며 갈증을 가시게 하지만 강하지 않은 오이 느낌이 더해진다. 생생하게 피어오르는 핑크와 그린 노트는 종일 이어지지 않지만, 매력적이고 유능한 다음 타자에게 역할을 넘긴다. 허니석클이 플로럴 향조를, 상쾌한 녹차 노트가 수분기 가득한 시원함을 이어받는다. 베티베르 잎사귀가 무릎에 연둣빛 잔디 얼룩을 남기며 들판의 매력을 더한다. **SS**

비 딜리셔스 DKNY (Be Delicious by DKNY)

진짜 사과 | 조향사 모리스 루셀^{Maurice Roucel} | £

우리가 널따란 과수원에서 30가지 품종의 사과 향수와 한정판을 시험한 끝에 찾은 첫 번째는 싱그러운 연둣빛 사과로, 농장에서 막 따서 아삭하게 베어 무는 그래니 스미스 사과를 떠오르게 한다. 비 딜리셔스의 냄새를 맡으면 미국의 록 가수 브루스 스프링스틴이 사과로 아담을 유혹하는 이브에 대해 노래하는 모습이 생각난다. 사과나무를 둘러싼 은방울꽃, 조그마한 바이올렛, 맨발로 긴 머리를 휘날리는 새하얀 면 원피스를 입은 여자처럼 달콤하고 순수한 향기가 피어오른다. 사과 향기는 오랫동안 머물지만, 결국 향긋한 꽃내음에 자리를 내준다. 모든 노트가 탐스럽고 수분이 가득하며 기분 좋게 가볍다. PS: 모리스 루셀은 영웅이다. **SM**

블루베리 머스크 셰이 앤 블루
(Blueberry Musk by Shay & Blue)

어른을 위한 베리 | 조향사 줄리 마세^{Julie Massé} | £

쪽빛 같은 주스와 구름처럼 몽실한 꽃을 가진 블루베리는 머스크 노트에 영감을 주는 영원한 파트너다. 둘을 합치면 피부에 부드러운 여운을 길게 남기고 떠나는 플로럴 노트와 흡사한 베리 향기가 느껴진다. 블랙커런트보다 더 부드럽고 체리보다 덜 자극적인 블루베리는 언제나 둘 사이 어딘가에 놓여 있다. 셰이 앤 블루의 블루베리 머스크는 1980년대의 상징적인 향수인 더바디샵의 듀베리와 비슷하다는 느낌을 지울 수 없다. 둘이 같다는 말은 아니지만, 이종사촌 정도는 되는 것 같다. 어느 정도 묵직한 베리 향기를 좋아한다면 블루베리 머스크가 새로운 최애 향수가 될 수도 있겠다. **SS**

루바브 앤 커스터드 1:29 4160 튜즈데이즈
(Rhubarb & Custard 1:29 by 4160Tuesdays)
매카트니 집에서 일요일 점심을 | 조향사 사라 매카트니^{Sarah McCartney} | ££

1:29는 기차 시간이 아니라 조향에 사용한 루바브와 시트러스 어코드 대 바닐라 커스터드와 크럼블 어코드의 비율을 의미한다. 섞지 않고 각각의 어코드로도 향수를 만들 수 있다. 루바브와 시트러스 콜로뉴의 자몽, 레몬, 오렌지, 여기에 날카로운 루바브 노트를 섞어 톡 쏘는 향기는 마리화나로 오해할 수 있다. 크리미한 바닐라 크럼블은 어른의 바닐라로, 건초와 토바코 앱솔루트가 귀엽고 가벼운 매력을 어른스럽게 바꾸어놓는다. 이들을 합치면 20세기 후반의 할머니들이 가장 사랑하는 요크셔 푸딩이 된다. 뿌리기에는 구르망 향조가 너무 과하다고 생각할 수 있지만, 그렇지 않다. 솔직한 고백: 내가 이걸 만들었고 자화자찬하기는 싫지만, 장단점을 따져보면 여기서 소개할 만하다. SM

**과일이 가득 담긴
풍요의 뿔**

가장 좋아하는 과일 맛을 젤리빈에서 찾을 수 있다면, 아마 그걸 향수로도 가질 수 있을 것이다. 5대 향수 제조 기업은 향미료 기업이기도 해서, 과일 향미료가 인기를 끌면 그걸 향수에 반영할 수 있는 방식을 찾게 된다. 지금까지 바나나와 사과에서 추출한 천연 향미료가 존재하며, 페어, 딸기, 블랙커런트 냄새가 나는 천연 분리액도 있다. 희귀한 과일 향기가 갖고 싶다면 향기 화학자가 만들어줄 수도 있다. 지금까지 파인애플 향수는 파인애플로 만들지 않았고 석류도 마찬가지이며, 가격이 저렴한 체리와 라즈베리 향수의 향기도 실험실에서 나온 합성원료로 만든다.

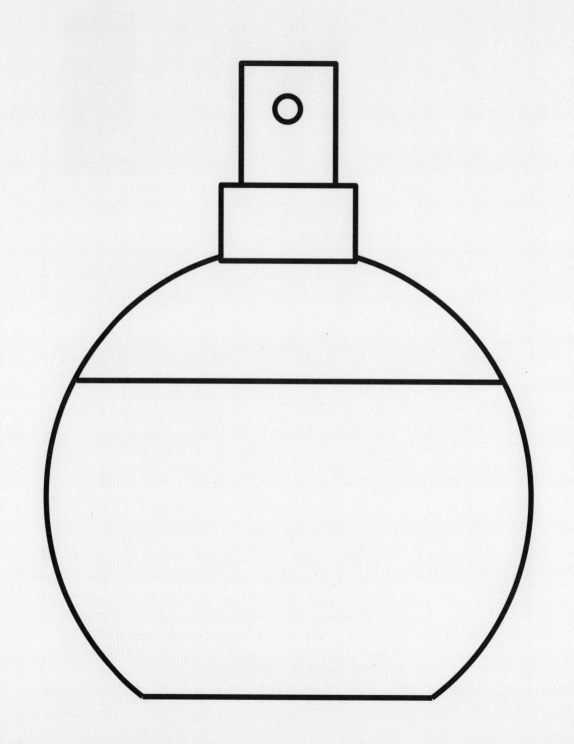

MARINE

마린

마린 계열 향수는 상대적으로 향수의 세계에서 역사가 그리 오래되지 않았다. 아라미스의 뉴 웨스트는 1988년 덕다이빙을 하는 캘리포니아 파도 ^{breaker}를 상상할 만큼 바다 내음이 가득한 향기로 1위를 차지했다. 뉴 웨스트는 오래 전에 자취를 감추었지만, 쿨 워터 포 힘(259쪽 참조)은 1988년 출시되어 지금까지 명맥을 유지하고 있다. 디자이너 이세이 미야케가 조향사에게 물 향기만 나는 향수를 요청해, 로디세이(256쪽 참조)와 다른 워터리 플로럴 향수 트렌드에 영감을 주었다.

마린 계열 향수는 새로운 방향 물질인 칼론과 그 뒤에 발견된 다양한 합성원료 덕분에 조향이 가능했으며, 마치 갓 자른 수박 조각을 들고 해변이 보이는 호텔 방에서 창문을 막 열었을 때의 향기를 풍긴다. 순수한 물은 향기가 나지 않지만, 조향사는 멋진 새 분자들로, 때로는 해초 앱솔루트 몇 방울로 상쾌하고 깔끔한 워터리 노트를 재현해낸다.

셀 마린   힐리
(Sel Marin by Heeley)

강렬하게 밀려오는 바닷가 내음 | 조향사 제임스 힐리[James Heeley] | ££

마린 향수는 종류에 따라 휴가용 안내서 버전의 바다를 보여주기도 하고, 발에 묻은 해변의 모래나 바위틈에 고인 바닷물 속 짙푸른 해초를 보여주기도 한다. 셀 마린은 후자에 속한다. 사람의 손이 닿지 않은 해안가의 자연이 선사하는 아름다움이며, 꼭 여름일 필요도 없다. 해초 내음은 항구에 흩어져 있는 고기잡이배가 생각나게 한다. 시트러스는 눅눅하고 축축한 바다 냄새를 가르며 깨끗한 공기의 반짝이는 상쾌함을 선사한다. 짭쪼름한 소금과 이끼 냄새가 나기 시작하면, 이는 파도가 막 사라졌다는 의미다. 켈프[01], 모래, 조개껍데기, 그리고 해변의 모든 것이 섞인 바닷바람이 불어오는 셀 마린의 향기는 무척 아름답다. **SS**

바투카다   라티잔 파퓨미에르
(Batucada by L'Artisan Parfumeur)

비치타월을 걸친 채 바라보는 해변

조향사 카린 빈촌[Karine Vinchon] 엘리자베스 마이어[Elisabeth Maier] | ££

아무리 생각해봐도 천재적이다. 상상할 수 있는 가장 상쾌한 칵테일 향기가 나는 향수를 만들어보자. 먼저 얼음, 그리고 첫 모금을 활기차게 만드는 반짝이는 게 있어야 하고, 민트 조금, 잔 테두리에 두를 소금과 설탕, 여기가 하와이라고 상상할 수 있도록 약간의 코코넛이 필요할 것이다. 바투카다는 얼음을 띄운 카이피리냐 칵테일 향기가 난다. 잔이 너무 차가워서 잡고 있으면 손가락에 서리가 내려앉을 정도다. 생기와 활력이 넘치고 시원하며 열대 과일 내음이 가득하다. 여름에는 이만한 게 없고 겨울에 뿌리면 어느새 휴양지 안내 책자를 뒤적이고 있다. **SS**

씨 폼 아트 드 퍼퓸
(Sea Foam by Art de Parfum)
바닷바람이 불어오는 모래 언덕에 홀로 서서
조향사 루타 데구티테^{Ruta Degutyte} | £££

씨 폼은 바다로 가는 길처럼 시시각각 향기가 바뀐다. 태양처럼 눈부시게 빛나는 시트러스가 바다의 존재와 해변에서 불어오는 신선한 공기를 느끼게 한다. 발밑 모래 언덕 사이사이 보이는 풀은 베티베르 노트의 마법에 걸려 있다. 해초, 소금, 무화과 잎사귀 냄새가 어우러지며 고운 모래가 깔린 해변이 멀지 않았다고 알려준다. 바다에 점점 가까워질수록 물결에 떠다니는 나무도 보인다. 씨 폼은 바다 자체만큼이나 활력이 넘치고 퍼퓸같이 긴 지속력은 바닷바람에 날린 머리카락이 베개에 닿을 때까지 남아 있다. **SS**

폴링 인투 더 씨 이매지너리 오써즈
(Falling Into the Sea by Imaginary Authors)
신나는 해변에서의 하루 | 조향사 조쉬 마이어스^{Josh Meyer} | ££

폴링 인투 더 씨는 이름 그대로다. 선탠로션을 바르고 짭짜름한 소금과 해초 내음이 가득한 바다에 신나게 풍덩 뛰어들며 놀다가 레몬 아이스크림을 먹는 기분이다. 진정한 인디 아르티장 조향사가 만든 세계에 온 것을 환영한다. 조쉬 마이어스는 시내 향수 매장에서는 찾을 수 없는 향기로 이야기를 들려주는 향수를 만들고 책처럼 포장한다. 조쉬의 향수를 찾는 건 쉽지 않지만, 여러분이 지도를 버리고 별을 따라 여정을 떠날 준비가 되어 있다면, 이매지너리 오써즈가 길잡이가 되어줄 것이다. **SM**

워크 더 씨 케로신
(Walk the Sea by Kerosene)
후각으로 그려내는 회색빛 파도 | 조향사 존 페그^{John Pegg} | ££

조향사 존 페그가 무슨 조화를 부린 건지 모르겠지만, 존은 바닷가의 젖은 바위, 그 틈에 생긴 웅덩이, 상쾌하고 생기가 넘치는 촉촉한 바닷바람의 내음을 모두 향수에 담았다. 노트 목록을 보고 이리저리 방법을 궁리해봤지만 결국 깨달은 건 존이 바다의 공기를 병에 넣었다는 사실이었다. 워크 더 씨는 해변을 걷다 집에 돌아와 문을 닫을 때 뒤에 남는 바로 그 냄새다. 짭짤한 소금기가 섞인 바람에 머리카락은 헝클어지고, 살갗은 약간 텄지만, 양 볼은 신나서 발그레하다. 그 향기를 맡는 누구든 분명 어느 해변에 다녀왔냐고 물으며 가보고 싶어 할 거라고 장담한다. **SS**

위크엔드 인 노르망디   퍼퓸 드 니콜라이
(Week-End in Normandy by Parfums de Nicolaï)
노르망디 앞바다에서 즐기는 상쾌한 물놀이
조향사 패트리샤 드 니콜라이[Patricia de Nicolaï] | ££

위크엔드 인 노르망디는 이름이 세 번이나 바뀌었다. 첫 이름은 시크하고 부유한 파리지앵의 주말 별장이 모여 있는 마을을 의미하는 도빌 인 노르망디였다. 이후 도빌의 영향력 있는 사람들이 마을을 단순히 상업과 연관 짓는 것에 반대했고, 향수 이름은 위크엔드로 바뀌었다가, 나중에 위크엔드 인 노르망디가 되었다. 더운 여름 바다에서 수영하다 나와 줄무늬 데크 의자에 앉아서 완벽한 아이스크림을 먹는 따뜻한 몸에서 나는 체취다. 재스민과 시더우드 노트가 함께 온기가 느껴지는 살결 내음을 만들어낸다. 그린 갈바넘, 허브, 칼론[Calone] 분자가 더해져 시원하고 상쾌한 바다의 향기를 선사한다. 도빌은 그렇게 거만하게 굴 필요가 없었다. 해변을 찾는 사람들이 이렇게 좋은 냄새를 맡았다는 걸 세상이 알았다면, 그곳의 호텔은 훨씬 더 북적거렸을 테니 말이다. **SM**

이니스 디 에너지 오브 더 씨   프레그런스 오브 아일랜드
(Inis the Energy of the Sea by Fragrances of Ireland)
파도의 꼭대기에서 | 조향사 아서 번햄[Arthur Burnham] | £

이니스(인-이스로 발음하며 섬이라는 뜻이다)는 그 고향의 험준한 해안가에 철썩이는 하얀 파도처럼 상쾌하고 깨끗한 바다 내음이 난다. 1998년 출시되었고 향수 매장보다 기념품 가게에서 흔히 볼 수 있으며, 아일랜드의 길들여지지 않은 해안가에 밀려오는 축축하고 거품 많은 파도의 향기를 그대로 재현했다. 시트러스 노트가 바다 위로 불어오는 가볍고 상쾌한 공기를 선사하는 동안, 씨노트인 소금과 물 내음이 여기저기서 파도처럼 강렬하게 부딪힌다. 곱고 자그마한 꽃향기가 싱그러운 그린 노트와 함께 산뜻한 자연의 느낌을 더하고, 짙은 풀과 이끼가 여전히 가시지 않는 짭쪼름한 소금기와 활력에 어우러지며 여행을 마무리 짓는다. 이니스는 바위 뒤에서 바람에 날리는 낭만과 모래투성이 키스로 가득 차 있다. **SS**

**인상파 그림 같은
물의 향기**

물은 향기가 없지만, 향수를 뿌리는 사람이 해변을 떠올릴 수 있도록 하는 특정 바닷가 냄새가 있다. 이전에는 무시무시하게 강렬한 천연원료인 블래더랙[bladderwrack]에서 추출한 해초 앱솔루트를 사용했다. 적정량(극소량)만 사용하면 마치 배를 타고 항구를 떠난 듯한 냄새가 난다. 과하게 넣으면 누군가 썰물에 배 밖으로 밀어 갯벌에 처박힌 냄새가 난다.

FLORAL

플로럴

벨 드 주르　에리스 퍼퓸 (Belle de Jour by Eris Parfums)

해초의 은밀한 사생활 ｜ 조향사 앙투안 리에[Antoine Lie] ｜ £££

벨 드 주르라는 이름은 1967년 부뉴엘의 영화 '벨 드 주르'에서 까뜨린느 드뇌브가 '낮의 아름다움[daytime beauty]'이라는 이름으로 매춘부 일을 하는 지루한 주부 역을 연기한 데서 유래했다. 프랑스의 섬세한 1960년대 초현실주의와 관념을 좇는 향수의 영감이 만났다. 마린 계열 향수의 99.9%를 만드는 합성원료가 발견되기 전에, 해초 앱솔루트는 향수에 희미한 바다 내음을 더하는 가장 좋은 원료였다. 여기, 인디 향수계의 대공과도 같은 조향사 앙투안 리에가 에리스 퍼퓸의 소유주이자 『향기와 전복』의 작가인 바바라 허먼을 위해 바다의 깊이를 담은, 향신료가 살짝 더해진 플로럴 향수를 선보였다. 벨 드 주르는 해변의 냄새로 정의할 수 없는 마린 계열 향수다. 이건 집에 도착한 벨이 남편을 위해 저녁을 만들 때 느껴지는 향기다. 식탁에 놓인 꽃, 에피스리에서 사 온 신선한 허브, 굴 열댓 개, 그리고 벨의 낮 고객들이 남긴 머스크 향기. **SM**

브론즈 가데스　에스티로더

(Bronze Goddess by Estée Lauder)

바다, 모래, 선탠로션 ｜ 조향사 로드리고 플로레스 루[Rodrigo Flores-Roux] ｜ £

브론즈 가데스는 매년 새로운 버전을 선보이지만 주요 노트는 그대로다. 더 강렬한 태양, 모래, 바다의 향기로 매년 충성스러운 팬을 돌아오게 하는 그 노트들이다. 이것은 가장 돋보이는 세 가지 향기로 요약할 수 있다. 티아레 꽃, 코코넛, 앰버. 티아레 꽃은 코코넛 향기가 나는 타히티 가드니아로 레진, 앰버, 오렌지 노트와 함께 중독적인 플로럴 머스크 향조를 자아내며, 브론즈 가데스를 확실한 휴일용 향수로 만든다. 미들 노트는 청량한 향신료와 깔끔한 머스크 노트로 부드러운 로션 내음이 희미하게 느껴진다. 브론즈 가데스는 따뜻하게 비추는 햇살이 닿은 피부의 향기다. 그게 설령 겨울에 간절히 바라는 소원일 때도 말이다. **SS**

터콰이즈　마이클 코어스
(Turquoise by Michael Kors)
푸른 하늘과 수영장 ｜ 조향사 미공개 ｜ £

터콰이즈의 푸른 하늘빛 주스는 데이비드 호크니가 그린 수영장 그림의 빛나는 푸른색을 생각나게 한다. 그리고 향수를 뿌리면 여름의 물보라가 더욱 가깝게 느껴진다. 오프닝은 뜨거운 여름날 푸른 하늘 아래 발에 찰박거리며 부딪히는 수정처럼 맑은 물의 냄새와 함께 워터슬라이드 꼭대기에 서 있는 느낌일지도 모르겠다. 수련과 라임, 그리고 꿀벌, 산들바람, 보헤미안이 떠오르는 가벼운 꽃내음이 한데 어우러져 상쾌하다. 경찰이 지켜보고 있어도 옷을 입은 채 분수에 뛰어들고 싶어진다. **ss**

히비스커스 팜　에이린
(Hibiscus Palm by AERIN)
열대 바닷가로 떠나는 신혼여행 ｜ 조향사 미공개 ｜ ££

히비스커스 팜은 코코넛의 향긋함이 더해진 아찔한 화이트 플로럴의 눈부신 부케를 선사한다. 튜베로즈와 가드니아가 팽팽히 맞서면서 강렬한 향기가 쏟아진다. 주홍빛 히비스커스는 머스크 향을 풍기는 이국적인 느낌을 주며, 보통 열대 지역의 결혼식에 사용하는 푸루메리아가 복숭아 향기를 더한다. 연꽃이 배경에서 희미하게 쏟아지는 폭포처럼 은은하게 물 내음을 자아낸다. 바닐라와 코코넛이 피날레를 장식하고 잔향이 오랫동안 남지만 플로럴 노트는 사라지지 않는다. 꼭 하와이 꽃목걸이를 걸고 있는 것처럼 그 향기는 저녁 식사가 끝나도 사라지지 않는다. 야자수가 우거진 섬에서 사롱을 입고 히비스커스 팜을 완벽하게 즐겨보자. **ss**

로디세이　이세이 미야케
(L'Eau d'Issey by Issey Miyake)
1990년대 향수의 본질 ｜ 조향사 자크 카발리에^{Jacques Cavallier} ｜ £

1980년대의 화려하게 부풀린 머리처럼 남의 눈치를 보지 않는 스타일의 향수 이후, 세계는 후각적 명상의 시간을 가질 준비가 되었다. 이세이 미야케는 시의적절하게 로디세이를 출시했고, 곧 배려와 나눔의 시대인 1990년대를 상징하는 향수가 되었다. 지금도 살짝 맡기만 하면 그 시절이 바로 떠오른다. 단정한 흰색 셔츠와 청바지처럼 로디세이는 풍부한 과잉의 향연이 끝난 후 입을 깨끗하게 헹구어주는 셔벗 같은 깔끔한 멜론으로 시작한다. 장미수, 수련, 옅은 프리지어 노트가 모두 지나침 없이 은은하게 이어진다. 투명한 꽃다발이 1990년대 미니멀리스트의 영혼을 진정시켜주던 맑고 산뜻한 공기가 느껴지는 가벼운 꽃내음을 선사한다. **ss**

에큠 드 로즈　레 퍼퓸 드 로진느
(Ecume de Rose by Les Parfums de Rosine)

모래 언덕 위에 피어난 꽃 | 조향사 프랑수아 로베르^{François Robert} | ££

우리는 캘리포니아, 플로리다, 아말피 해안의 바닷가에서 맡을 수 있는 향기를 가지고 있고, 프랑스 향수의 본고장인 그라스의 길을 따라 펼쳐진 칸의 해안가에서 영감을 얻어 조향한 향수도 많다. 시원한 물로 해변의 향기를 떠올리게 하는 향수는 다른 마린 향수와 조금 다르다. 선탠로션 냄새는 줄이고 상쾌한 바람의 향기를 더 넣었다. 에큠 드 로즈가 바로 그런 향수다. 파도가 자갈 위로 부서지고 모래가 해변과 맞닿은 곳, 소금기가 어린 토양에서 자그마한 장미가 자라고 있다. 모래 언덕의 꼭대기에서 느껴지는 공기다. 부드럽고 소금기가 느껴지는 허브·장미 향기와 함께, 저 멀리 보트가 사라지는 옅은 회색빛 푸른 수평선을 바라보고 있다. **SM**

코코벨로　힐리
(Coccobello by Heeley)

크림처럼 부드러운 코코넛 칵테일 | 조향사 제임스 힐리^{James Heeley} | ££

코코벨로는 코코넛을 깎고 다듬어 꽃잎 모양으로 만들었고 꽤 성공적이었다. 하얗고 물릴 만큼 가득 찬 가드니아로 크림처럼 부드러운 플로럴 향기를 선사한다. 끈적이고 모래처럼 까끌거리는 로션 냄새 없이, 시원한 야자수 나무와 고갱의 그림 같은 밝고 선명한 색채만 가득하다. 소금기가 느껴지는 스플래시는 파도가 들려주는 리듬을 떠오르게 하고 코코벨로라는 이름은 해변가의 바처럼 들린다. 열대 특유의 풍성함이 아주 매끄럽게 섞여 있어서 가드니아와 코코넛 노트가 어디서 만나는지 분간조차 할 수 없다. 서로 완벽하게 보완하며 최고의 매력을 끌어낸다. 근심 없는 하루가 지나고 저녁이 가까워지면 코코벨로는 해가 지는 동안 황금빛 바닐라와 나무가 선사하는 살결의 내음을 풍기며, 더 가까이 다가와 유혹의 손짓을 보낸다. 흔들리는 해먹에 누워 이 멋진 향기를 즐겨보자. **SS**

선탠로션의 향기　　파도 냄새가 나는 현대 분자에 더해, 해변의 향기는 보통 벤질 살리실레이트로 표현한다. 재스민이나 일랑일랑 같은 흰색 꽃에서 자연적으로 생성되고 추출할 수 있지만 합성하는 것이 더 저렴하다. 그 자체로 즉시 해변에 대한 기억을 불러올 수 있는데, 이 성분이 오랫동안 자외선 차단제와 선탠로션에 사용되어 왔기 때문이다. 사람들은 '향수에서 선탠로션 냄새가 나'라고 외친다. 사실 선탠로션은 벤질 살리실레이트 같은 냄새가 나는 게 맞지만 말이다. 우리의 뇌는 반대로 작용한다는 걸 잊지 말자.

로 마제르 디세이   이세이 미야케 (L'Eau Majeure d'Issey by Issey Miyake)

오래된 드리프트 우드가 모래로 부드러워지면

조향사 오헬리엉 기샤르Aurelien Guichard 파브리스 펠레그린Fabrice Pelegrin | £

로 마제르 디세이는 이세이 미야케가 남성적인 향기를 담을 때 사용하는 모양의 병에 담겨 출시되었지만, 누구나 뿌릴 수 있다. 폭풍우가 몰아치는 듯한 물이 있고, 파도가 넘실거리는 바다에는 세련된 스플래시가 있다. 해변에 떠내려온 통나무 같은 드래프트 우드 노트를 감상할 줄 아는 사람에게 어울리는 향기다. 디스퀘어드2의 히 우드 오션 웨트 우드가 단종되어 실망하는 사람을 위한 훌륭한 대체품이다. 2017년 출시된 오리지널 로 마제르 디세이도 친구들이 있는데, 2019년 선보인 로 마제르 디세이 쉐이드 오브 씨와 로 마제르 디세이 뿌르 옴므 쉐이드 오브 라군으로, 둘 다 해변의 향기가 더해졌고 우드 노트를 덜어냈으며 남성용으로 출시되었다. 앞으로도 계속 더 많은 향수가 나올 듯하다. **SM**

아쿠아 에센셜 블루   살바토레 페레가모
(Acqua Essenziale Blu by Salvatore Ferragamo)

이탈리아 호수에서 따사로운 햇살과 함께 즐기는 수영

조향사 알베르토 모릴라스Alberto Morillas | £

CK ONE의 성공 이후, 상냥한 마스터 조향사 알베르토 모릴라스와 조향팀은 상쾌한 마린 향수의 유행을 책임져 왔다. 현대의 남성용 마린(군대가 아니라 향수) 라인업에서 실속 있고 합리적인 가격의 디자이너 향수를 선택했다. 여자들이 왜 이걸 안 뿌리는지 도대체 알 수 없는 노릇이지만, 어쨌거나 아쿠아 에센셜 블루는 짤막하고 짙푸른 병에 담겨 부츠 매장 남성용 매대에 앉아 있다. 모릴라스는 차가운 물의 향기를 표현할 수 있는 원료를 사용했다. 상쾌한 이탈리아산 시트러스 과일, 뜨겁게 녹아내리는 레진의 따스함, 그리고 얼음처럼 차가운 쨍한 파랑 미들 노트가 곁에서 맴돌면, 마치 수영장에 첨벙 뛰어드는 기분이 느껴진다. 페레가모 브랜드에 딱 맞는 향기다. 이탈리아의 더운 여름날 발코니에서 느긋하게 누워 쉬다가 코모 호수에 유유히 몸을 담그고 헤엄치는 여유로운 시간. **SM**

HERBAL

허벌

쿨 워터 포 힘 다비도프
(Cool Water for Him by Davidoff)
서퍼가 되고 싶다면 어디서든지 | 조향사 피에르 부르동^{Pierre Bourdon} | £

피에르 부르동이 만든 다비도프의 쿨 워터는 매력이 넘치는 향수로 1988년 출시 후 지금
까지 줄곧 베스트셀러의 명성을 유지하고 있다. 마치 휴양지 광고처럼 보이는 플랭커 목
록(해피 서머, 인투 더 오션, 아이스 다이브 등)과 함께 오리지널 버전은 여전히 대중의 사랑을 받
고 있다. 콜로뉴 스타일의 가볍고 상쾌한 허브와 함께 적당히 더해진 향신료는 맵지 않고
산뜻함을 더하며, 데이비드 간디⁰²의 눈처럼 푸른 바다의 물결이 넘실거린다. 겉으로는 희
미하게 느껴지는 민트, 이발소, 비누 내음을 풍기며 막 샤워를 마치고 나온 듯한 세상 깔끔
한 향기가 나지만, 무대 뒤에는 제라늄, 로즈마리, 클라리세이지, 오크모스, 앰버, 오렌지
꽃, 머스크, 토바코 노트가, 뜨거운 해변에서 느끼는 이 너무나도 맑고 깨끗한 바다 향기를
만들기 위해 함께 열심이다. **SS**

패덤 V 뷰포트 런던 (Fathom V by Beaufort London)
19세기 스타일의, 바다로 끌고 가는 압도적이고 강렬한 향기
조향사 줄리 덩클리^{Julie Dunkley} | £££

뷰포트 런던은 작은 향수 하우스로 멋지고 서사가 있는 고딕 양식의 향수를 만든다. 패덤
V가 해적 같은 말투로 인사를 건넸을 때 사랑에 빠졌다. 마주치면 도망가고 싶은 무모하
고 매혹적인 해적의 향기다. 그린 노트는 아주 강렬하고 축축해서 디킨스 소설 속 런던 부
두의 끈적한 진흙과 이끼가 낀 배 옆구리 같다. 풍선처럼 방 안을 가득 채운 커다랗고 매끈
한 백합의 향기와 함께 패덤 V는, 진흙투성이 발에 소금기를 머금은 바람으로 머리가 헝클
어진 채 꽃을 한가득 들고 서 있다. 은은하게 느껴지는 흙과 해초 내음은 영화 '프랑스 중
위의 여자'에서 파도가 휘몰아치는 황량한 라임의 방파제에 서 있는 사라 우드러프를 생
각나게 한다. 패덤 V를 뿌리고 잠자리에 들면 분명 세찬 비바람에 삐걱거리는 배와 해적이
나오는 꿈을 꿀 것이다. **SS**

일 마리나오 다 카프리　DSH 퍼퓸
(Il Marinaio da Capri by DSH Perfumes)

이탈리아 포지타노의 폴다크 | 조향사 던 스펜서 허위츠^{Dawn Spencer Hurwitz} | ££

향기를 통해 낭만 소설을 쓰는 작가의 손길로, 낭만적인 선원이 생명을 얻었다. 저 멀리 콜로라도의 볼더에서 던 스펜서 허위츠는 소금기 가득한 바다로 둘러싸인 오렌지 숲에 있는 캡틴 폴다크⁰³를 마법처럼 불러냈다. 허니석클이 심장을 멎게 하는 아름다움을 더하고, 싱그러운 그린 노트 사이사이로 해안가의 후미와 높이 솟아오른 파도의 물마루가 보인다. 오이나 멜론 노트 하나 없이 던은 지중해의 축축함과 웅장한 아름다움, 그리고 반짝이는 시트러스 과일 숲을 기가 막히게 담아냈다. 당신의 마음속 설리 발렌타인⁰⁴을 받아들이도록. SS

아쿠아 셀레스티아　메종 프란시스 커정
(Aqua Celestia by Maison Francis Kurkdjian)

수정같이 맑고 얼음처럼 차가운 | 조향사 프란시스 커정^{Francis Kurkdjian} | £££

프란시스 커정은 천사들이 행복과 기쁨의 눈물을 흘릴 때까지 기다렸다가 그걸 병에 담은 게 틀림없다. 아쿠아 셀레스티아는 더운 날 차가운 폭포처럼 쏟아지는 민트와 라임 노트가 땀을 식혀주고 그 자리를 은빛으로 빛나는 투명한 순수함으로 채운다. 올망졸망한 노란 미모사가 가볍게 흩날리며 아름다움과 봄기운을 더하고, 쌉싸름하고 머스크 향이 나는 블랙커런트가 여름 정원을 지나가는 것처럼 맴돌고 있다. 아쿠아 셀레스티아는 이름과 완벽하게 어울리는 향수로, 활력을 불어넣는 청량함이 가득한 샤워가 간절한 날 뿌리기에 좋다. SS

우드 세이지 앤 씨 솔트　조말론
(Wood Sage & Sea Salt by Jo Malone)

잔잔하게 일렁이는 파도와 은은한 허브 향기 | 조향사 크리스틴 나이젤^{Christine Nagel} | ££

우드 세이지 앤 씨 솔트가 선사하는 매력에 빠지면 일기예보를 확인할 틈도 없이 해변 오두막으로 향하게 된다. 허브 내음이 묻어나는 우드와 기운을 북돋는 자몽 노트가 훅 끼쳐온다. 장담하는데 가장 빛나는 시트러스 노트 중 하나다. 세이지 노트가 푸릇한 내음을 더하고, 풀이 드문드문 나 있는 모래사장에 피크닉 바구니를 내려놓고 자리를 잡는다. 소금과 해초 내음이 맴도는 공기는 계속 들이마시고 싶을 정도로 매혹적이지만, 이 쇼의 진정한 주인공은 바로 플로럴 노트와 비슷한 부드러움을 더하는 포근한 머스크 향조인 암브레트 노트다. 바다의 거친 아름다움이 모두 담겨 있으면서도 마지막에는 코를 부비적거리고 싶을 만큼 상쾌한 향기가 난다. 그리고 감히 덧붙이자면, 부스스하게 헝클어진 머리와 발그레한 뺨에서 느껴지는 귀엽고 순수한 섹시함이다. 지속력은 아침으로 브리오시 빵을 먹을 때부터 해 질 무렵 수영할 때까지 길게 이어진다. SS

쿨 워터 포 허 다비도프
(Cool Water for Her by Davidoff)

해변에서 바라보는 평화로운 풍경 | 조향사 피에르 부르동^{Pierre Bourdon} | £

관능적으로 친밀한 향기를 만드는 데 매우 능숙한 피에르 부르동이 쿨 워터를 위해 모든 노트에 깔끔함과 반짝임을 담았다. 그 결과 배경에 복잡한 캐릭터와 함께, 가장 아름다운 꽃잎 같은 나비 날개처럼 가벼운 상큼함과, 멜론, 파인애플이 담긴 여름의 달달한 과즙미가 느껴지는, 아주 깨끗한 바다의 상쾌함을 선사하는 향수가 탄생했다. 푸른 하늘과 새파란 바다 같은 쿨 워터 포 허는 1996년에 출시된 이후 흔들림 없이 사랑을 듬뿍 받고 있다. 여기에는 진흙, 모래, 리얼리즘이 필요하지 않다. 바다에서 보내는 하루가 선사하는 순수한 기쁨과 가로 줄무늬가 있는 브레통 셔츠, 코닥 사진기로 찍은 순간에 대한 모든 것이다. 데이지 꽃과 이슬방울처럼 산뜻한, 영원한 고전이다. **SS**

왓 아이 디드 온 마이 홀리데이즈 4160 튜즈데이즈
(What I Did On My Holidays by 4160Tuesdays)

아이스크림, 햇볕에 탄 피부, 행복했던 추억 | 조향사 사라 매카트니^{Sarah McCartney} | ££

왓 아이 디드 온 마이 홀리데이즈는 행복했던 기억, 향기, 순간을 포착해서 다시 떠올릴 수 있도록 병에 담았다. 마치 코닥 사진기로 찍은 완벽했던 어린 시절의 여름 휴가처럼 좋았던 추억이다. 1970년대 흔했던 붉게 탄 피부와 안전벨트를 하지 않은 채 달리던 기억은 그저 추억으로만 남기기로 한다. 이 향기는 또한 2B 몽당연필로 써내려가는 후각적 기록이다. 선탠로션의 크림 같은 질감, 바닷가 바위의 페퍼민트 향기, 너울진 물결의 상쾌한 바다 내음, 살짝 핥아먹는 바닐라 아이스크림, 그리고 병에 담을 수 있었다면 좋았을 갈매기 울음소리까지 느껴진다. 현대 사회의 어떤 측면도 만족시킬 수 없는 독특한 갈망을 부르는 향수다. **SS**

워시 미 인 더 워터 4160 튜즈데이즈
(Wash Me In The Water by 4160Tuesdays)

몸과 마음을 씻어주는 향기 | 조향사 사라 매카트니^{Sarah McCartney} | ££

아쿠아틱 향수는 대부분 해변의 향기나 바다에서 불어오는 신선한 공기 내음을 특징으로 한다. 하지만 워시 미 인 더 워터는 토요일 밤을 아주 즐겁게 보내고 나서 일요일 아침 강에 첨벙 뛰어드는 느낌이다. 영혼의 정화와 명상을 돕는 구원의 향기인 프랑킨센스로 문을 연다. 로즈마리, 라벤더, 민트는 전통적으로 지친 머리와 기억력 회복에 효능이 있는, 치약에 풍미를 더하는 허브 향을 풍긴다. 수풀이 우거진 강둑에서 보내는 오후, 강물에 머리끝까지 잠길 정도로 풍덩 들어갔다 나오면 느껴지는 개운함은 마치 세례를 받은 것처럼 맑고 깨끗하다. 가장 순수하고 투명한 순백색의 꽃은 파삭한 종이에 싸인 새 비누의 향긋한 내음을 선사한다. 콧노래가 절로 나온다. 내가 만들었다. **SM**

CONCEPTS

컨셉

일반적인 향수의 한계를 넘어서는 향기가 있다. 멋진 향기다. 경계는 허물기 위해 존재하며, 국경은 건너라고 있는 것이다. 이 장에서는 고무, 가죽, 연기, 화약, 플라스틱, 동물의 향기로 우리를 낯선 곳에 데려가기 위해 최선을 다하는 도전적이고 매력적인 향수를 소개한다.

보통 브랜드에서 가장 잘 팔리는 향수는 아니지만, 관심을 받으며 소비자를 다른 향수로 끌어들이는 역할을 한다. 가장 엉뚱하고 기묘한 컨셉의 향기는 향수 애호가들을 매장이나 디스커버리 세트로 향하게 한다. 결국 사서 들고 나오는 게 다른 향수라고 해도 말이다. 도전해볼 생각이 있다면, 불을 끄고 향기를 맡을 준비를 하자.

SMOKE

스모크

블랙 불가리 (Black by Bvlgari)

완벽한 어둠 | 조향사 아닉 메나르도^{Annick Ménardo} | £

불가리의 블랙은 단종된다는 소문이 몇 년 동안 돌았기 때문에 마음에 든다면 안전한 장소에 몇 병을 보관해두는 게 좋겠다. 향수병 자체가 걸작이다. 부드러운 고무 타이어를 두른 바퀴가 옆으로 누워 있다. 인디 조향사의 부러움을 사는 비싼 패키징이다. 검은 옷을 입은 향수의 대부분은 어둠을 약속하면서도 솜털 같은 과일 머랭의 향기가 나지만, 불가리의 블랙은 병을 보고 기대하는, 고무, 가죽, 아스팔트 냄새를 선사한다. 와플 가게를 보고 급히 타이어 자국을 남기며 급브레이크를 밟는 것처럼 살짝 달콤한 향기가 난다. 그리고 점점 어두워진다. 길을 잘못 들었다가 아무도 눈치채지 못하게 돌아서 다시 나가는 게 얼마나 쉬울지 궁금해하는 느낌이다. 그리고 아몬드가 있다. **SM**

블랙 엔젤 마크 벅스톤

(Black Angel by Mark Buxton)

검은 옷에 가려진 부드러운 앰버 | 조향사 마크 벅스톤^{Mark Buxton} | ££

처음 30초 정도는 공포가 가득하다. 천년을 잠들어 있던 무시무시한 존재가 깨어나 인류에 대한 복수를 위해 세상을 쑥대밭으로 만들고 있다. 고무를 태우고, 아스팔트에 생긴 웅덩이를 끓이고, 악마는 소리를 지르고⋯ 대혼란이 지나가고 나면 기분 좋은 생강과 나무 향이 느껴지는 따뜻한 앰버 노트가 모습을 드러낸다. 마치 머리끝부터 발끝까지 온통 검은 옷을 입고 메탈 장식을 찰캉거리며 고스 화장을 한 사람과 버스를 같이 타고 가다가 둘 다 아가사 크리스티의 미스터리 소설을 좋아한다는 사실을 발견하는 기분이다. 끈적끈적하고 연기가 자욱한 살벌한 검은 색으로 시작해서 온기가 느껴지는 불 옆에 놓인 달콤한 드람부이[01]처럼 가라앉는다. **SM**

토네르 뷰포트 런던 (Tonnerre by BeauFort LONDON)
위험할 정도로 어둡고 짙은 향기

조향사 줄리 말로우Julie Marlow 줄리 덩클리Julie Dunkley | £££

여러분은 브랜드 설립자인 레오 크렙트리가 뷰포트 런던 향수로 해낸 모든 걸 사랑해야 한다. 레오는 꿈꾸던 향수를 만들기 위해 자신의 길을 올곧이 걸었다. 레오가 상상하는 향수를 구현하려고 조향사 줄리를 찾았고, 그 전에 심지어 스스로 심혈을 기울여 만들어보기도 했다. 토네르는 해군 사이에 벌어지는 격전의 냄새로, 화약, 바닷물, 피, 브랜디, 연기가 가득하다. 잔향이 남고도 남아 무서울 정도로 길게 곁을 맴돈다. 갑자기 맡으면 본능이 그 냄새로부터 어서 도망치라고 말할 정도다. 그게 바로 후각이 하는 일이다. 로열 셰익스피어 극단은 전투 장면에 들어가는 모든 배우가 이걸 뿌릴 수 있도록 무대 뒤에 두어야 한다. **SM**

온 더 로드 티모시 한 (On The Road by Timothy Han / Edition)
미지의 세계로 향하는 길 위에서 | 조향사 티모시 한Timothy Han | £££

같은 이름의 잭 케루악 소설에서 영감을 받은 온 더 로드는, 1951년 악명 높던 뉴욕에서 캘리포니아까지의 도로 여행이 그려내는 변화의 향기를 담고 있다. 티모시 한은 대개 천연 원료를 사용하지만, 동물 학대를 피하거나 자신이 원하는 효과를 얻기 위해 합성원료를 향한 모험도 마다하지 않는다. 버치 노트로 건조한 포장도로를, 구아이악우드 노트로 뜨거운 고무 타이어의 냄새를 만들어냈다. 성별의 경계가 중요하다고 생각하지 않는 사람을 위한 유니섹스 타입이지만, 백화점 향수 매장의 핑크색 진열대에서는 절대 찾을 수 없을 것이다. 오크모스, 파촐리, 베르가못 노트가 들어가면 보통 기술적으로 시프레 계열 향수라고 표현할 수 있지만, 온 더 로드는 시프레의 하드코어 버전이다. **SM**

느와 엑스뀌즈 라티잔 파퓨미에르
(Noir Exquis by L'Artisan Parfumeur)
빈티지 벤츠의 뒷좌석에 앉아 | 조향사 베르트랑 뒤쇼푸르Bertrand Duchaufour | ££

라티잔 파퓨미에르는 느와 엑스뀌즈가 커피, 메이플 시럽, 체스트넛 노트가 선사하는 향기와 함께, 카페에서 서로 시선을 주고받는 우연한 만남이라고 설명한다. 아마 그게 맞을 것이다. 향수의 노트는 사람마다 연주하는 화음이 다르다. 그리고 내게 느와 엑스뀌즈는 시선보다 훨씬 더 많은 걸 주고받는다는 인상을 준다. 1970년대 클래식 벤츠에 앉아 있다고 상상해보자. 자주 앉은 가죽 시트가 반질거리고 도어패널은 아몬드 광택제를 발라 반짝반짝 윤이 나는 나무로 되어 있다. 바닥에 깔린 낡은 모직 매트에는 아침에 마시는 모카커피 향이 잔뜩 배어 있다. 이 차는 원래 주인의 손자이자 당신이 정말 좋아하는 사람이 애정을 담아 돌본다. 그리고 당신은 몇 달 동안 그 차에 타는 날을 기다려 왔다. 다크 초콜릿, 토바코, 가죽 시트, 나무, 따뜻하고 어두운 저녁, 기대감, 그리고 모든 게 잘 풀릴 것만 같은 향기다. **SM**

라 퓌메 인텐스 밀러 해리스 (La Fumée Intense by Miller Harris)

어둡지만 편안한 | 조향사 린 해리스^{Lyn Harris} | £££

연기, 하지만 좀 더 문명적인 환경에서. 밀러 해리스는 오리지널 라 퓌메를 기반으로 네 가지 퓌메 버전을 공들여 만들었다. 이 경우 인텐스는 '요즘 유행이기 때문에 오우드 노트를 좀 더 넣은'을 의미한다. 앰버 스파이스 노트로 따뜻한 느낌을 선사하며, 아름다운 인센스 향기로 매력을 더했다. 일원만 초대해 고대 의식을 행하던, 타르가 타오르는 횃불로 밝힌 깊은 숲속의 흔적이 남아 있다. 하지만 여기 정중한 영국의 밀러 해리스에서는 끔찍한 일이 일어나지 않는다. 라 퓌메 인텐스(강렬한 연기)는 친절한 마녀 집회의 친근한 입문식으로, 알싸한 차이 라떼를 주고 캠프파이어 주위에 둘러앉아 이야기를 나눈다. 편안하게 신나고 어딘가 신비로운 잘 만든 연기가 피어오른다. **SM**

테러 앤 매그니피센스 뷰포트 런던

(Terror & Magnificence by Beaufort London)

천재에게 바치는 오마쥬 | 조향사 피아 롱^{Pia Long} | £££

테러 앤 매그니피센스는 지금까지 소개한 뷰포트 런던의 향수 중에 가장 덜 무섭지만, 나름의 웅장함으로 가득 차 있다. 건축가 니콜라스 혹스무어의 초기 조지 왕조 양식 건축물에 대한 레오 크랩트리^{Leo Crabtree}의 상상력을 표현한 향수로, 조향사 피아 롱이 섬세하고 고운 향기의 실타래를 엮어 만든 작품이다. 레오는 혹스무어가 영감을 받은 원천, 특히 20세기 문학을 통해 그가 오컬트에 심취해 있었다는 사실에 큰 호기심을 가졌다(소문은 무성하지만, 근거는 없는 이야기다). 세월의 흔적이 묻어나는 돌 위에 인센스와 알싸한 레진 향기가, 시끄러운 소리를 피해 피난처를 찾는 사람들을 평화로 인도한다. 세상을 쑥대밭으로 만드는 악마가 아닌, 조용한 힘을 가진 300년 된 교회의 유령 무리가 떠오른다. **SM**

연기와 불

우리는 끊임없이 냄새를 맡지만, 코로 들이마시는 모든 정보를 뇌가 인식하는 건 아니다. 맛있거나 위험하거나, 매력적이거나 불쾌한 냄새일 때만 의식의 문을 두드린다. 그래서 우리는 보통 기분 좋은 앰버 머스크 향기보다 매캐한 연기 냄새와 그 잠재적 위험에 대해 훨씬 잘 알고 있다. 향수를 통해 온종일 장작불이나 인센스의 맵싸한 향기를 맡을 수 있다고 해도 놀라지 말자. 그 냄새가 실제로 더 강하거나 더 오래 지속되는 것이 아니라 여러분의 뇌가 끊임없이 인지하고 있는 것뿐이다.

ANIMALIC

애니멀릭

시크릭션스 마그니피크스　에따 리브르 도랑쥬

(Sécrétions Magnifiques by Etat libre d'orange)

성인 인증이 필요합니다 | 조향사 앙투안 리에[Antoine Lie] | ££

어떤 사람들은 이 향수가 분열의 사전적 정의를 설명하기 위해 만들었다고 생각할 수도 있다. 위대한 분비물이라는 이름만 봐도 어떤 향수인지 이해하기 쉽고, 기대감을 한껏 자아낸다. 시크릭션스 마그니피스크는 인체가 생성하는 세 가지 분비물을 제외한 나머지를 모두 포함한다. 설명서에 쓰여 있는 노트는 우유, 샌달우드, 해초, 아이리스, 코코넛으로 크게 놀랍지 않다. 하지만 이게 모두 모여 정액, 우유, 타액, 피비린내가 나는 향수가 된다. 아주 영리하고, 강렬한 메시지를 담고 있다. 향수 애호가에게는 두 배의 가치가 있는 도전이다. 완곡한 표현은 차치하고라도, 분명히 이런 향수가 맡는 역할이 있다. 시크릭션스 마그니피크스는 도전장을 내밀었고, 이게 마음에 든 역겹든 간에 중요한 건 우리를 익숙한 습관에서 벗어나 새로운 향기를 맡아보게 만든다는 사실이다. 향수 애호가를 위한 행위 예술이다. 사기 전에 반드시 시향 해보도록. **SS**

살로메　빠삐용 아티산 퍼퓸 (Salome by Papillon Artisan Perfumes)

도발적인 관능미 | 조향사 엘리자베스 무어스[Elizabeth Moores] | £££

엘리자베스 무어는 마법사처럼 숲 한가운데 있는 집에서 강력한 물약에 이것저것 섞어 살로메를 만들었다. 워크 오브 셰임[02]의 향기가 나는 애니멀릭 시프레 향조다. 이른 새벽 얼굴에 립스틱 자국만 남은 채 손에 하이힐을 들고 집에 가고 있다. 체취, 여성스러움, 씻지 않은 살결에 뿌린 빈티지 시프레 향수, 메마른 키스, 그리고 나이가 들어 떠올리고 혼자 응큼한 미소를 짓게 만드는 기억의 냄새다. 비버의 내분비샘에서 채취한 카스토레움[Castoreum]과 바위너구리의 소변 응고물에서 추출하는 이라세움 노트가 동물의 본능을 떠오르게 하며, 오크모스, 카네이션, 장미 노트가 어떻게든 해보려고 용감하게 시도하지만 소용없다. 내가 아는 향수 중에 가장 야하다. **SS**

룸 237   부르노 파졸라리
(Room 237 by Bruno Fazzolari)

광기로 가득 찬 샤이닝을 향기로 | 조향사 부르노 파졸라리^{Bruno Fazzolari} | £££££

150년 전 방식 그대로 소량의 수제 향수를 만드는 조향사는 인터넷 덕분에 살아남을 수 있었다. 부르노 파졸라리는 샌프란시스코에 기반을 두고 있으며 만약 그가 (그리고 이 장의 많은 인디 조향사가) 30년 전에 향수를 만들고 있었다면 주변 사람을 제외하면 아무도 그가 누군지 몰랐을 것이다. 인디 조향사는 재정적 위험이 상대적으로 적기 때문에, 엄청난 창조적 위험을 감수할 수 있다. 플라스틱 샤워 커튼과 밝은 그린 노트의 부자연스러운 청결함이 느껴지는 룸 237은, 공포 영화 '샤이닝'에 등장하는 악의 심연을 묘사하고 있다. 글로벌 브랜드가 이 향수를 출시할 수 있을까? 상상도 못 할 일이다. 너무, 너무 이상하거든. 자, 이제 준비가 되었다면 부르노의 샘플 세트를 가지고 모험을 즐겨보자. **SM**

친칠라   DSH 퍼퓸
(Chinchilla by DSH Perfumes)

동물적 관능미 | 조향사 던 스펜서 허위츠^{Dawn Spencer Hurwitz} | £££££

친칠라는 옷가게의 마네킹에서 동물적인 관능미가 느껴질 정도로 자극적이다. 강력한 유혹의 향기를 만드는 애니멀릭한 마법의 주문은 세 가지다. 시벳, 카스토레움, 이라세움. 하나씩 따로 사용해도 위험할 정도로 강력하며, 함께 모이면 인간은 물론이고 함께 사는 고양이에게도 관능의 대혼란을 야기할 것이다. 친칠라의 향기는 램프에서 1940년쯤의 빈티지 지니를 풀어놓은 느낌이 든다. 고풍스럽고 쿰쿰한 머스크 시프레 향조는 길고 우아한, 방금 침대에서 나온 것처럼 따뜻한 목에서 나는, 향수 섞인 땀 내음이 느껴지는 모피 스톨과 메마른 키스의 달콤한 향기다. 몸이 달아오를 만큼 매혹적이다. **SS**

라니멀 소바쥬   말루
(L'animal sauvage by Marlou)

친근한 털복숭이 | 조향사 미공개 | ££

라니멀 소바쥬는 고양이가 집사의 다리에 부비적거리는 머리 옆쪽이나 귀밑의 냄새를 떠올리게 해서 이 장에 실었다. 야생동물보다는 인간과 가까운, 하지만 여전히 바깥에 나가는 걸 즐기고, 좋아하는 간식을 사주지 않으면 밖에서 뭔가 물어오는 동물의 냄새다. 말루는 관능의 향수를 만들고 병에 작게 '경고' 라벨을 붙인다. 강렬한 감정을 유발할 수 있음. 그래? 그렇다면… 하지만 라니멀 소바쥬는 애니멀릭 계열 향수 입문자에게 어울리는 귀엽고 폭신한 느낌이다. 머스크, 따뜻한 털과 야생화에 덮여 희미하게 느껴지는 시벳 노트가 있다. 캣우먼이 사납게 으르렁거리는 모습을 보고 싶다면 말루의 50ml 데앙비귀뜨를, 그리고 겁에 질려 혼이 나갈 정도로 무시무시한 걸 원한다면 조향사 스벤 프리츠콜라이트가 만든 주올로지스트의 하이락스를 찾아 뿌려보자. **SM**

카멜 주올로지스트 (CAMEL by Zoologist)
부드럽고 순한 낙타의 눈망울

조향사 크리스티안 카르보넬^{Christian Carbonnel} | £££

주올로지스트 향수는 단순한 야생동물의 향기뿐만 아니라, 그들을 둘러싼 환경까지 묘사한다. 의인화한 삽화는 각 동물이 가진 인간적인 특징을 함께 보여준다. 설립자이자 크리에이티브 디렉터인 빅터 웡의 비전은 정교한 그래픽 소설 캐릭터처럼 생생하게 움직이는 생물체의 향기를 구현하는 것이다. 그의 별난 동물 무리는 점잖게 서로 대화를 나누기도 한다. 낙타는 향신료, 말린 과일, 플로럴 에센셜 오일을 등에 가득 지고 모래사막을 천천히 가로지르는 대열에 있다. 낙타 등에서 짐을 내리면 향기가 퍼퓸의 강도로 강렬하게 층층이 풀어지며 모습을 드러낸다. 과일, 인센스, 앰버 노트가 피어오르면서 점점 낙타의 체취에 가까워진다. 하지만 우리의 상상 속 낙타는, 진짜 가죽 냄새 대신 관능미가 느껴질 정도의 땀 내음과 함께, 바닐라와 통가로 달콤한 향기를 선사한다. 낙타가 매력적이라는 느낌은 조금 생소하지만, 더 낯선 매력의 나무늘보를 만날 수 있는 슬로스도 있다. **SM**

**한계에 도전하는
익스트림 퍼퓨머리**

여러분이 전에 맡아 본 향기와 전혀 다른 향수를 만드는 걸 즐기는 조향사들이 있다. 그런 향기는 버스 정류장이나 TV 광고에서 볼 수 있는 대규모 브랜드가 출시하기에는 감수해야 하는 위험이 너무 크다. 이상하고 기묘한 향수를 좋아하는 사람은 세상에 너무 적다. 하지만 다행히 자신의 엉뚱한 상상력을 현실로 끄집어내는 크리에이티브 디렉터도 있고, 자신의 브랜드를 운영할 만큼 사업 수완이 뛰어난 조향사도 있다. 한계에 도전하는 특이한 향수는 다른 장에서도 간간이 발견할 수 있으며, 가장 도전 정신이 강한 향수를 모아 마지막 장에서 소개했다.

• 주석은 본문의 내용을 좀 더 이해하기 쉽도록, 옮긴이와 편집자가 붙인 것입니다.

머리말

01 frankincense: 유향. 나무진으로 만든 향료로서 가루로 해서 태우면 향내 나는 연기를 뿜는다.
  myrrh: 몰약. 감람과에 속하는 관목인 발삼 나무. 이 나무에서 얻어진 방향성 나무진은 의복이나 침상에서 사용할 정도로 향이 좋다.

02 tinctures: 알코올에 혼합해 약제로 쓰는 물질.

03 liqueur: 달고 과일 향이 나기도 하는 독한 술. 보통 식후에 아주 작은 잔으로 마신다.

04 cordial: 과일 주스로 만들어 물을 타 마시는 단 음료.

05 Farina Duftmuseum: 파리나 향수 박물관.

06 Roger & Gallet: 1862년 상인 샤를 아르망 로저와 은행가 샤를 마샬 갈레가 설립한 프랑스 향수 회사로 2020년 임팔라 그룹에 매각될 때까지 로레알 그룹이 소유했다.

07 국내에서 판매하는 향수의 경우, 전성분 목록에 정제수로 표기한다.

08 국내의 경우, 2020년 1월 1일부터 식품의약품안전처에서 '화장품 사용 시의 주의사항과 알레르기 유발성분 표시에 관한 규정'을 시행하고 있다. 총 25개의 알레르기 유발 성분 목록이 있으며 사용 후 씻어내는 제품에는 0.01% 초과, 사용 후 씻어내지 않는 제품에는 0.0001% 초과 함유하는 경우에 한해 기재하도록 하고 있다.

09 Juniper: 향나무. 측백나무과 노간주나무속에 속하는 약 60~70종(種)의 향기가 좋은 상록 교목이나 관목.

10 heliotrope: 보라색 꽃이 피는 허브 종류의 식물로 달콤한 초콜릿 향이 난다.

11 Vetiver: 벼과 식물로 추출한 에센셜 오일은 이완 작용이 있어, 스트레스, 불안, 불면, 우울증 완화 효과가 있다. 식품으로 등록할 경우 섭취가 가능하다. 은은하고 안정감이 느껴지는 흙내음, 나무 향, 스모키 향이 난다.

CITRUS

01 neroli: 비터 오렌지 꽃에서 추출해낸 오일.
  petitgrain: 비터 오렌지 잎과 가지에서 추출해낸 오일.

02 Dallas and Dynasty: 1980년대에 선풍적인 인기를 끌었던 미국의 TV 쇼 프로그램.

03 The Fragrance Foundation Awards: 1949년 설립된 향수 협회(TFF, The Fragrance Foundation)의 주최로 매년 최고의 향수 제품을 선정해 시상한다. 향수계의 오스카라고 불릴 만큼 권위 있는 시상식이다. 1973년부터 지금까지 매년 향수 전문가의 공정한 심사를 거쳐 향, 마케팅, 패키징, 광고 부문에서 가장 대표적인 향수를 지정해 상을 수여한다.

04 Cardamom: 인도가 원산지이며 생강과 식물의 일종으로 열매는 통째로 또는 가루를 만들어 이용한다.
  Nutmeg: 육두구. 인도네시아가 원산지로 육두구 나무의 열매는 향기가 강하고 톡 쏘는 쓴 맛이 나서 향신료로 사용한다. 둘 다 알싸하고 매캐한 향을 풍긴다.

05 boning: 코르셋 등에 넣는 뼈대.

06 Dundee marmalade: 던디 사에서 만든 오렌지 마멀레이드. 세빌 오렌지를 운반하던 스페인 항선이 폭풍을 만나 스코틀랜드 동부의 던디 항구에 피신 후 상품가치가 떨어진 씁쓸한 오렌지를 제임스 케일러(James Keiller)라는 상인의 어머니가 마멀레이드로 만들어 가게에서 팔기 시작했다. 마멀레이드를 최초로 상용화했다는 점에서 역사와 전통을 자랑한다.

07 Frances Hodgson Burnett: 『소공자』, 『소공녀』, 『비밀의 화원』 등의 저자.

08 C.S Lewis: 『나니아 연대기』, 『헤아려 본 슬픔』 등의 저자.

09 Caipirinha: 브라질의 국민 칵테일, 전통주인 카샤샤에 라임, 설탕, 얼음을 섞어 만든다. 단순하고 무심하게 만드는 칵테일이지만, 듬뿍 들어간 라임과 잘게 부순 얼음이 새콤달콤한 청량감을 안겨준다. 여름밤에 잘 어울리는 칵테일이다.

10 리몬 베르드(Limón Verde)는 스페인어로 초록빛의 레몬이라는 의미다.

11 Tonka bean: 콩과에 속하는 쿠마루 나무 열매의 씨로, 탁하고 쭈글쭈글하며 검은색을 띤 길쭉한 모양의 콩처럼 생겼다. 스위트 아몬드와 자른 건초 향(쿠마린 향)이 매우 강해 바닐라 또는 코코넛과 함께 아주 소량만 넣어 각종 크림에 향을 내는 데 쓰인다. 향수 원료로 쓰이는 경우 바닐라 향과 비슷한 따뜻하고 달콤한 향이 난다.

12 thyme: 타임 허브. 상큼한 소나무향이 아주 강해 백리 밖에서도 맡을 수 있다고 해서 백리향이라고도 부른다. 고대 그리스에서는 입욕제나 향수로 사용했다. 살균력이 뛰어나 부향제나 보존제로 쓰이기도 한다. 타임 꽃을 말려 옷장에 걸어두면 방습, 방충 효과가 있다. 맥도날드 소시지 맥머핀에도 들어가며 육류와 잘 어울려 시즈닝 향신료로 자주 사용한다.

13 caraway: 잎은 샐러드나 찜 요리에 사용하고, 갈색 씨앗을 부수어 커리 파우더나 베이킹에 사용한다. 소화를 촉진하고 복통을 완화하는 효능이 있으며 레몬 향이 나고 단맛이 난다. 독일과 유럽에서 많이 사용하는 향신료.

14 benzoin: 안식향. 천연으로 산출되는 수지로 샴벤조인·수마트라벤조인 등이 널리 알려졌다. 샴벤조인은 바닐라 향기가 있고, 수마트라벤조인은 계피 향기가 있다. 벤조산 원료·화장품·향료·팅크·연고 등에 쓰인다.

15 clove: 향신료 중 유일하게 꽃봉오리를 말려 사용한다. 생김새가 못과 비슷해서 정향이라고 부른다. 항균 효과가 뛰어나서 약재나 향수 외에도 화장품, 치약의 재료로 쓰인다. 단맛이 맵고 화한 자극적인 향이 난다.

16 rosy rhubarb: 대황과 비슷한 식물로 보통 줄기를 식용으로 쓴다. 새콤한 맛과 향이 나서 서양에서는 잼이나 각종 설탕이 들어가는 요리에 함께 쓴다. 생김새와 용도 모두 채소에 가깝지만, 관세를 줄이기 위해 미국에서 과일로 분류하고 있다(토마토와 반대의 경우).

17 ISIPCA: Institut supérieur international du parfum, de la cosmétique et de l'aromatique alimentaire. 향수, 화장품, 식품 향료 제조를 연구하는 프랑스의 향수 전문 학교로 겔랑의 조향사 장 자크 겔랑이 조향 전문가 양성을 위해 설립한 학교다. 베르사유대학과 연계해 석사 학위까지 받을 수 있다.

18 Margarita: 테킬라를 베이스로 만든 약간 새콤한 칵테일. 글라스 주위에 소금을 두르는 것이 특징이다.

19 pink peppercorn: 적후추. 적후추는 후추 열매로 만드는 것이 아니라서 베리류로 분류하지만, 풍미가 일반 후추와 비슷해 후추라고 부른다. 남아메리카산 페퍼트리나 마다가스카르산 베이즈 로즈의 열매로 만든다. 매콤, 새콤, 달콤한 향과 맛이 나며 붉은색 열매가 예뻐 소스나 장식용으로 많이 쓰인다.

FLORAL

01 cassis: 까막까치밥나무 열매, 블랙커런트 열매 혹은 블랙커런트 열매로 만든 리큐르를 지칭하기도 한다. 크렘 드 카시스가 가장 유명하며 새콤하고 달콤한 베리 향이 난다.

02 인 러브 어게인의 미들 노트는 장미, 자몽, 수련, 토마토로 모두 붉은 색 과일과 꽃 노트로 구성되어 있다.

03 marmelo: 장미과의 과일나무로 퀸스나 유럽모과라고도 불린다. 모과나 사과와 비슷하게 생겼지만 전혀 다른 과일로 과육을 잼, 젤리, 푸딩으로 먹는다. 마멀레이드라

는 단어의 어원이기도 하다. 과육은 시큼한 맛이 난다.

04 pear: 서양 배. 작은 조롱박과 비슷하게 생겼다.

05 fuchsia: 쌍떡잎식물강 도금양목 바늘꽃과 푸크시아속에 속하는 속씨식물. 16세기 독일의 식물학자이자 의사인 푹스의 이름을 따서 명명되었고, 후에 이 이름은 색깔의 한 종류인 푸크시아(몇몇 종의 꽃에서 볼 수 있는 짙은 붉은색이 도는 자주색)의 유래가 되었다.

06 Grasse: 프랑스 남부, 지중해에 가까운 도시로 유명한 관광지이자 향수 제조의 중심지. 조향사를 양성하는 전문학교인 ISIPCA가 있다.

07 marzipan: 아몬드 가루, 설탕, 달걀을 섞어 만든 아몬드 페이스트로 고소하고 달콤한 향이 난다.

08 civet: 사향고양이의 항문선 분비물로 추출 후 세척 과정을 거쳐 앱솔루트로 가공한다. 동물 보호를 위해 지금은 사용을 금지하는 추세로 합성원료를 이용해 향을 구현한다.

09 Marie-Blanche de Polignac: 랑방 설립자 잔느 랑방의 딸. 아르페쥬는 잔느 랑방이 마리 블랑쉬의 30세 생일에 선물하기 위해 조향사에게 의뢰해 제작한 향수다. 음악적 조예가 깊었던 마리 블랑쉬가 향을 맡은 후 이름을 붙인 아르페쥬(아르페지오)는 화음을 연속적으로 위 또는 밑에서부터 연주해 화음 전체를 결합하는 주법이다.

10 honeysuckle: 인동덩굴.

11 Rive Gauche: 파리 센강을 기준으로 아래쪽인 좌안(왼쪽 기슭) 지구를 뜻한다. 영어로는 파리 레프트 뱅크(Left Bank)라고 부른다. 17세기 이후 유럽의 패션, 과학, 예술의 중심지로 소르본 대학을 비롯한 명문 학교, 출판사, 카페 등이 있으며 지적이고 예술적 분위기가 가득한 지성인들의 핫플레이스 같은 곳이다.

12 블루 그라스는 엘리자베스 아덴이 아끼는 말을 사육하던 목초지의 향을 기념하기 위해 만들어졌다. 켄터키 블루 그라스(Kentucky Blue grass)는 목초용 잔디 풀이다.

13 데이지 꽃의 학명은 벨리스 페레니스(Bellis Perennis)로, 벨리스는 아름다움, 페레니스는 영원함을 의미한다.

14 Côte D'Azur: 프랑스 남동부 프로방스알프코트다쥐르주(Provence-Alpes-Côte d'Azur, 줄여서 PACA로 많이 쓴다). 이에르에서 리비에라까지 이어지는 해안 지역으로 니스, 칸, 모나코, 망통이 모두 이 지역에 있다. 19세기 초부터 교통의 발달과 더불어 유럽의 부호, 귀족의 휴양지였으며 제2차 세계대전 후 유급 휴가제도의 보급에 따라 모든 계층의 사람이 여름철에 찾는 곳이다. 지금은 세계적으로 유명한 관광, 휴양지가 되었다.

15 Avon Products' Inc.: 미국의 화장품, 향수, 장난감 판매업체로 세계 135개국에 진출해 있는 다국적 기업이다.

16 Dynasty: 2017년부터 2022년까지 방영된 미국 TV 드라마. 최고의 부와 권력을 가진 캐링턴과 콜비 두 가문의 은밀한 사생활을 그린, 1980년대 미국 드라마의 전설이다.

17 프랑스 출신 DJ 다프트 펑크의 노래다.

18 Eliza Doolittle: 오드리 헵번이 연기한, 영화 '마이 페어 레이디'의 주인공.

SOLIFLORES

01 Marrakech: 모로코 서부의 도시. 11~13세기에 북아프리카에 세워진 이슬람 왕조의 수도였다.

02 cinder toffee: 전통적인 영국 간식. 설탕, 옥수수 시럽, 베이킹 소다를 사용해 만드는 사탕 과자로, 부수었을 때 단면에 구멍이 송송 뚫린 모양 때문에 벌집 사탕, 스펀지 사탕이라고도 한다. 누르지 않은 달고나와 비슷하다.

03 Georgia O'Keeffe: 20세기 미국 미술계의 뛰어난 화가로, 주요 작품으로는 <암소의 두개골, 적, 백, 청>과 <검은 붓꽃>이 있다. 그림의 주제는 주로 두개골과 짐승의 뼈, 꽃 등의 자연을 확대한 것들이다.

04 Orris: 오리스는 아이리스의 뿌리를 뜻한다. 아이리스 뿌리줄기는 완전히 자라는 데 3년이 걸리고, 수확 후에도 3년을 더 숙성한 후 터빈 증류 방식으로 오리스 버터를 추출한다. 겉으로 보았을 때 버터와 색과 질감이 비슷하다. 오리스 버터에서 다시 분별 증류를 통해 아이리스 앱솔루트를 추출한다. 긴 시간과 복잡한 추출 과정 때문에 천연 아이리스 앱솔루트는 가장 비싼 향수 원료 중 하나다. 현대의 아이리스 계열 향수는 대부분 합성원료를 사용해 합리적인 가격대로 생산, 판매한다.

05 Birch tar: 자작나무 껍질에서 추출한 타르로 구석기, 중석기 시대에는 접착제로 사용했으며, 소독제, 가죽 드레싱, 약품으로도 사용했다. 신석기 시대 초기 버치 타르를

츄잉껌처럼 씹었던 흔적이 발견되기도 했다. 조향 원료로 사용해 매캐한 스모키 노트를 구현한다.

06 Riviera: 2017년부터 방영하고 있는 영국의 TV 드라마. 억만장자 남편이 요트사고로 죽은 후, 삶이 뒤바뀐 주인공이 진실을 밝히기 위해 고군분투하는 모습을 담았다.

07 The Stepford Wives: 2004년 개봉한 미국 영화.

08 insolence: 건방지다, 오만하다, 무례하다라는 의미가 있다.

09 Bertie Wooster: P.G. 우드하우스의 소설을 원작으로 한 영국 드라마 '지브스와 우스터'의 주인공. 1910년 영국을 배경으로 부유하지만 조금 모자란 도련님 버티 우스터와 똑똑하고 철두철미한 집사 지브스의 이야기다.

10 artemisia: 서던우드의 속명. 서던우드(southernwood)는 southern wormwood를 줄인 말이고, 웜우드는 쓴쑥의 영어 이름이다. 남유럽이 원산인 허브의 한 종류로 상쾌한 향이 난다.

11 Mumsnet: 영국 최대의 육아 정보 웹사이트 중 하나.

12 Red Riding Hood: 2011년 개봉한 미국 영화로 '빨간모자와 늑대'를 기반으로 한 공포 영화.

13 akigalawood: 파촐리를 원료로 만든 합성원료. 축축한 흙냄새와 나무 냄새가 난다.

14 guaiacwood: 과이액목. 유창목

15 clary sage: 원산지는 난대와 온대다. 잎 침출액은 살균과 피부 재생작용이 있으며, 궤양, 찰과상, 손상된 피부 손질에 효과적이다. 에센셜 오일은 오 드 콜로뉴를 만들거나 아로마테라피에 사용한다.

SOFT AMBER

01 Gauloises: 담배 브랜드. 프랑스에서 출시되었으며 다국적기업인 알타디스사가 소유하고 있다. 1910년 출시되었고 시리아와 튀르키예산 다크 토바코를 사용해 만들었으며 강하고 향이 독특하다. 로만 폴란스키의 영화에도 종종 등장했으며 사르트르, 피카소, 조지 오웰 같은 지식인과 예술가도 즐겨 피우는 담배로 유명했다.

02 Décadence: 19세기 프랑스와 영국에서 유행한 문예 경향. 병적인 감수성, 탐미적 경향, 전통의 부정, 비도덕성 따위를 특징으로 한다.

03 divan: 헤드보드와 풋보드가 없는 침대 또는 팔걸이가 없는 긴 의자.

04 talc: 활석을 분말로 만든 것. 도료, 종이, 내화, 보온용 내화재, 화장품, 의약품 제조에 쓰인다. 블러셔, 파우더 등 화장품에 매끄러운 감촉을 표현하는 데 주로 사용된다.

05 capsicum: 미국과 캐나다에서는 고추, 영국에서는 칠리 페퍼 또는 붉은, 녹색 고추, 호주와 인도에서는 캡시쿰이라고 한다.

06 tolu: 톨루 발삼. 발삼나무에서 채취하는 방향성 수지다. 노란색에서 적갈색의 반고체 또는 부드러운 고체 형태로 바닐라 향기가 난다.

07 Mad, bad and dangerous to know: 영국의 대표적 낭만파 시인이자 방탕한 생활과 여성 편력, 기이한 행동으로도 명성을 떨쳤던 조지 고든 바이런과 사귄 가장 유명한 여인 레이디 캐롤라인 램이 연인 바이런을 묘사한 유명한 문구다.

08 Musc Ravageur: 프레데릭 말의 유명한 향수 중 하나로 호불호가 많이 갈리는 강렬한 향이 난다.

09 Crème de cassis: 검붉은 리큐르의 일종, 프랑스 브루고뉴 지방에서 유래했다. 우리나라에서 복분자주를 담그는 것과 비슷한 방법으로 만들고 맛과 향이 비슷하다. 카시스는 프랑스어로 블랙커런트를 뜻한다.

10 Cherry bakewell: 영국 전통 디저트로 흰색 아이싱과 장식용 절임 체리가 특징인 타르트의 일종이다.

11 Maraschino cherry: 칵테일, 아이스크림, 파르페 등에 자주 사용하는 설탕 절임 체리. 수확한 체리에 착색제, 시럽, 알콜, 착미료 등을 첨가해서 만들기 때문에 아몬드나 박하향이 더해지는 경우가 많다.

12 향수 이름 Le Participe Passé는 프랑스어로 과거 분사를 의미한다.

13 powdered wig: 18세기 유행하던 프랑스식 흰색 가발. 고약한 냄새와 모낭충을 방지하기 위해 잘게 분쇄한 전분 파우더를 뿌렸으며 라벤더 향이 난다.

14 praline: 아몬드, 호두 등을 넣은 사탕 과자.

15 Joan Holloway: 2007년부터 2015년까지 방영된 미국 드라마 시리즈 매드맨(Mad Men)의 등장인물이다. 매드맨은 1960년대 뉴욕 광고회사인 스털링 쿠퍼에서 벌어지는 에피소드를 다룬 드라마로 역사상 최고의 TV 드라

마 시리즈로 평가받는다. 조앤 할로웨이(크리스티나 헨드릭스)는 스털링 쿠퍼의 총무 비서로 사장인 로저 스털링과 불륜관계이며 외모가 매력적이고 섹시한 역할이다.

16 Eurotrash: 1993년부터 2016년까지 영국에서 방영된 30분짜리 잡지 형식의 TV 프로그램. 주로 서유럽과 중부 유럽의 특이한 주제에 대한 심야 코믹 리뷰 형식의 TV 쇼로 앙투안 드 카우네스와 장 폴 고티에가 진행자를 맡았다.

17 anise: 쌍떡잎식물 산형화목 미나리과의 한해살이풀. 냄새와 맛은 감초보다 약간 더 달콤하다.

18 crème brûlée: 커스터드에 얇은 캐러멜 층을 덮어 만든 프랑스 디저트

19 Memphis Group: 모더니즘과 상업주의적 디자인에 대한 반발과 인위적이고 획일적인 표현에 대한 저항으로 1970년대 말 이탈리아 산업 디자이너들이 결성한 디자인 그룹.

20 Tome 3, L'Être: Tome은 진지한 주제를 다룬 두꺼운 책을 의미하며 쟈딕 앤 볼테르는 톰 컬렉션에 각각 권수에 해당하는 번호와 부제를 붙였다. L'Être는 불어로 '존재'를 의미한다.

21 blue hour: 해가 질 무렵 햇빛이 은은하게 감돌 때.

22 Tallulah Bankhead: 브로드웨이의 전설적인 인물.

23 Rivers of London: 영국 작가 벤 아아로노비치(Ben Aaronovitch)의 Peter Grant 시리즈 첫 번째 소설.

24 styrax: 때죽나무

25 The Cure: 1980년대 영국을 대표한 전설적인 밴드. 고딕이라는 서브컬쳐를 메인스트림으로 올라가게 했다. 보컬 로버트 스미스의 괴기한 화장과 패션, 공연 중에 보여주는 카리스마 넘치는 모습이 인상적이다.

26 La Pureté: 프랑스어로 순수함을 의미한다.

27 라트비아의 수도 리가는 발트해 연안의 도시다.

28 Cedramber: 합성원료로 우디 앰버 계열 향의 질감을 입체적으로 살리고 건조한 느낌을 주며 확산성이 뛰어나다. 숲의 나무 향과 흙내음이 나며 청량한 느낌을 준다.

29 organza: 빳빳하고 얇으며 안이 비치는 직물.

30 포머그래네트(pomegranate)는 석류를 뜻한다.

31 Franco Zeffirelli: 이탈리아의 영화감독, 오페라 감독, 정치인이다. 올리비아 핫세 주연의 '로미오와 줄리엣', '햄릿', '라 트라비아타' 등의 걸작을 연출했다.

32 펜할리곤스의 포트레이트 컬렉션. 영국 귀족 사회를 배경으로 한 소설 속 등장인물을 향수로 표현하고 각각의 인물을 연상시키는 동물 머리 모양의 병이 돋보이는 독특한 컬렉션이다.

HERBAL

01 Savile Row: 센트럴 런던의 메이페어에 있는 거리로, 남성을 위한 전통적인 맞춤 제작 양복점이 들어서 있다. 향수 이름인 사토리얼은 남성용 의류를 뜻한다.

02 영어로는 펀(fern), 프랑스어로는 푸제르(fougères)라고 하며, 고사리 같은 양치류 식물을 뜻한다. 향수 용어에서는 설명처럼 양치류 식물의 향이 아닌 통카빈에서 추출한 합성 쿠마린의 바닐라 향, 건초, 담뱃잎 향 등을 의미한다. 우비강의 푸제르 로열(1882년)의 출시 이후 그와 비슷한 향조를 푸제르라고 부르기 시작했으며, 푸제르 계열 향수의 기준이 되었다. 우디, 허브, 시트러스 노트와 함께 다양한 조합으로 사용한다.

03 Kermit: 텔레비전 교육 프로그램 '세서미 스트리트' 등에 등장하는 개구리 캐릭터.

04 Kilkenny: 아일랜드 남동부 렌스터주에 있는 도시. 더블린에서 남서쪽으로 약 100km 떨어져 있다. 고대 성벽이 중세 유적지를 둘러싸고 있고, 아일랜드에서 가장 국제적인 도시 중 하나다. 현대적인 상점과 레스토랑이 있으며 많은 축제가 열려 활기찬 분위기를 자아낸다.

05 Harvey Nichols: 영국의 고급 백화점으로 명품 중 스타일리시한 상품만 모아 놓은 곳으로 유명하다. 나이츠브리지의 젊은 상류층과 패셔니스트에게 인기가 많으며, 런던 본점을 비롯해 영국, 홍콩, 두바이 등 세계 주요 도시에서 만나 볼 수 있다.

06 솜털오리는 영어로 아이더 덕(eider duck), 뿔 달린 사슴은 디어 안틀러(deer antler)로 이어서 읽으면 향수 이름인 아이데란틀러와 발음이 비슷하다. 말장난과 향기 묘사를 둘 다 노렸다.

07 diabolo menthe: 디아볼로는 레몬수와 시럽을 섞은 음료를, 멍뜨는 민트를 뜻한다.

08 영화 '사운드 오브 뮤직'에서 줄리 앤드루스가 부르는 'My favorite things'.

09 진(gin)은 보드카를 베이스로 다양한 식물 원료를 섞어 보드카의 풍미를 더한 술이다. 식물 원료는 크게 상관 없지만 주니퍼 베리는 필수적으로 들어간다. 주조하는 방식에 따라 크게 네덜란드 진인 더치 예네버르(예네버르는 네덜란드어로 주니퍼를 의미한다)와 영국 진인 드라이 진(또는 런던 진)으로 나뉜다. 더치 예네버르가 드라이 진에 비해 좀 더 중후한 풍미를 선사한다.

10 둘 다 계피 향이 난다.

WOODS

01 brown cafés: 네덜란드 올드 스타일 펍을 뜻한다. 브라운 카페는 암스테르담에 천 개 정도 있으며 어두침침한 조명 아래 짙은 나무 바와 테이블이 특징이다. 카페라고 부르지만, 커피뿐만 아니라 맥주, 위스키, 칵테일 등 모든 종류의 마실 거리를 판다.

02 cannabis: 대마초. 리처드 E. 그랜트가 마리화나를 피우는 것을 빗댄 표현이다. 카나비스 노트는 향기가 마리화나와 비슷하다는 의미이지, 실제 대마초에서 추출한 향료라는 뜻은 아니다.

03 Goldilocks: 영국의 전래동화 '골디락스와 곰 세 마리'의 주인공인 금발 소녀.

04 marrons glacés: 유명한 프랑스식 디저트로 밤을 설탕에 절여 만든 과자다. 밤, 설탕, 바닐라빈 등으로 고소하고 달콤하며 따뜻한 맛이 난다. 군밤처럼 마롱 글라세도 겨울에 즐겨 먹는다.

05 Poole, Dorset: 영국 남동부 연안의 항구 도시로 본머스와 붙어 있다. 러쉬 브랜드가 설립된 곳이다.

MUSK

01 Mary Poppins: P. L. 트래버스가 쓴 소설이자, 주인공의 이름. 영국 런던을 배경으로 우산을 타고 날아온 보모 메리 포핀스가 뱅크스 씨 집 남매들을 양육하면서 벌어지는 소동들을 다루었다. '메리 포핀스'는 영국에서 훌륭한 보모의 대명사처럼 쓰인다.

02 Avon lady: 에이본의 여성 방문 판매원.

03 vermouth: 와인을 기주로 해서 약재를 가미한 혼성주의 일종. 약초, 풀뿌리, 나무껍질, 향미료 따위를 우려서 만든다.

04 warpaint: 전투에 나갈 때 얼굴과 몸에 바르는 출진 물감.

05 Barbara Herman: 미국 작가, 편집자, 블로거. 빈티지 향수 애호가로 2016년 에리스 퍼퓸 브랜드를 설립했다.

MOSSY

01 New Look: 1947년 디올이 발표한 여성복 스타일로 넓은 어깨와 잘록한 허리를 강조한 스타일이다.

02 Marlene Dietrich: 20세기 독일 출생의 할리우드 영화배우. 1930~1940년대 할리우드 대중문화를 대표하는 패션 아이콘이다. 1930년대 팜므 파탈 이미지로 자기 영역을 구축한 글래머의 상징과 같은 배우다.

03 London Docklands: 런던 동부와 남동부의 템스강 연안 재개발 지역의 명칭이다. 한때 세계 최대 항구이기도 했던 런던항에는 부두가 밀집해 있었는데 거기서 이름을 따왔다. 1981년~2001년 재개발을 통해 신도시가 들어섰다. 안젤라 플랜더스는 재개발이 본격화되기 직전인 1985년 설립되었다.

04 opopanax: 천연 수지의 하나로, 감람나무과 식물과 미나리과 식물, 두 종류가 있다. 모두 방향 수지로서 향료로 사용한다.

05 Bellini: 주로 과일을 섞어 만드는 이탈리아 스파클링 와인.

06 fir tree: 전 나무.

07 fennel: 회향. 미나리과 식물로 약재, 식품, 향신료로 사용한다. 속명은 페니쿨룸으로 '건초'를 뜻하는 라틴어 페눔에서 왔는데 이는 펜넬이 독특한 건초 냄새를 풍기기 때문이다. 강하고 자극적이며 상쾌한 향이 난다.

08 leek: 외떡잎식물 백합목 백합과의 두해살이풀. 채소 또는 관용용으로 재배한다.

LEATHER

01 Rough Guide: 여행 안내서를 발간하는 영국 출판사. 표어는 '지구상에서 최고의 시간을 만들자'.

02 The English Patient: 1996년 개봉한 미국, 영국 합작 영화. 제2차 세계대전이 종전될 무렵이 배경인 멜로 드라마 영화.

03 Grand Souk: 혹은 그랜드 바자르는 중동 지역을 중심으로 동남부 유럽, 인도 일대, 서아프리카, 말레이시아 일대에서 열리던 정기 전통시장을 말한다. 튀르키예 이스탄불의 그랜드 바자르가 가장 유명하다. 개방된 골목에 길을 따라 조성되어 있고, 지붕이 덮여 있으며 점포가 늘어서 있다. 주로 향신료, 도자기, 비단을 판매하며 이국적인 정취가 물씬 풍긴다. 의미는 완전히 다르지만 바자회의 어원이기도 하다.

OUD

01 nectar: 그리스 신화에 나오는 신의 음료로 암브로시아와 함께 신들이 먹는 대표적인 음식이다.

02 Leonard Cohen: 캐나다의 싱어송라이터이자 시인, 소설가 겸 영화배우.

03 Lyle's Golden Syrup: 영국의 베이킹용 시럽 브랜드. 사탕수수를 정제하는 과정에서 나온 부산물로 만든 시럽을 제조, 판매하며 꿀과 비슷하다. 라일스 골든 시럽은

1885년 설립되었다.

04 Angela Carter: 1940~1992. 포스트모던 시대에 여성 해방을 위한 해체적 글쓰기로 유명한 페미니스트 작가. 동화와 민담, 고딕 소설과 포르노그래피 형식을 차용한 여러 소설을 출간했다.

05 Bacchanalia: 고대 로마에서 술의 신 바쿠스(그리스 신화의 디오니소스)를 기리던 축제. 바쿠스 축제라는 의미다. 종교적 제의로 시작했으나 점차 방탕하고 향락적인 축제로 변질되어 원로원이 금지령을 내리기도 했다.

06 scherzo: 경쾌하고 익살스러운 분위기로 자유로운 형식을 가진 기악곡.

GOURMAND

01 Ladies' Day at Ascot: 런던 서쪽에 있는 경마장인 로열 에스콧에서 왕실 회의와 사교 모임이 열리는 목요일을 '여자들이 천사처럼 달콤하고 신성하게 보일 때'라는 의미의 레이디스 데이로 부른다. 엄격한 복장 규정이 있으며 패션을 겨루는 사교의 장이다.

02 crème anglaise: 프랑스 요리에 쓰이는 커스터드.

03 Play-Doh: 어린아이들의 점토 장난감. 밀가루, 물, 소금 등으로 만들었다. 1950년대 중반부터 장난감 시장에 판매되었고 2003년 '세기의 장난감 목록'에 오를 만큼 유명하다.

04 Tina Turner: 락앤롤의 여왕으로 불리며, 가장 많이 앨범을 판 가수 중 하나. 무대에서의 에너제틱함과 파워풀한 가창력, 다양하고 화려한 춤으로 음악 팬들의 사랑을 받았다.

05 bake-off: 빵 굽기 콘테스트

06 Pacitto's: 영국 레드카 해변에 있는 아이스크림 카페. 레몬 셔벗을 올린 아이스크림이 유명하다.

07 limoncello: 이탈리아 남부 지방의 레몬으로 만든 알코올성 음료.

08 praline: 설탕에 견과류를 넣고 졸여 만든 것. 보통 초콜릿 안에 넣는 재료로 쓴다.

09 Trekkie: 스타트렉 시리즈의 팬을 지칭하는 용어.

10 스팍과 스코티는 스타트렉에 등장하는 인물이다.

11 Yuletide: 크리스마스 무렵.

MARINE

01 kelp: 다시마 따위를 낮은 온도로 태운 재. 아이오딘, 칼륨 따위의 원료로 쓴다.

02 David Gandy: 영국의 남성 패션 모델.

03 Poldark: 2015년부터 2019년까지 방영된 영국 드라마. 윈스턴 그래햄의 소설 『폴다크』가 원작이다. 18세기를 배경으로 미국 독립 전쟁에 참전했다 돌아온 주인공 폴다크에게 벌어지는 이야기를 다루고 있다.

04 Shirley Valentine: 영화 '여자의 이별'의 주인공. 지루한 삶을 뒤로 하고 그리스로 떠나 자신을 되찾고 사랑에 빠지는 주인공 셜리 발렌타인의 이야기.

CONCEPTS

01 Drambuie: 위스키 베이스에 꿀과 허브를 첨가해 만든 스코틀랜드의 리큐어. 드람부이는 게릭어로 '사람을 만족시키는 음료'라는 의미다.

02 Walk of Shame: 2014년 개봉한 코미디 영화 제목이며, '전날 밤 누군가와 밤을 보낸 흔적이 남은 차림새로 다니는 것'이라는 사전적 의미도 있다.

향수 용어 사전

가품(Counterfeit)

소비자가 정품을 구매했다고 믿게끔 속일 의도로 만든 복제품을 말하는데, 포장만 똑같은 경우가 많다. 향수의 경우 전문적으로 분석하기 전까지 어떤 성분이 포함되었는지 아무도 알 수 없지만, 그것은 진짜 향수가 아닌데다 안전하지 않을 수 있다. 가품은 전 세계적으로 불법이며 때때로 생명을 위협할 만큼 치명적이다. 온라인에서 믿을 수 없을 정도로 저렴하게 판매하는 향수가 있다면 가품일 가능성이 있으니 주의하도록 하자.

고정제(Fixative)

끈적거리는 것처럼 혼합물에서 휘발성이 강한 물질을 붙잡아 향이 오래 지속될 수 있도록 작용하는 물질. 고정제는 벨크로의 걸림고리로 덮인 큰 공, 휘발성 물질은 갈고리로 덮인 작은 공과 같다. 천연 고정제는 라브다넘과 바닐라 앱솔루트(소프트 앰버 93쪽 참조)를 포함한다. 이소 이 슈퍼와 합성 머스크는 화학 향료 고정제로 부드러운 향기뿐만 아니라 향수의 지속력을 높이는 데도 사용한다.

기능성 향수(Functional fragrance)

업계 용어로는 가정용품 향에 사용하는 향수 농축액을 의미한다. 업계 밖에서 가끔 기운을 북돋아주거나 진정시켜주는 효능이 있는 향수로 오해받기도 하는데, 조향사라면 그런 식으로 이해하지 않을 것이다. 여러분이 조향사에게 기능성 향수를 요청한다면 아침에 잠을 깨워주는 상쾌한 향수인지, 아니면 섬유 컨디셔너, 샤워 젤, 주방 세제 같은 걸 원하는지 설명해야 한다.

농축액(Concentrate, 꽁상트레)

100% 강도의 향수 원료로, 알코올이나 캐리어 오일로 희석해서 병에 담을 수 있도록 액체화한다. 향초나 기타 화장품, 생활용품(기능성 향수)의 발향을 위해 사용할 수 있으며, 향수 또는 향료라고 부를 수 있다. 완성된 향수와 구별하기 위해 농축액이나 꽁상트레라고 부르는 것이 편리하다.

니치 향수(Niche Fragrance)

전문 매장에서만 파는 향수가 니치 향수로 알려져 있다. 니치 브랜드의 산업적 정의는 국가당 25개 또는 이하의 '문(door)'에서 판매하는 경우다. 소매점의 '문'은 업체의 지점을 의미한다. 셀프리지 백화점의 세 지점에서 향수를 판매한다면 세 개의 문에 해당한다. 샤넬, 구찌, 아르마니, 겔랑, 디올을 포함한 향수 기업은 국가당 25개의 '문'에서만 구할 수 있는 그들만의 '니치' 컬렉션을 선보인다.

드라이다운(Drydown)

향수를 뿌리고 한 시간쯤 지났을 때 남아 있는 잔향을 의미한다(고정제 참조).

디자이너 향수(Designer Fragrance)

20세기 초 프랑스 패션 디자이너 폴 푸아레는 패션 하우스의 고객을 위해 향수를 만들었다. 가브리엘 샤넬, 파투, 디올, 로샤스가 그 뒤를 이었다. 그리고 이제 디자이너 향수는 고유의 생명력으로 발전을 거듭해 어느 정도 규모에 다다르면 향수 라인에 브랜드명을 붙여 출시한다. 디자인 기업이 보통 브랜드명 라이선스를 마케팅 기업에 이전하고, 제조와 유통에 대한 책임 없이 창의적인 향기를 개발한다.

발산력(Projection)

향수를 뿌린 사람을 둘러싸고 퍼져나가는 향기를 감지할 수 있는 거리를 의미한다.

분자(Molecule)

향수에서 분자는 '화학물질'보다 친근하게 들리기 때문에, 마케팅을 할 때 화학향료 설명 시 사용한다. 이센트릭 몰리큘스가 브랜드명에 분자라는 단어를 사용한 이후로, 향수의 멋진 향기를 만드는 데 사용하는 자연적이지 않은 것을 가리키는 용어가 되었다. 과학자는 절망할 수도 있겠지만, '화학물질'은 보통 방호복을 입고 접근해야 하는 것으로 인식하기 때문에 '분자'라는 단어를 훨씬 쉽게 받아들인다.

빅파이브(Big Five)

전 세계에 출시된 향수의 약 95%를 차지하는 5대 글로벌 향료 제조 기업이 있다. 5대 향료 기업은 지보단(스위스), IFF(International Flavors & Fragrances, 미국), 피르메니히(스위스), 심라이즈(독일), 다카사고(일본)다. 백화점 진열대에 있는 향수는 브랜드 이름이 디자이너나 유명인일지라도 대부분 이 기업 중 하나가 제조했다.

셀럽 향수(Celebrity Fragrance)

잘 알려진 유명인이나 연예인의 이름을 가진 향수를 의미한다. 소속사가 보통 유명인이나 연예인의 이름을 사용할 수 있는 라이선스와 그들의 이미지를 판매하기 위해 향수 마케팅 회사를 접촉한다. 고급 브랜드 향수를 만드는 조향사가 참여하지만 대량으로 생산하기 때문에 셀럽 향수는 디자이너 향수나 니치 향수보다 덜 비싼 경향이 있다. 할리우드 영화 스타 엘리자베스 테일러는 셀럽 향수를 최초로 선보인 사람 중 하나다. 저스틴 비버의 이름을 따서 출시된 향수는 2012년 전체 향수 시장을 2% 성장시켰다.

스킨 센트(Skin Scent)

발산력이 낮은 향수를 의미한다. 원료의 휘발성이 낮아서 향기가 피부에 밀착되어 머문다. 퍼퓸 강도의 향수도 보통 쉽게 날아가지 않고 지속될 수 있도록 만들기 때문에 스킨 센트에 해당한다.

시향지(Mouillette, 무예트 / 무이에뜨)

영어로 액체를 흡수하는 종이를 뜻하는 블로터(blotter)나 프랑스어 명칭인 무예트는 시향지를 의미한다. 발음은 "무우-이-예뜨"로, 정확하게 말하기가 어려워 보통 시향지나 블로터라고 부른다. 향기가 나는 스트립이라고 해도 괜찮다. 향을 건드린다는 의미로 영어로는 터치(touch), 프랑스어로는 뚜쉬로 부르기도 한다.

아르티장(Artisan)

아르티장 조향사란 직접 자신의 향수를 제조하는 사람을 뜻한다. 향수 학교나 대기업에서 조향 훈련을 받은 후 자신의 퍼퓨머리를 설립하기도 하고, 일부 아르티장 조향사는 독학으로 조향의 기술을 깨우치기도 한다.

애니멀릭(Animalic)

동물 냄새가 나는 향수 성분이나 향수를 애니멀릭하다고 표현하며 이는 또한 며칠 씻지 않은 사람의 체취를 포함한다. 애니멀릭이 향수에 동물성 원료가 들어간다는 의미는 아니며, 단지 가까운 곳에 따뜻한 온기를 지니고 털이 많은 무언가의 향기를 떠올리게 한다는 뜻이다. 천연 아틀라스 시더우드, 커민, 스티락스, 재스민은 애니멀릭한 향취를 가지고 있어 사향고양이의 시벳, 사향노루의 머스크, 바위너구리의 이라세움 등 동물성 원료와 같은 역할을 한다.

앱솔루트(Absolute, 압솔루트)

앱솔루트는 식물 원료에서 추출한 향수의 천연 재료다. 꽃잎, 잎, 나무, 뿌리와 같은 식물 원료에서 향 성분을 빼내기 위해 연속으로 용매에 담근 후, 다시 여러 단계를 거치는 용매 추출법으로 순수한 앱솔루트를 추출한다. 향수 원료로 사용하는 재스민 꽃, 장미 꽃잎, 바닐라 꼬투리, 블랙커런트 새싹, 통카빈 등은, 식물의 연약한 부분으로 휘발성이 강해서 증류 추출법의 높은 온도를 견디지 못해 용매 추출법을 사용한다. 증류 추출법으로 얻은 에센셜 오일에 비해 앱솔루트는 농도가 진하고 더 짙은 색채를 띤다. 장미, 주니퍼, 제라늄, 라벤더, 베티베르와 같은 일부 식물은 에센셜 오일과 앱솔루트 둘 다 추출할 수 있지만, 가공법에 따라 향기가 달라진다.

에센셜 오일(Essential oil)

여기서 '에센셜'은 '정수를 모은'이라는 뜻이지, '없으면 살 수 없는', '필수적'이라는 의미가 아니다. 식물에서 추출한 액체 상태의 향이 나는 물질로 보통 증류법으로 추출하며 때로는 압착법을 사용하기도 한다. 에센셜 오일은 식물이 자연적으로 생성하는 수백 가지 화학 성분의 혼합물로 구성되어 있다. 조향에는 아로마 테라피와 동일한 에센셜 오일을 사용하지만, 웰빙을 위한 어떤 이점도 알려지지 않은 수백 개가 더 포함되어 있고, 그건 그저 좋은 향기가 날 뿐이다. 허브, 꽃, 나무, 씨앗, 뿌리, 잎, 시트러스 과일 에센셜 오일이 있고, 아마 우리가 언급하지 않고 간과했던 다른 부분도 있을 것이다.

오스모테끄(Osmothéque)

오스모테끄는 1990년에 12명의 마스터 조향사가 설립한 베르사유의 향수 보관소다. 단종되었거나 복원한 향수와 수많은 향수 제조법이 보관되어 있다. 이 단체와 함께 일하는 마스터 조향사들은 업계와 관심 있는 대중이 경험할 수 있도록 사라진 향수를 재현한다. 현재 패트리샤 드 니콜라이가 수장을 맡고 있다.

오프닝(Opening)

향수의 냄새를 맡을 때 처음으로 감지하는 향기를 의미한다.

인디 향수(Indies)

인디 향수는 크리에이티브 디렉터가 부분적으로 혹은 완전히 소유한 소규모 기업에서 만들며, 때때로 소속 조향사가 만들기도 한다. 2000년대 초부터 인터넷은 인디 향수가 성장하고 성공을 거두는 데 큰 역할을 했다. 일부 인디 향수 기업의 경우, 소유권에 따라 향수는 전속 조향사가 만들고, 병에 담아 유통하는 과정은 규모가 큰 기업에 맡기기도 한다.

잔향성(Sillage)

사일리지가 아니라 시-야즈로 발음하며, 이는 향수를 뿌린 사람이 뒤에 남기는 향기의 흔적을 의미한다. 백조가 지나가면서 물 위에 생기는 V자 모양의 물결과 같다. 발산력은 연못 한가운데 돌을 던지면 둥그렇게 생기는 물결의 원과 같다.

재현(Recreation)

향수 업계에서 재현은 자연의 향기를 화학향료로 재창조하는 것을 의미한다. 어려운 일이며, 조향사는 아름답고 생산비용이 낮은 강력한 향을 재현하기 위해 수년간 훈련한다.

조향사(Perfumer)

조향사는 향수를 만드는 사람이다. 프랑스어로 파퓨메르(parfumeur)라고 한다. 퍼퓨미에르(perfumier)와 파퓨미에르(parfumier)는 새롭게 만들어진 단어인데, 모두 영어나 프랑스어가 아니지만 조향사인 퍼퓨머보다 좀 더 낭만적으로 들리기 때문에 영어를 사용하는 사람들이 종종 쓴다.

주스(Juice)

조향사 대부분이 그리 좋아하지 않는 단어로, 향수병에 들어가는 액체를 의미한다. 향수나 퍼퓸이라고 부르기도 한다. 주스는 보통 농축액과 구별하기 위해 사용한다.

지속력(Longevity)

향수의 향기를 감지할 수 있는 시간을 의미한다. 보통 향수 애호가는 피부에서 향기를 맡을 수 있는 시간을 재며, 업계에서는 향수를 묻힌 시향지에서 향기가 지속되는 시간을 측정한다.

천연원료(Natural)

향수 업계에서 동물, 식물, 미생물학적인 재료에서 추출하면 천연원료라고 부른다. 천연원료는 '확실히 이건 안전해야 한다'라는 말과 동의어가 되었지만, 반드시 그런 것은 아니다. 자연은 때때로 최고의 독, 독소, 발암물질, 피부자극제를 만들어낸다. 요리사들이 버섯을 신중하게 선택해야 하는 것처럼, 조향사는 천연 에센셜 오일이 피부에 미칠 수 있는 효과를 알고 있어야 한다.

천연 합성향료(Nature Identical)

실험실에서 만든 화학 혼합물로, 식물, 동물, 미생물이 생성하는 물질과 같다. 실험실에서 만든 시트랄은 오렌지 껍질의 시트랄 성분과 화학적으로 같으므로 천연 합성향료 성분이다. 조향사는 공급이 더 안정적이고 일관적이라는 장점이 있어 천연 합성향료 성분을 사용한다.

카피 향수(Dupe, 듀프)

카피 향수는 동일한 향기가 나지만 가격이 매우 저렴한 위조 향수를 뜻한다. 유럽연합에서 카피 향수는 지적 재산권을 침해하는 불법 위조품으로 분류한다. 그리고 미국에서는 보통 '미스 디올을 좋아한다면, 이 향수도 괜찮을 거예요'라고 표기하면 불법이 아니다. 약국에서 일반적으로 판매한다. 저렴한 원료와 포장재로 만들며 오프닝이 주는 인상은 비슷할 수 있지만 금방 사라진다.

퍼퓸(Parfum, 파르팡 / 빠르펭)

파르팡은 프랑스어로 향수를 의미하지만, 풍미나 분위기를 뜻하기도 한다. 또한 강렬한 꽁상트레 향수를 의미하는 특정 용어이기도 하다. 퍼퓸은 지속력을 높이기 위해 만든 풍부하고 고급스러운 창조물이다.

플랭커 향수(Flanker)

성공적인 기존 향수와 같은 이름을 붙여 새롭게 출시한 향수로, 보통 특별판 혹은 시즌 한정판을 의미한다. 예를 들어, 뮈글러의 엔젤이 인기를 끈 이후, 로즈 엔젤, 바이올렛 엔젤, 릴리 엔젤, 피오니 엔젤 등 많은 향수가 새롭게 출시되었다. 엔젤 선에센스는 심지어 자신의 플랭커 향수인 엔젤 선에센스 블루라고도 가지고 있었다. 향수 매장과 언론은 새로운 창작물을 요구하며, '새로 나온 향수를 보여드릴까요?'라는 질문에 '아뇨, 오래된 향수를 뿌리고 싶은데요'라고 대답하는 고객은 거의 없다. 보통 새로운 다음 에디션으로 대체하기 위해 단종되는 경향이 있어서 우리는 이 책에 플랭커 향수를 많이 싣지 않았다.

합성원료(Synthetic)

천연원료가 아닌, 실험실에서 화학 분자를 사용해 만든 인공원료를 의미한다.

향수 하우스, 메종(House, Maison)

향수 기업은 실제 집에 회사를 설립하던 시절부터 지하실에는 조향사, 1층에는 판매 매장, 위층은 생활공간으로 구성되어 있었다. 프랑스어로는 메종이라고 부른다. 요즘은 교외의 산업단지에 크고 번쩍거리는 금속 구조물을 가리킬 가능성이 높지만, '메종'은 여전히 스타일과 고급스러움을 유지하고 있다.

헤드스페이스(Headspace)

향수 업계에서 헤드스페이스 분석은 꽃, 도서관, 음식 등 물체의 주변 또는 내부의 공기 중에 무엇이 있는지 측정하는 데 사용한다. 액체 상태인 향수를 분석하는 대신 헤드스페이스 기법은 그 근원 주위를 떠다니는 개별적인 방향 분자를 포착한다. 조향사는 이를 통해 그들이 가진 성분에서 생화 장미나 갓 자른 사과의 향기를 식별하고 재구성할 수 있다.

화학향료(Aromachemical)

화학향료는 향기가 나는 화학 혼합물의 명칭이다. 일반적으로 연구실에서 만든 향수 원료를 설명하기 위해 사용하지만, 엄밀히 말하면 천연 방향 혼합물 역시 화학향료라고 말할 수 있다. 레몬에 함유된 리모넨처럼 자연적으로 존재할 수도 있고, 이소 이 수퍼처럼 연구실에서 만들 수도 있다.

휘발성(Volatile)

휘발성은 쉽게 증발한다는 의미다. 모든 향수는 휘발성이 있고, 우리가 냄새를 맡을 수 있도록 후각으로 향하는 방법이다. 일반적으로 탑 노트로 묘사된 물질들이 휘발성이 가장 높으며, 주로 베이스 노트에 사용하는 고정제는 휘발성이 낮아 피부에 오래 머무르고 후각에 가장 늦게 닿는다.

Nose(후각, 코)

프랑스어로 향수 전문가, 즉 조향사인 '네(nez)'를 의미한다. 얼굴의 한 부분으로 언급되는 게 그들의 예술과 기술에 대한 무시라고 느끼는 일부 상급 조향사 사이에서는 그렇게 인기 있는 용어가 아니다.

GCMS

기체 색층분석과 질량 분광계(Gas Chromatography Mass Spectrometry)의 약자로 향수 제조 기업이 향수가 어떤 성분을 함유하고 있는지 알아내기 위해 사용하는 화학 분석 기법 중 하나다. 향수의 개별 향 화합물을 분리하고 각각의 양을 측정한다. 향수의 구성성분에 대한 상세 데이터를 분석할 수 있는 복잡하고 값비싼 기계들도 있지만, 향수 분석은 비록 정확한 방식이 아닐지라도 보통 'GCMS로 돌려봐'라는 말로 언급되는 경향이 있다.

향수에 대한 여정을 계속하고 싶다면

읽어볼 만한 책과 잡지

Mandy Aftel, 『Essence and Alchemy(에센스의 신비한 연금술)』, Bloomsbury, 2002.
천연 인디 향수의 일인자와 함께하는 식물성 천연 향수의 역사, 재료, 조향에 대한 안내서.

『The Essence: Discovering the World of Scent, Perfume and Fragrance(에센스: 향기와 향수의 세계를 탐험하다)』, Gestalten, 2019.
다양한 주제를 여러 전문 작가가 다루는 방대하고 매혹적인 도서. 여러분은 책을 손에서 놓기까지 몇 주가 걸릴 것이고, 다시 읽기 위해 계속 페이지를 들쳐 보게 될 것이다. 다채롭고 아름다운 디자인과 함께 향기의 세계로 깊이 빠져들어 보자.

<Nez Magazine(네즈 매거진)>의 모든 간행물
www.nez-larevue.fr
『The Big Book of Perfume(향수 대사전)』과 『Les cent onze parfums qu'il faut sentir avant de mourir(죽기 전에 맡아봐야 할 111가지 향수)』도 함께 읽어보자.

Harold McGee, John Murray, 『Nose Dive: A Field Guide to the World's Smells(노즈 다이브: 세상의 모든 냄새에 대한 안내서)』, Press, 2020.
향수와 향기의 화학을 탐구하고 싶다면 이 책을 읽어볼 것. 향수는 물론이고 양배추에서 칼론에 이르기까지 냄새를 가진 모든 것을 다루고 있다.

Chandler Burr, 『The Perfect Scent: A Year Inside the Perfume Industry in Paris and New York(완벽한 향기: 파리와 뉴욕의 향수 업계에서 보낸 한해)』, Picador, 2009.
챈들러 버는 뉴욕 타임즈의 향수 섹션 칼럼니스트이고, 뉴욕현대미술관의 전시회 'The Art of Scent'을 큐레이션 하기도 했다. 『완벽한 향기』는 코티의 향수 사라 제시카 파커 러블리와 장 클로드 엘레나가 선보인 에르메스의 운 자르덴 수르닐의 탄생 과정을 따라간다. 매혹적으로 펼쳐지는 이야기들은 다국적 향수 산업의 양면을 여실히 보여준다.

Lizzie Ostrom, 『Perfume: A Century of Scents (향수: 지난 백 년의 역사)』, Hutchinson, 2015.
1900년부터 2000년에 이르는 향수의 매혹적인 서사로 100가지 향수와 그 중요성, 향수가 출시된 시대를 어떻게 표현하고 반영하는지를 다룬다. 리즈 오스트롬은 서머셋 하우스 전시회 '향수: 현대적인 향기를 통한 감각적인 여행을 공동 기획하기도 했다.

Josephine Fairley, Lorna McKay, 『The Perfume Bible(향수 바이블)』, Kyle Books, 2014.
조와 로나는 영국 향수 협회의 설립자다. 향수 업계에서 가장 박식한 기업가이자 작가인 두 사람이 니치 향수부터 다국적 브랜드까지 다양한 향수와 향수의 분류, 기업 등에 대해 엮어낸 믿음직한 안내서.

Neil Chapman, 『Perfume: In Search of Your Signature Scent(향수: 나만의 시그니처 향기를 찾아서)』, Hardie Grant, 2019.
자신에게 맞는 완벽한 향수를 찾기 위한 가이드. 닐은 'Black Narcissus'라는 블로그도 운영하고 있다.

Michael Edwwards, 『Perfume Legends II-French Feminine Fragrances(향수의 전설 II-프랑스의 여성용 향수)』, Fragrances of the World, 2019.
이 책은 마이클 에드워즈의 『향수의 전설』 업데이트 버전으로 오래전에 절판되어 이제는 꽤 비싼 값을 주고 중고서적에서 구해야 한다. 25개의 독특한 향수 소개와 함께 향수 분류표를 만든 전문가 마이클이 조향사들과 나눈 인터뷰가 포함되어 있다. 향수 업계 전반에 대한 놓칠 수 없는 통찰력을 볼 수 있다.

Denyse Beaulieu, 『The Perfume Lover: A Personal History of Scent(향수 애호가: 지극히 사적인 향수 이야기)』, William Collins, 2013.
향수가 만들어지는 과정에 대한 수많은 뒷이야기에 더불어 서양 향수의 역사를 담은 작가의 회고록이다. 회상 부분은 특히 데니스 자신만큼이나 엉뚱하고 재미있다. 그녀가 운영하는 블로그 'Grain de Musc'는 2018년이 마지막 업데이트였지만, 10여 년에 걸친 아카이브 게시물은 꼼꼼히 읽어볼 가치가 충분하다.

Karen Gilbert, 『Perfume: The Art and Craft of Fragrance(향수: 향수의 예술과 기교)』, CICO Books, 2013.
자그마하고 아름다운 이 책은 향수의 역사, 분류, 구조에 대한 유용한 정보를 친절하게 설명해준다. 조향의 첫걸음을 돕기도 한다. www.karengilbert.co.uk에서 카렌이 운영하는 조향 과정을 살펴볼 수 있다.

Luca Turin, Tania Sanchez, 『Perfumes: The A-Z Guide(향수: A-Z 가이드)』, Profile Books, 2009.
별 하나에서 다섯 개까지 향수에 점수를 매기는 오리지널 향수 안내서로 신랄한 유머와 함께 좋아하는 향수에 대해서는 넘치는 찬사를 보내고, 마음에 들지 않는 향수에 대해서는 가차 없는 조소를 날린다. 굉장히 재미있다.

Barbara Herman, 『Scent & Subversion: Decoding a Century of Provocative Perfume(향기와 파괴: 도발적인 향수의 시대를 읽는 방법)』, Lyons Press, 2013.
바바라 허먼의 빈티지 향수에 대한 설명은 진지한 향수 애호가라면 손에서 놓지 못할 만큼 매력적이다. 책에서 언급된 일부 향수는 이제 구할 수 없지만 말이다. 향수가 단지 하찮은 기호품에 지나지 않는다고 생각하는 사람이 이 책을 읽는다면 두 눈이 번쩍 뜨일 것이다.

유용한 사이트

향수에 대한 소식, 정보, 리뷰, 토론 등을 제공하는 훌륭하고 유용한 웹사이트가 너무나도 많다. 여기서는 우리가 가장 좋아하는 웹사이트 몇 군데를 소개한다.

Basenotes | www.basenotes.net
향수 애호가를 위한 거대한 함선 같은 웹사이트다. 향수 전문가의 관심을 끄는 것은 물론 막 향수를 뿌리기 시작한 사람도 마음껏 즐길 수 있다. 방대한 리뷰, 토론, 정보, 의견, 사실, 설명, 과거와 현재의 향수를 검색할 수 있는 데이터 베이스인 향수 디렉토리가 특징이다. 향수에 대해 궁금한 점이 있는가? 베이스 노트의 누군가가 답을 알려줄 것이다.

ÇaFleureBon | www.cafleurebon.com
향수 업계의 베테랑이자 최고 편집장인 미셸린 카멘이 이끌고 있으며, 니치 향수는 모두 이곳으로 모인다. 국제적인 기고가 팀의 뉴스와 리뷰를 볼 수 있다.

Fragrantica | www.fragrantica.com
대부분 사이트 이용자가 만들어내는 방대한 콘텐츠는 약 5만 개의 향수를 다루고 있다. 향수 리뷰, 설명, 기사, 토론, 비교, 노트 목록, 조향사에 대한 정보를 볼 수 있다. 단종된 향수와 비슷한 향수를 찾을 수 있는 섹션은 늘 인기가 많다.

The Perfume Society | www.perfumesociety.org
향수에 대한 정보, 리뷰, 역사는 물론 자신만의 향수를 찾을 수 있는 'FIND-A-FRAGRANCE'가 아주 유용하다. 무엇보다 여러 가지 향수 샘플을 묶음으로 구입할 수 있는 Discovery Box가 단연코 최고다. 퍼퓸 소사이어티는 영국의 유일한 최신 향수 잡지인 <Scented Letter>를 발행하고 있기도 하다.

향수에 대한 유튜브 채널, 블로그, 앱, 인스타그램 계정, 페이스북 그룹은 헤아릴 수 없을 만큼 많아 그 정보만으로도 책 한 권을 가득 채울 수 있을 정도다. 여기서는 가장 초창기부터 운영되고 있는 몇 가지만 언급한다.

Bois de Jasmin | www.boisdejasmin.com

빅토리아 프롤로바는 숙련된 조향사이자 저널리스트로 <파이낸셜 타임즈>의 "How to Spend It"에 향수 칼럼을 기고하고 있다. 블로그가 아주 훌륭하다.

Now Smell This | www.nstperfume.com

유용한 정보가 가득하며 특히 연도별 신규 출시 향수에 대한 자료가 끝내준다.

Perfumist

퍼퓨미스트는 멋진 앱이다. 앱스토어에서 붉은색 향수병 아이콘 앱을 찾아보자. 다양한 향수를 이름, 노트, 브랜드별로 검색할 수 있다. 우리는 몇 날 며칠을 시간 가는 줄 모르고 이 앱에 빠져 있었다.

Persolaise | www.persolaise.com

다리우스 알베스는 매력과 따뜻함이 가득 담긴 글을 쓴다. 마치 시처럼 아름답게 써 내려간 『Le Snob』는 불행히도 절판되었지만, 그가 운영하는 블로그는 여전히 인기가 많다.

Take One Thing Off | www.takeonethingoff.com

멋진 리뷰가 가득해서 향수를 살 생각이 없더라도 읽어볼 만한 가치가 충분하다.

지은이

사라 매카트니(Sarah McCartney)는 아르티장 조향사이자 작가다. 2011년 니치 향수 브랜드인 4160 튜즈데이즈를, 2011년 조향 커뮤니티인 센퓨이에즘(Scenthusiasm)을 설립했다. 14년 동안 러쉬 코스메틱의 헤드 라이터로 일했고, 문제를 해결하는 조향사에 대한 소설을 쓰기 위해 떠났다. 소설 속에서 묘사했던 향기를 아무데서도 살 수 없어 직접 만들기로 하고, 모든 조향 과정을 열심히 독학했다. 현재 웨스트 런던에 있는 빅토리아 시대 건축업자의 야적장이었던 공방에서, 모험이 가득한 향수를 소량 수작업으로 만들고 있다.

사만다 스크리븐(Samantha Scriven)은 2013년부터 블로그 아이센트유어데이(iscentyouaday)를 운영 중이며, UK 프레그런스 파운데이션의 재스민 어워드 최종후보로 두 번 선정되었다. 수상 경력이 있는 향수·뷰티 블로그인 카플뢰르본(ÇaFleureBon)의 수석 기고자이며, 잡지 <더 센티드 레터(The Scented Letter)>에 향수 협회를 위한 글을 기고했다. 향수 업계에서 프리랜서로 일하고 있으며, 남편과 두 아들, 고양이와 함께 사우스 웨일즈에 살고 있다.

책 내용 중 일부는 **브룩 벨던**(Brooke Belldon)이 기고했다. 브룩은 런던에 사는 향수 애호가이자 빈티지 향수 수집가다. 브랜드 컨설턴트로 일하고 있으며 유통업계 향수 컬렉션 큐레이터이기도 하다.

옮긴이

양희진은 대학에서 중국 문학과 국제 통상학을 공부하고 독일계 기업의 국내외 지사에서 근무하며 다양한 세상과 사람을 경험했다. 책에 담긴 작가의 세계를 온전히 전하는 쓸모를 다하고 싶어 번역가가 되었다. 글밥아카데미 출판 번역 과정을 수료하고 현재 바른번역 소속 전문 번역가로 활동 중이다.

감사의 말

사만다 스크리븐

블로그 아이센트유어데이의 모든 독자에게 감사를 전합니다. 우리는 9년에 가까운 시간을 함께했고 여러분의 의견과 지지, 참여는 제게 세상을 의미합니다. 그리고 리사 존스의 관대함과 격려, 장거리 여행과 긴급 향수 샘플은 큰 도움이 되었습니다. 늘 팀 샘과 함께하는 멋지고 시끌벅적한 나의 웨일스 가족에게 감사를 표합니다. 도망갈 틈도 없이 붙잡혀 향수 테스터 역할을 맡아준 남편 대런, 아들 프레드와 레오에게도 진심을 담아 감사를 전합니다.

마지막으로, 향수의 세계로 함께 여정을 떠났던 사라 매카트니에게 감사드립니다. 당신을 알게 되어 즐거웠고 많은 자극을 받았습니다. 우리가 의견이 달랐던 게 완두콩뿐이었다는 사실이 정말 놀라웠어요!

사라 매카트니

가장 먼저 4160 튜즈데이즈의 공동 대표이자 남편이며 뛰어난 요리사인 닉 랜델에게 감사와 사랑을 전합니다. 조용한 공간에 틀어박혀 집필에 몰두하는 동안 사려 깊은 모습으로 퍼퓨머리 운영을 도맡았습니다. 다재다능하고 유연한 사고를 지닌 4160 튜즈데이즈와 센퓨지에즘의 팀원 에이미 헌터, 아서 맥베인, 해리 셔우드, 세피아 바렛, 트리오나 티어니에게 감사를 전합니다. 더 나은 표현을 위해 방해할 때마다 번뜩이는 아이디어로 큰 도움을 준 멋진 사람들입니다.

팀 튜즈데이에서 두 번째로 오래 근무한 브룩 벨던은 향수 목록을 정리하고 일부 항목을 작성하는 데 도움을 주었습니다. 여동생 루스 매카트니에게도 감사를 표합니다. 책과 직접적인 관련은 없지만 2010년 루스가 향수를 만들어 달라고 부탁했고, 거기서부터 이 아르티장 퍼퓨머리의 역사가 시작되었습니다. 조와 콜린 에드워즈는 집필을 마칠 수 있는 시간을 마련해 주었습니다.

왜 질문을 하는지 모를 때조차 대답을 아끼지 않았던 4160 튜즈데이즈 뉴스 그룹과 센퓨이에즘의 모든 이용자, 특히 타니아 애니키에게 감사를 표합니다. 여러분 모두의 이름을 쓰지 못하는 걸 이해해주세요.

무엇보다도, 공동 작가인 사만다 스크리븐 덕분에 훨씬 더 나은 결과를 만들 수 있었습니다. 그리고 이 책이 나올 수 있도록 도움을 주신 콰르토 그룹 출판사의 모든 분께 감사를 전합니다. 특히 콰르토의 필립 쿠퍼, 앨리스 그레이엄, 로라 불벡, 이사벨 일레스, 벨라 스케칠리의 헌신과 열정에 깊은 감사를 표합니다. 이 책에 시각적 향연을 더해준 일러스트레이터 앨리스 포터에게 감사를 전합니다.